U0917468

一条穿越老城区建筑丛林的地铁线

——广 州 市 轨 道 交 通 六 号 线 工 程 开 通 纪 念 与 设 计 总 结

广州地铁设计研究院有限公司　主编

人民交通出版社股份有限公司
China Communications Press Co.,Ltd.

图书在版编目(CIP)数据

一条穿越老城区建筑丛林的地铁线 ：广州市轨道交通六号线工程开通纪念与设计总结 / 广州地铁设计研究院有限公司主编. — 北京 ：人民交通出版社股份有限公司，2016.2

ISBN 978-7-114-11493-9

Ⅰ. ①一… Ⅱ. ①广… Ⅲ. ①城市铁路—轨道交通—铁路工程—设计—广州市 Ⅳ. ①U239.5

中国版本图书馆CIP数据核字（2014）第136676号

书　　名：一条穿越老城区建筑丛林的地铁线
——广州市轨道交通六号线工程开通纪念与设计总结
著 作 者：广州地铁设计研究院有限公司
责任编辑：刘彩云　吴燕伶
出版发行：人民交通出版社股份有限公司
地　　址：（100011）北京市朝阳区安定门外外馆斜街 3 号
网　　址：http：//www.ccpress.com.cn
销售电话：（010）59757973
总 销 售：人民交通出版社股份有限公司发行部
经　　销：各地新华书店
印　　刷：北京市密东印刷有限公司
开　　本：787 × 1092 1/12
印　　张：28.5
字　　数：620 千
版　　次：2016 年 2 月　第 1 版
印　　次：2016 年 2 月　第 1 次印刷
书　　号：ISBN 978-7-114-11493-9
定　　价：268.00元
（有印刷、装订质量问题的图书由本公司负责调换）

一条穿越老城区建筑丛林的地铁线

——广州市轨道交通六号线工程开通纪念与设计总结

本书编委会

主编单位：广州地铁设计研究院有限公司

顾　　问：丁建隆　刘应海　何　霖　刘光武　竺维彬　刘智成　张志良
钟学军

主　　编：贺利工　史海欧

副 主 编：王静伟　饶美婉　韦青岑　李隆平　曾大勇　李颖慧　方　刚

编 委 会：农兴中　林志元　谭　文　徐明杰　王迪军　许少辉　邓剑荣
何　坚　廖　景　孔少波　莫庭斌　毛宇丰　罗燕萍　周　勇
刘启峰　涂旭炜　涂小华　丁习富　喻　波　熊安书　郭　敏
黄永波　薛　煌　何治新　邹　东　刘浪静　陈乔松　徐建国
陈建党　汤文涛　王文锋　夏少丹　黄德亮　廖鸿雁　欧阳长城
唐　锐　杨军宁　郑　达　章利辉　吴　坚　李志东　朱六兵
关则廉　张建华　刘智勇　高建国　刘乐元　梁东升

编　　辑：卢小莉　麦伟樑　丁能顺

本书主要编写人员

概述、设计重难点	贺利工
自然条件与工程地质	张亚丽、王　典
行车组织与运营管理	徐吉庆、汤　珏
车辆、限界	张振生、王呼佳
线路	李颖慧、简狄权
轨道	裴爱华、田德仓、冯光福、易佳俊
车站建筑	方　刚、曾大勇、王建华、陈　欣、张　瑾、麦周豪、李胜军、付　文、严　东、梅　俊、王爱华、卢全辉、罗若铭、蔡敬敏、杨　云、黄伟春、尧珊珊、赵天智、单泽深、陈　海、陈华龙
车站、区间结构	韦青岑、李隆平、姜宝臣、魏玉省、李现森、肖平平、贾延霖、田海光、张碧文、雷文斌、连长江、陈静娥、孙峻岭、芮斯瑜、魏良甲、颜小锋、单华喆
供电、主变电站及动力照明	程　强、肖明辉、秦　岭、高海静
通信、信号	郑　涛、董洪卫、郭祥寿、张　惺
通风与空调、给排水	王静伟、贺利工、彭金龙、何　冉、唐　辉、唐上明、张　瑞、李财均
环境与设备监控	吴殿华、刘　文
火灾自动报警	熊晓锋、何春媚
自动售检票（AFC）	郭　锐、洪　澜、梁　笛
站台门、自动扶梯和电梯	饶美婉、彭方进、卢昌仪、刘　哲、胡威
综合监控及控制中心	吴殿华、湛维昭
车辆段与综合基地	阳丁山、白红元、王　薪
人防、声屏障	蔡昭武、林良栋
工程投资与概算	巫　玲、钱家怡
总包管理	谭贻荣、蔡玉妙、陈　璇

参编单位

中铁二院工程集团有限责任公司

广东省重工建筑设计院有限公司

广东省建科建筑设计院

广东省建筑设计研究院

中铁隧道勘测设计院有限公司

中铁第一勘察设计院集团有限公司

中水珠江规划勘测设计有限公司

中铁第四勘察设计院集团有限公司

林同棪国际工程咨询（中国）有限公司

北京全路通信信号研究设计院有限公司

中铁电气化勘测设计研究院有限公司

中铁工程设计咨询集团有限公司

广州市交通规划研究所

广州电力设计院

Preface

“六”寓意“顺利”，但对穿越老城区建筑丛林的广州轨道交通六号线首期工程而言，却代表着建设者艰辛的付出。六号线线路呈“U”形走向，西起广佛同城门户节点的金沙洲片区，东至天河区元岗片区，是加强中心组团与东北向、西北向客流连接的轨道交通辅助线，为解决沿线交通及加强新区与老城区之间的联系起重要作用。

为适应广州城市高速发展以及迎接2010年亚运会，广州在骨干线网建设同时需要在城市的次级走廊上建设辅助线路，提高线网覆盖率、提升服务水平，充分发挥轨道交通的网络效应。六号线是广州市轨道交通形成骨干网络后建设的第一条辅助性线路，其特点是穿越老城区，线路中段位于珠江北岸，没有宽阔、平直的干道作为轨道线路的走廊，受沿线控制性建构筑物的影响，线路曲线多、转弯半径小。作为第二层次的线路，换乘节点多，必须向更深层次的地下空间发展，以避开对与其交叉的线路影响，具有埋深大的特点。沿线遍历广州

所有的地层，尤其是克服珠江北岸富水砂层对工程安全的影响。六号线具有工况多、换乘复杂、项目边界条件变化大、临时方案多、项目时间跨度大，为广州地铁历史上拆迁难度最大、地质条件最复杂、最受关注的，困难最为集中的地铁线路。

2013年12月28日六号线高水平开通，建设者们的拼搏、奉献、汗水凝聚为喜悦。本书作者团队经历过项目建设全过程，以叙事总结的形式为读者描绘了六号线的建设特点，同时也记载着六号线的历史。总结在于提高和技术沉淀，衷心祝愿地铁建设者们不断提高，使轨道交通事业不断创新前行。

广州地铁集团有限公司总经理　丁建隆

2015年12月1日

Contents
目录

Contents

目录

PART 1 第一部分

概况

一条穿越老城区建筑丛林的地铁线

——广州市轨道交通六号线工程开通纪念与设计总结

1 工程概况

1.1 网络规划情况

六号线的诞生——2000年6月，番禺、花都撤市设区，使广州市辖区变为“十区两县”，发展空间进一步扩大。为了适应市区范围的拓展，2000年12月，广州市政府组织编制了《广州市城市建设总体发展战略规划纲要》，提出通过“南拓北优、东进西联”，将城市空间布局由传统的“云山珠水”的城市格局跃升为以“山、城、田、海”为特色的多中心组团式网络型城市结构的发展模式。广州市政府于2003年10月批准的《广州市轨道交通线网规划》由城市轨道线、市郊列车线、城际轨道线三层线网组成。线网包括城市轨道线15条，总长619km；市郊列车线1条，长67km，车站18座；城际轨道线3条，线路总长40km。六号线即在这次线网规划中“孕育而生”，在

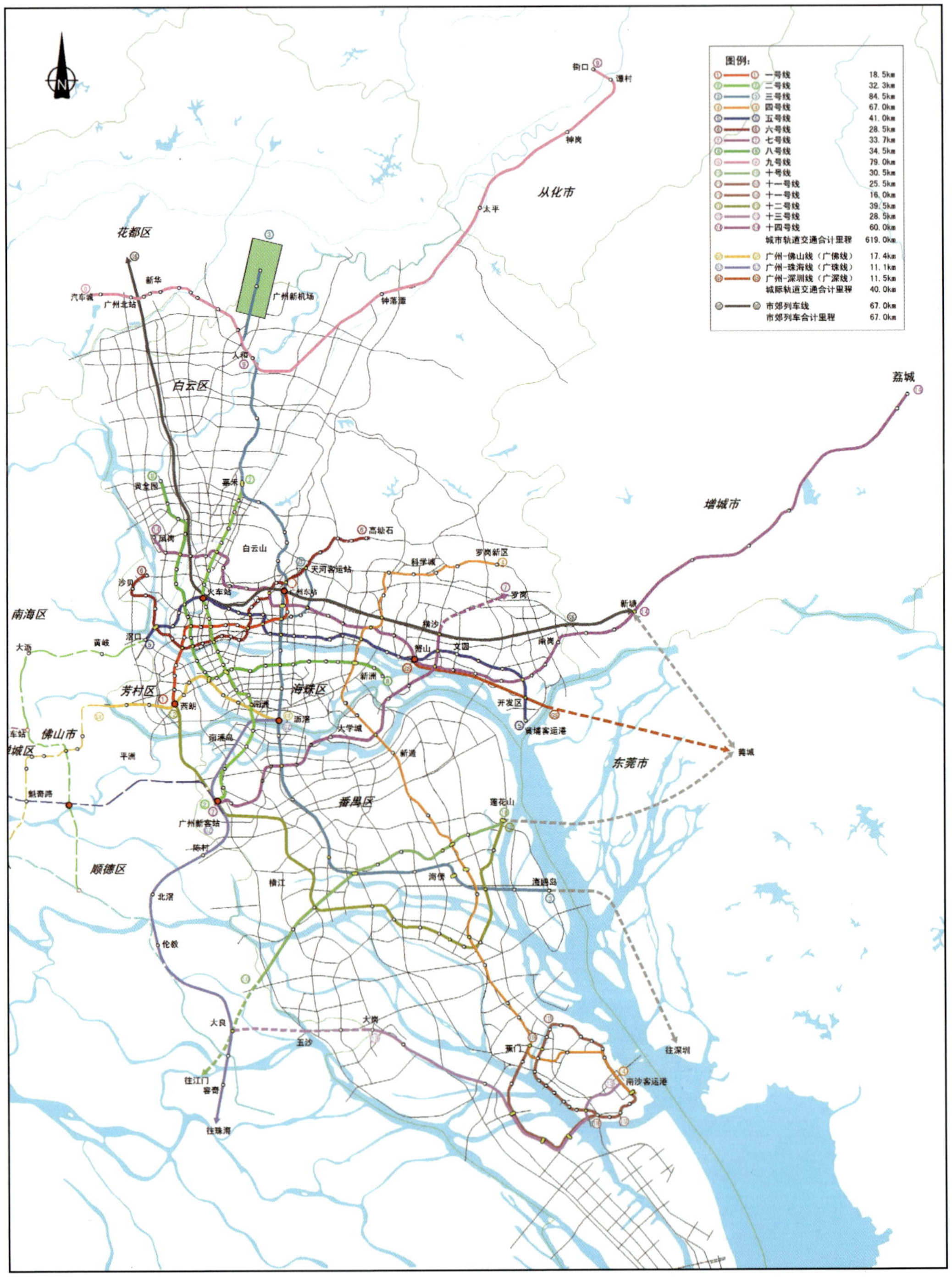

右图：2003年广州市轨道交通线网规划

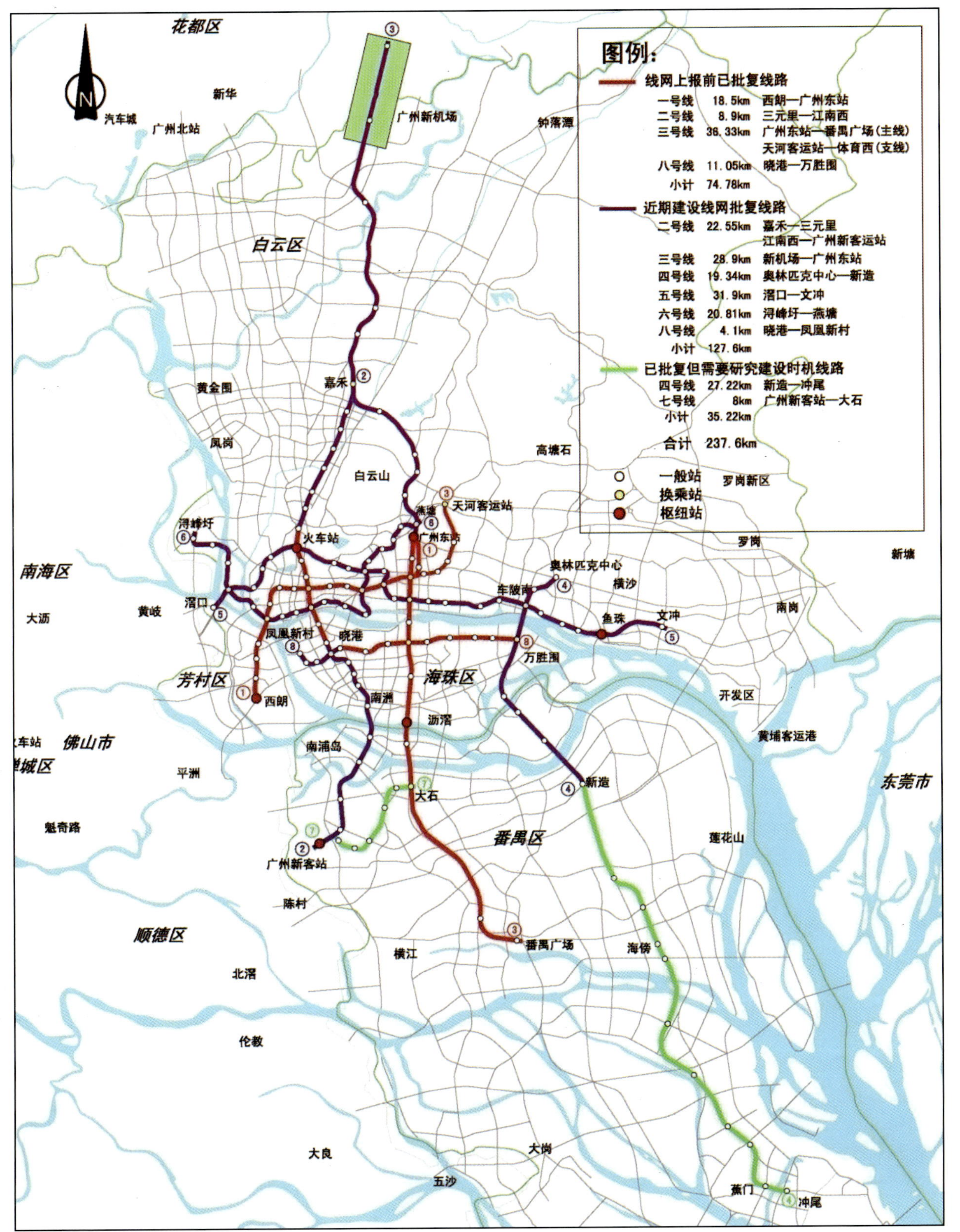

1997年7线线网的基础上转变而来。

2003年，根据各条线路所承担的功能以及定位的不同，广州市轨道交通线网项目分为骨架线、加密线、组团内主干线、组团内辅助线四种类型。骨架线由一、二、三、四、五号线5条线路组成，总长237.5km，占城市轨道线网总长的38.9%。一、二号线是旧城中心区轨道交通的“十”字骨架，是连接旧城区、芳村、海珠的主要交通走廊。三、四、五号线形成整个广州市轨道交通的“卄”字骨架，构筑北至花都，南至广州新城、南沙，东至黄埔开发区，西至滘口的城市快速轨道交通走廊。加密线由六、七、八、九号线4条线路组成，总长181.5km，占城市轨道线网总长的29.8%。提高旧城中心区和珠江后航道区域的轨道交通服务水平，同时为骨架线的客流提供集疏功能。网络中六号线线路大致呈西北至东南、西南至东北走向，西起白云区的金沙洲规划A区，止于天河区的高塘石，主要经过大坦沙，珠江北岸以及先烈路，沙河以及广汕公路。线路两次穿越珠江，多次穿越大小河涌、多处立交桥以及内环路。线路全长29.5km，共设20座车站，其中换乘站9座。设沙贝车辆段、高塘石停车场。

六号线的发展——2005年7月，六号线首期工程立项获得批复。2007年8月，国家发展和改革委员会批复了首期浔峰岗至长湴段工程可行性研究报告。

左图：2005年广州市轨道交通建设规划

六号线的延伸——2005年4月，经国务院批准，广州市行政区划进行调整，撤销东山区，将其区域并入越秀区；撤销芳村区，将其区域并入荔湾区；新设立南沙区和萝岗区。根据城市发展需要，广州市在原“南拓北优、东进西联”的基础上，增加了“中调”发展战略，提出了第二产业向外围副中心转移，中心区大力发展第三产业，进一步优化城市空间结构和产业布局的产业政策；同时规划以中心区为主体、周边区域为副中心的“一主六副”多层次协调发展的城乡空间体系。2008年2月，广州市上报的《关于调整广州市轨道交通近期建设规划的请示》在线网上将六号线向东延伸至萝岗，二期工程由长湴至萝岗，线路长约17.6km。六号线二期所经组团主要为天河软件园高塘新区、黄陂片区、科学城、萝岗中心城区等。这对六号线工程又一次造成了影响。

1.2 工程情况

广州市轨道交通六号线首期工程线路全长24.5km，其中高架线3km，过渡段0.3km，其余为地下线；设22座车站（依次为浔峰岗站、横沙站、沙贝站、河沙站、坦尾站、如意坊站、黄沙站、文化公园站、一德路站、海珠广场站、北京路站、团一大广场站、东湖站、东山口站、区庄站、黄花岗站、沙河顶站、沙河站、天平架站、燕塘站、天河客运站和长湴站），其中浔峰岗站、横沙站、沙贝站为高架车站，其余为地下车站；浔峰岗站至高架入洞口为高架区间，其余为地下区间。工程概算122.35亿元。

在浔峰岗站设1座停车场，在大坦沙站、燕岭站设2座主变电站，在海珠广场站和区庄站设2座集中冷站，控制中心位

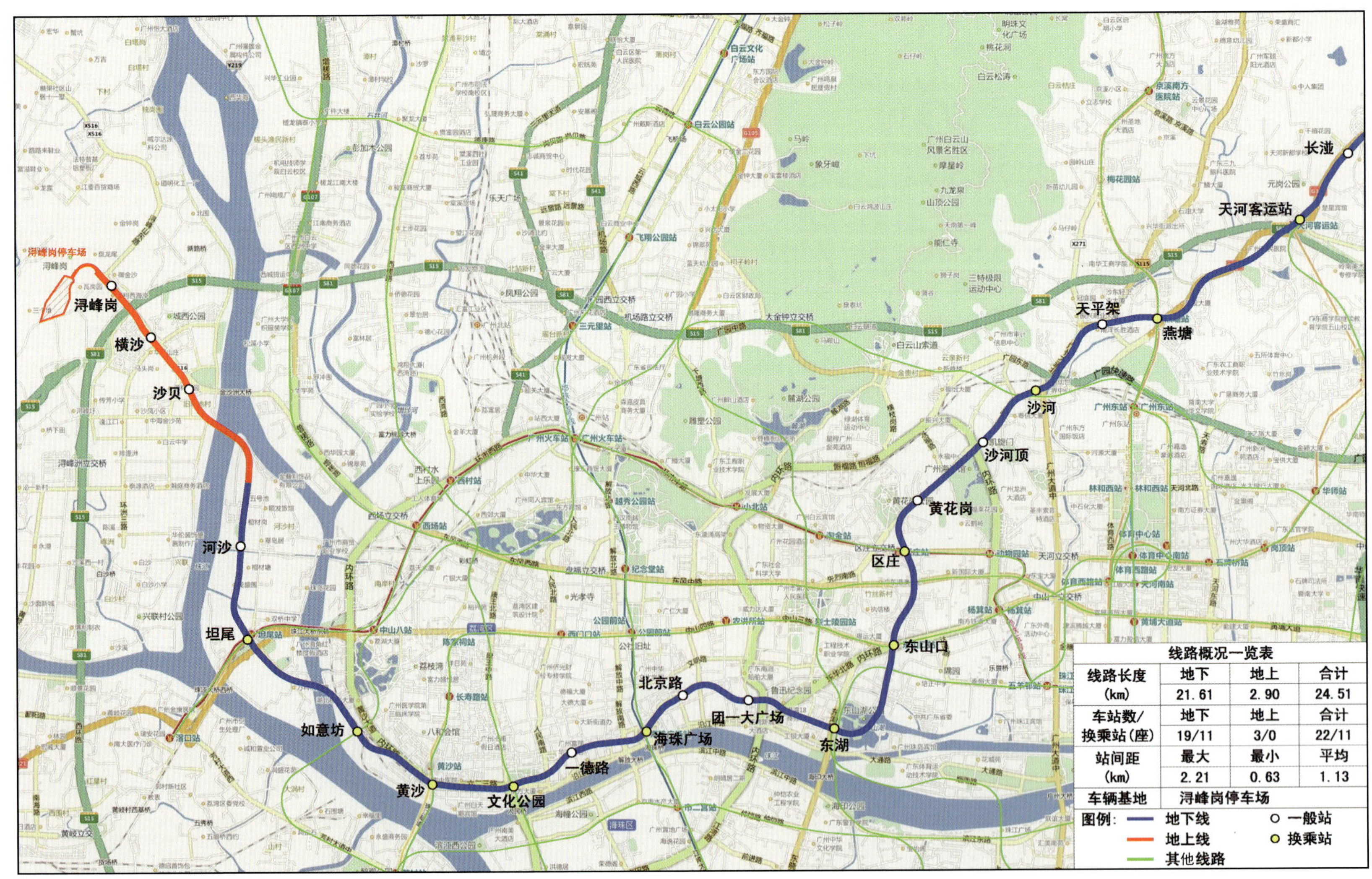

线路概况一览表			
线路长度(km)	地下	地上	合计
	21.61	2.90	24.51
车站数/换乘站(座)	地下	地上	合计
	19/11	3/0	22/11
站间距(km)	最大	最小	平均
	2.21	0.63	1.13
车辆基地	浔峰岗停车场		

下图：广州市轨道交通六号线首期工程线路平面示意图

于停车场内。车辆采用直线电机系统，4辆固定编组。

1.3 技术条件

六号线工程系统能力原设计年限初期为2012年，后因多种原因到2013年底全线试运营，初、近、远期年限滞后4年。根据分期预测客流量，并考虑整个城市轨道交通线网的远景客流平衡确定客运输送能力需求和工程规模。

六号线规划走向途经广州市的白云区、荔湾区、越秀区、东山区、天河区，沿线基本为城市建成区，现状已基本发展成熟，而线路两端属城市建成发展区。它是一条城市中心组团内加强城市西北部、东北部与城市旧城中心区客流联系的一条轨道交通辅助线，以解决广州市中心组团的旧城中心区客流交通为主，并对沿线的客流具有较强的集散功能。六号线的中部地段是典型客流追随型线路，在西端的金沙洲和大坦沙带具有交通引导型的意义。

在初、近期终点为长湴的条件下，对六号线进行客流预测，初期2012年全日乘客量42.8万人次，高峰小时单向最大断面客流量为1.2万人次。近期2019年，全日乘客量50.7万人次，高峰小时单向最大断面客流量为1.91万人次。远期2034年，全日乘客量65.8万人次，高峰小时单向最大断面客流量为2.73万人次。

广州市轨道交通六号线采用直线电机运载系统、有司乘人员的全自动驾驶，列车最高运行速度90 km/h，车辆结构速度100km/h。初、近、远期均采用4辆编组，全动车。4辆

上图：金沙洲区域与六号线

下图：六号线车辆

下图：浔峰岗站

编组（包括列车两端自动车钩）长度共长72.26m。首期工程采购车辆108辆。定员AW2为座席人员加6人/m²立席人员的人数，为922人。超员AW3为座席人员加9人/m²立席人员的人数，为1322人。轴重不大于13t，车体地板面处宽度为2.8m，采用铝合金车体，这是世界上最大运量的直线电机车辆之一。供电方式正线采用接触轨下部受电，车辆段以柔性接触网受电方式受电。车体每侧3个客室门。

线路技术条件按直线电机系统确定。平面最小曲线半径区间正线一般为550m，限速地段由计算确定，但不小于200m（困难时为150m）。辅助线曲线半径采用了200m，五、六号线联络线曲线半径为100m。线路为避让城市中心区的密集房屋桩基础，全线有10处半径小于300m,采用200~250m的曲线半径，分布在如意坊—黄沙段、文化公园—海珠广场段、北京路—越秀南段、燕塘—天河客运站段区间。工程共设曲线111个，其中右线56个，曲线累计长度为14.19km，占右线长度的57.87%；左线55个，曲线累计长度为13.89km，占左线长度的56.72%。车站正线均设在直线上。线路最大坡度一般不大于50‰，困难条件下不大于55‰，纵断面设计不计算坡度折减。最小坡段长度不宜小于200m，困难情况下不得小于远期列车长度，且满足相邻竖曲线间夹直线长度不小于50m的要求。

行车组织最大设计能力满足33对/h，最大设计输送能力可达到3.03万人。初、近期采用浔峰岗至长湴一个交路，初期高峰小时13对列车，近期高峰小时14对列车。六号线穿越的大多是城市建成区，老城区采用深埋，基本下穿既有线路，在满足运营基本要求的前提下，为有效降低工程造价，对六号线车站配线做了优化，部分车站配线做了调整或减少。除两个终点车站设置折返配线外，在坦尾站设置与五号线的联络线和单渡线。西端浔峰岗车站配线按36对折返能力设计，老城区14km只设置了3处停车线，在如意坊站及东湖站西侧设置单存车线，黄花岗站北侧设置单存车线。

轨道正线及辅助线均采用高碳微钒U75V（原PD3）60kg/m钢轨，车场线除试车线外采用50kg/m钢轨。一般地段整体道床地段采用单趾

弹簧扣件。曲线半径R≤400m或坡道i≥20‰时，采用弹条Ⅲ型分开式扣件。在60kg/m钢轨碎石道床地段，采用弹条Ⅲ型分开式扣件。道岔及调节器、小半径等地段采用合成枕木用弹条Ⅲ型分开式扣件。根据无缝线路的设计，在高架桥上采用小阻力弹性扣件。正线及辅助线采用9号单开道岔。减振地段设置了GJ-Ⅲ减振扣件、谐振式浮轨扣件和钢弹簧浮置板道床。

六号线首期工程全线共设22座车站，其中浔峰岗站、

上左图：沙贝站夜景

上右图：黄沙站一、六号线换乘

下　图：沙贝站

上左图：高架区间一

上右图：高架区间二

下左图：地下区间一

——小半径曲线段

下右图：地下区间二

横沙站、沙贝站为高架车站，其余19座车站为地下车站。高架车站采用桥建分离的形式，建筑造型上与周围自然景观相协调，立面构建强调车站轻巧、明快、简约的风格，为适应南方雨水较多的环境，钢结构体系相对封闭，满足自然通风，遮阳避雨、卫生防灾、抗震减噪的要求。地下车站各具特色，10座涉及暗挖或明暗挖结合的车站中，坦尾站、区庄站是六号线与五号线的换乘站；黄沙站、东山口站是六号线与一号线的换乘站；文化公园站是六号线与八号线的换乘站；海珠广场站是六号线首期工程与二号线的换乘站；燕塘站、天河客运站都是六号线与三号线北延段的换乘站。2013开通时尚有沙河站、一德路站采用过站运行方式，车站未开通服务。

区间由高架区间、明挖区间、浅埋暗挖区间、盾构区间组成。高架区间在国内首次将节段预制拼装与连续刚构结合，采用双薄壁墩型，基本跨径采用40m，两跨或三跨一联，预应力混凝土单箱单室结构。跨路口桥梁均采用桥型为40+60+40=140mY形连续刚构桥。跨越白沙河大桥采用无推力式单面系杆拱桥的桥梁形式，桥梁主跨为150m。地下区间隧道共有18个。黄花岗—沙河顶区间为暗挖区间；沙贝站—河沙站为高架过渡地下，部分区段为明挖区间；其余以盾构

法施工为主。大多数地段下穿广州老城区和城市交通干道，地质条件非常复杂，多数地段下穿淤泥、砂层、黏性土及风化岩等，局部下穿地下溶洞、花岗岩残积土、断层破碎带等不良地质，施工风险及难度巨大。

浔峰岗停车场面积约104370m^2（10.437公顷）（不含出入段线用地），最长处约900m，最宽处约280m，其中围墙内占地78700m^2（7.87公顷）。停车场内的建筑有综合楼、综合库、安保配套用房、污水处理房、牵引降压所、易燃品库、材料棚、洗车机棚及控制室等。 在停车场

四图：浔峰岗停车场

下图：大坦沙地下主变电所

设单线隧道2座，其中试车线隧道长约359m、牵出线长约120.4m。停车场接出入段线双线隧道长约219.4m。停车场场地进行挖填、平整后，隧道处地面标高20.63m，综合楼等建筑物地面标高16.00m。房屋建筑45782m^2，建筑结构形式为框架结构；轨道总长7.3km，道路总长1.8km，电缆沟长约613m，排洪沟长3.2km，给排水管线合计长26.7km，接触导线长9.8km，架空地线长4.1km；大型工艺设备安装主要有架车机、洗车机、不落轮镟床、起重机、立体仓储安装、电梯设备等。

供电系统采用110/33kV两级电压制的集中供电方式。新建大坦沙110kV地下主变电所，在燕岭主变与三号线资源共享主变所。牵引供电系统采用直流1500V供电，接触网形式为三轨供电、走行轨回流。33kV环网采用大供电分区方式。全线共设置8座牵引降压混合变电所、1座牵引变电所、9座降压变电所以及6座跟随变电所。每个变电所设置一套变电所综合自动化系统，将本所所有数据上传到综合监控系统。全线设置一套杂散电流收集系统。

通信系统由传输网络、无线通信系统、公务电话系统、专用通信系统、广播系统、闭路电视监视系统、时钟分配系统和综合网络管理系统、信息显示系统、民用通信及公安通信系统、乘客信息服务系统等组成。

信号系统采用基于移动闭塞的CBTC系统-URBALIS系统。该系统由自动列车控制子系统（ATC）、ILOCK型计算机联锁子系统（CBI）、自动列车监控子系统（ATS）、维护支持子系统（MSS）、通信子系统（DCS）构成。停车场采用卡斯柯信号有限公司的VPI型计算机联锁系统，负责完成所辖停车场区域内的联锁逻辑处理及信号设备的监控，分别与正线联锁、停车场ATS、试车线联锁系统接口，实现信息交换。

通风空调按地下车站站台设置屏蔽门设计，由隧道通风系统、车站公共区通风空调系统、车站设备及管理用房通风空调系统、空调水系统及防排烟系统组成。隧道通风系统只在一端设置活塞风井，另一端仅设置机械风井。在老城区设

置海珠广场（新建）、区庄（与五号线合建）两个集中供冷站。东山口站和黄沙站利用一号线富裕冷量供冷。

给排水及消防由生产及生活给水系统、排水系统组成；灭火系统由消防给水系统、自动灭火系统和手提灭火器装置组成。贵重设备、电气等不能用水直接灭火的房间设置自动灭火系统。

动力配电与照明为全线车站、区间及辅助建筑的所有用电设备提供低压电源，并负责动力与照明设备的控制及保护，它由动力配电、照明及照明配电、动力与照明设备的控制、接地与防雷等几部分组成。

上　图：海珠广场集中供冷站

下左图：自动灭火系统气瓶

下右图：区庄站闸机

上左图：地下站屏蔽门

上右图：扶梯

下左图：控制中心

下右图：车站综合监控工作站

火灾自动报警由设置在控制中心的中央监控管理级、车站（车站与车辆段）监控管理级、现场控制级以及相关网络和通信接口的环节组成。该系统集成于综合监控系统。

环境与设备监控系统主要由中央级监控系统（主控系统实现）、车站（集中冷站）级及就地级监控设备组成。

自动售检票系统由清分中心、中央计算机、编码/分拣机、车站计算机、车站AFC现场设备（包括进/出闸机、双向闸机、自动售票机、票房售票机和自动验票机）及车票组成。

地下站设置屏蔽门、高架车站设置安全门。在站台与站厅之间设上下行自动扶梯，出入口根据具体提升高度设上下行自动扶梯。

门禁系统由中央授权工作站、车站计算机、主控制器、就地控制器、读卡器、电子锁和门禁卡组成，设中央和车站两级控制管理模式。

在大坦沙站南边的盾构井、如意坊站西端共2处设4道防淹门。

综合监控系统集成包括变电所综合自动化系统（PSCADA）、环境与设备监控系统（BAS）、火灾自动报警系统（FAS）、屏蔽门（PSD）、防淹门（FG）、门禁系统（ACS）；互联系统包括信号系统（SIG）、自动售检票系统（AFC）、广播系统（PA）、闭路电视监视系统（CCTV）、旅客信息向导系统（PIDS）、调度电话系统（DLT）、通信集中告警系统（TEL/ALARM）、车载信息系统（TIS）、时钟系统（CLK）。

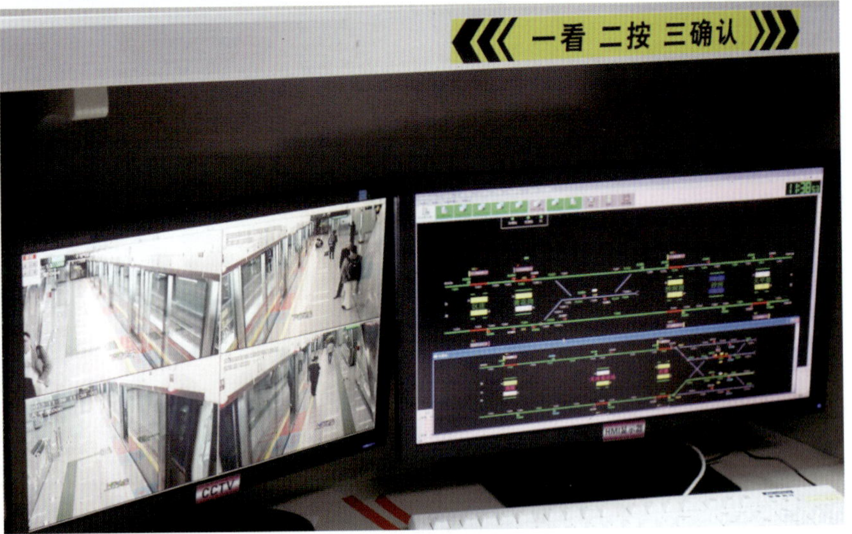

2 设计团队概况

六号线总体组照片

左起：总体助理蔡玉妙，综合副总体李颖慧，总体贺利工，机电副总体王静伟，系统副总体饶美婉，土建副总体方刚

涂小华

涂旭炜

丁习富

曾大勇

韦青岑

李隆平

PART 2

第二部分

历程

一 条 穿 越 老 城 区 建 筑 丛 林 的 地 铁 线

——广州市轨道交通六号线工程开通纪念与设计总结

1 立项情况

2005年2月7日，广州市城市规划局以《关于广州市轨道交通六号线线路、站位方案及相关规划问题的复函》（穗规〔2005〕167号）批复六号线线路及站位方案。

2005年7月25日，国家发展和改革委员会以《国家发展改革委关于广州市城市快速轨道交通近期建设规划的批复》（发改投资〔2005〕1308号）批复了广州市城市快速轨道交通近期建设规划，其中包含了六号线首期工程,标志着六号线首期工程立项获批。

2006年4月，编制完成《广州市轨道交通六号线工程环境影响报告书》，同年6月取得原国家环境保护总局《关于广州市轨道交通六号线工程环境影响报告书的批复》（环审〔2006〕292号）。

2006年7～8月，获得投资承诺文件。相关文件有《关于承诺为广州市轨道交通六号线工程投资的函》（穗府函〔2006〕82号，广州市人民政府，2006年8月2日）、《国家开发银行关于承诺广州市轨道交通六号线项目贷款的函》（开行函〔2006〕310号，国家开发银行，2006年8月10日）、《关于承贷地铁六号线银行贷款的承诺函》（穗商银函字〔2006〕14号，广州市商业银行，2006年7月27日）。

2007年8月14日，国家发展和改革委员会以《国家发展改革委关于广州市轨道交通六号线首期工程（浔峰岗～元岗段）可行性研究报告的批复》（发改投资（2007）2022号）批复了首期浔峰岗至长湴段工程可行性研究报告，元岗站后更名为长湴站。

国家发展和改革委员会文件

发改投资〔2005〕1308号

国家发展改革委关于广州市城市快速轨道交通近期建设规划的批复

广州市发展改革委：

你委《关于调整广州市轨道交通建设规划的请示》（穗发改请〔2005〕14号）、《关于再次调整广州市轨道交通建设规划的请示》（穗发改请〔2005〕65号）收悉。经研究并商建设部同意，现批复如下：

一、原则同意广州市根据城市总体规划目标确定的轨道交通总体建设规划，以及分阶段实施的建设方案。

二、原则同意广州市近期（2005—2010年间）建设规模及建设内容。即在今后6年间，建设广州市轨道交通二号线嘉禾至三元里段及江南西至广州新客站段、三号线新机场至广州东站段、四号线奥林匹克中心至新造段、五号线滘口至文冲段、六号线浔峰圩至

—1—

国家发展和改革委员会文件

发改投资〔2007〕2022号

国家发展改革委关于广州市轨道交通六号线首期工程（浔峰岗～元岗段）可行性研究报告的批复

广州市发展改革委：

你委《关于审批广州市轨道交通六号线工程可行性研究报告的请示》（穗发改请〔2006〕185号）、《关于调整广州市轨道交通六号线工程可行性研究报告的请示》（穗发改请〔2006〕317号）收悉。经研究，现批复如下：

一、为贯彻广州市城市总体规划，实现广州市"东进、西联"城市发展战略，促进广州市区东西向交通联系，原则同意在我委批准的《广州市城市快速轨道交通近期建设规划》基础上编制的广州市轨道交通六号线首期工程可行性研究报告。

二、广州市轨道交通六号线首期工程（浔峰岗～元岗段）线路长24.3公里，其中地下线长约21.2公里，高架线长约2.9公里，过

—1—

右两图：国家发展和改革委员会批复文件

2 设计情况

2005年3～5月，《浔峰岗至燕塘段总体设计》完成编制。

总体组于2005年1～2月进行了车站概念设计，中段（如意坊一东湖段）行经老城区，沿线道路狭窄，建筑物密集，且多为年代久远的建筑物，桩基调查困难；同时，该段基本沿珠江北岸敷设，地质条件复杂，砂层深厚。经过方案论证后，线路采取中～深埋方式敷设。因此，该段车站与广州市轨道交通线网其他线路有较大的不同。深埋暗挖车站采取深埋5层的考虑，一端作明挖竖井，布置公共区、乘客竖向交通通道、设备管理用房；另一端站台暗挖。

2005年5月，《浔峰岗至燕塘段设计技术要求》完成编制，经审查后批复执行。

2005年5月10日，在广州大厦组织评审了《广州市轨道交通六号线试验段黄沙站土建工程初步设计》。

2005年5月10日，试验段黄沙站完成初步设计审查；6月28日，六号线试验段黄沙站开工。

2005年8月5日，广州市发展与改革委员会批复了广州市轨道交通六号线浔峰岗至燕塘段工程开工报告。

广州市轨道交通六号线首期工程
（浔峰岗至燕塘段）设计

技术要求

建设单位：广州市地下铁道总公司
编制单位：广州市地下铁道设计研究院
铁道第二勘察设计院
二〇〇五年五月 广州

左　图：六号线首期工程设计技术要求
右上图：黄沙试验点开工仪式
右下图：黄沙站工地夜景

2006年1月10日，完成六号线首期（浔峰岗至长湴段）土建工程初步设计专项审查。

2006年8月，六号线海珠广场站开工。

左上图：2005年10月初步设计审查现场一

左下图：2005年10月初步设计审查现场二

右　图：海珠广场站工地鸟瞰

TCL

2007年5月30日，完成全线系统、浔峰岗停车场初步设计专项审查；

2007年11月29日～30日，完成首期（浔峰岗至长湴段）工程初步设计正式审查。

2011年8月11日，广州市城乡建设委员会、发展与改革委员会以《关于轨道交通六号线首期工程（浔峰岗–元岗段）初步设计的批复》（穗建前期函〔2011〕210号文）批复了六号线首期（浔峰岗一元岗段）初步设计。

施工设计是在各项初步设计审查及修改后，在长达8年的过程中点点滴滴完成的。

上图：2007年11月初步设计审查现场

3 建设情况

① 2004年12月17日，市政府与各区签订了六号线首期工程的征地拆迁目标责任状。

② 2005年6月28日，六号线首期工程黄沙站作为试验性工点先期开工，该工点是六号线首期首个开工的工点。

③ 2005年8月5日，广州市发展与改革委员会批复六号线首期工程浔峰岗—燕塘段开工报告。

④ 2006年3月28日，六号线首期工程东湖站—黄花岗站盾构区间正式进场，该区间是六号线首期首个进场的盾构区间。

⑤ 2008年6月26日，六号线首期工程东湖站主体结构封顶，是六号线首期工程第一个封顶的车站。2009年10月28日，六号线首期工程海珠广场站—黄沙站盾构区间双线隧道贯通，该隧道是六号线首期首个双线贯通的隧道。

⑥ 2012年7月3日，六号线首期工程首个车站机电安装工程在河沙站开工，标志着六号线首期正式进入机电安装、车站装修的实施阶段。

⑦ 2013年4月24日，六号线首期工程全线区间贯通；6月17日，六号线首期工程全线短轨贯通；8月3日，六号线首期工程全线三轨电通。

⑧ 2013年8月10日，六号线首期工程坦尾至长湴段轨行区和除一德路、团一大广场、黄花岗、沙河顶、沙河站外其他车站“三权”移交。2013年9月28日，六号线首期工程团一大广场、沙河顶、沙河站“三权”移交。

⑨ 2013年8月11日～12月30日，六号线首期工程系统联调及不载客试运行。

⑩ 2013年12月28日，六号线首期工程开通试运营。

左图：东湖站—黄花岗区间首个进场盾构

4 曲折

4.1 立项、功能定位及首期起终点多次变化

2003年上报建设规划 沙贝-沙河19km。

2005年上报建设规划 沙贝-燕塘20.8km

工可——车辆段和停车场的选址变化，造成起终点3次变化，完成了3版工可。07年工可批复。

2008年支持萝岗发展，6号线延伸至香雪，启动含6号线二期的建设规划。

2009年批复建设规划，6号线全长42km。

……

2003年六号线作为上报建设规划的其中一条线路，上报建设为沙贝—沙河段19km，车站14座。基于2010年广州市轨道交通线网将建成184.0km,与广佛线广州段（17.40km）线路共同组成约200km的轨道交通线网。符合当时城市总体规划和战略发展纲要要求，符合城市经济发展和承载力的要求。8条线组成的184.0公里的轨道交通线网建设项目实施完成后，内环路以内线网密度可达到1.03km/km^2，都会区以内线网密度约0.09km/km^{2}左右。线网规模能够满足城市近期的交通及发展需求，又可以根据城市远期的发展需要对线网进行加密及延伸。建设项目实施完成后，轨道交通线网运营总长度约占远景轨道线网的30%，初期分担的全日客运量为280～314万乘次/日，占公交客流预测总量的29%～31%。六号线沙贝—沙河段预计投资估算85.5亿元。六号线2010年开通14个车站，参照线网客流预测，并考虑周边城区发展情况，沙贝、大坦沙北、二沙岛等3个站基本属于“发展级”，日均客

右图：广州市轨道交通2010年建设规划图（原规划）

流平均在0.35万人，其余车站属于“成熟级”，平均为0.7万人次。

由于广州市在2003～2005年两年间，城市经济实力进一步加强，亚运会主办权的取得，支柱产业集群区逐步形成，新客站选址的确定及动工，新机场的扩建，促使城市规划进行新一轮的调整。由此，城市轨道交通建设规划也进行了相应的调整。为完善线网结构，提高网络服务水平：六号线东端延伸至燕塘与三号线换乘。六号线为东西向辅助线，线路全长29.5km，共设20座车站,西起沙贝金沙大道北端，向东南穿越荔湾区、越秀区、白云区，转至东北方向，止于高塘石，是中心组团内部的东西向辅助线，是加强中心组团与西北向、东北向客流连接的快速通道。为发挥线网的整体效益，建议六号线一期工程延长1站1区间至燕塘与三号线换乘。调整后的一期工程沙贝—燕塘段，全长约20.8km，设15座车站。一期工程计划于2006年底开工，2010年建成通车。一期工程的建设支持金沙洲居住新城的开发建设，同时能够有效改善旧城区交通状况。为实现市委、市政府在2010年将金沙洲建设成21世纪的示范性居住新城的目标，实现地铁、商业、居住、公交一体化的高效便捷综合居住体系的开发建设，需要轨道交通提前建设。计划六号线一期工程分两段建设，其中沙贝—大坦沙南段线路长4.2km，于2005年中开工，设想2008年底与五号线一期工程同步开通，在大坦沙南与五号线接驳，实现与广州市轨道交通线网的连接。该段的提前实施对于启动金沙洲居住新城的开发建设，促进大坦沙地区土地价值提升和加快发展具有非常重要的意义。大坦沙南—燕塘段线路长16.6km，于2006年底开工，2010年中开通。

2003年版与2005年版建设规划的比较表 **表2-1**

序号	名称	2003年规划方案	2005年调整方案	增减长度(km)	线路长度增减主要原因分析
1	一号线	西朗—广州东	西朗—广州东站	0	已建成运营
2	二、八号线	三元里—琶洲	三元里—琶洲	0	已建成运营
		琶洲—琶洲塔	琶洲—万胜围	0	正在建设，实现二号线与四号线的换乘
		嘉禾—三元里	嘉禾—三元里	9.49	配合旧白云机场地区的开发以及新客站的建设，二、八号线的拆解提前实施
		江南西—南浦岛，晓港—凤凰新村	江南西—新客站，晓港—凤凰新村	17.16	
3	三号线	广州东站—番禺广场站 天河客运站—体育西路站	广州东站—番禺广场站 天河客运站—体育西路站	0	正在建设
			新机场—广州东站	28.90	配合新白云机场的扩建及周边的发展
4	四号线	琶洲塔—新造	万胜围—新造	0	正在建设
		新造—黄阁	新造—黄阁	0.88	增加车站，线路微调
		黄洲—琶洲塔	奥林匹克—万胜围	3.2	配合亚运场馆（奥林匹克中心）及实现与五号线的换乘
			黄阁—冲尾	4.88	配合汽车城及南沙的发展
5	五号线	滘口—文园	滘口—文园	0.9	增加动物园站
6	六号线	沙贝—沙河	浔峰圩—燕塘	1.81	增加燕塘站，配合金沙洲的发展
7	七号线	西朗—小谷围	广州新客站—大石	-13.8	配合新客站的建设，同时考虑到线网的运营效益，不修建大石至小谷围段
8	九号线		汽车城—人和	17.4	配合新机场周边的规划及花都汽车城的发展
	合计	205.5	255	49.5	促进社会经济持续发展、配合亚运及支持花都、南沙汽车城等大型支柱产业的建设

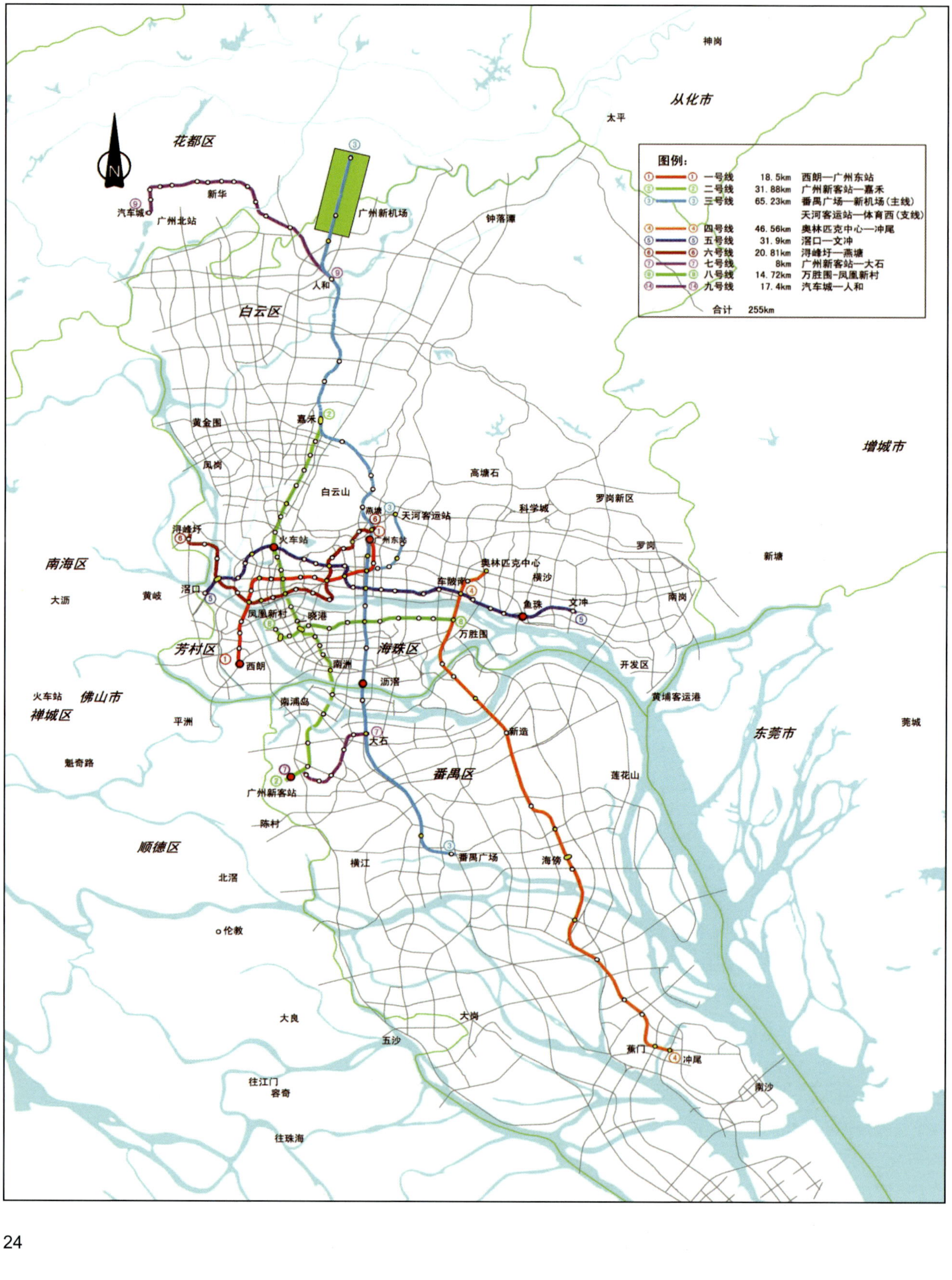

图例：

一号线	18.5km	西朗—广州东站
二号线	31.88km	广州新客站—嘉禾
三号线	65.23km	番禺广场—新机场（主线） 天河客运站—体育西（支线）
四号线	46.56km	奥林匹克中心—冲尾
五号线	31.9km	滘口—文冲
六号线	20.81km	浔峰圩—燕塘
七号线	8km	广州新客站—大石
八号线	14.72km	万胜围-凤凰新村
九号线	17.4km	汽车城—人和
合计	255km	

2005年总体组编制了《广州市轨道交通六号线首期工程(浔峰圩至燕塘段)工程可行性研究报告》。2005年年初此工可报告评审。本工程从规划的线路走向和经过的站点看，结合城市建设成熟程度分析，是一条客流导向性线路，是建于中心城区的轨道交通线网一、二、三、五号线建成基本网络之后的补充线，建设时序合

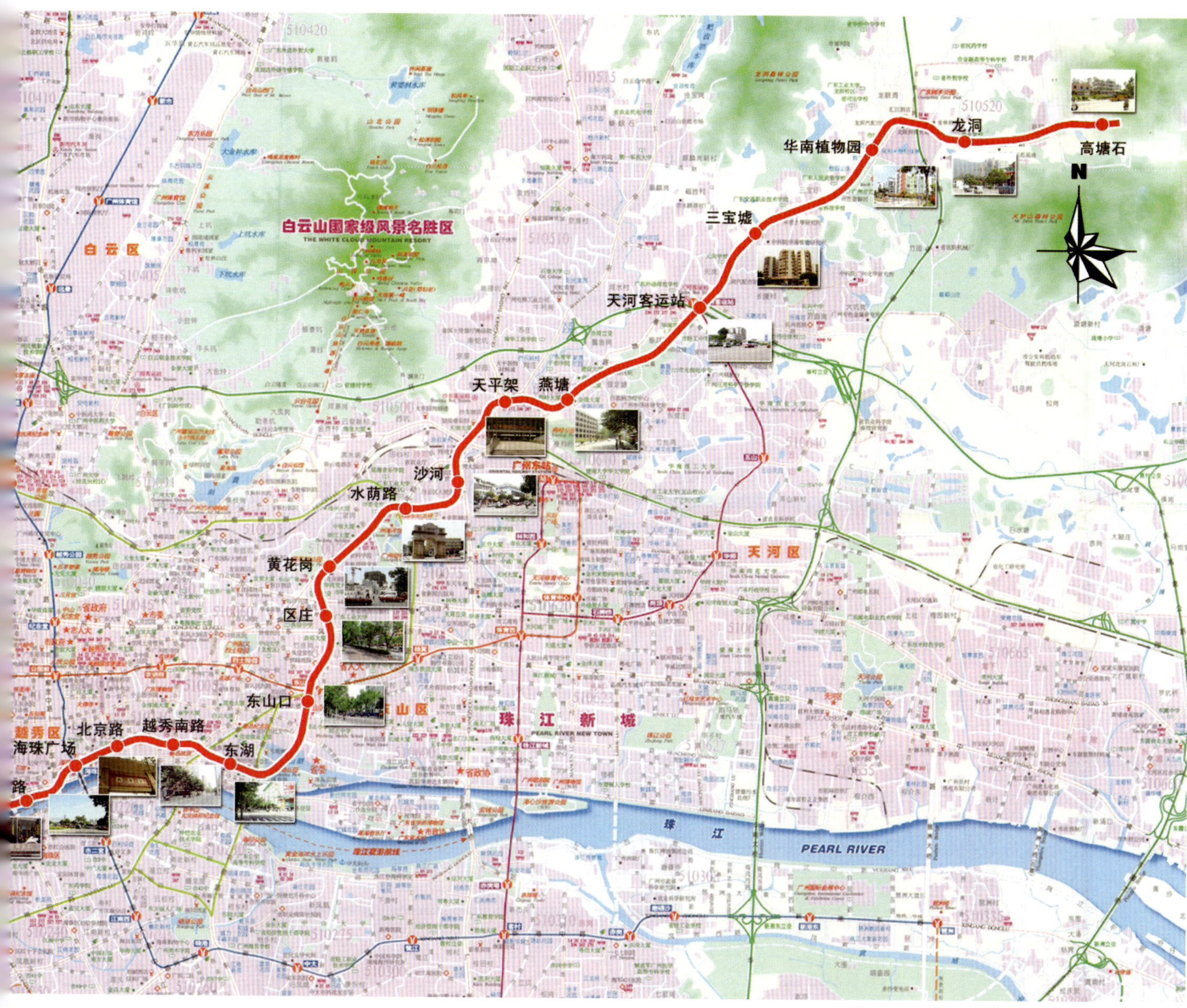

左图：2005年修订版建设规划示意图

右图：2005年工可客流预测线路及站点布设示意图

理，符合广州市轨道交通建设规划。从各站客流集散量分析，初、近期燕塘站在19个车站中，其早高峰和全日的集散量均占7%左右，仅次于海珠广场、东山口、黄沙站，名列第四位。说明燕塘站之后的车站集散量还比较大，不宜设为终点。从站点性质看，燕塘站之下一站即天河客运站，是重要的客流集散点，是轨道交通与城市交通的接驳点，也是与地铁三号线支线的交叉换乘点，对三号线有一定分流作用。为此建议，进一步研究论证该项首期工程的终点宜延伸至天河客运站的必要性和经济性。

2006年，由于工程起点发生变化、金沙洲范围车辆段选址及规模的重大调整，结合首期工程终点延伸的审查意见，总体组编制了《广州市轨道交通六号线首期工程(浔峰圩至高塘石段)工程可行性研究报告》。燕塘站延伸至高塘石站全线一次建设，可以解决车辆段和停车场用地，为六号线运营创造条件，可以改善天河区高塘石软件园的交通状况。2006年9月上海市隧道工程轨道交通设计研究院受国家发展和改革委员会委托评估第二版工可报告，评估单位认为：“燕塘站延伸至高塘石站全线一次建设，延伸线路长度增加了50%，初期全日乘客量仅增加16.6%，效益不明显，与正式批复同意的近期建设规划不相符合。为此，六号线按近期建设规划分期建设，并建议对延伸线的必要性和紧迫性作深一步分析研究。首期工程宜东延天河客运站、元岗两个站，以更好地与公交客运站、轨道交通三号线支线相接换乘。”评估单位同时也指出：“现六号线设高塘石车辆段、浔峰岗停车场的站场设置是合理的。但浔峰岗停车场用地太小，不能满足分期建设和全线建成后运营需要，应调整规划，并落实符合首期工程建设要求的停车场用地。”此次审查最终决定了首期工程的终点确定在元岗站（后改名为长湴站）。后经过第三次工可报告编制报批后，国家发展和改革委员会于2007年8月14日正式批复六号线首期工程。

2012年　2019年　2034年

100000　90000　80000　70000　60000　50000　40000　30000　20000　10000　0

A区　浔峰圩　沙贝　河沙　大坦沙　如意坊　黄沙　文化公园　一德路　海珠广场　北京路　越秀南路　东湖　东山口　区庄　黄花岗　水荫路　沙河　天平架　燕塘　天河客运站　三宝墟　华南植物园　龙洞　高塘石

2005年4月，经国务院批准，广州市撤销东山区，将其区域并入越秀区；撤销芳村区，将其区域并入荔湾区，新设立南沙区和萝岗区，行政区划的调整给广州市的经济发展带来了新的机遇。按广州长远战略规划，广州市区总人口控制在1400万～1500万人（其中萝岗区为76.5万，南沙区为60万），至2010年市区总人口控制在965万。2006年末，广州市全市户籍总人口为760.1万。2006年广州市地区生产总值（GDP）突破6000亿元大

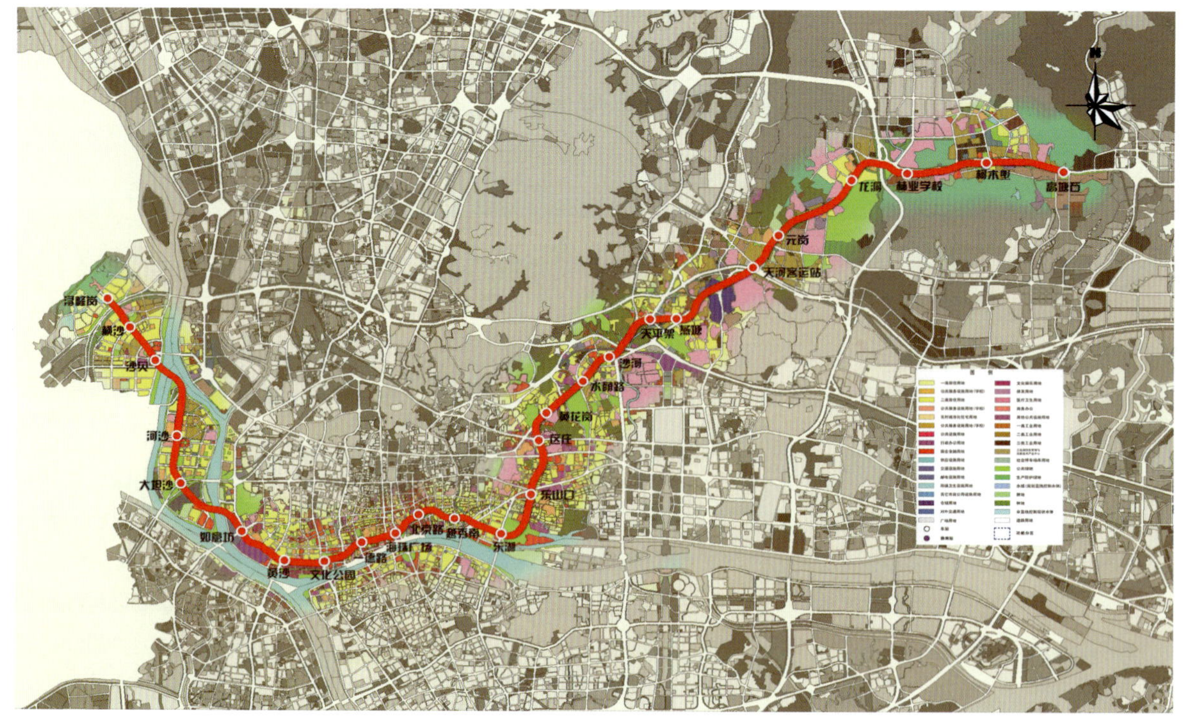

上图：各站客流集散量分析

下图：线路周边土地利用示意图

上图：广州市轨道交通六号线二期工程线路平面示意图

下图：原天河客运站至高塘石段规划线路图

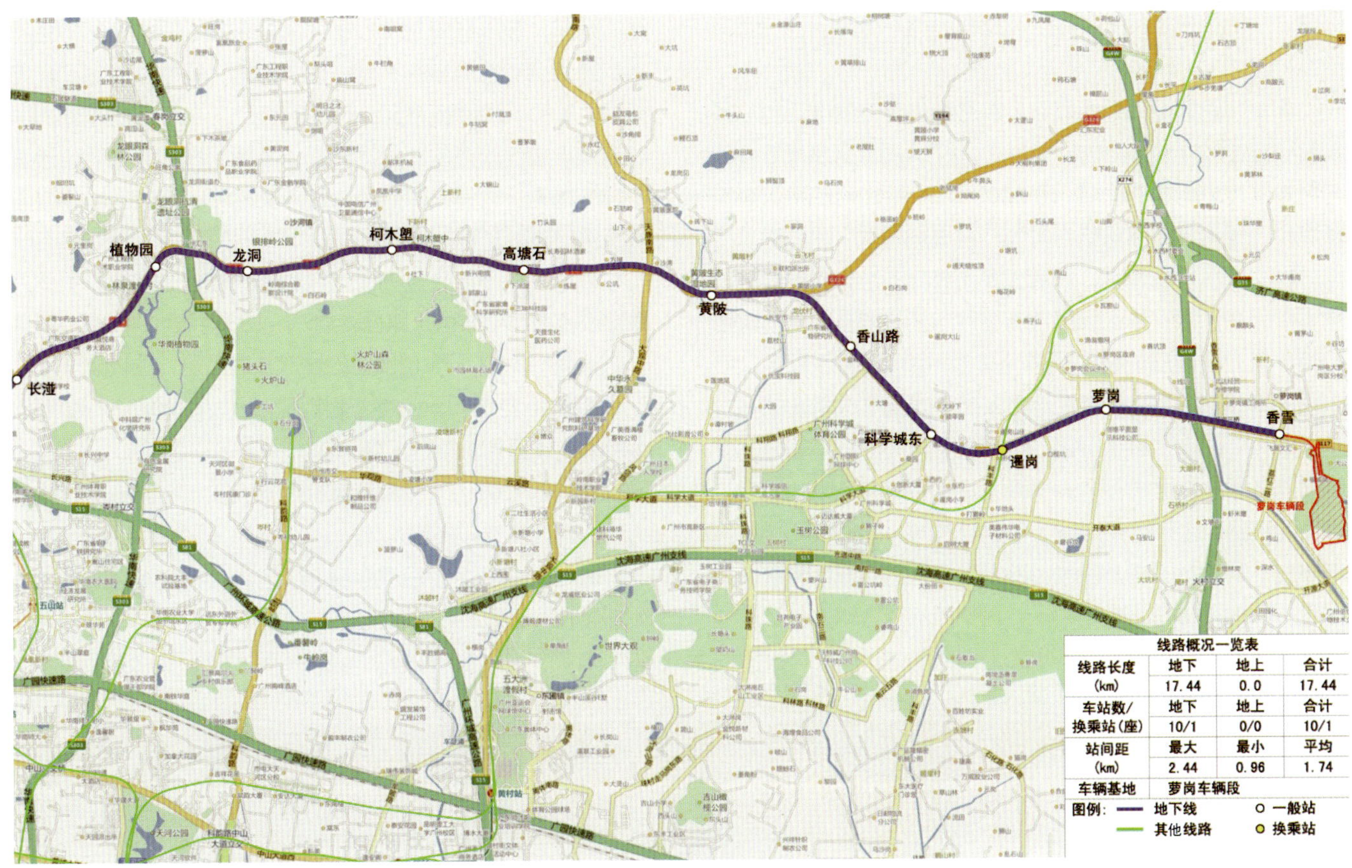

线路概况一览表

线路长度 (km)	地下	地上	合计
	17.44	0.0	17.44
车站数/换乘站(座)	地下	地上	合计
	10/1	0/0	10/1
站间距 (km)	最大	最小	平均
	2.44	0.96	1.74
车辆基地	萝岗车辆段		
图例：	地下线	○ 一般站	
	其他线路	● 换乘站	

关，达到6068.41亿元，按户籍人口换算，人均GDP超过1万美元。经济发展的良好态势为发展交通的投资力度奠定了基础。广州市的外围区域如萝岗、花都、番禺等的经济发展迅猛，中心城区与外围区域的客流交换也越来越频繁，客流量不断增加。地区产业人口的集聚，迫切需要加强与居住区以及城市中心区的联系。

2008年支持萝岗发展，六号线延伸至香雪，启动含六号线二期的建设规划。

2009年批复建设规划，六号线全长42km。

4.2 客流预测对系统选择的影响曲折

自第一轮建设规划阶段起，六号线的定位就确定为一条长度不超过32km的辅助线，由于行经的大部分区域都是现状已经发展比较成熟的区域，在2005年1月和10月的两次客流预测中，预测单位都将其归类为“客流疏导型”的线路。但与一、二、五号线相比，六号线吸引客流的能力相对偏弱，主要原因在于六号线的线路走向虽然与主要的公交客流走廊相符，但公交走廊的客流规模与其他3条线路相比较小。而且由于其线路曲折，使其在与多条骨干线路形成两次或多次的换乘中，形成了被“短路”的现象，流失了相当部分的长线客流，因此六号线在轨道线网中是一条带有补给性质的轨道交通线路。由于行经区域大多比较成熟，初期六号线的客流量就不低，全日客流超过40万人次，近期客流缓慢增长，客流规模超过50万。远期由于地面交通的紧张和轨道交通线网的完善，客流继续上升，最终客流量规模在65万人次/日左右。虽然全日客流量并不低，但“补给”的性质决定了平均乘距比较短，刚刚超过全线长度的四分之一,短乘距也使六号线很难形成比较高的客流高断面，高峰小时的最高客流断面出现在远期，介于2.7万～2.8万人次之间。客流高断面位于水荫路与沙河之间。

根据《广州市轨道交通六号线客流预测（调整）》（广州市交通规划研究所，2005.10），六号线建设范围为浔峰岗—高塘石的初、近、远期客流预测结果如下（表2-2）：

初期2012年，全日乘客量42.8万人次，高峰小时单向最大断面客流量为1.20万人次。

近期2019年，全日乘客量50.7万人次，高峰小时单向最大断面客流量为1.91万人次。

远期2034年，全日乘客量65.8万人次，高峰小时单向最大断面客流量为2.73万人次。

六号线各设计年度客流预测汇总表 表2-2

指标 \ 年份	2012年	2019年		2034年	
	数据	数据	增长幅度	数据	增长幅度
全日					
运营长度（km）	31.0	31.0	—	31.0	—
乘客量（万人次）	42.8	50.7	18.5%	65.8	29.8%
平均运距（km）	7.55	7.98	5.7%	8.49	6.4%
平均载客量（万人次/km）	1.38	1.64	18.5%	2.12	29.8%
早高峰					
运营长度（km）	31.0	31.0	—	31.0	—
乘客量（人次）	36504	54698	49.8%	71715	31.1%
最大单向断面流量（人次/小时）	11984	19068	59.1%	27275	43.1%
平均运距（km）	7.86	8.26	5.1%	8.77	6.2%
平均载客量（人次/km）	1178	1765	49.8%	2314	31.1%

根据客流预测的结论，六号线采用直线电机系统，4辆固定编组，各阶段设计运输能力见表2-3。

六号线设计运输能力表 **表2-3**

项目 \ 设计年度		初期 2012年	近期 2019年	远期 2034年
高峰小时单向最大断面流量（人次/h）		11984	19068	27275
车辆选型（最大运行速度90km/h）		直线电机车辆		
列车编组（辆/列）		4	4	4
列车定员（人/列）		916	916	916
高峰小时列车开行对数（对/h）	小交路	14	7	15
	大交路		14	15
高峰小时列车最小运行间隔（min）		4.2	2.8	2.0
运用列车配属（列）	小交路	27	8	17
	大交路		27	29
	合计	27	35	46
高峰小时单向最大设计输送能力（人次/h）		12824	19236	27480

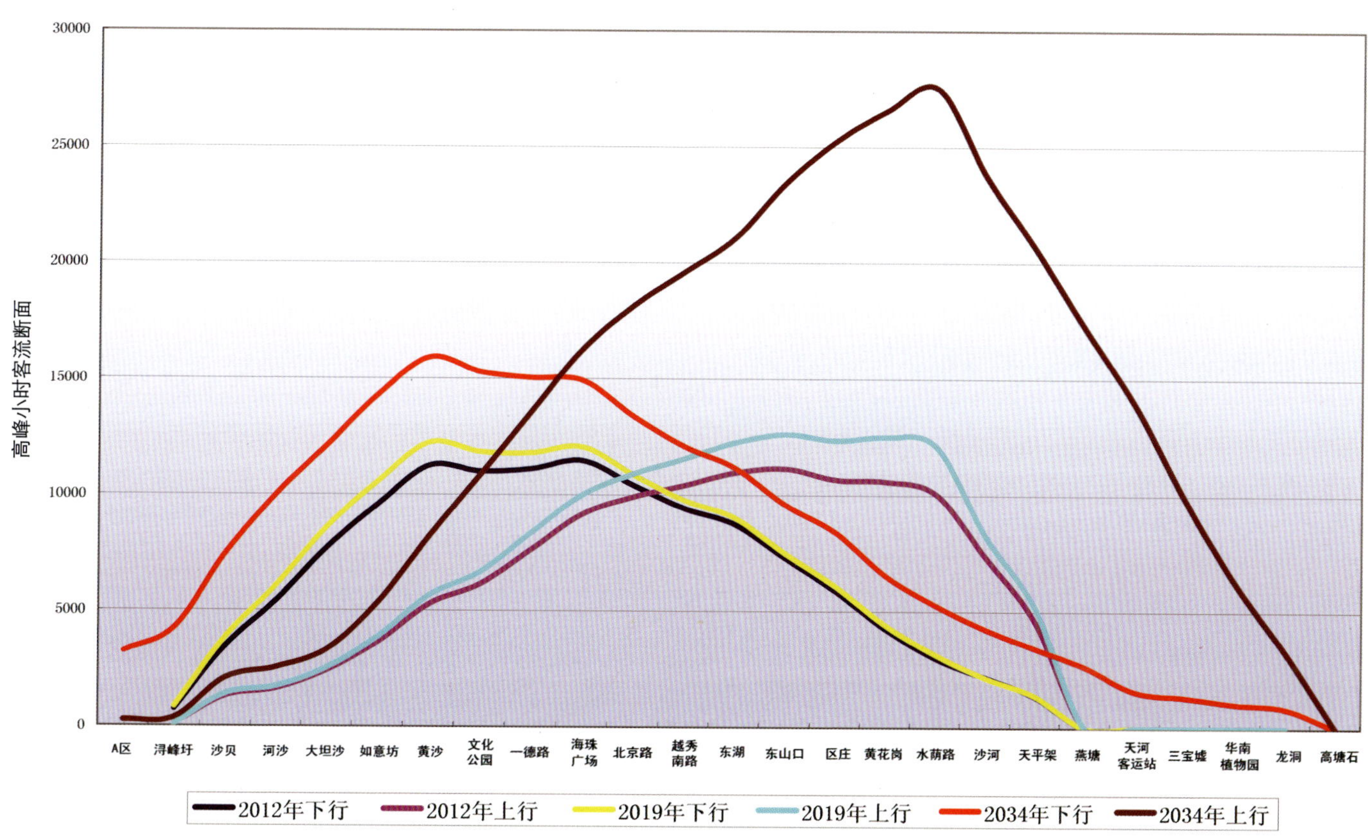

左图：原规则线路分年度客流预测高峰小时断面图

线网规划调整后，六号线远期延伸至萝岗，线路长度增加至42km，车站多了6个,建设范围调整为浔峰岗—萝岗，根据《广州市轨道交通六号线二期工程客流预测》（广州市交通规划研究所，2007.12），其初、近、中、远期客流预测结果如下（表2-4）：

初期2012年，全日乘客量53.2万人次，晚高峰小时单向最大断面客流量为1.15万人次。

近期2015年，全日乘客量66.3万人次，晚高峰小时单向最大断面客流量为1.69万人次。

中期2022年，全日乘客量90.9万人次，晚高峰小时单向最大断面客流量为2.36万人次。

远期2037年，全日乘客量115.9万人次，晚高峰小时单向最大断面客流量为3.27万人次。

预测年六号线客流总体指标 **表2-4**

指　标	2012年	2015年	2022年	2037年
客运量（人次/日）	531604	662752	909186	1158583
周转量（人次・km/日）	4422441	5564876	8167694	11259026
客流密度（万人次/km）	1.27	1.59	2.18	2.78
全日高峰断面（人次/日）	110096	128772	160952	201406
早高峰断面（人次/h）	11284	16849	23497	32339
晚高峰断面（人次/h）	11462	16853	23590	32698
平均乘距（km）	8.32	8.4	8.98	9.72

从表2-4可以看出，六号线的客流高峰发生在远期晚高峰，高峰小时高断面处于黄花岗—沙河顶间，为32698人次/小时。

如果六号线采用四辆固定编组直线电机系统方案，各阶段设计运输能力见表2-5。从表中的数据得知，4节编组的直线电机系统，在远期2037年高峰小时开行33对的情况下，运能只能达到3万人次，与3.2万人次的预测早高峰不匹配，存在运能不足的问题。远期设计运输能力小于客流断面需求，虽然远期客流发展的存在一定的不确定性及远期线网密度加密的可能，理论上采用33对/h也基本可以满足客流的需求。各方都在考虑在远期客流达到超员程度后，采用增加常规公交、拉长轨道交通高峰小时时间、引导乘客提前出行、拆除列车上的部分座椅增加站席数量等方式解决超员困境，以最大限度满足乘客需求。在六号线首期的建设过程中，自2008年后确定二期延伸，首期工程运能不足的问题始终困扰着项目建设业主和设计单位。

六号线系统设计运输能力表 **表2-5**

年限 项目	2012年	2015年	2022年	2037年
列车编组辆数（辆）	4	4	4	4
列车定员（人）	916	916	916	916
高峰小时开行列车对数（对）	14	14+7	18+9	33
最小行车间隔（s）	257	171	133	109
列车运用车数（列）	35	35+8=43	45+10=55	82
检修车		2	3	4
备用车		5	6	9
配属车（列）		50	64	95
早高峰最大断面客流量	11462	16853	23497	32698
单向设计最大运输能力（人）	12824	19236	24732	30228

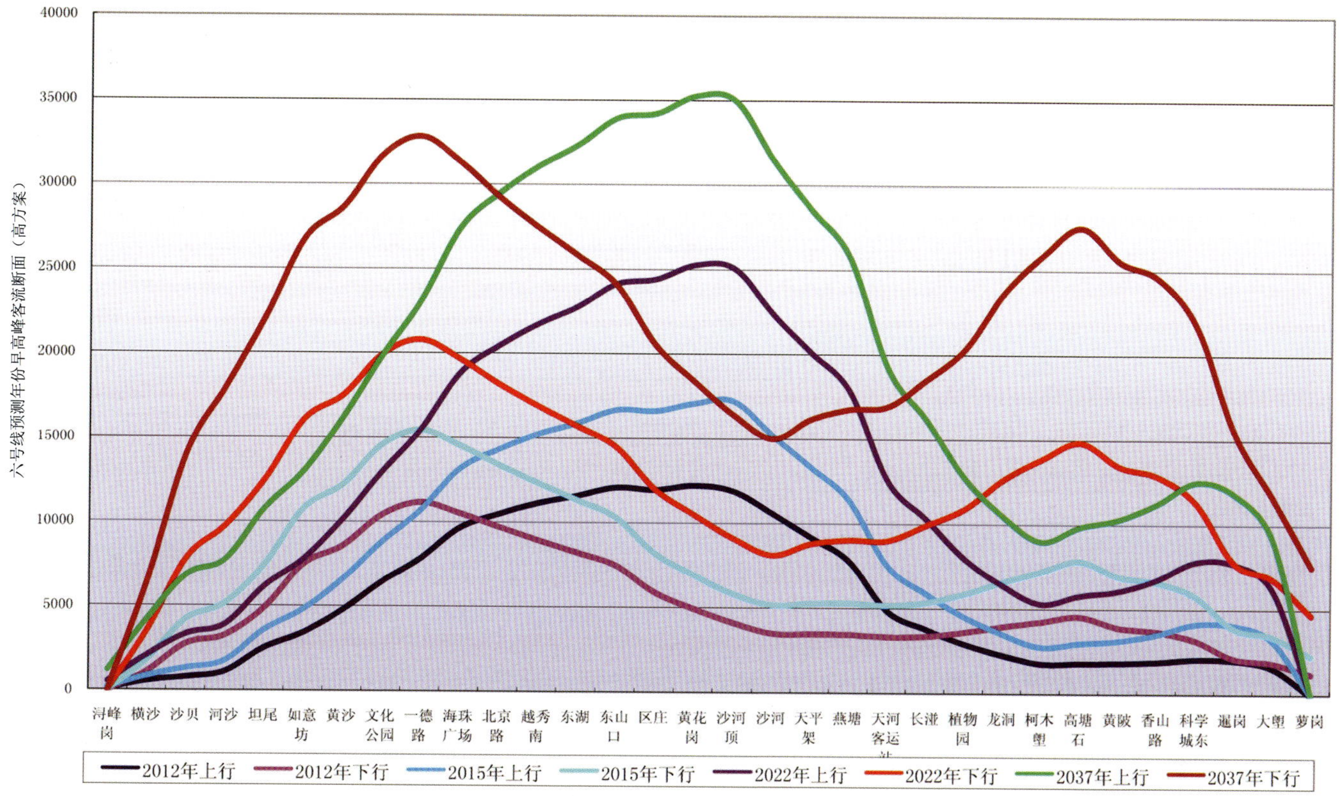

左图：六号线（浔峰岗—萝岗）客流预测研究

通常，在车型不变的前提下，提高系统运输能力有两种手段：一是加长列车编组，维持原有开行对数；二是列车编组不变，增加原有开行对数，提高系统运输能力。

（1）加长列车编组，维持原有开行对数

根据3.2万人次/h的最高客流断面，在30对/h行车量不变的情况下，六号线只有采用5辆编组或6辆编组才能满足预测客流规模。若采用5辆编组，远期设计能力按30对/h计算，远期设计输送能力可达到3.47万人次/h，较2.73万人次/h的客流预测值提高27%（系统输送能力可达到3.83万人次/h）。车站站台计算长度为90m，较4量辆编组列车长度增长18m；若采用6辆编组，远期设计能力按30对/h计算，系统设计能力按33对/h计算，远期设计输送能力可达到4.19万人次/h，较2.73万人次/h的客流预测值提高53%（系统输送能力可达到4.61万人次/h）。但加长列车编组后，车站站台计算长度为108m，较4量辆编组列车长度增长36m。这对已经开展土建实施的六号线而言，需进行改造车站、增加拆迁，部分车站站台端已经靠近或位于缓和曲线上，线路需要进行调整……存在审批、老城区拆迁、工程风险、废弃工程等多项、一系列巨大风险。追溯六号线当年的工程进展情况，浔峰岗—燕塘段已完成初步设计；河沙站—水荫路站的招标设计已完成；东湖站、北京路站、黄花岗站、越秀南站施工单位已经进场；黄沙站已开始基坑施工。此时扩大列车编组，虽然给既有走廊的客流增长留下了较大的空间，但会造成已开工工程的重大变更和全线工程设计变更，况且根据国家的建设审批流程，重大变化需要重新完成立项程序，影响极大。六号线最终扩编未能得以实施。

（2）列车编组不变，增加开行对数

如果在列车编组不变的前提下，六号线设计开行对数必须增加至35对/h才能满足预测客流规模，系统能力则应按40对/h进行设计。然而，提高开行对数后涉及折返站配线设计的变更和设备配套系统能力的提高。首先对起点站浔峰岗折返能力进行了改造，将其改为一岛一侧车站。对浔峰岗站的配线进行调整，以适应36对的折返能力。

对数增加：①需要增加浔峰岗、沙贝、一德路三座牵引

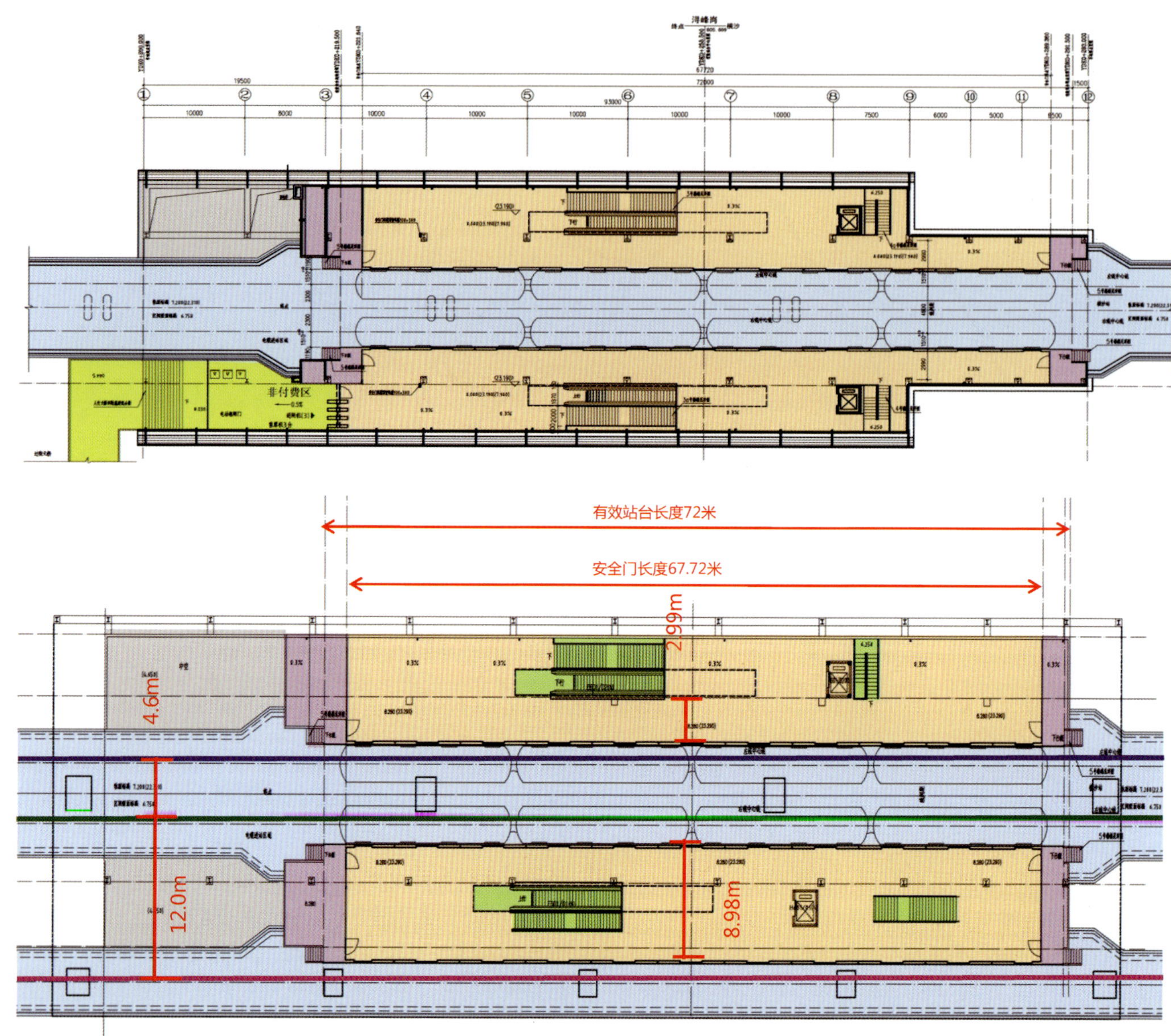

所；②19座地下车站隧道通风系统设备容量必须扩容、并增加相应车站土建投资及设备投资；③对地下车站进行改造，增加大坦沙—如意坊区间中间风井，并对增加的车站活塞风井、区间中间风井重新征地、报建；④AFC系统，由于车站站厅面积范围有限，北京路、东湖站、区庄站 、天平架站、天河客运站均有3～4台闸机改为双向通道。

当时浔峰岗车站（高架站）尚未开工，最终确定浔峰岗的配线已变更为一岛一侧站型（起点站的折返能力可以提高），但由于大坦沙—如意坊区间和部分需要改造的地下车站已完成主体结构工程或已完成围护结构工程，难于实现调整。

上图：浔峰岗站原方案

下图：浔峰岗站实施方案

（3）将解决办法纳入到二期的措施中

初、近期：六号线首期工程浔峰岗－长湴段与二期工程长湴－香雪段贯通运营。

远期：预留在二期延伸的植物园站对六号线进行拆分的条件。若未来线网加密，客流增长未突破六号线系统运能，维持贯通运营不变；若客流增长突破六号线的系统运能，则在植物园站对六号线进行拆分，形成两条独立线路运营，两线在植物园站换乘。植物园站以西车站按4辆编组控制车站土建规模；植物园站及以东车站土建工程按6辆编组控制规模。

4.3 直线电机车辆招标的曲折

① 2008年1月18日，中招国际招标有限公司受总公司委托，在国际招标网发标，招标车辆数为108辆（27列，4节编组直线电机列车）。

② 2008年4月21日～4月25日，完成项目评标。长春轨道客车股份有限公司（以下简称“长客”）以综合得分第一名成为第一中标候选人，中标金额为每辆车折合人民币近1000万元。2008年4月30日，评标报告通过招领会审查。

③ 完成招标后，与长客历经5轮合同澄清，由于长客表示原成熟的原型电机不能符合列车启动加速度要求，需要重新开发电机，并提出希望对其商务补偿。2009年3月31日，总公司经综合考虑，决定重新招标，2009年5月8日，广州市机电产品进出口办公室同意重新招标。

④ 2009年12月14日，在国际招标网发标，六号线一期、二期车辆捆绑招标，招标车辆数为196辆（49列，4节编组直线电机列车）。

⑤ 2010年1月22日~1月25日，完成项目评标，南车青岛四方机车车辆股份有限公司与伊藤忠商事株式会社组成的联合体以综合得分第一名成为第一中标候选人，中标金额为每辆车人民币800多万元。2010年2月3日，评标报告通过招领会审查。

⑥ 2010年4月26日，总公司与南车四方机车车辆股份有限公司和伊藤忠商事株式会社组成的联合体签署合同。

⑦ 2010年6月21日～2010年7月2日，完成第一设计联络；2010年8月30日至2010年9月15日，完成第二次设计联络；2010年11月29日至2010年12月11日，完成设计审查。

⑧ 2011年10月，第一列车运抵广州。

⑨ 至2013年12月底六号线一期开通，完成40列车到货与调试。

4.4 线路选线的曲折

4.4.1 金沙洲区域线路方案比选

为了配合金沙洲居住新城的开发建设，结合规划部门的意见，对该区域的线路走向进行多方案比选。

方案一：U路方案。线路由大坦沙北端折向西，沿规划U路行进，在规划区域商业中心处设一座车站，然后继续沿规划U路行进，穿越环城高速公路，在沙贝立交南侧设站。线路预留向A区延伸条件。

方案二：南海建设大道方案。线路由大坦沙北端走规划公路桥梁至南海建设大道，经规划60m宽二环路至城西花园西侧，于F区、城西花园分别设站，并预留向A区延伸条件。

方案三：金沙大道方案。线路由大坦沙北端走规划公路桥梁过沙贝海，过江后沿现状金沙大道向西北方向行进，于金沙洲大桥西侧设站，在城西花园设站，线路上跨环城高速公路后在环城高速公路北侧设站，后进入停车场，无预留向A区延伸条件。

各线路方案见下图。

分析各线路方案，方案一线路最长，照顾不到现状客流，不推荐采用；方案二对现状客流、规划客流均能照顾，但线路距离规划预留停车场位置较远，出入段线接线较长；方案三线路最短，虽然与规划配合不如方案二，但金沙大道为金沙洲出行客流主通道，对客流覆盖好，且本方案接入停车场的条件较好。因此，推荐采用方案三。

下图：金沙洲区域线路方案比选示意图

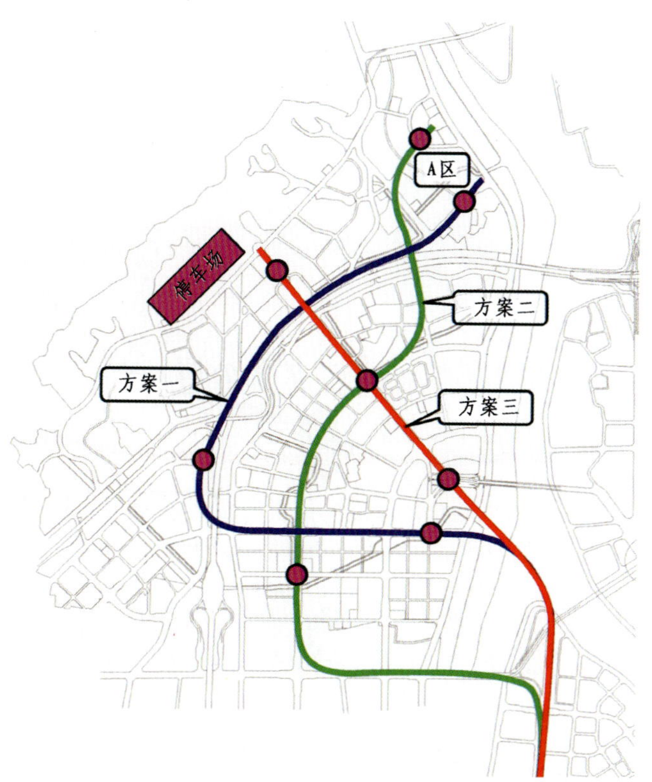

4.4.2 黄沙至海珠广场段线路方案比选

该段线路穿越荔湾、越秀老城区，道路曲折狭窄，除六二三路外，现状道路宽度仅8～15m，房屋大多临街而建，高层建筑星罗棋布，沿江地带软弱地层深厚、地下水丰富，水文地质条件复杂。为充分研究该区域线路站位的合理性、可行性，结合线网对六号线的功能定位，对该区域的线路走向进行了充分比选，主要形成以下两类路由。

方案一：经六二三路、文化公园、一德路，到达海珠广场。

线路沿六二三路行进，在文化公园西南侧设站，后下穿文化公园、人民南路高架桥及部分房屋后转入一德路沿路东行，在海珠南路与一德路路口设站，继续沿一德路向东前进至海珠广场设站。

方案二：线路沿六二三路行进，在文化公园西南侧设站，沿西堤二马路东行，穿越人民南路高架桥、西濠二马路南侧房屋，到达沿江西路，在海珠南路东侧设站，继续向东前进，在解放南路折向东北，设海珠广场站。

该方案走沿江西路，沿江西路车行道宽12m，车行道下埋4m×2.4m（宽×高）的市政渠箱，渠箱基础为桩基础；靠江侧人行道在珠江两岸景观工程中改造为架空平台，采用钻孔灌注桩，平台采用钢筋混凝土板。沿江西路北侧为爱群大厦、工商银行、建设银行等多处高层，其中爱群大厦紧贴车行道布置。线路范围珠江堤岸主要为混凝土挡土墙防护，间有花岗岩条石，其基础为抛石或充填土，局部为木桩。挡土墙高度一般3.3～5.8m，基底场地位于珠江河流堆积阶地，地面以下土层主要为：新近海陆交互相淤积层（Q4ml），近代海陆交互相冲积层（Q3mc）、陆相冲积层（Q3al）、残积层（Qel），下伏基岩为白垩系东湖断泥岩、泥灰岩（K2 S2a）。

采用方案二路由工程实施极为困难：沿江西路车行道宽12m，双线车站基坑宽度约23m，已进入珠江水域，破坏珠

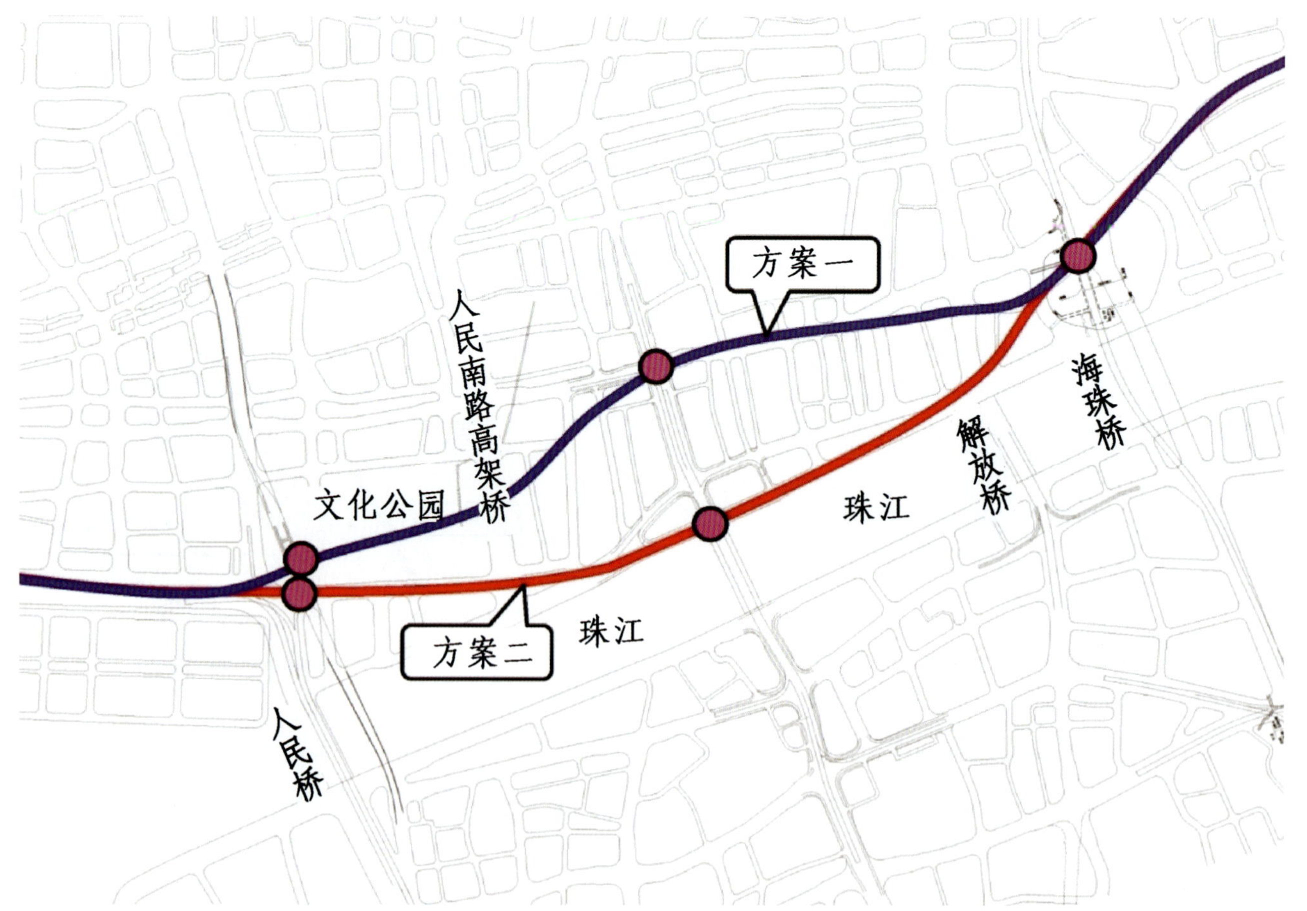

右图：黄沙至海珠广场段线路方案比选示意图

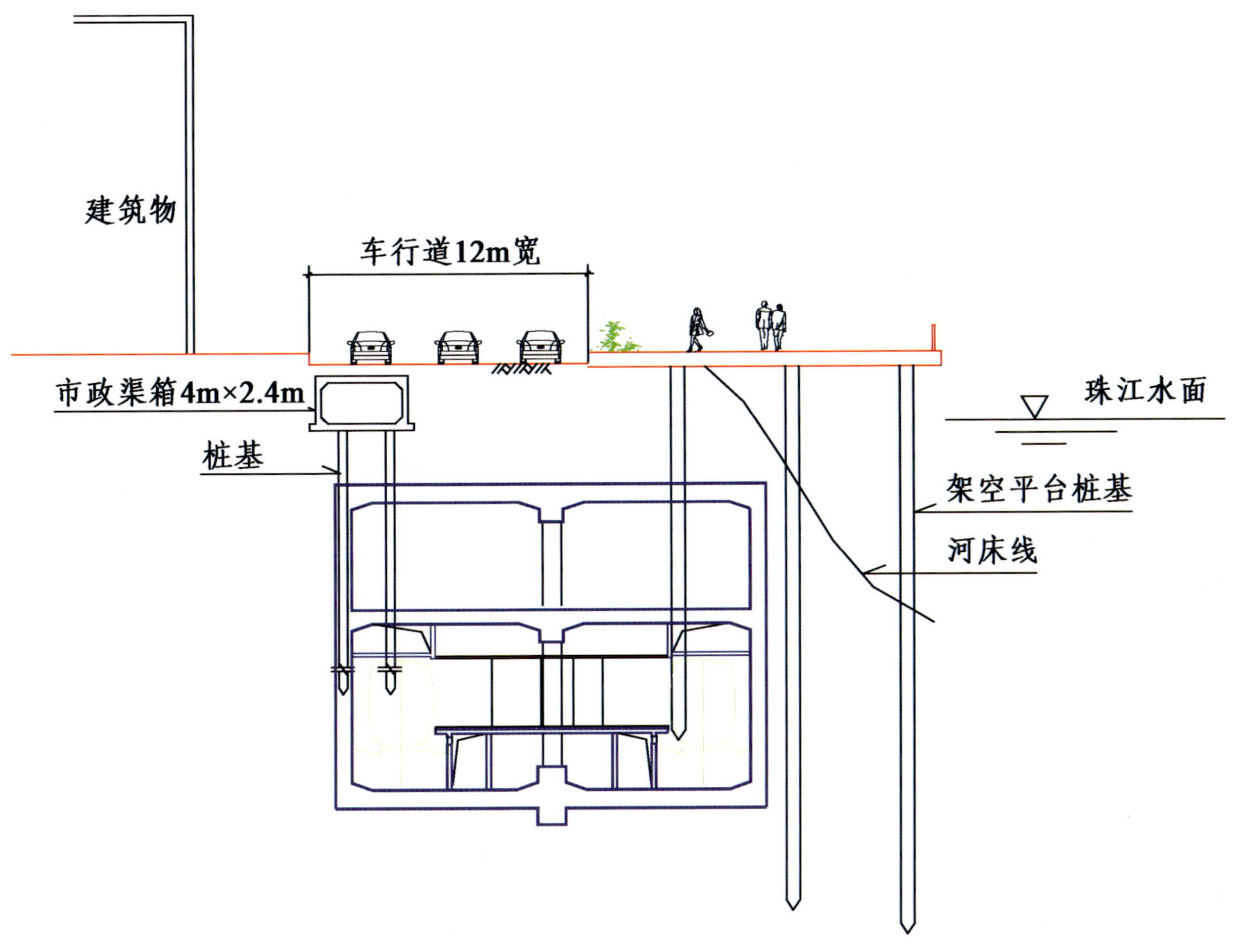

左图：沿江路车站横断面示意图

江堤岸；市政渠箱、珠江两岸景观工程均是近年实施完成的市政工程，拆除重建存在很大困难；场地地质条件差，将付出很大的工程代价及存在很大工程风险；施工期间将中断沿江西路交通。同时，设站在沿江西路，只有半边客流覆盖范围，对一德路、海珠南路等老街区客流吸引差。因此，不推荐采用方案二线路方案（即沿江西路方案），推荐采用方案一。

4.4.3　东湖至东山口段线路方案比选

方案一：线路出东湖站后沿绿荫路行进，折向东北，穿东湖路、东湖公园，经合群西路，到达龟岗路。

二沙岛由西至东分布有广东体育馆、星海音乐厅、广东华侨博物馆、广东美术馆等多处文化体育公用事业机构，《广州市轨道交通线网规划》考虑六号线经过二沙岛，以照顾二沙岛客流。为论证六号线在二沙岛区域线路走向的合理性、可行性，对以下两个线路方案进行比选。

方案二：线路出东湖站后沿绿荫路行进，折向东南，穿东湖路、海印桥引桥、东湖公园西南侧部分房屋、二沙河，到达二沙岛西部岛尖并在广东体育馆下设站。出站后，线路折向北穿二沙河、东湖公园及新河浦路南侧房屋后到达龟岗路，与贯通方案汇合。该方案线路长2.2km，设车站1座。

方案三：线路出东湖站后沿绿荫路行进，穿东湖路、海印桥引桥后，折向东南，过东山湖公园、二沙河后，沿大通路行进，在广东体育馆一侧设站。出站后，在新世界棕榈园侧折向烟雨路，在星海音乐厅西侧设站。设站后，线路以小半径回转曲线折回西北，沿新河浦路到达龟岗路，与贯通方案汇合。该方案线路长4.2km，设车站2座。

右图：东湖至东山口段线路方案比选示意图

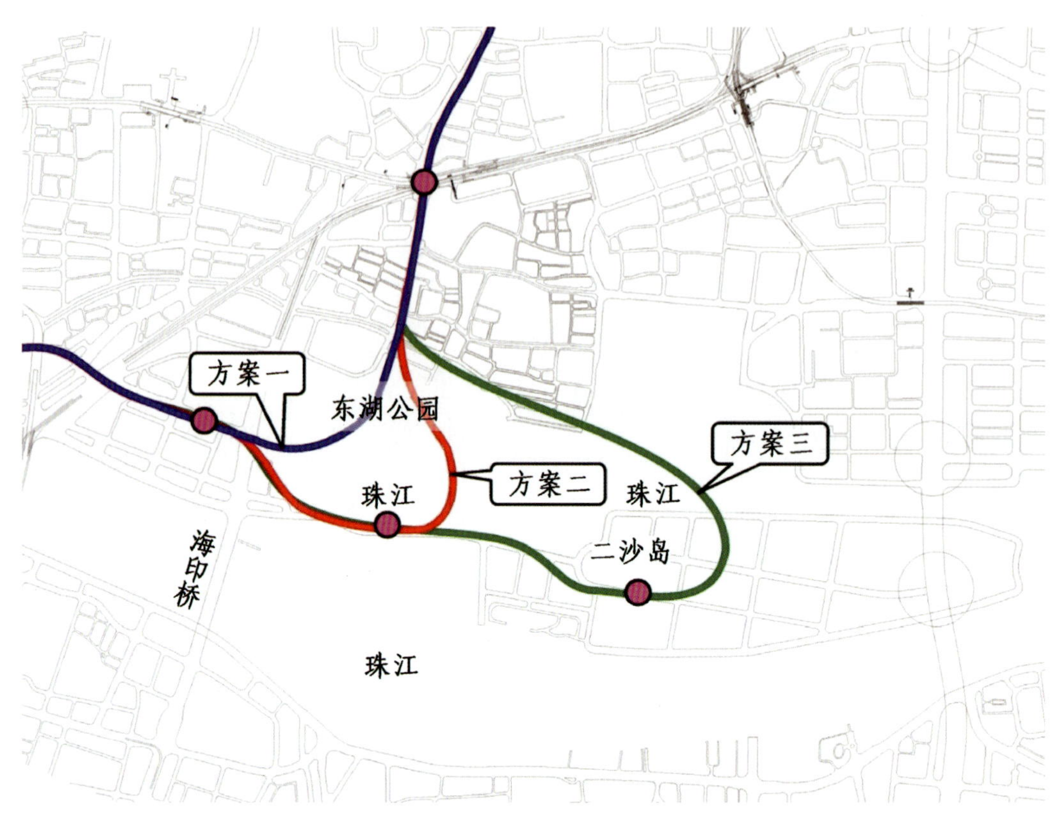

东湖至东山口段线路方案比较表 表2-6

方案 比较内容	方 案 一	方 案 二	方 案 三
路由	过东山湖公园，经合群西路，到龟岗路	过东山湖公园，在广东体育馆北侧设站，到龟岗路	过东山湖公园，经广东体育馆北侧，在星海音乐厅东北侧设站，到龟岗路
线路长度（km）	1.1	2.2	4.2
二沙岛车站（个）	0	1	2
站位对二沙岛客流吸引的影响	没有直接照顾	能照顾二沙岛西端客流	站位覆盖了二沙岛大部分区域，客流照顾好
线路技术条件	线路条件好（2个曲线，无≤300m的曲线）	线路条件较差（4个曲线，其中1个200m的曲线）	线路条件差（7个曲线，其中2个200m的曲线）
施工条件	最好，穿越房屋少，不需穿越珠江	差，穿越房屋多； 2次穿越珠江； 在江边设站，施工条件差	最差，穿越新河浦路两侧大量房屋； 2次穿越珠江
综合投资估算（亿元）	2.7	7.9	15.5

通过上述比较可知，方案一线路条件最优，工程投资最少，但未能服务二沙岛客流。方案二仅在广东体育馆一侧设站，线路比方案一长1.1km，工程投资增加5.2亿元，但站位覆盖面仅限于西端，未能服务到二沙岛中心区域，意义不大。而进入到二沙岛中心区域的方案三将引起线路增加3.1km，增加工程投资12.8亿元，同时，线路的小半径曲线将造成运

营条件差。考虑到二沙岛客流有限，综合考虑各因素，推荐六号线不进入二沙岛。东湖站预留与二沙岛线的换乘条件。

4.4.4 沙河顶至沙河段线路比选

方案一线路沿先烈东路敷设，在先烈东路与广州大道路口西北角地块内设站，后转入广州大道沿道路向东敷设。六号线与十一号线在沙河站换乘，十一号线沙河站位于先烈东路道路上，两线平行换乘。

由于六号线沙河站位于地块内，拆迁量大，对该段线路作沿水荫路、水荫四横路、广州大道的线路方案比选。

方案二线路经水荫路、水荫四横路，到达广州大道，后与方案一路由一致。六号线沙河站设置于先烈东路与广州大道路口西南角的道路上，为L形换乘形式，六号线位于上层，十一号线位于下层。该方案六号线车站位于广州大道上，施工时影响南北向的广州大道、东西向禺东西路。

沙河站位方案比较表 表2-7

比较内容 \ 方案	方 案 一	方 案 二
路由	先烈路—房屋群—广州大道	先烈路—水荫路、水荫四横路—广州大道
线路长度（km）	2.1	2.5
站位的客流吸引强度	好	好
线路技术条件	线路条件好 无小半径曲线	线路条件差 有3个200m的曲线
施工条件	线路需穿越0.6km的房屋群；站位位于低矮房屋群，车站位于地块内，拆迁量较大，主要为B、C类房屋，拆迁面积约14000m²。	线路需穿越0.8km的房屋群
对道路交通的影响	换乘站沙河站设置于先烈东路北侧地块内，对道路交通影响很小	车站施工对广州大道、禺东西路交通影响较大
结论	推荐采用	不推荐

通过上述比较，可知方案一线路短，线路条件好，对道路交通影响小，区间穿越房屋少，虽然站位施工拆迁量较大，但所拆迁房屋均为破旧、低矮房屋，大部分为B、C类建筑，符合城市规划要求，推荐采用。

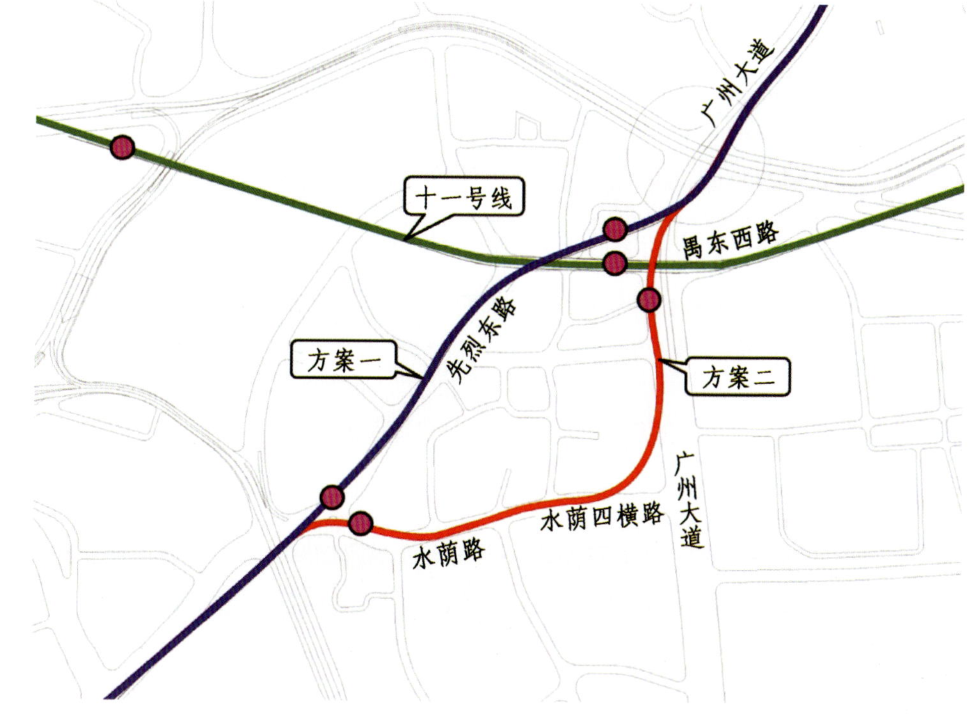

左图：沙河站位方案比选示意图

上　图：基岩地质图

下三图：地质纵断面图

4.5　地质条件复杂和工法选择

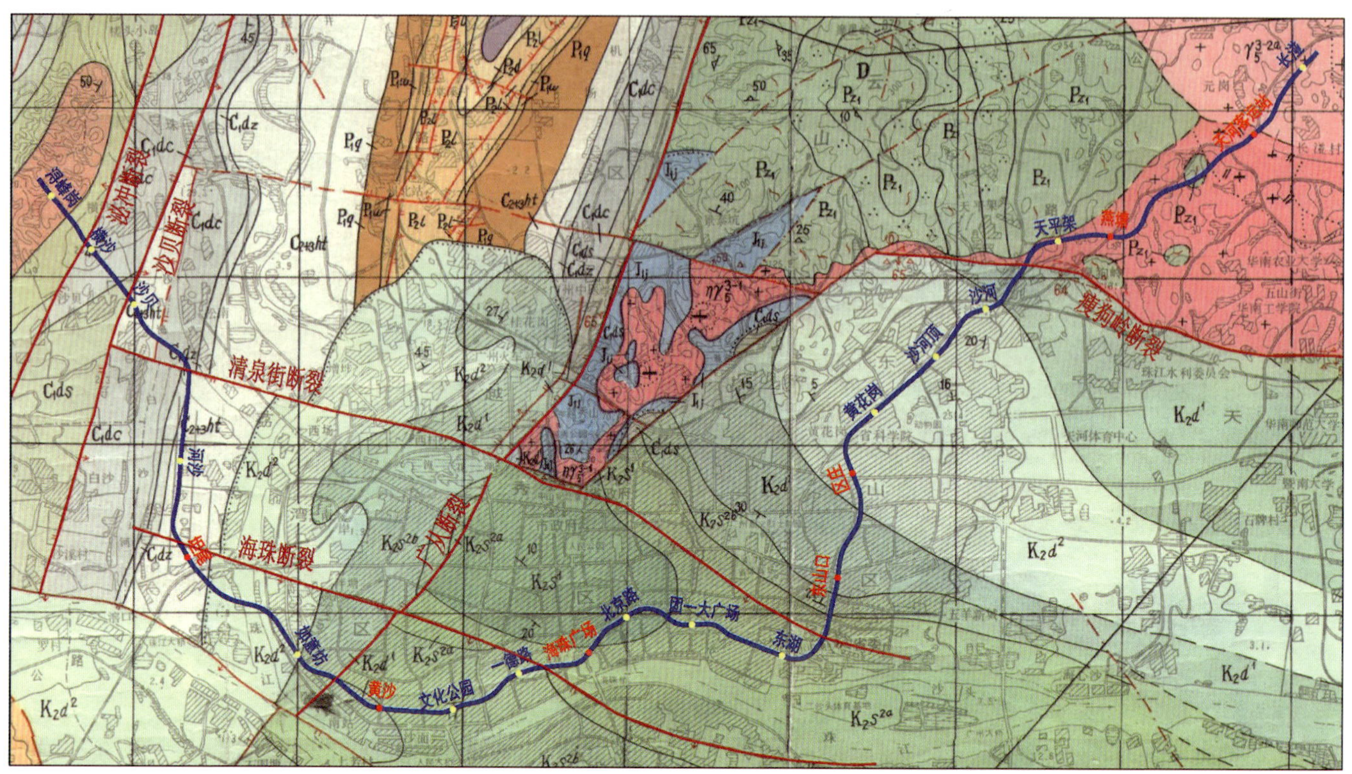

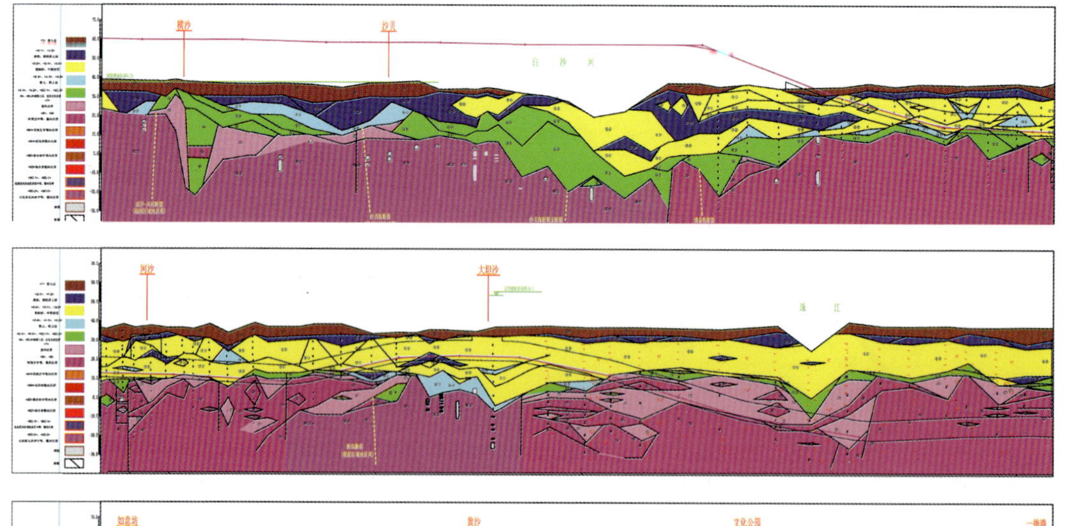

六号线共7次穿越6条断裂带（泌冲断裂、沙贝断裂、清泉街断裂、海珠断裂、广从断裂、瘦狗岭断裂），通过2个褶皱（荔湾背斜、天河向斜）。揭露3个地质时代岩性（石岩系沉积岩、白垩系沉积岩、燕山期侵入花岗岩）。沿线广泛分布岩溶、淤泥、淤泥质粉砂岩、联系珠江水系的富水砂层、花岗岩残积土。

不良地质及特殊岩土发育主要有9类：①软土压缩性高，承载力低；②砂土液化；③横沙至沙贝以及大坦沙岛一带的灰岩和局部砾岩中发育溶洞；④风化岩和残积土遇水软化崩解；⑤花岗岩区发育球状风化体；⑥风化深槽；⑦碎屑岩中发育软弱夹层和溶蚀空洞；⑧断裂破碎带；⑨岩层不整合接触等。

赋存第四系土层孔隙水、基岩层状块状风化裂隙承压水、碳酸盐岩类裂隙溶洞水、构造裂隙承压水等多种地下水。

存在桥、特大桥、冷冻法、溶洞土洞地段盾构、全断面砂层盾构、淤泥层及砂层较厚情况下的大断面暗挖、花岗岩残积土内暗挖、先隧道后站、明暗结合车站设计、矩形顶管等多种工法。

4.6 高架区间桥型和梁型选择

作为六号线唯一位于地上的区间段，在结构选型时不仅仅要考虑安全性、耐久性等方面的因素，美学也是需要充分考虑的因素。

六号线典型高架采用预制节段双薄壁墩的结构形式，主梁梁高均为2m，最大跨度40m，最小跨度30m，一般三跨一联，少数四跨或者两跨一联。桥墩采用双薄壁墩，高度一般为8～12m，壁厚有0.6m和0.7m两种，墩中心间距为1.9m。

4.6.1 主梁的长细比

六号线典型高架采用等高梁，梁底线与桥面线平行，结构形式为多跨连续刚构。六号线典型高架梁高为2m，其跨度为30～40m，长细比15～20。下图为几种不同长细比的梁桥形态。

从上边几种不同梁的长细比的比较中可以看出：主梁长细比为15或20时，主梁显得纤细，比例和谐令人较为满意。

4.6.2 主梁断面

六号线高架采用斜腹板箱型断面，桥面全宽9.3m,底宽2.4m。由于其腹板斜率较大，其效果可充当悬臂效果 $b\approx 2h$，这样使整个梁都处于阴影之中，梁体远远往后退缩，减弱了梁高，增加了纤细的轻盈感。

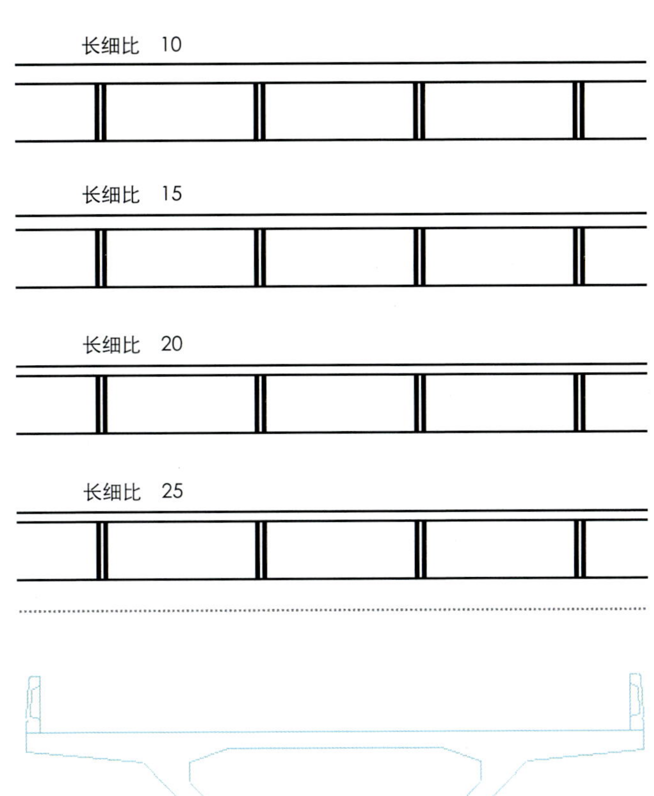

上图：主梁长细比示意

下图：典型高架效果图

上两图：六号线高架桥墩立面造型

下四图：六号线高架桥墩及墩梁结合效果图

主梁断面形状：将箱梁外侧腹板做成倾斜倒梯形断面。这样使梁高对视觉的冲击最小。

六号线高架采用斜腹板箱梁达到了较好的景观效果。

4.6.3 典型高架桥墩

六号线高架桥墩采用双薄壁墩的结构形式，其立面造型如下：

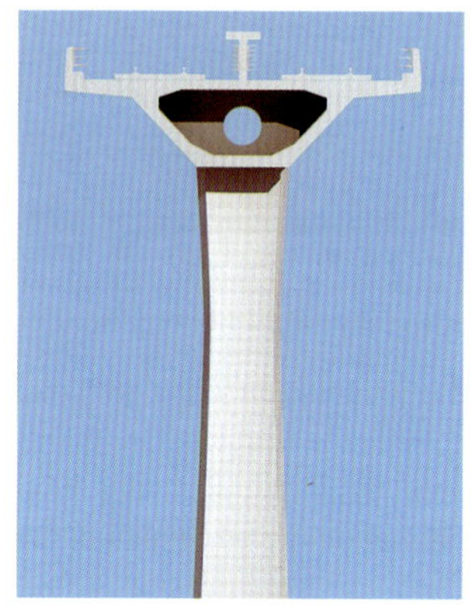

桥墩立面宽度以1：20的坡度由上往下从2.4m逐渐收缩到2m宽度，然后以1：30不变的坡度逐渐变宽。其侧面造型保持0.7m宽度不变。

桥墩上下采取同一宽度则容易产生立面线条单调呆板的感觉。但是改为采取上下宽度变化的处理方式，增加了桥墩活泼、生动的美感。且第一段变化段高度均为4m高度，这样在变化中蕴涵着不变，使不同高度的桥墩看上去仍有整齐划一的感觉。

从上面可以看出，采取凹入处理可以增加阴影效果，使桥墩显得更为轻巧。

六号线高架采用连续刚构结构形式，墩梁固结，在墩梁相接处视觉上也取得了比较好的效果，整体感觉处理的也很干净。

经过以上论述，六号线高架桥梁具有以下几个美学特点：

① 简洁明快。

六号线高架桥梁结构形式综合起来只有两种：典型高架和跨线Y构，均采用了刚构的结构形式，白沙河大桥为系杆拱桥，全线结构形式简洁。

刚构墩梁固结，桥梁造型及各部分关系简洁流畅，力的传递一目了然；白沙河大桥主要组成部分也仅为刚构、主拱和主梁三大部分，而且三者连接也均采取固结处理，无多余构件，结构组合明快，力的传递一目了然。

② 轻巧纤细。

全线主梁采用了斜腹板箱梁，底部宽度均为2.4m，对两侧桥下道路全然没有压迫感。桥墩立面造型虽有几种，但是其宽度均在2.4m左右，对两侧行车视线阻碍可减少到最小。

因此六号线高架结构在主梁断面、梁高视觉及桥墩的体量等方面的处理上均做到了纤细轻巧。

③ 连续流畅。

连续流畅主要指对桥梁正视时，水平方向呈直线或曲线延伸，从桥的一端流畅地达到另一端。

六号线高架桥梁跨径不同，但是全线梁高及截面形状均保持一致，在视觉上无跳跃感，产生了非常好的连续流畅的美学效果。

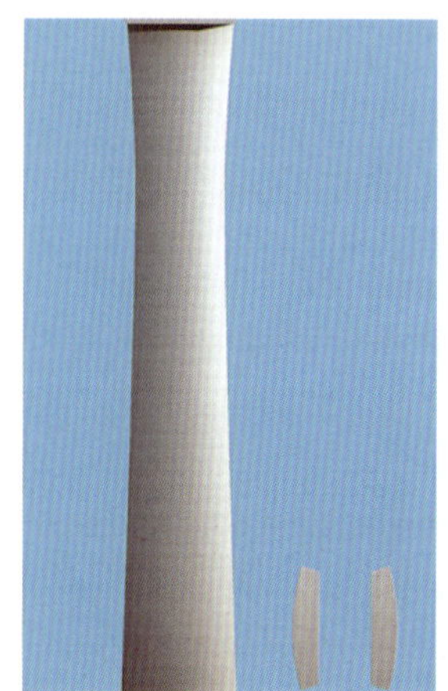

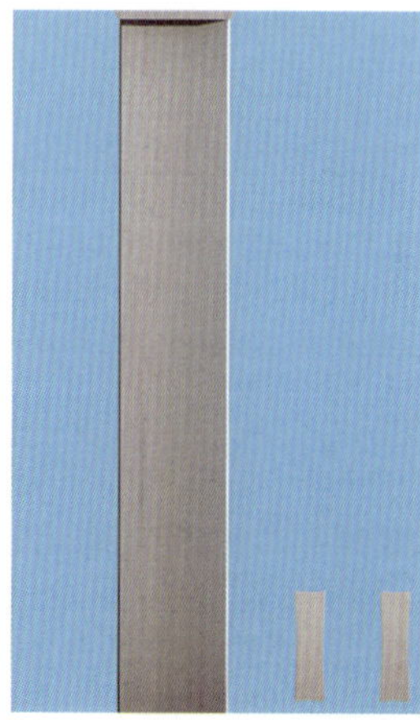

4.7 前期征拆、交通疏解、管线迁改难度巨大

广州市轨道交通六号线高架区间西起于金沙洲浔峰岗附近。线路从浔峰岗站后出入线起，向东南向延伸，跨过北环高速，后沿金沙洲路行进，到达沙贝村后过江（白沙河），到达大坦沙北端，沿南北向规划道路行进，在河沙进入地下接地下隧道。

（1）穿越北环

跨北环高速桥为浔峰岗—横沙站区间的关键节点，基础采用嵌岩桩设计，桥墩梁采用Y形刚构体系，梁面采用预制拼装节段梁,尽量降低高架施工对北环高速的影响，为了保证Y构悬臂和节段梁架设的安全施工，需占用北环高速部分路段，设置临时支架。

北环是环城高速公路最繁忙的路段，跨北环高架Y构在浔峰岗金沙洲大道起点附近上跨北环高速公路，Y构跨径布置为40m+60m+40m，中跨60m一跨跨越北环高速公路，跨越北环高速公路的轨道交通6号线里程范围为YDK0+532.400～YDK0+592.400，与北环高速公路的相交里程为YDK0+561.187，平面相交角度为87.5度。桥下北环高速公路设计车速为100km/h，双向八车道。

我方根据相关权属部门要求，将我方设计专项方案（包括基础、桥墩、主梁施工等全部内容）、施工专项方案（现浇施工、预制架设施工等）、安全保障措施、应急预案报送指定评审部门进行专项评估，最终获得相关部门认可。

（2）跨越珠江白沙河

白沙河大桥考虑本桥通航和水文特点,在进行桥跨选择和布设时，从以下几个方面着手:

① 白沙河属国家Ⅳ级航道，在现有规划路线的情况下，

下图：线路穿越北环高速段示意图

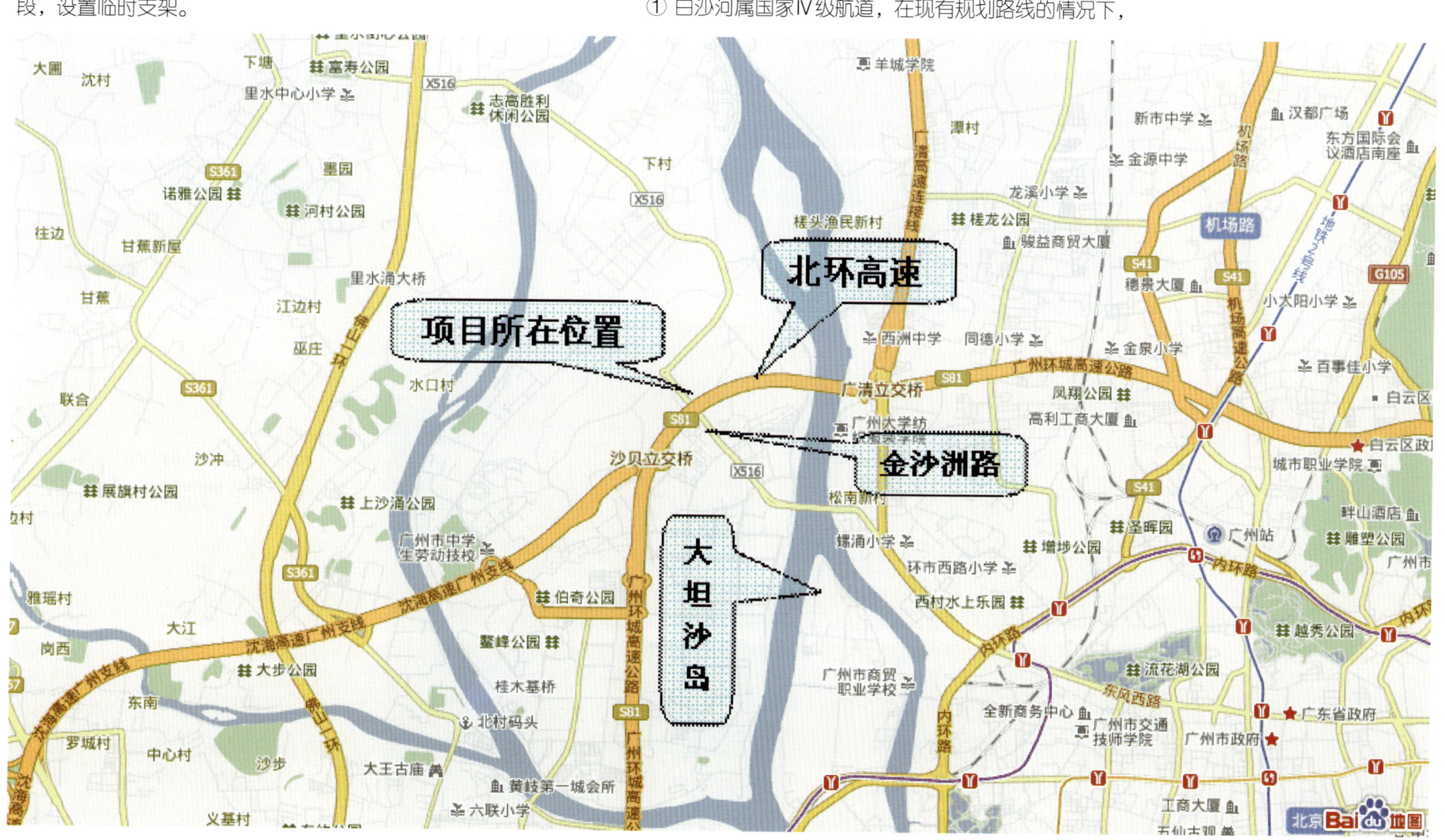

六图：白沙河大桥研究报告

单孔双向通航净宽不小于115m。

② 通航范围内的通航净高，在设计最高通航水位以上不小于8m，考虑施工误差和结构变形，另留出0.5m左右的富余量。

③ 通航范围内的通航航道水深，在设计最低通航水位下一般不小于2.5m，由于下游500m处礁石存在，航迹线较为集中偏向大坦沙。

④ 桥址处于分流口，桥轴线与水流法线斜交16度、桥区存在礁石等对航迹及墩位有影响。

⑤ 综合考虑组合拱桥结构构造特点、侧跨、边跨与中跨的合理比值作用等。

⑥ 综合以上论证，主桥边跨跨径的选择主要受墩位布设的控制。因此，边跨及侧跨跨径选择为40m，承台顶标高不受通航控制，按河床底面高程和施工方案控制。

本航道同属于广州、佛山两市航道局，因此需与两市航道局沟通。为保证工程顺利实施，我方与航道所属部门进行多次沟通、汇报，并撰写了各种专项论证报告。

最终经过论证确定跨越方案：40+40+150+40+40=310m

广州市轨道交通六号线白沙河大桥
防洪评价报告

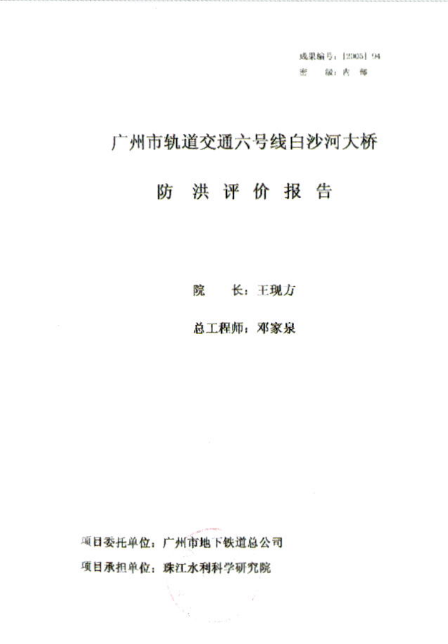
成果编号：[2005] 94
密 级：内 部

广州市轨道交通六号线白沙河大桥
防 洪 评 价 报 告

院 长：王现方
总工程师：邓家泉

项目委托单位：广州市地下铁道总公司
项目承担单位：珠江水利科学研究院

广州市轨道交通六号线跨白沙河大桥通航净空尺度和技术要求论证研究报告

成果编号：[2005]10
密 级：内 部

广州市轨道交通六号线跨白沙河大桥
通航净空尺度和技术要求论证研究报告
（送审稿）

广东省航道勘测设计研究院有限公司
二OO五年七月

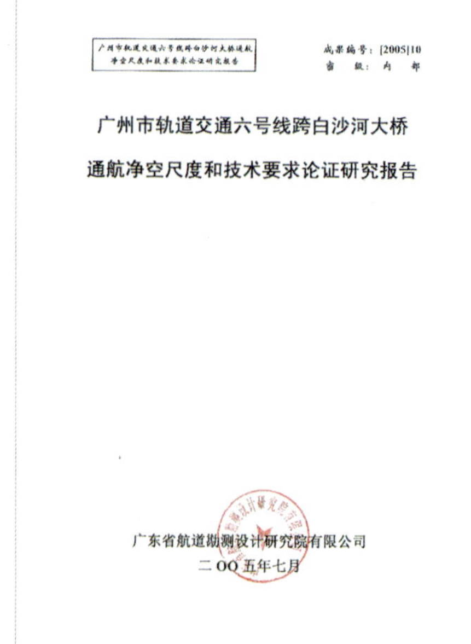
广州市轨道交通六号线跨白沙河大桥通航净空尺度和技术要求论证研究报告

成果编号：[2005]10
密 级：内 部

广州市轨道交通六号线跨白沙河大桥
通航净空尺度和技术要求论证研究报告

广东省航道勘测设计研究院有限公司
二OO五年七月

成果编号：[2005]11
密 级：内 部

广州市轨道交通六号线跨沙白沙河大桥
通航安全技术论证报告
（送审稿）

广东省航道勘测设计研究院有限公司
二OO五年九月

成果编号：[2005]11
密 级：内 部

广州市轨道交通六号线跨沙白沙河大桥
通航安全技术论证报告
（送审稿）

广东省航道勘测设计研究院有限公司
二OO五年九月

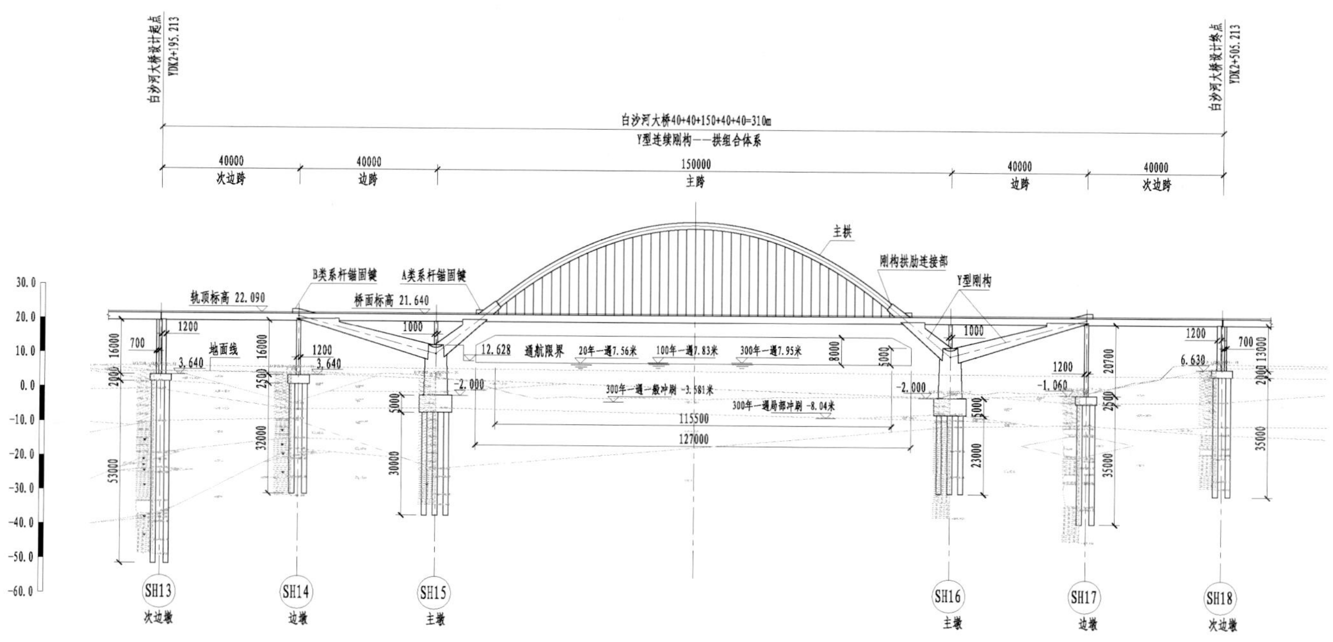

刚构—钢箱组合式单面系杆拱桥，桥宽11.2m。

黄沙—海珠广场段线路位于广州市繁华的老城区，下穿非常密集的骑楼及旧楼房，除广州市文化公园段地面有低矮建筑物外，其余地段均以密集的2～6层的居民楼房和商铺为主，另外还下穿一德路私人住宅A7(A055)、广州市蔬菜公司菜种仓库及住宅A7(B093)、广东省烟麻日杂公司宿舍A7(B095)、220千伏伍仙门变电站A10(B096)、金晋精品广场(B097)等；穿越的构筑物有人民高架桥、解放大桥工程(A056)以及地铁二号线海珠广场站。根据第133号《关于六号线房屋基础资料情况的函》［穗铁院〔六号线〕联字（2005）］：分布在人民南路、一德路附近的广州老城区骑楼及旧楼房，建筑物类型多为框架或混合结构，大概建于20世纪40～60年代，无任何房屋基础资料保留；经走访相关设计、勘察、施工单位和房屋业主，该类建筑物一般采用天然基础，主要采用木桩来处理地基。本段线路埋深较深，且盾构隧道所穿越地层及隧道上部地层主要为<7>、<8>、<9>风化岩层，地层条件相对较好，盾构施工时对这些既有建筑物影响甚小，可不需做特殊处理。对穿越的桥梁等构筑物，均从平面或纵断面进行避让。当盾构施工对地面建筑物影响较大时，须采取有效措施对周边建筑物进行保护，具体措施有实施信息化施工、注浆加固房屋基础、合理选择及动态化优化盾构掘进参数、加强同步注浆及二次注浆等。

海珠广场站—北京路站区间线路从海珠广场站后盾构始发井出发，向东北穿过侨光路和回龙路，沿泰康广场（39F）和太平沙花苑（10F）之间斜穿而过，在建丰大厦（在建）附近接入万福路到达北京路站。沿线为广州市老城区，周边建筑物较多，道路繁华，区间下穿多栋房屋，设计及施工难度大。对于下穿4层以下房屋，盾构施工时加强监控两侧，根据监测结果跟踪注浆保护。5层以上的建筑物主要有B099（6F）、B100（7F）、B101（5F）、B106（8F），对于B099（6F）、B100（7F）、B101（5F），由于此段隧道埋深较深，围岩较好，主要为中微风化地层，施工中根据监控量测结果跟踪注浆。B106（8F）桩基础部分侵入隧道，需要采取桩基托换措施，B106桩基托换采用桩梁式主动托换。

北京路站—越秀南站区间线路从北京路站过站后以300m曲线半径转向东南，相继穿过珠光路小学、市轻工业进出口公司、广州二运公司等密集建筑区、行至湛塘路、东园横路路口越秀南路口到达越秀南站。沿线为广州市老城区，周边建筑物较多，道路繁华，区间下穿多栋房屋，设计及施工难度大。对于下穿4层以下房屋，盾构施工时加强监控两侧，根据监测结果跟踪注浆保护。5层以上的建筑物主要有A110、B1116、B124、B125、A114、A116、A119、B132、A120、A121，此段隧道埋深较深，围岩较好，主要为中微

上图：设计通航立面图

风化地层，施工中根据监控量测结果跟踪注浆,施工对建筑影响不大。对于B112桩基础部分侵入隧道，需要采取桩基托换措施。B110、B118由于没有收集到基础资料，桩基长度分别参考B112、B137桩基设计情况，B137根据桩基承载力复

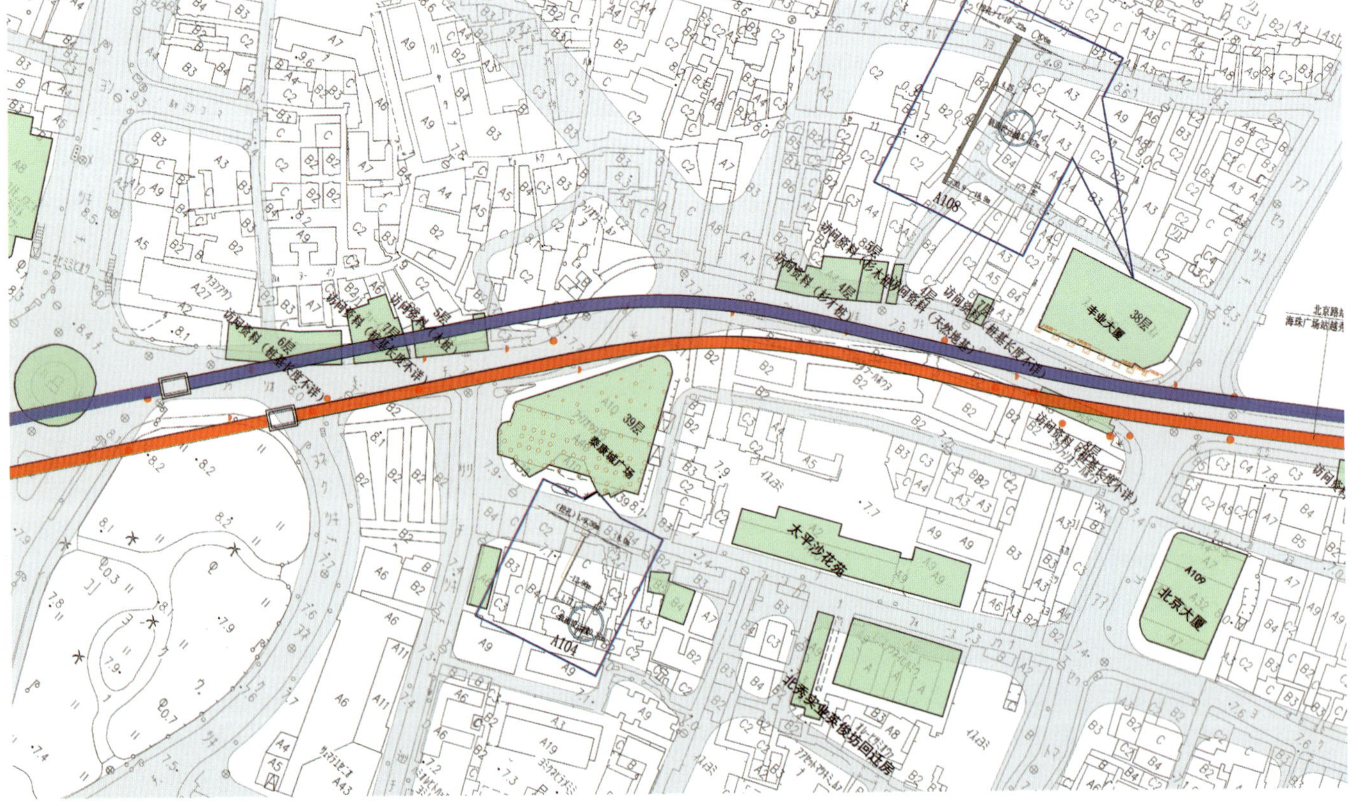

上图：北京路—越秀南区间隧道与建筑物关系图

下图：海珠广场—北京路区间隧道与建筑物关系图

核计算，可不采取桩基托换，加固处理即可，B110、采取桩基托换措施。B110、B112桩基托换采用桩梁式被动托换，B118桩基采取袖阀管注浆加固措施。

越秀南站—东湖站区间线路从越秀南站过站沿越秀南路东进，穿过濠涌高架桥桥墩后经过富力宜居高层商住楼、广州市石油公司住宅楼西北角后进入绿荫路后，到达东湖站前盾构吊出井。沿线为广州市老城区，周边建筑物较多，道路繁华，区间下穿多栋房屋，设计及施工难度大。对于下穿4层以下房屋，盾构施工时加强监控两侧，根据监测结果跟踪注浆保护。对于5层以上建筑，根据地质资料和收集的相关资料进行判别隧道与基础的相对关系，A126、A128、A132、B139、A137等建筑盾构施工对其影响不大，施工中根据监控量测结果跟踪注浆。A124、永曜北街2、4、4号8层框架房屋桩基局部进入隧道，需要进行桩基托换。A124桩基托换采用桩梁式主动托换，永曜北街2、4、4号采用筏板整体加固托换。

上图：越秀南站—吊出井区间隧道与建筑物关系图

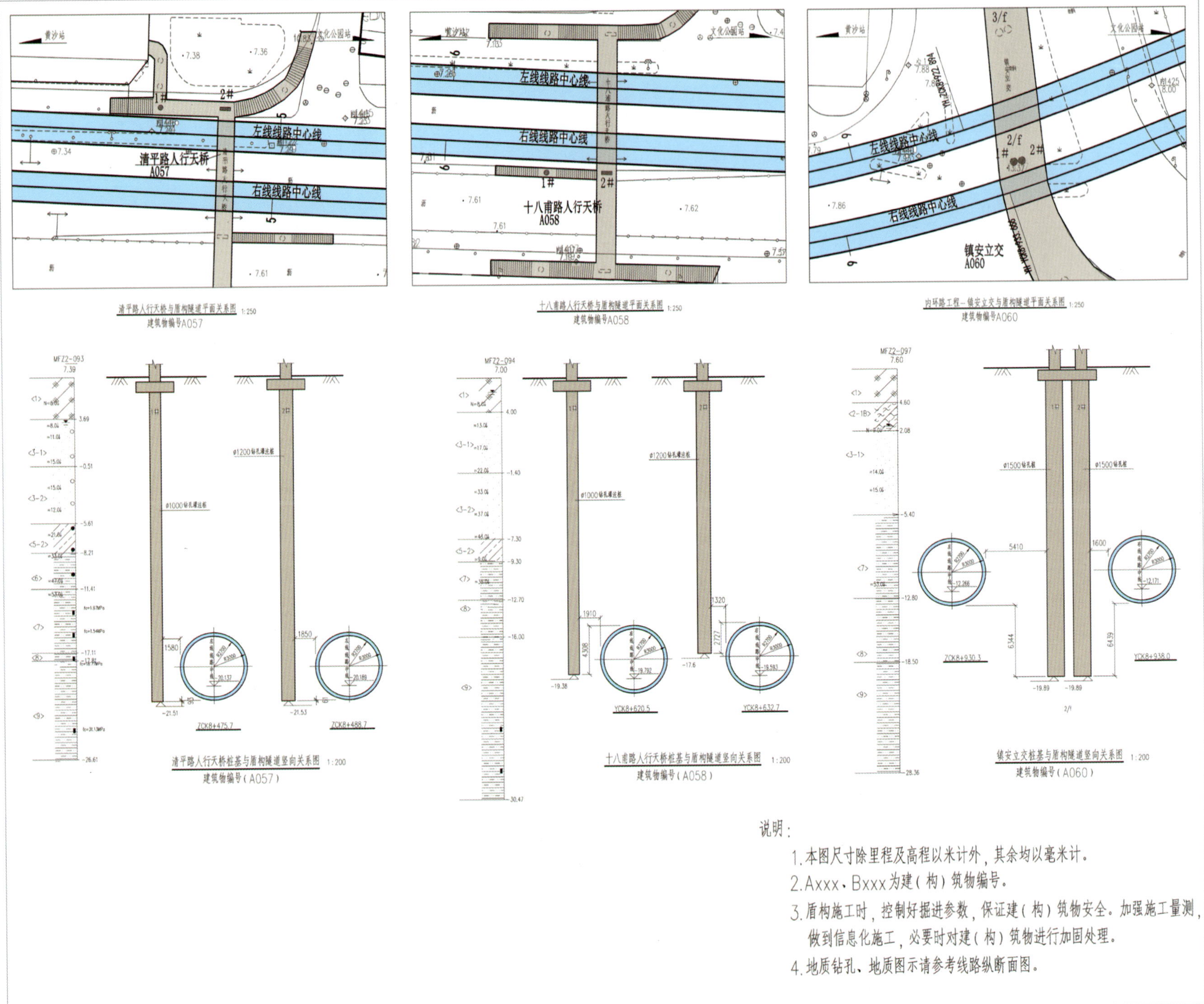

上图：黄沙—文化公园区间隧道与建筑物关系图

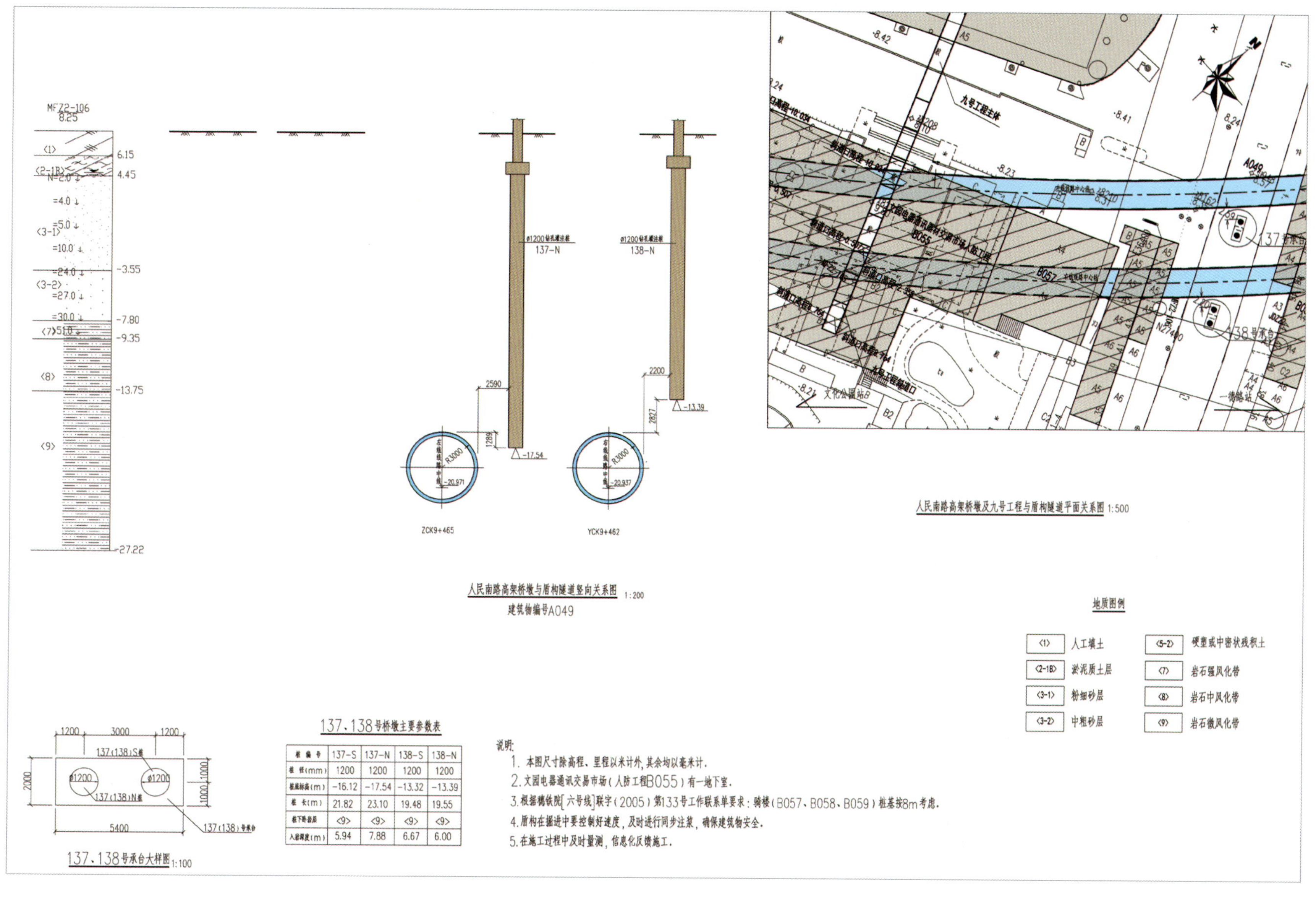

桩编号	137-S	137-N	138-S	138-N
桩径(mm)	1200	1200	1200	1200
桩底标高(m)	-16.12	-17.54	-13.32	-13.39
桩长(m)	21.82	23.10	19.48	19.55
桩下卧岩层	<9>	<9>	<9>	<9>
入岩深度(m)	5.94	7.88	6.67	6.00

上图：区间隧道与人民桥、九号工程关系图

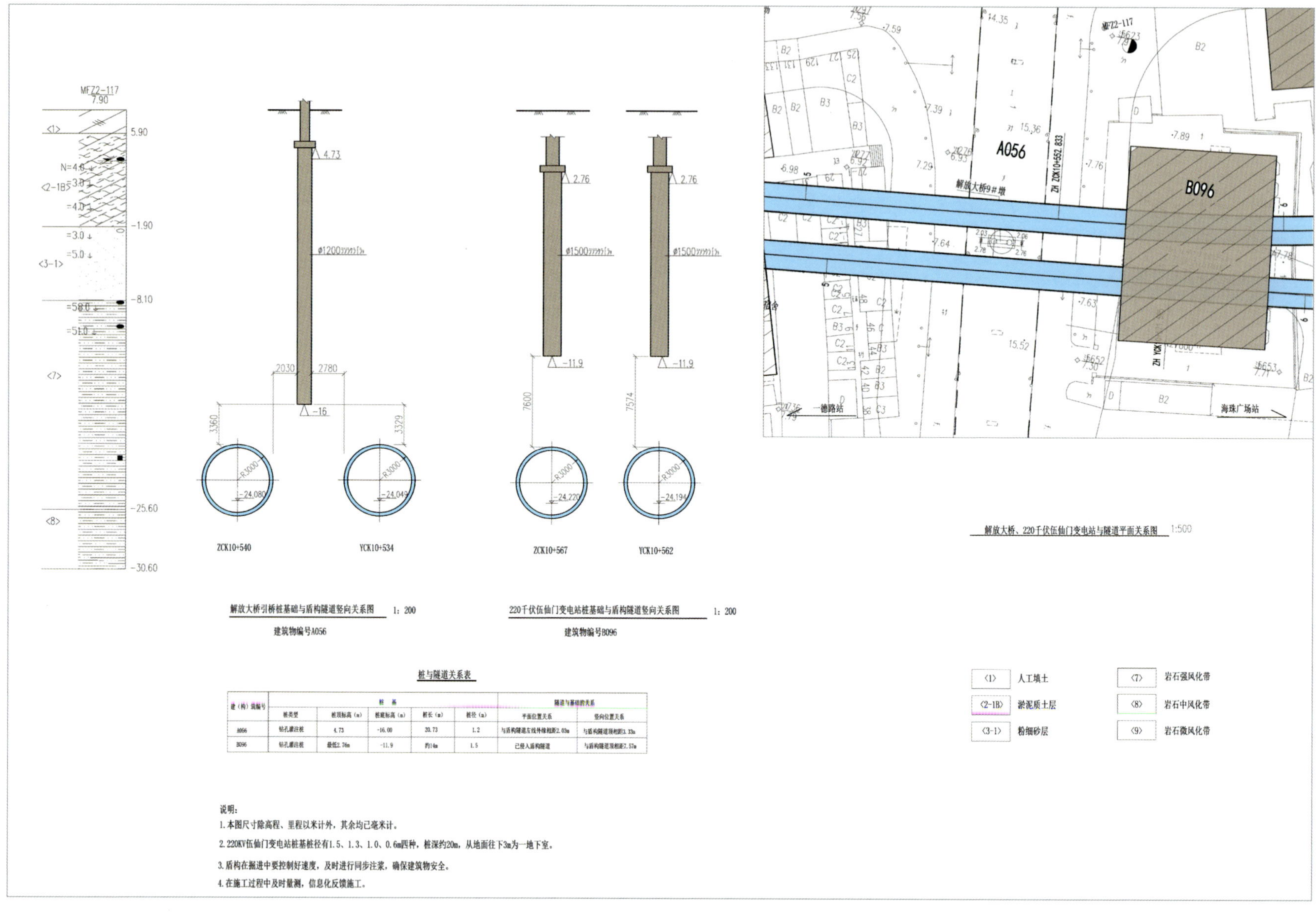

桩与隧道关系表

建（构）筑编号	桩基					隧道与基础的关系	
	桩类型	桩顶标高（m）	桩底标高（m）	桩长（m）	桩径（m）	平面位置关系	竖向位置关系
A056	钻孔灌注桩	4.73	-16.00	20.73	1.2	与盾构隧道左线外缘相距2.03m	与盾构隧道顶相距3.33m
B096	钻孔灌注桩	最低2.76m	-11.9	约14m	1.5	已侵入盾构隧道	与盾构隧道顶相距7.57m

说明：

1. 本图尺寸除高程、里程以米计外，其余均已毫米计。
2. 220KV伍仙门变电站桩基桩径有1.5、1.3、1.0、0.6m四种，桩深约20m，从地面往下3m为一地下室。
3. 盾构在掘进中要控制好速度，及时进行同步注浆，确保建筑物安全。
4. 在施工过程中及时量测，信息化反馈施工。

上图：区间隧道与解放大桥、变电站建筑物关系图

4.8 历史古迹及文物保护要求高

地面文物敏感点：六号线沿线主要有广州圣心大教堂、广州解放纪念像、省港罢工纪念馆、庚戊新军纪念碑、张民达墓、华侨五烈士墓、十九路军纪念碑、朱执信墓。

地下文物埋藏可能区域：从东湖公园、新河浦涌以北至沙河顶沿线为地下文物重点埋藏地带，主要以古墓葬为主，该地段内自南向北的龟岗、竹丝岗、农林路、区庄、黄花岗、动物园、沙河顶等地均为广州地区古墓葬重点埋藏区域。在上述地带已发掘出南越国至明清时期古墓葬数百座，古墓葬的埋深通常在地表以下1～5m。在北京路沿线工程范围内可能埋藏有与广州城址或珠江码头有关的遗迹。文化公园站工程范围内可能有与十三行遗址有关的一些遗迹。针对位于以上范围内的线路，考虑在施工前采取一定的保护措施，先进行考古勘探与发掘，以便保护好地下文物。

以沙河顶站（曾用名水荫路站）为例，车站东面为朱执信墓道，是广州市重点文物保护单位，其保护范围以墓道周边围墙为界，建设控制范围为围墙外50m。根据要求，车站东端围护结构外缘距墓道围墙1m，东端风亭和建筑物高度控制在7m以下，并利用建筑设计手法使之与墓道环境协调一致。车站南面即先烈东路和水荫路交汇处中心位置是十九路军牌坊，属广东省重点文物保护单位。由于车站出入口布置的需要，设有一条地下通道绕过牌坊，通道宽5m，高4m，顶部距地面3m，采用暗挖方式施工，通道侧墙距花坛（保护范围）边线大于5m。

下图：老城区文化保护点示意图

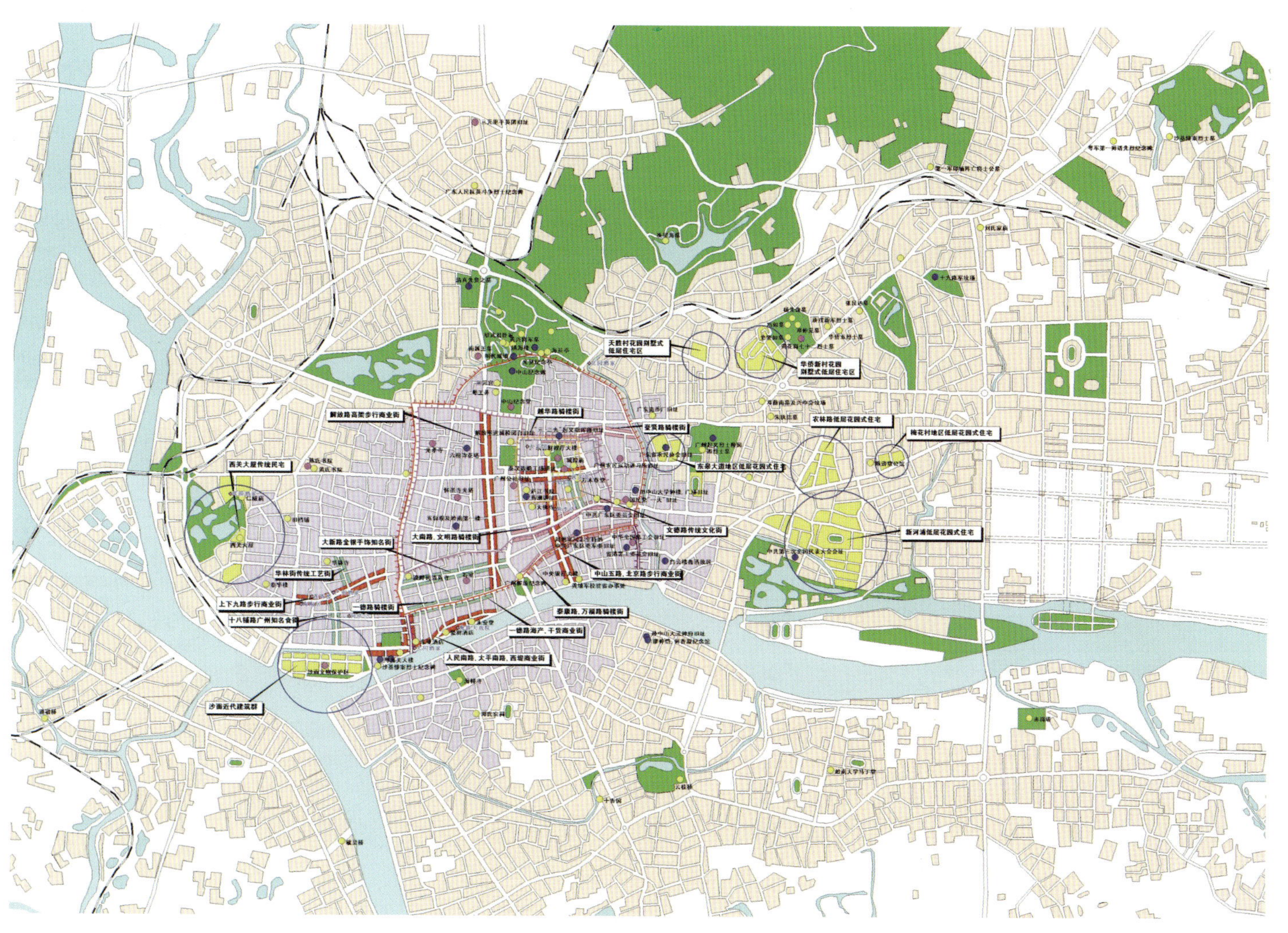

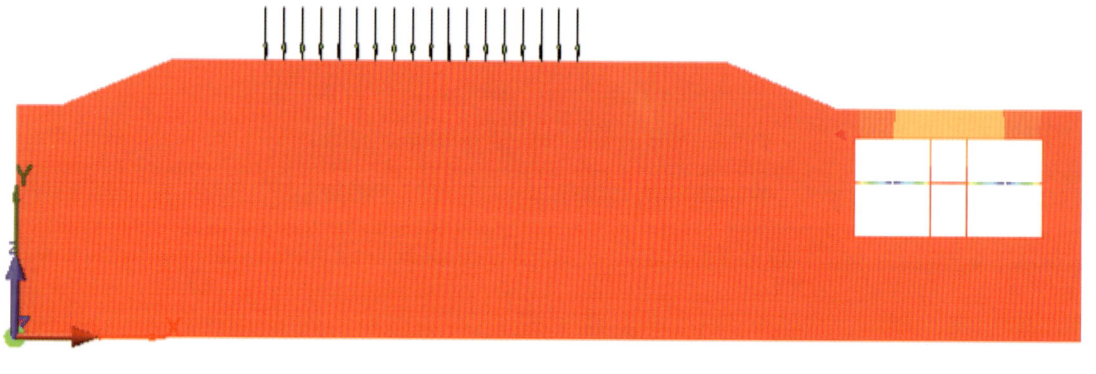

上左图：广州圣心大教堂

上中图：广州解放纪念像与六号线海珠广场基坑施工

下　图：地铁车站完成后地层沉降云图

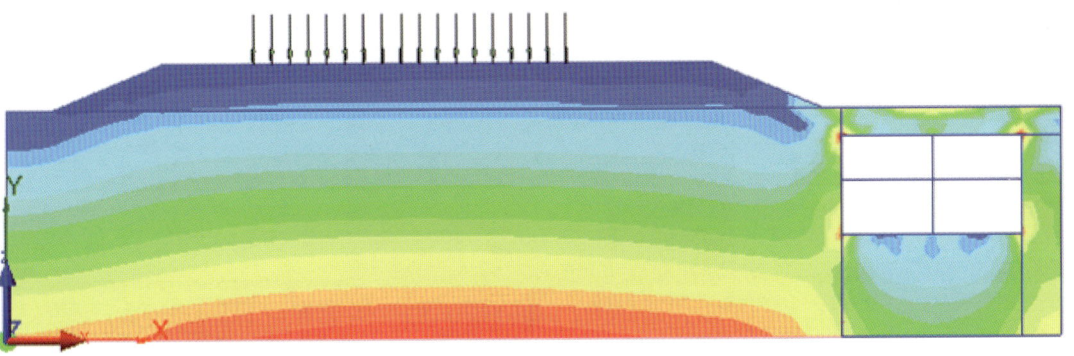

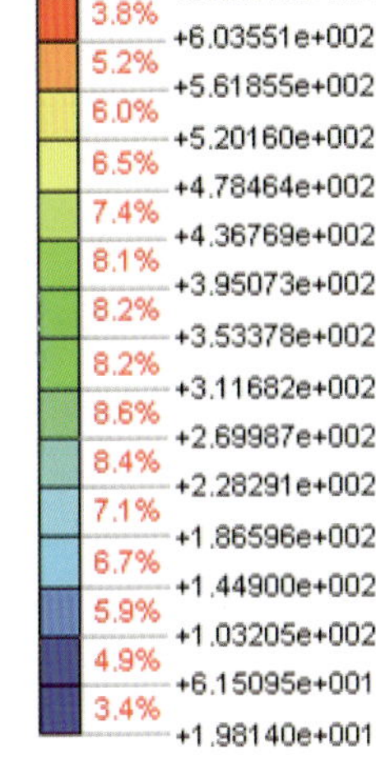

上右图：十九路军纪念碑

下　图：地铁车站完成后地层等效应力云图

下左图：深埋车站模型示意图

下右图：深埋车站防灾模拟示意图

沿线重要建筑物距离线路均有一定距离，设计之初，通过加大线路埋深、加强盾构掘进的同步注浆、地面注浆加固房屋并配合跟踪注浆等方案，将对文物的影响降到最低。设计实施时加强基坑支护设计、施工安全及监测，控制了施工影响范围。

4.9　人性化、安全和环境保护要求高

深埋车站保障安全——广州市轨道交通六号线在城市线网规划中是一条客流疏导型线路，属于广州市线网中第二层次的线路，埋深较大，特别是线路中段（如意坊—黄花岗段），经过老城区时穿越了大片房屋桩基，地质条件复杂，施工条件困难，工程实施上线路和车站均需要较大的埋深；同时六号线与线网中的其他线路换乘站点很多(共有9座)，多处换乘也需要线路有较大的埋深。由于上述原因，六号线有部分车站采用深埋方案，分别为如意坊站（地下5层）、黄沙站（地下4层）、文化公园站（地下4层）、一德路站（地下4层）、海珠广场站（地下5层）越秀南站（地下4层）、东湖站（地下4层）、东山口站（地下4层）、燕塘站（地下4层），其中如意坊站、海珠广场站、燕塘站等埋深近35m。

深埋暗挖方案减少了对路面交通、高层建筑的影响，减少了房屋拆迁量，改善区间施工条件，但同时也对地铁站点的通风、排烟设计的安全性提出了更高的要求。地下站台的防排烟系统设计一方面应保证起火站层的烟气有效排放，另一方面起着保证不同站层连接开口处形成一定流速、控制烟气流向的作用。对于深埋站点，由于其结构的特殊性，带来较多的问题，例如：由于站点较深，车站层数多，风压损失较大，楼梯开口处是否可以形成一定的向下流速，阻止烟气向上方站层蔓延；疏散距离大，人员安全疏散时间较长，是否可以保证人员在烟气达到危险时刻之前疏散到安全区；较深的竖直井道，如疏散楼梯间，在火灾时容易形成烟囱效应，加大对烟气的抽吸，如何确保深埋站点疏散楼梯间的正压性和无烟气进入。这些都需要用科学的方法加以研究、分析和验证。中国安全生产科学研究院和广州市地下铁道设计研究院的研究者较早地注意到了深埋站点火灾安全的重要性，合作立项对广州市轨道交通六号线深埋站点的火灾安全问题开展深入细致的专题研究。为工程的实施奠定了理论和实验基础。

高架声屏障——在高架地段，主要有浔峰圩、凤歧里、沙凤、沙贝、河沙五个敏感点，其主要受公交车、摩托车、社会车辆等交通噪声影响。其中凤歧里白天和夜间噪声都超标，主要是因为测点受交通噪声干扰严重。五个敏感点白天噪声达标率达80%，夜间超标率为80%。六号线在轨道交通高架桥上设置声屏障，声波沿三条路径传播：一部分噪声越过声屏障绕射到受声点；一部分穿透声屏障到受声点；一部分则在声屏障壁面上产生反射。声屏障的插入损失主要取决

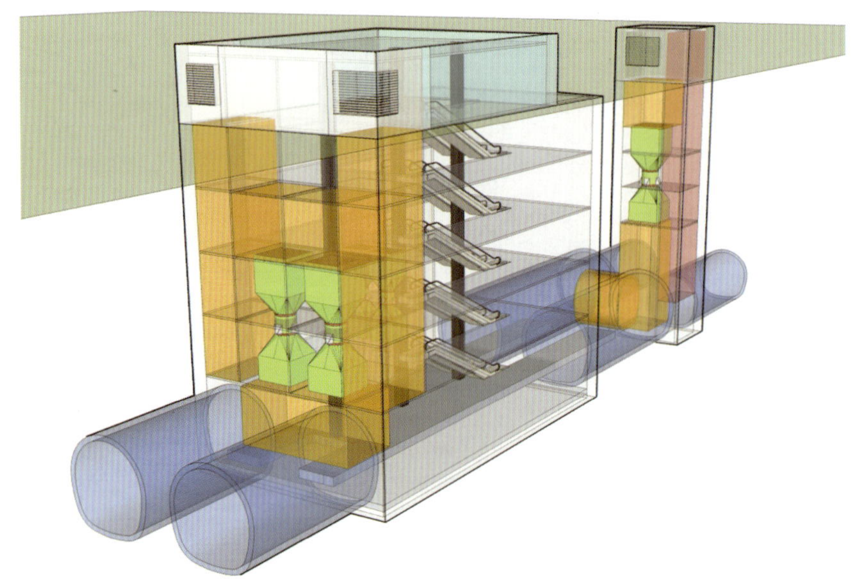

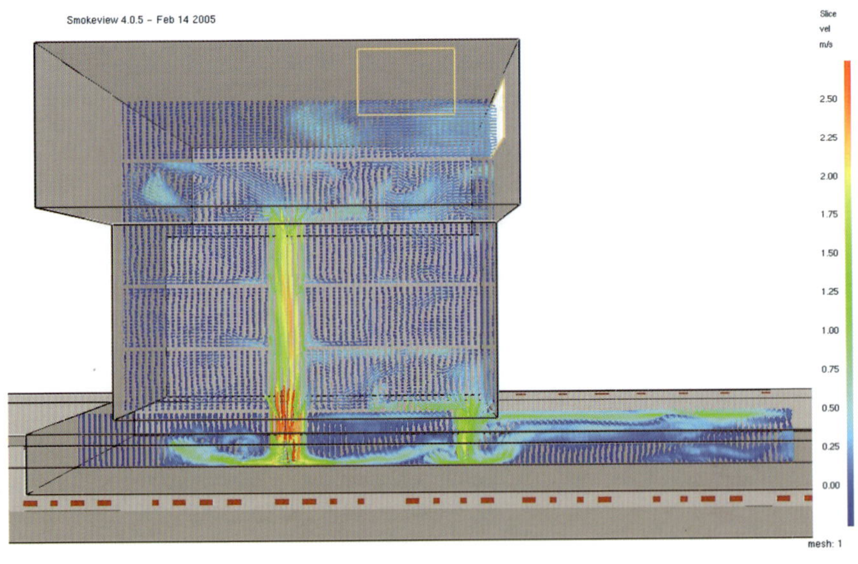

于声源的声波沿这三条路径传播的声能分配。声屏障按类型可分为隔声型、吸声型和两者的混合型；按照形式又可分为孤形和直立形两种基本形式，每种形式又可分为多种结构形式；按照其封闭的范围可分为敞开式、半封闭型和全封闭型。六号线选择了半高半封闭的声屏障形式。高架全线（除车站、白沙河范围外）全线设置声屏障，声屏障设置：高架段5098m；疏散平台下方声屏障2471m。六号线高架段声屏

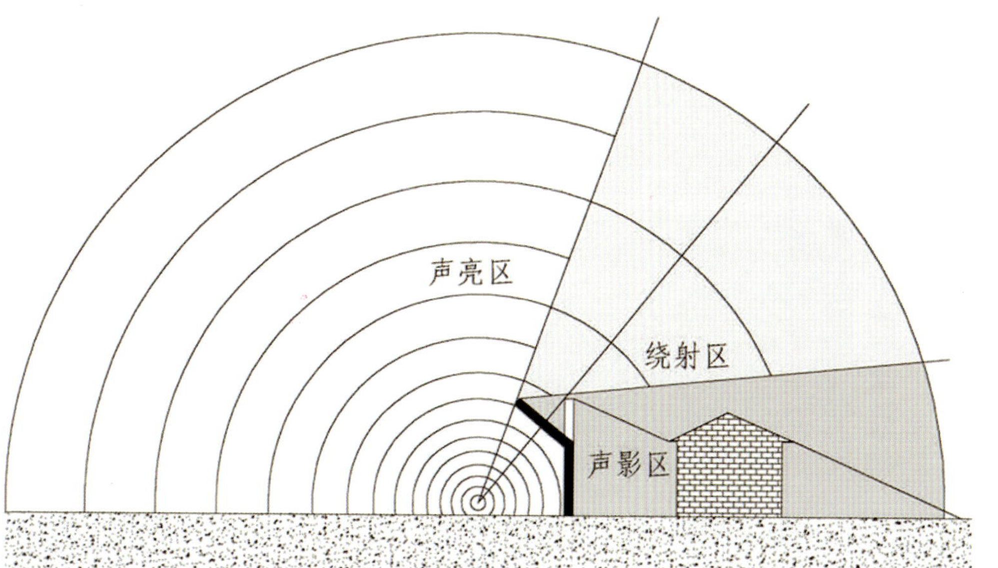

上图：声屏障消声示意图

下图：声屏障照片

左图：金城段噪声影响计算

右图：洞口防护效果图

下图：海珠冷站取水过滤设施图

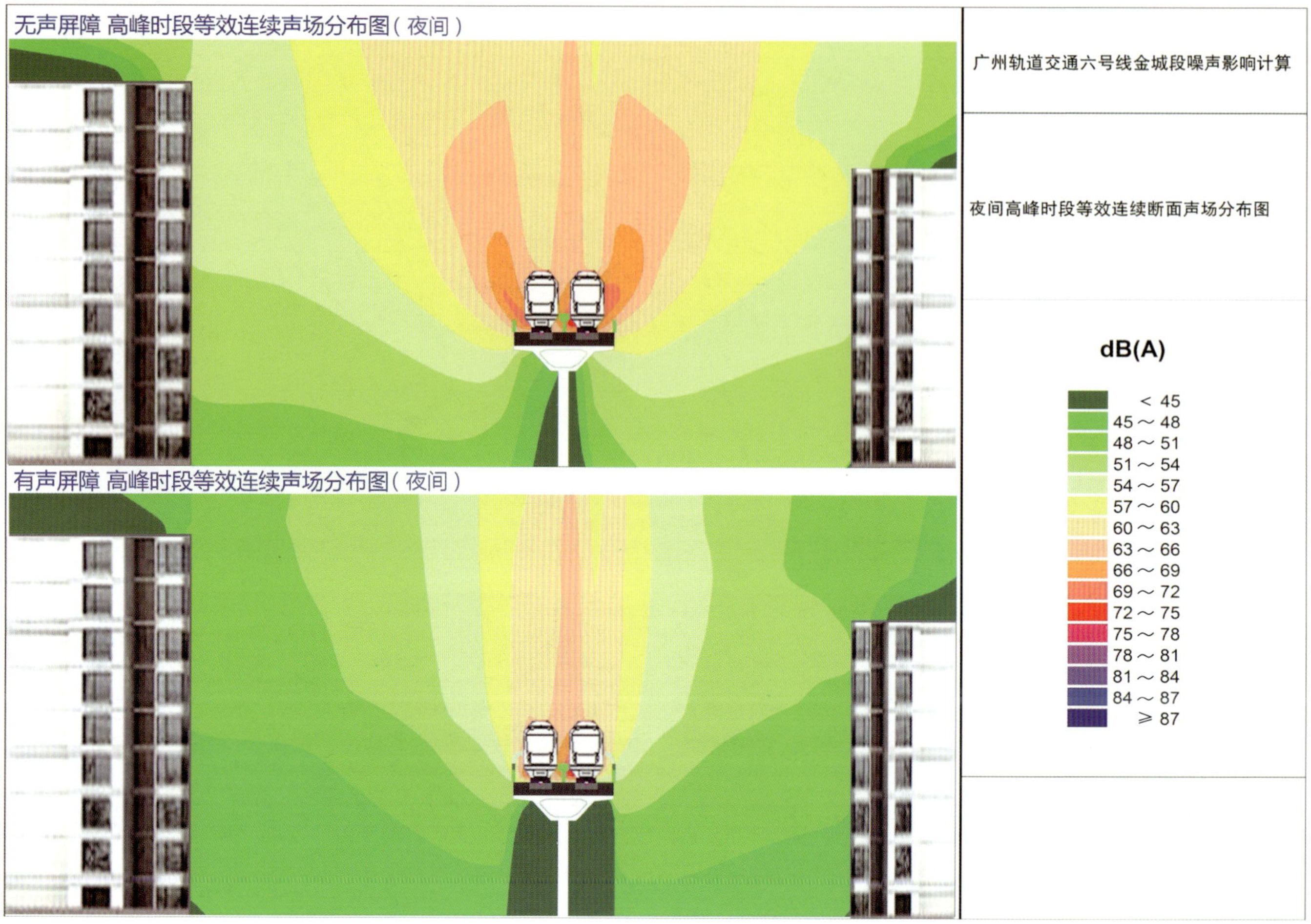

无声屏障 高峰时段等效连续声场分布图（夜间）

有声屏障 高峰时段等效连续声场分布图（夜间）

广州轨道交通六号线金城段噪声影响计算

夜间高峰时段等效连续断面声场分布图

dB(A)

< 45
45～48
48～51
51～54
54～57
57～60
60～63
63～66
66～69
69～72
72～75
75～78
78～81
81～84
84～87
≥ 87

障设计方案为：桥梁挡板上圆弧型低矮声屏障（底部设双层吸声尖劈）+ 疏散平台下方设置声屏障。

洞口U槽段防护设计——六号线高架转入地下洞口过渡段（沙贝—河沙区间）距离城中村的农民房距离较近，为保证行车的充分安全，考虑安全防护问题，除完善隔离围网连接处防护及警告标志，并增设相关安防设施外，考虑运营维修需求，结合现状落实防护方案，争取做到免维护、寿命长且安全。在实现安全防护功能前提下，降噪功能应同时保留。对于地面以下（U形槽）部分，根据结构受力情况判断，采用封闭式方案，同时考虑自然排烟，在已实施的声屏障外侧桥梁两侧地面设置立柱基础，设置高于声屏障的包围结构。对于地面以上（高架）的部分，在对桥梁防撞翼板受力核算的前提下，考虑全封闭方案。安全防护方案满足通风、消防要求，同时注意结构顶部设置排水坡度，采用轻质耐用材料。

与周边居住建筑距离较近的环保措施设计——六号线线路行进在老城区内，存在17处风亭、冷却塔等，与居住建筑距离小于15m，为避免运营开通后可能引发的环保问题，业主、总体组与各设计单位做了大量的优化调整工作。采用了如下5种方式。

① 采用了集中供冷等技术方案，减

少在中心区车站设置冷却塔的数量，减少了噪声影响因素。

六号线首期工程线路横穿荔湾区、越秀区、东山区繁华地段，若各车站采用分散供冷，很难在车站外设置众多的冷却塔。根据线网规划先进性系列研究专题和总体设计文件，六号线设置海珠广场冷站和区庄冷站。海珠广场冷站选址位于六号线海珠广场车站地下三层内，冷站的供冷范围为六号线的文化公园站、一德路站、海珠广场站、北京路站和越秀南站及八号线的文化公园站，共6个车站。海珠广场冷站采用江水源带走冷凝热，利用珠江水直流冷却，直流冷却主要功能是从珠江引江水，进行三级过滤处理后，依靠水泵机械循环送至冷水机组，将升温后的冷却水再排回珠江。

② 通过调整风口的朝向，避免气流影响居住建筑。

③ 通过建筑环境、绿化等的整饰，融入周边环境、营造市民休憩空间。

④ 调整工艺模式，对大型通风设备的启停、正反转进行模式控制，并辅助消声、减振控制。

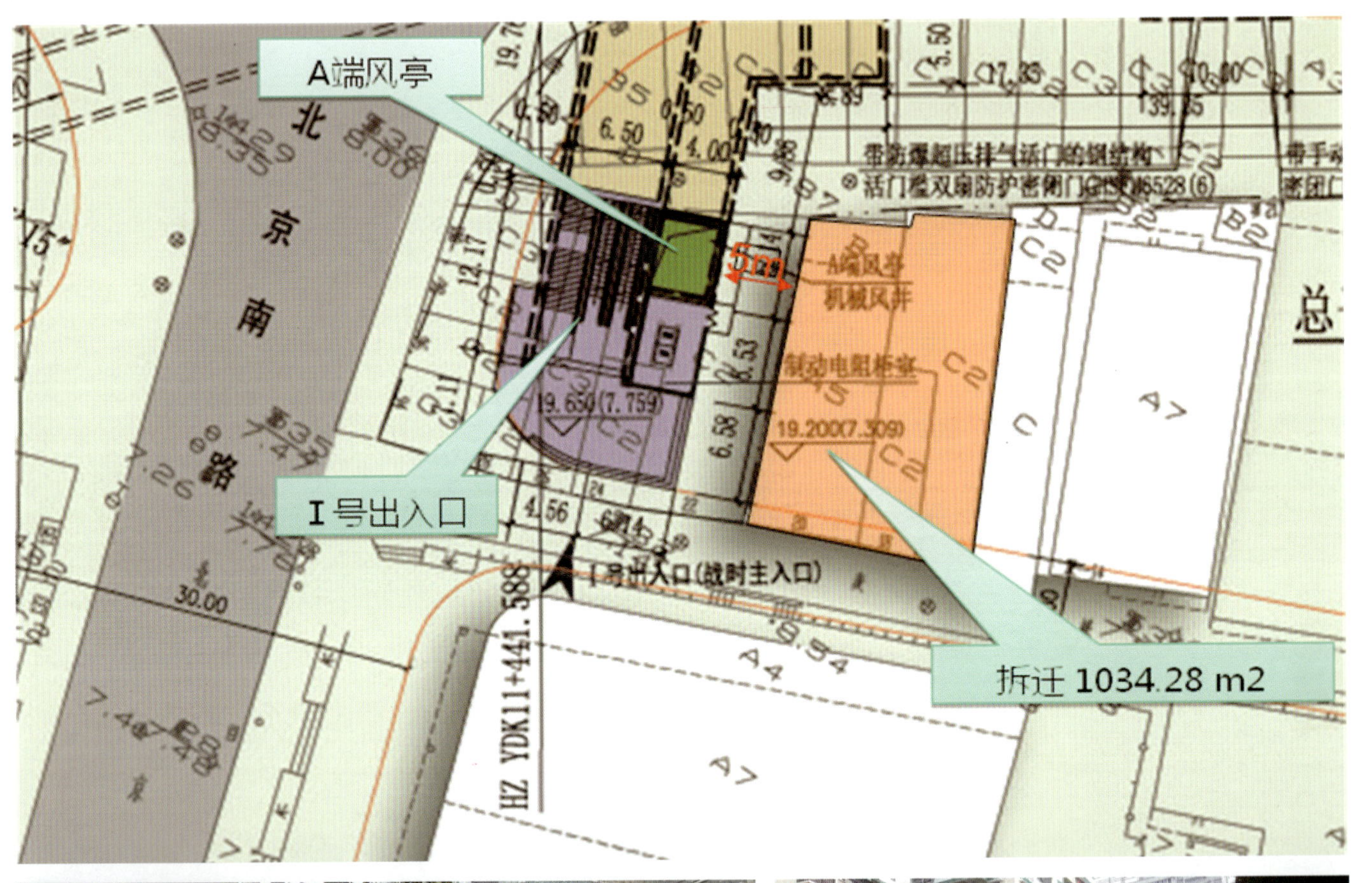

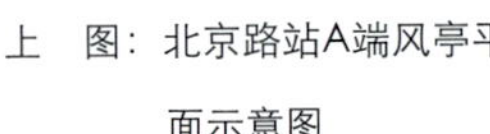

上　图：北京路站A端风亭平面示意图

下左图：北京路站A端风亭与出入口结合现场照片

下右图：团一大广场站风亭结合广场现场照片

上图：团一大广场站效果图

下图：河沙站冷却塔围蔽图

⑤ 对少数设置有冷却塔的车站采用噪声治理措施。

六号线首期工程如意坊站、天平架站冷却塔设置了消声降噪装置，与装修的美观围蔽百叶结合设置；其余分站供冷车站的冷却塔四周都设置了美观围蔽百叶，尽量减小对周边建筑的景观和噪声影响，提升城市景观品质。

加装卫生间——六号线开通前，广州地铁已运营236km的线路，未普遍设置面向乘客的公共卫生间，只在个别换乘站或局部车站设置。六号线首期工程原设计也未安排面向乘客的公共卫生间。随着线网的行车和运营里程的增加，群众对此需求越来越迫切，呼声越来越高。为保证人性化和服务大众，在2011年六号线已全面施工的后期，决定增加卫生间。但由于六号线公共区域面积有限，卫生间的设置多种多样，有的设置在站台，有的设置在出入口通道，有的设置在站外。站内设置公厕的车站有长湴站、浔峰岗站、沙贝站、横沙河沙站、黄沙站、如意坊站、文化公园站、东山口站、黄花岗站、越秀南站等。通道内设置公厕的车站有黄沙站、

天河客运站、海珠广场站和天河客运站。利用站外设置公厕的车站有北京路站等。各站多次落实卫生间设置位置、集水池容积、泵房面积、配电及通风改造，还充分考虑了除臭的措施。

4.10　换乘站功能设计

六号线有9座换乘站，分别为：大坦沙站（与在建的五号线换乘，五号线已考虑同步设计和同步建设）、黄沙站（与已建成的一号线通道换乘）、文化公园站（与规划中的八号线换乘，同步实施）、海珠广场站（与已建成的二号线通道换乘）、东山口站（与已建成的一号线通道换乘）、区庄站（与在建的五号线换乘、在五号线已考虑同步设计和同步建设）、沙河站（与规划中的十四号线换乘，预留换乘接口条件）、燕塘站（与拟建的三号线北延段即机场线换乘，同步设计、同步实施）、天河客运站（与在建的三号线支线争取通道换乘）。

上图：卫生间照片图

5 冲刺

土建工程

上左图：浔峰岗停车场紧张施工

下左图：高架区间截断拼装架桥机架桥

上右图：白沙河大桥主拱合龙（20100723）

下右图：已完成的高架区间桥

上左图：海珠广场站主体结构施工

下左图：盾构分体始发

上右图：团一大广场站暗挖施工

下右图：如意坊站后暗挖隧道施工

北京建工集团—北京长城
广州市轨道交通

上左图：首个贯通隧道

上中图：首个出入口方形顶管

上右图：最后一个暗挖隧道贯通

下左图：车站设备安装工程开工

下右图：主变控制室调试验收

左上图：气瓶室调试验收

左中图：机电系统调试验收

左下图：综合防灾油盘火灾测试

右九图：各子工程验收会

广州市轨道交通六号线首期[车站设备安装工程IX标段]工程
天平架站、燕塘站单位工程验收

车站设备安装VIII标段黄花岗站单位工程验
中国华西企业股份有限公

广州市轨道交通六号线首期【车站设备安装工程III标段】工程
单位工程验收

广州轨道交通六号线车站设备安装工程河沙站单位

左上图：开通前评审会

左下图：开通前消防检查

右上图：消防热烟排烟及联动检查

右下图：开通前消防车站级联动检查

6 开通

上图：停车场“三权”移交仪式

下图：首期工程“三权”移交仪式

三图：开通首日现场照片

左图：首期工程开通市民乘坐地铁

PART 3 第三部分

成就

一 条 穿 越 老 城 区 建 筑 丛 林 的 地 铁 线

——广州市轨道交通六号线工程开通纪念与设计总结

1 建设成绩

1.1 线路

1.1.1 车站分布

22座车站，其中3座为高架站，其余为地下站。站位设置主要以满足客流和规划要求进行控制，有些站位则受周边环境和施工方法制约。最大站间距2214.069m，为燕塘站至天河客运站区间；最小站间距630.987m，为海珠广场站至北京路站区间。平均站间距1140.9m。

广州市轨道交通六号线首期车站分布和站间距离表　　表3-1

序号	站 名	中心里程	站间距（m）	线间距（m）	备　注
1	浔峰岗	YDK0+255.5	805.6	4.6	高架，一岛一侧式
2	横沙	YDK1+061.1	809.687	4.1	高架，侧式
3	沙贝	YDK1+700	2159.59	4.1	高架，侧式
4	河沙	YDK3+859.59	1180.902	13	地下，岛式
5	坦尾	YDK5+033	1867.991	5	地下，侧式，与轨道交通五号线换乘
6	如意坊	YDK6+893.959	1219.462	26	地下，岛式，与轨道交通十一号线换乘
7	黄沙	YDK8+114.811	905.369	13	地下，岛式，与地铁一号线换乘
8	文化公园	YDK9+020.18	925.723	15	地下，岛式，与地铁八号线换乘
9	一德路	YDK9+945.903	922.795	26	地下，岛式
10	海珠广场	YDK10+868.698	630.987	26	地下，岛式，与地铁二号线换乘
11	北京路	YDK11+499.685	875.15	13	地下，岛式
12	团一大广场（原越秀南）	YDK12+374.835	1167.182	—	地下，岛式
13	东湖	YDK13+542.017	1368.535	13	地下，岛式
14	东山口	YDK14+910.552	1309.564	27	地下，岛式，与地铁一号线换乘
15	区庄	YDK16+215.273	882.821	16	地下，岛式，与轨道交通五号线换乘
16	黄花岗	YDK17+100	990	27	地下，岛式
17	沙河顶	YDK18+090	842.5	13	地下，岛式
18	沙河	YDK18+932.5	1244.5	26	地下，侧式，与轨道交通十一号线换乘
19	天平架	YDK20+177	646.054	13	地下，侧式
20	燕塘	YDK20+823.054	2214.069	13	地下，侧式，与轨道交通三号线换乘
21	天河客运站	YDK23+023.935	989.471	13	地下，侧式，与轨道交通三号线换乘
22	长湴	YDK24+013.406	308.6	13	地下，侧式

1.1.2 线路平面设计

1）线路平面设计的特点

① 仍有18段线路偏离规划道路红线，进入建筑区或道路路侧绿化区，共计长度约11105m，占线路长度45%。

② 线路平面特征：以右线为例，总长为24522m，其中直线长10331m，占右线总长度的42%；曲线56个、长14191m、占右线总长度的58%。

③ 合理选用曲线半径以缩短曲线长度，正线采用的最小曲线半径为250m，减少线路与建（构）筑物的干扰，减少曲线半径的种类，合理选用缓和曲线长度，以方便施工和运营期的养护维修。

④ 六号线采用直线电机运载系统，线路转弯半径小，辅助线最小曲线半径为200m。五、六号线联络线曲线半径为100m，减少了对规划用地的影响。

2）线路平面设计的控制点及线路方案（见表3-2）

线路平面设计控制点汇总表 表3-2

序号	区间	控　制　点	线 路 方 案
1	浔峰岗—横沙段	① 北环高速公路； ② 金沙大道跨北环高速公路的跨线桥	沿金沙大道北侧地块内敷设
2	河沙北入洞口—坦尾段	① 五号线大坦沙站； ② 大坦沙南北污水管道； ③ 五、六号线联络线	线路在污水管道西侧敷设，在大坦沙站北侧采用一处*R*-300m的曲线
3	如意坊—黄沙段	① 羊城铁路总公司黄沙住宅楼（A25，桩长11.6～20.7m）； ② 广州南站职工住宅楼（A20，桩长17～30m）； ③ 内环路工程黄沙大道段高架桥； ④ 原广州铁路局南站黄沙住宅楼（3栋）； ⑤ 原广州铁路局南站黄沙大道职工宿舍楼（A7，桩长18.54m）； ⑥ 原广州铁路局生活段幼儿园兼住宅楼（A8，桩长20.55m）； ⑦ 广州市商业储运公司黄沙仓库、住宅楼（A8，桩长20.5m）桩基	线路采用*R*-350m和*R*-400m的曲线避让高层建筑，但线路下穿3栋广州铁路局南站黄沙住宅楼，1座市一中黄沙大道人行天桥，且有3处下穿内环路工程黄沙大道段高架桥的桥墩桩基，在纵断面设计中均已避开
		① 珠江隧道黄沙出入口疏解工程桥墩（桩基长约12.8～33.8m）； ② 一号线黄沙站； ③ 和记黄埔地产黄沙站商住楼地下室（桩长17.2～34.8m）	线路采用一处*R*-250m的小半径曲线，同时黄沙站采用通道换乘的形式与一号线车站换乘
4	黄沙—文化公园段	① 内环路高架桥墩； ② 清平路人行天桥桥墩； ③ 十八甫路人行天桥桥墩； ④ 人民南路至新基路段高架桥桥墩	线路在靠近文化公园端采用一处*R*-300m的曲线
5	文化公园——德路段	① 广州电子城（桩长18～22m）； ② 新中国大厦（A39,桩底标高-23.5m）； ③ 人民南路高架桥桥墩桩基（桩底标高最深为-23.5m）； ④ 广州市新儿童公园地下室（两层地下室，桩底标高-25.5m）； ⑤ 九号地下人防工程； ⑥ 国际玩具文具精品广场（A24,桩底标高最深达-32.01m）； ⑦ 山海城（A22）；	线路为避让各控制点，右线采用*R*-550m、*R*-500m、*R*-300m的曲线，左线采用*R*-550m、*R*-580m、*R*-250m的曲线；线路同时下穿大片2～6层低矮房屋，其建筑年代久远，基础类型不详
6	一德路—海珠广场段	① 德宝交易广场（A25,桩长19～21m）； ② 解放大桥高架桥桥墩； ③ 二号线海珠广场站； ④ 广州解放纪念雕塑； ⑤ 广电集团五仙门220kV变电站大楼（A10，桩长约20m）； ⑥ 5栋A7住宅楼	线路为避开各控制点，桩基需穿越地块房屋群，其中有5栋A7住宅楼，以及1栋广电集团五仙门220kV变电站大楼（A10，桩长约20m），受线形影响采用了一处*R*-250m的曲线到达海珠广场站

续上表

序号	区间	控制点	线路方案
7	海珠广场—北京路段	①泰康城广场（A40，桩长最长达25.6m）； ②广东省航道局宿舍楼； ③丰业大厦（A38）； ④泰康路道路线型（A8）	受泰康城广场的影响，线路采用*R*–300m的曲线，由于泰康路道路曲折狭窄，该区间部分地段需下穿道路两侧房屋
8	北京路站—团一大广场段	①福鑫大厦（A32，两层地下室）； ②雅景阁商住楼（A23，桩长15～22m）； ③电信大厦（A20，有地下室，桩长15～22m）； ④10栋A7～A9建筑； ⑤1栋A10建筑	线路为避让各控制点，右线采用*R*–300m、*R*–250m的曲线，左线采用*R*–320m、*R*–250m的曲线，同时左右线共穿越A7～A9建筑10栋，A10建筑1栋
9	团一大广场—东湖段	①东濠涌高架桥工程桥墩桩基（桩长最长为30.43m）； ②东山区地方税务局（A19）； ③白云路邮政综合楼（A15，桩底标高最深达–35.9m）； ④富力宜居（A19，桩基长度20～30m）； ⑤嘉星广场（A29）； ⑥滨湖苑小区（A18）； ⑦陶乐酒店（A11，桩长约11m）； ⑧海印电器城（A9）； ⑨8栋A7以上建筑	为避让各控制点，线路分别采用了*R*–250m和*R*–280m的反向曲线。该段线路穿越包括陶乐酒店（A11，桩长约11m）在内的A7以上建筑共9栋
10	东湖站—东山口站段	①省海外联络办公室宿舍楼（A11）； ②东山酒家（三层地下室，桩长12～16m）； ③嘉华士百货（A26，桩底标高达–24m）； ④东山百货大楼（A9）； ⑤东山区人民政府（A10）； ⑥A7以上建筑； ⑦一号线东山口站	受线路路由及东湖站位影响，东湖站端采用*R*–300m的曲线下穿东湖公园，为避让各控制点，该段线路穿越A7以上建筑共3栋
11	东山口—区庄段	①东华东路高架桥桥墩（桩底标高达–27.75m）； ②省委党史办建筑（A7）； ③东山锦轩商住大厦（A28，桩底标高最深为–15.45m）； ④新富熊大厦（A25）； ⑤省机电物资总公司（A20）； ⑥新裕大厦（A39，桩底标高–4.35m）； ⑦东风东路高架桥桥墩桩基（桩底标高–10.16m）； ⑧广州发展银行大厦（A39，桩底标高–19.47m）； ⑨高教大厦（A31，桩底标高–33.55m）	受东山口站位影响，线路出站后下穿省委党史办建筑（A7），后沿路敷设避让各控制点，在区庄站端穿越部分6层及以下房子
12	区庄—黄花岗段	①空军招待所综合楼（A26）； ②翰林阁（A30，桩长10～16m）； ③德华大厦（A33，有三层地下室）； ④A7～A9建筑	线路为避让各控制点，右线采用*R*–300m、*R*–600m的曲线，左线采用*R*–320m、*R*–600m的曲线，该段线路穿越A7以上建筑共7栋
13	黄花岗—沙河顶段	①粤海凯旋大厦（A15）； ②先烈路跨内环路桥梁（桩基长约30m）； ③十九路军抗日烈士坟园牌坊	该段线路条件较好，无下穿建筑，曲线半径为*R*–750m以上
14	沙河顶—沙河段	①沙河宾馆（A11，桩长约25～30m）； ②崇雄大厦（A24，桩长14～15m）； ③A8建筑	为避让各控制点，线路采用一处*R*–400m的曲线，该段线路穿越A8建筑共2栋

续上表

序号	区间	控制点	线路方案
15	沙河—天平架段	① 广州大道北高架桥桥墩（桩底长约27m）； ② 广园东路高架桥桥墩（桩基长约11m）； ③ 广深线铁路桥； ④ 天河豪景花园（A19）； ⑤ 兴华路高架桥桥墩； ⑥ 省军区老干招待楼（A22）； ⑦ A7建筑	受各控制点控制，线路采用两处R-300m的曲线，避开了相关建筑、高架桥桩基，但仍下穿一栋A7建筑及省军区老干招待楼的裙楼
16	天平架—燕塘段	① 沙河涌； ② 白云区进修学校（A7，桩长大于17m）； ③ 广东省粮食学校综合楼（A8）； ④ 3号线燕塘站	为避让各控制点，线路左右线均采用了R-600m的曲线，并下穿广东省粮食学校综合楼（A8，天然基础）
17	燕塘—天河客运站段	① 燕侨大厦（A30，桩长约30m）； ② 电缆隧道工作井（桩底标高最深达-22.44m）； ③ 北环高速公路互通式立交A、B匝道桥墩（桩底标高最深达-36.53m）； ④ 武警广东医院住院大楼（A17，钻（冲）孔灌注桩，桩基长约10～18m）； ⑤ A11建筑； ⑥ A7～A9建筑 ① 北环高速元岗特大桥桥墩（条形基础）； ② 燕岭路过街隧道； ③ 三号线天河客运站	线路为避让各控制点，右线采用R-310m、R-400m、R-800m、R-500m、R-350m的曲线，左线采用R-290m、R-500m、R-600m、R-600m、R-450m的曲线，该段线路穿越A7以上建筑共3栋，其中一栋为A11建筑，穿越建筑线路纵断面避让
18	天河客运站—长湴段	① 天源路跨规划路高架桥（桩底标高最深达-33.6m）； ② 源泉广场（A9，桩长约20～30m）； ③ 元岗购物商场（A3，桩长最长为23m）； ④ 人行天桥	线路采用一处R-350的曲线避让天源路高架桥和源泉广场；对线路下穿的元岗购物商场采取增加线路埋深和天河客运站采用地下5层车站，以避让桩基；对线路下穿的人行天桥进行桩基托换

3）曲线分布及小半径

（1）全线曲线分布

六号线浔峰岗—长湴段共设曲线111个，其中右线56个，曲线累计长度为14190.834m，占右线总长度的57.87%；左线55个，曲线累计长度为13893.686m，占左线总长度的56.72%。右线采用的曲线半径、数量及长度见表3-3。

线路右线曲线分布表　　表3-3

序号	曲线半径（m）	曲线数量（个）	曲线长度（m）	占曲线总长百分比（%）
1	200	0	0	0
2	250～290	5	1012.327	7.13
3	300～450	21	6386.234	45
4	500～600	16	4125.544	29.07
5	650～750	2	499.482	3.52
6	≥800	12	2167.247	15.28
合计		56	14190.834	100

（2）小半径曲线设置概况

六号线线路主要沿城市主干道进行，顺道路布设站点，受地形、地物、地貌及市政工程制约，线路条件较困难，全线共有10处设置半径小于300m的曲线。

下图：线路小曲线半径分布图

① 如意坊—黄沙段。此段线路受YDK8+010地铁一号线黄沙站、YDK7+600～YDK8+000段珠江隧道黄沙出入口疏解工程桩基、YDK7+800～YDK8+100段和记黄埔地产黄沙站商住楼地下室桩基的制约，为了尽量缩短与一号线黄沙站的换乘距离，线路采用了一处R–250m的曲线。

② 文化公园—德路段。从文化公园转至一德路段，线路斜穿过文化公园，绕避新中国大厦（A39,桩底标高–23.5m）、内环路高架桥桥墩基础（桩底标高最深为–23.5m），并避开广州市新儿童公园地下室（两层地下室，桩底标高–25.5m）。线路折向一德路后，需绕避一德路中心市场及商住楼，即国际玩具文具精品广场（A24, 桩底标高最深达–32.01m）与浩和大厦商住综合楼（即山海城，A22）的桩基。线路在转向一德路时左右线分别采用了R–250m和R–300m的曲线。

③ 一德路—海珠广场段。自一德路至海珠广场区间主要沿一德路行进，道路两侧的高层建筑和控制点有：一德花园商住楼（即德宝交易广场，A25, 桩长19～21m）、万菱广场（又名亿安广场，A37）、解放大桥高架桥墩桩基、中国出口商品陈列馆（即缤缤广场，A10）、广州解放纪念雕塑、泰康城广场（A40）等，为减少对建筑和桥梁桩基影响，改善与地铁二号线海珠广场站换乘条件，线路采用了一处R–250m的曲线。

④ 北京路—团一大广场段。线路从万福路转至东园横路、越秀南路段，受德政南雅景阁商住楼（A23，桩长15～22m）、广东省总工会（西区）办公楼（A20，桩长15～22m）、轻工业进出口公司德政南综合楼（A18，桩长最长约23.3m）和广东省总工会（东区）办公楼电信大厦（A20，桩长15～22m）的影响，线路左右线均采用了R–250m的曲线。

⑤ 团一大广场—东湖段。线路从越秀南路转至广九大马路、绿荫路段，为躲避东濠涌高架桥（桥墩桩基最长为30.43m）、东山区地方税务局（A19）、白云路邮政综合楼（A15，桩底标高最深达–35.9m）、富力宜居（A19，桩基长度20～30m）、省交通厅办公楼（A32）、嘉星广

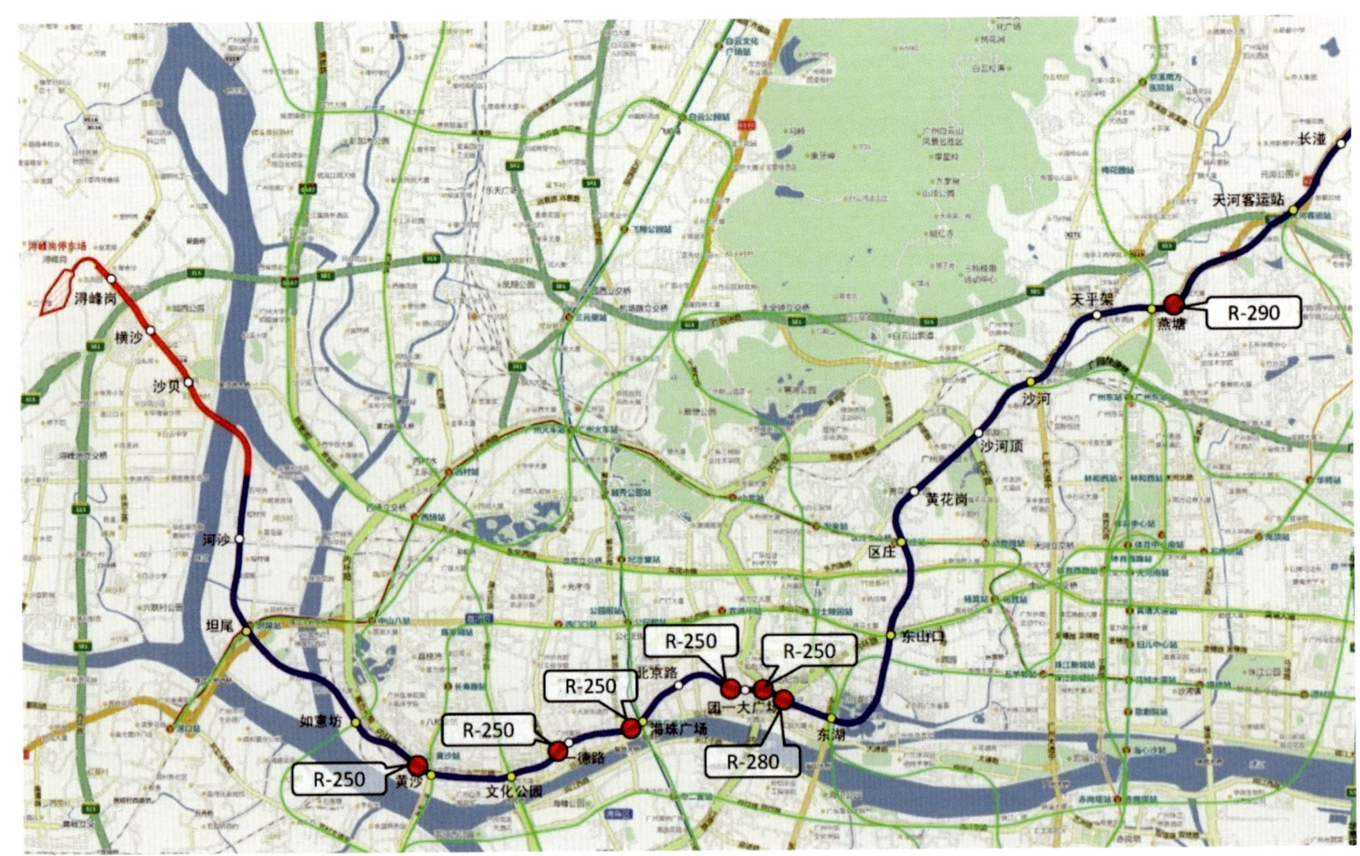

场（A29）等高层建筑的桩基，线路采用一处R–250m和R–280m的反向曲线。

⑥ 燕塘—天河客运站段。线路出燕塘站后折向燕岭路，受燕塘电缆隧道电缆井连续墙结构、北环高速公路互通式立交A、B匝道桩基（桩基最长为33.37m）、武警部队鼻喉技术中心（地下室桩基最长为28.1m）的控制，为躲避燕塘电缆隧道电缆井连续墙结构，线路左线采用一处R–290m的曲线。

1.1.3 线路纵断面设计

1）线路纵断面设计的特点

线路纵断面设计参考相关规范，根据工程及水文地质条件，结合城市规划、工程所处的位置、地面交通要求及车站的施工方法等情况，合理选择线路埋深，以降低工程造价和运营成本。

① 线路埋深满足区间隧道所采用的施工方法的覆土要求，在穿越建筑物基础时，视其基础类型及地质条件合理确定埋深，节省工程投资。

② 本线全为地下线，故线路纵坡均按“高站位、低区间,尽量采用节能坡度”原则进行设计，既有利于列车运行，又节省了运营费用。

③ 车站和区间线路的最小纵向坡度为3‰，以利于排水。

④ 沙贝—河沙段区间由高架转为地下敷设，为减少过渡段线路长度，采用50‰坡度下坡。

2）线路纵断面设计的控制点及难点（见表3–4）

线路纵断面设计控制点汇总表　　表3–4

序号	区　间	控　制　点	线 路 方 案
1	浔峰岗—河沙北入洞口段	区域地质复杂，主要特点是砂层厚度大，地下水丰富，石灰岩分布交错，溶洞发育，有泌冲断裂、沙贝断裂和清泉街断裂与线路相交，断裂带岩石较破碎，为地下水的良好富水通道或富水带	线路采用高架敷设形式
2	坦尾—如意坊段	① 广三铁路跨线桥桥台基础（桩基长度约10m）； ② 珠江两岸堤防建设工程桩基（桩底标高为–14.35m）	线路出坦尾站后纵断面采用了30‰，440m；18‰，380m；8‰，310的三段连续下坡。该段线路主要采用深埋隧道方案
3	如意坊—黄沙段	① 内环路高架桥桥墩桩基（桩底标高最深达–13.08m）； ② 市一中人行天桥桩基（桩底标高达到–22.38m）； ③ 原广州铁路局南站黄沙住宅楼（A7，桩长15～17m）； ④ 原广州铁路局南站黄沙大道职工宿舍楼（A7，桩长18.54m）； ⑤ 原广州铁路局生活段幼儿园兼住宅楼（A8，桩长20.55m）； ⑥ 广州市商业储运公司黄沙仓库、住宅楼（A8，桩长20.5m）； ⑦ 一号线黄沙站车站围护桩	为避免大量的桩基托换，改善实施条件，线路采用深埋隧道方案，隧道主要埋设于〈8〉、〈9〉泥质粉砂岩，轨面埋深约26～37m
4	文化公园——德路段	① 九号人防工程文化公园斜道口（斜道口与左右线交叉点的洞底标高–10.034m、–0.507m）； ② 人民路至一德路间大片旧城区房屋群（年代久远，基础类型不详）	为减少施工对地面房屋群的影响，该段线路拟采用“V”坡，区间隧道埋设于〈7〉、〈8〉、〈9〉泥质粉砂岩，轨面埋深20～30m
5	一德路—海珠广场—北京路段	① 二号线海珠广场站（地下四层站）； ② 广电集团220kV五仙门变电站大楼（A10，钻孔灌注桩，桩长约20m）； ③ 线路下穿5栋A7住宅楼（年代久远，基础类型不详）； ④ 广东省航道局宿舍楼（年代久远，基础类型不详）	受二号线海珠广场站和线路下穿建筑的桩基影响，该段区间采用深埋方案，两区间均采用单向坡设计
6	北京路—团一大广场段	① 文德南石基里知识分子楼，（桩底标高最深达–14.6m）； ② 线路下穿6～9层的建筑群（多为人工挖孔桩、钻孔灌注桩、锤击灌注桩）	为减少对地表建筑物的影响，北京路～团一大广区间隧道埋设于〈8〉、〈9〉层，采用“V”坡，轨面埋深20～31m

续上表

序号	区间	控制点	线路方案
7	团一大广场—东湖段	① 线路下穿8栋7~9层的建筑； ② 海印电器城	为避免大量托换房屋桩基，该段线路采用深埋隧道方案，区间埋设于〈7〉、〈8〉、〈9〉泥质粉砂岩，采用“V”坡，轨面埋深26~29m；为减少对地面海印电器城的影响，东湖站西端停车线段拟采用暗挖法施工
8	东湖—东山口—区庄段	① 一号线东山口站围护桩； ② 五号线区庄站围护桩	受东湖、东山口、区庄站埋深的控制，该段区间隧道主要埋设于〈8〉、〈9〉泥质粉砂岩，两区间均采用“V”坡
9	区庄—黄花岗段	① 广工宿舍区5栋6~9层房屋（桩底标高-2.6m）； ② 广州空军招待所宿舍（8层，桩长26~31m）； ③ 广州市道路扩建办先烈综合楼（7层，桩底标高-0.6m）	为避免大量桩基托换，该段线路采用深埋方案，轨面高程为-9.7~8.8m，采用12‰、26‰的“V”坡；结合现状交通等情况，黄花岗站采用地下明暗挖结合五层岛式车站，停车线采用暗挖法施工
10	燕塘—天河客运站段	① 三号线燕塘站（车站轨面标高为1.993m）； ② 麒天电缆隧道（顶管法，洞底标高为18.37m）； ③ 燕山期花岗岩凸起（〈9〉地层，微风化）； ④ 北环高速元岗特大桥（桩基加固托换）	避开麒天电缆隧道，线路出燕塘站后即采用了200m，20‰的下坡度，之后线路为尽量避开燕山期花岗岩凸起（〈9〉地层，微风化），结合盾构始发井的设置，线路采用一段530m，27‰的长坡迅速抬升，在盾构井范围设置轨面最高点，之后又采用一段700m，35‰的长大坡进入天河客运站
11	天河客运站—长湴段	元岗购物中心（A3，桩基为直径0.3m的预应力管桩，桩长约23.0m）	为避开其桩基影响，线路出天河客运站后纵断面采用了一个200m12‰的下坡，之后受长湴站车站标高的控制，纵断面采用了一处590m，4%的长大坡，到达长湴站

3）线路纵断面坡度分布

（1）全线纵断面坡段分布

右线与左线的坡度和相应的坡段长度分布见表3-5、表3-6。从表中可见：右线10‰以下的坡段占了57.26%，10‰~30‰的坡段占了29.61%，30‰~50‰的坡段占了13.13%；左线10‰以下的坡段占了57.00%，10‰~30‰的坡段占了31.24%，30‰~50‰的坡段占了11.76%。

线路右线纵断面特征表　　表3-5

项目		单位	长度	占全长的百分比（%）
坡段分布	i = 0‰	km	1.62	6.61
	0‰< i≤10‰	km	12.42	50.65
	10‰< i≤20‰	km	2.37	9.67
	20‰< i≤30‰	km	4.89	19.94
	30‰< i≤40‰	km	2.82	11.5
	40‰< i<50‰	km	0.4	1.63
	i = 55‰	km	0	0
	合计	km	24.52	100

线路左线纵断面特征表　　表3-6

项目		单位	长度	占全长的百分比（%）
坡段分布	i = 0‰	km	1.62	6.61
	0‰< i≤10‰	km	12.34	50.39
	10‰< i≤20‰	km	2.37	9.68
	20‰< i≤30‰	km	5.28	21.56
	30‰< i≤40‰	km	2.48	10.13
	40‰< i<50‰	km	0.4	1.63
	i = 55‰	km	0	0
	合计	km	24.49	100

（2）最大纵向坡度的设置

六号线采用直性电机运载系统，爬坡能力强，线路纵断面最大坡度为50‰，困难条件下为55‰。首期工程浔峰岗—长湴段线路只有1处采用50‰～55‰的最大坡度，其分布于沙贝—河沙区间：由于线路由高架转入地下，为使线路由高架进入地下所用距离最短，采用了400m长的50‰坡度，一方面有利于节省土建工程量，节省工程投资；另一方面对地面建筑物和环境景观影响小，有利于过江。

1.1.4 辅助线设计

辅助线包括车站配线（折返线、单渡线、停车线、安全线）、联络线、车辆段（停车场）出入线。

辅助线的设置首先应该满足运营使用的要求，同时还要考虑到投资的大小及工程实施的可行性等因素。

1）折返线及单渡线

（1）浔峰岗站西折返线

浔峰岗站为六号线起点站，一岛一侧式站台，设置三股道，车站西端设有一组八字渡线，东端设单渡线，以保证高密度列车对数的折返能力。

（2）坦尾站北端单渡线

坦尾站为五、六号线换乘站，为配合五、六号线联络线，在坦尾站北端设置一条单渡线。

（3）长湴站东折返线

长湴站为六号线首期工程终点站，东端折返站，在车站东端设有一条折返线和一条临时停车线。

2）停车线

为增加系统灵活性，在以下地段设置停车线及单渡线。

（1）如意坊站西折返线

为了满足运营时段内故障列车的临时停放或临时折返的方便，在如意坊站设临时停车线。同时在停车线和车站间设一条单渡线，供调度列车用。

（2）东湖站西停车线

为了满足运营时段内故障列车的临时停放或临时折返的方便，在东湖站设临时停车线。同时在停车线和车站间设一条单渡线，供调度列车用。

（3）黄花岗站东停车线

为了满足运营时段内故障列车的临时停放或临时折返的方便，在黄花岗站设临时停车线。同时在停车线和车站间设一条单渡线，供调度列车用。

3）联络线

联络线设于坦尾站西端，位于西南象限，为五、六号线联络线。

4）安全线

设置安全线有利于提高列车运行速度与折返线能力和行车安全，因此在停车线和出入段线上均设置了安全线。安全线的长度从岔心至车挡为36m，采用摩擦式滑动车挡，滑动长度一般为12m。

5）停车场出、入段线

浔峰岗停车场选址于金沙洲环城高速西北侧、浔峰岗山脚下山谷。出入段线从浔峰岗站的西端左右正线分别接轨，以平坡高架跨过规划道路后右转，以隧道形式穿过山体后进入停车场。

1.1.5 与外部环境的协调

（1）与道路规划红线、沿线物业规划的协调

六号线首期工程的设计工作得到广州市城市规划局、广州市交通规划研究所、广州市城市规划勘测设计院以及广东省建筑设计研究院的大力支持，收集到了线路沿线的道路规划红线和相关的规划资料。

线路平面设计尽可能沿城市主干道并在规划道路红线范围内布置。在六号线的设计过程中，线路局部地段不是完全沿规划道路行进，经过多方案比选，反复研究，采取措施，但仍有18段线路偏离规划道路红线，进入建筑区或道路路侧绿化区，共计长度约11105m。

（2）对沿线文物的保护

根据六号线环评报告，六号线在东湖公园、新河浦涌以北至沙河顶段地下可能存在古墓群，埋深1～5m。就此，针对位于以上范围内的线路，考虑在施工前采取一定的保护措施，先进行考古勘探与发掘，以便保护好地下文物。

（3）与建筑物（含规划）的协调

在六号线线路初步设计过程中，通过不断地与市政、规划建筑、报建建筑以及施工中建筑的主管部门、设计部门等进行协调，稳定了线路位置。

协调的原则是：对影响地铁施工与安全的既有建筑，视其所在地理位置和重要程度，在不降低技术标准和服务水平、不过多增加工程投资、不影响开工时间和工期的前提

下，采取避让的办法；当避让困难或避让对环境造成不利影响，线路必须从既有市政工程或建筑物下穿通过时，则在调查、收集、掌握详细基础资料的前提下，采用尽量减少对其影响的线路平、纵断面设计方案，并采取技术措施，确保其结构和地铁隧道施工、运营的安全。如广三铁路跨线桥、广铁南站废弃的站场、人民南路高架。

对正在施工的建筑与规划设计的市政工程，则配合业主同有关单位协商解决。如和记黄埔商住楼项目、燕岭路电缆隧道等。

1.1.6　线路平面及纵断面的调整

1）调线调坡的内容

（1）调线调坡范围

调线调坡范围：广州市轨道交通六号线首期工程由浔峰岗—长湴（正线和辅助线、22个车站与21个区间及折返线），包括右线24522.052m，左线24494.432m和辅助线2906.049m，共计单线51922.533m。

（2）隧道断面实测结果

根据广州市地下铁道总公司提供的外业检测成果（包括恢复线路中线、根据不同类型隧道要求的位置测量隧道断面净空）分别检核计算隧道底板顶、顶（中）板底的标高以及线路中线左右侧的宽度是否侵限。各类隧道结构实际最大侵限值见表3-7。

各类隧道结构实际最大侵限值（单位：mm）　表3-7

隧道类型	顶部	两侧	底部
矩形隧道	194	212	68
马蹄形隧道	99	194	67
圆形隧道	51	117	53
高架桥梁	—	261	40

2）侵限处理措施

由于广州市轨道交通六号线首期工程采用三轨供电，三轨安装部位为限界最紧张处，必须保证该处侵限值小于20mm，若不能满足该要求，则要求适当调整三轨支架长度。

凡隧道顶部侵限超过200mm，采取以下处理措施：若隧道顶部净空有富余，则适当调整线路纵向坡度，提高轨面标高，以满足限界要求；若顶部净空无富余，则要求适当调整三轨支架位置或支架长度，以满足限界要求。

两侧侵限一般为离散型，当侵限未超过100mm时，则要求安装设备支架时适当调整位置避开；当侵限超过100mm时，则要求凿除侵限部分，以满足限界要求。

凡隧道底部侵限超过20mm，采取以下处理措施：若隧道顶部净空有富余，则适当调整线路纵向坡度，提高轨面标高，以满足限界要求；若顶部净空无富余，则要求凿除隧道底侵限部分，以满足限界要求。

高架线路调坡时，按道床板下ZH砂浆厚15～110mm控制轨道设计标高。经过与轨道专业协商，对于高架桥梁，桥面侵限值超过17mm（即ZH砂浆厚度小于15mm）地段在铺轨前需处理至小于17mm。

3）调线调坡的结果

铺轨后，经过对全线各车站和区间隧道原侵限部位进行检测，均符合行车限界要求，从而保证了全线开通的运营安全。

1.1.7　体会与建议

（1）准确齐全的基础资料是做好线路设计的前提

六号线沿线地形图精度高，地下管线资料准确，为合理确定线路平面位置创造了条件，而详细的工程地质和水文地质资料与建筑物的基础资料则为合理确定地下线路的埋深提供了依据，在设计前充分做好基础资料的收集工作，可为设计打下良好的基础。

（2）周边控制建筑物业主的前期沟通工作是稳定线路设计的关键

若在设计过程中能与周边控制建筑物业主形成良好沟通，在初步设计过程中稳定方案，则可以较好地减少工程难度，减少投资，并有利于控制施工工期。

1.2　客流预测情况、实际运营数据

六号线客流预测最原始规划于2004年3月开始， 2005年1月完成。

当时的线路起终点是浔峰岗—高塘石，线路定位为加密线，主要依据为2004年6月版《广州市城市总体规划（2001～2010）》和2002年版《广州市轨道交通线网规划》。 其目的是加密干线网络（中山路1号线、东风路13号

线和环市路5号线）覆盖范围，提高轨道交通的服务和水平；从地理区位来看，6号线在沿江路区段主要是单边服务，另外一边是珠江，服务范围有限，在当时情况下，定位为加密线是合适的。此外，目前主城区内的轨道交通网络尚未全部建成或完善，如东风路的13号线、环线11号线以及8号线北延段都尚未建成，上述线路都是6节或8节编组的大干线，只有这些大干线全部建成，网络的运输效益和定位才会真正显现出来，六号线就会呈现出合理的功能定位。

轨道交通系统客流预测是以通过居民出行调查建立的交通模型为技术手段，以城市总体规划、综合交通规划、分区规划（含重点地区城市设计）、线网规划、线网近期建设计划、相关技术规范等为依据，综合考虑各种交通方式竞争的一项复杂的计算过程，具有系统性和复杂性等特征。系统性指系统考虑与轨道交通系统有关的各类对象，进行模型抽象，将不同时期的社会经济发展、土地利用、人口及就业岗位等社会经济变量作为输入变量，以居民出行特性作为模型参数，通过国际通用的四阶段计算方法运算，最后统计输出客流预测结果。预测结果与线路定位基本符合，预测远期线路高峰断面位于沙河—水荫路之间，高峰小时客流量约2.8万人次/h（高峰小时客流量是决定线路规模的关键数据）。

当初设计已经确定了与9个站的换乘关系。客流预测必须考虑远景客流量级，沿线规划一般都按照相关专业进行规划，考虑高、低方案，15%的富余量，超高峰小时系数等参数。客流预测变化的原因表现为输入条件的预期变化具有一定风险（包括区划调整、规划调整、线网功能调整、布局调整以及居民出行行为特性的变化）。六号线客流变化的主要原因有：

① 人口规模发生了变化。新一轮城市总体规划将市区人口规模从1200万调升至1500万；客流预测重点研究范围原八区规划人口由560万，升至780万。具体到金沙洲，依据2005年版《广州市金沙洲居住新城控制性详细规划》，人口规模为11万（定位为高端住宅区）。现金沙洲按2009年版《金沙洲居住新城控制性详细规划》建设，规划人口规模为16万。2013年版《金沙洲地区控制性详细规划优化》，提出人口规模为17万，泛金沙洲地区的人口将达到30万。

② 行政区划发生了变化。2005年4月，萝岗区建区，东部新城概念客观上增加了东西向的客流需求。

③ 开通年发生了变化。当时预测是以2009年开通为前提，如果六号线能够如期开通，那么在运力、发车频率等方面都会比初开通时有较多的反应时间。

④ 票价对比发生了变化。2004年预测时，还有较多1元钱的常规公交，而目前常规公交基本上都是2元，地铁还是按照距离累进计价票制：起步4km以内2元；4～12km范围内每递增4km加1元；12～24km范围内每递增6km加1元；24km以后，每递增8km加1元；加上优惠折扣，两者之间的票价对比减少，导致地铁客流增加超过预期。

大城市都处于快速城市化的时期，城市现状人口规模往往已经超过了规划人口规模，尤其是地铁沿线土地（优质资源），客流预测所依据的规划条件发生了重大变化，客观上影响了预测的准确性。与国内其他城市相比，广州的情况还算不错，从以往已开通运营线路对比情况来看，预测和实际规模都处于同一量级。随着网络化线网的运营，增长幅度很快，很多线客流总量已接近远期预测值。

广州市轨道交通六号线首期工程于2013年12月28日开通试运营，开通第二日六号线首期客流量就达到了39.45万人次（39.45万人次为29日数据，开通当天运营仅12h），整体运营安全稳定、系统可靠、故障率极低。六号线目前客运总量7994.92万人次（日均44.42万人次），最高日客运量57.1万人次（2015年），运营服务运行图兑现率99.98%，运行正点率99.99%，AFC系统设备完好率99.99%。

1.3　行车组织

（1）车辆选型及列车编组

六号线首期工程车辆选型采用L型车，各设计年度均采用4辆编组一贯制，定员站立标准采用6人/m^2，6辆编组列车定员为916人/列。

在二期工程的植物园站预留线路拆分条件。植物园站以

下图：列车运行交路

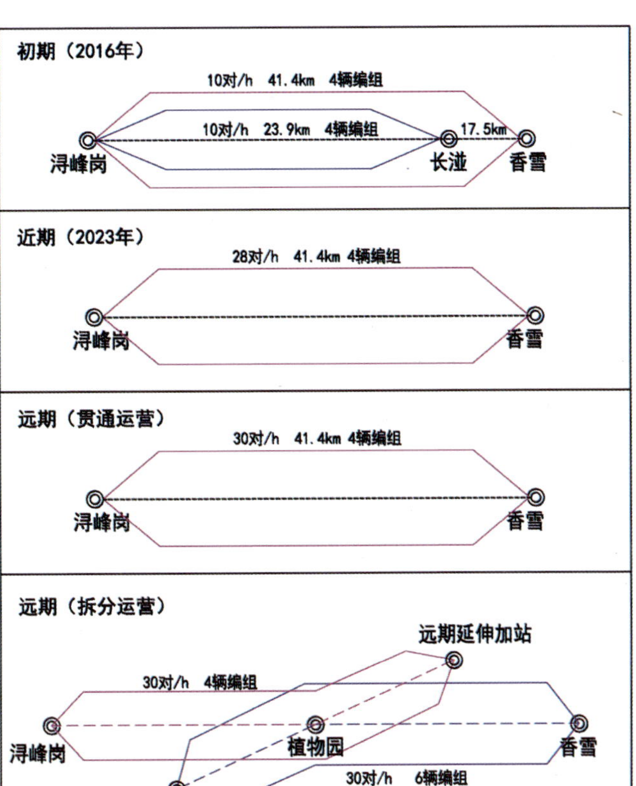

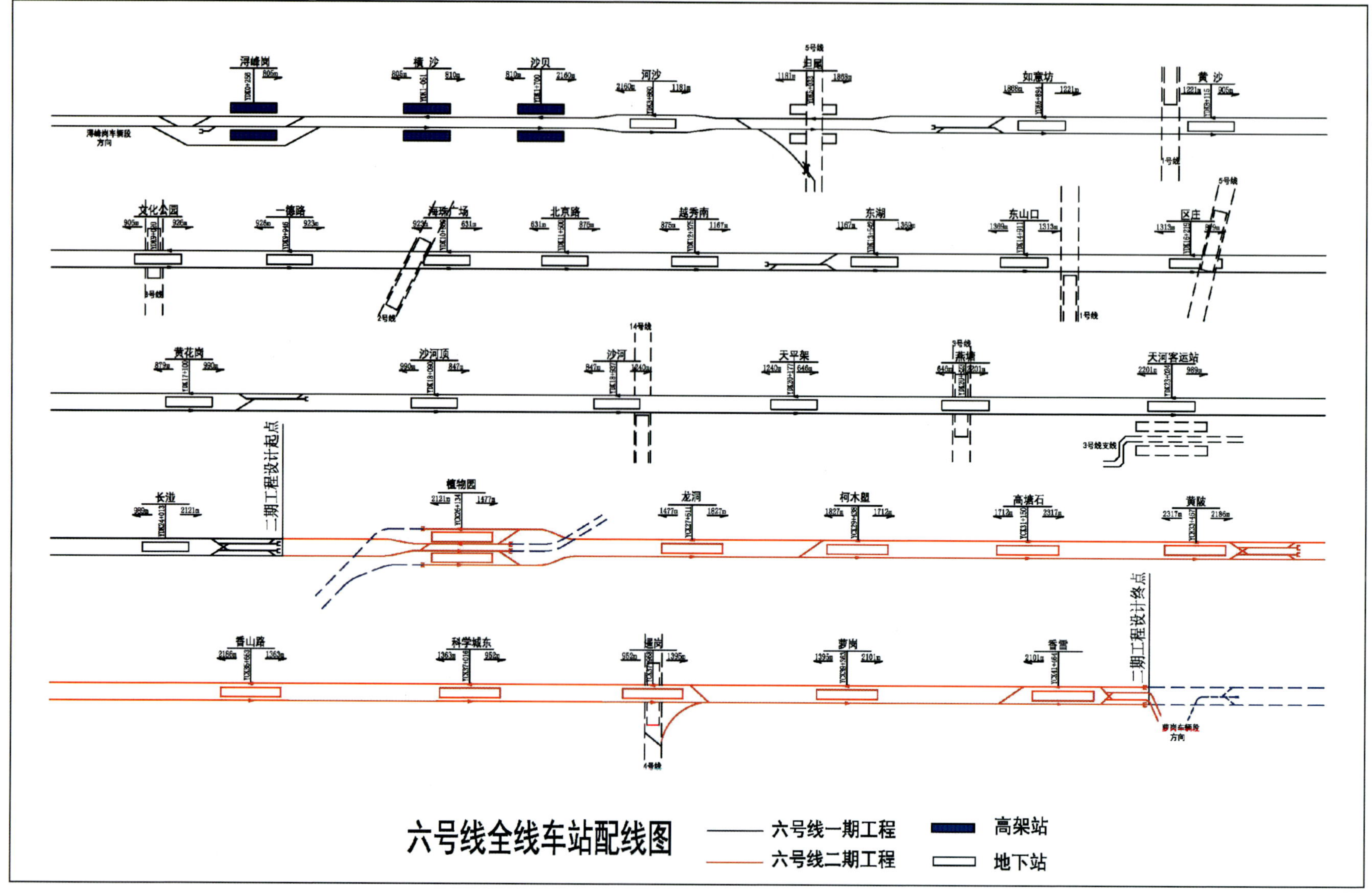

上图：六号线全线车站配线

西车站土建工程按L型车4辆编组（72m）控制规模，植物园站以东车站土建工程按B型车6辆编组（118m）控制规模。

（2）系统设计能力

六号线系统设计能力按最大行车量为33对/h控制，系统运能为3.02万人次/h。

（3）旅行速度和旅行时间

六号线首期工程（浔峰岗—长湴）列车旅行速度为37.5km/h。考虑到实际运营情况与理论计算会有一定的差异，以及运行调整的需要，首期工程平均旅行速度取34km/h。首期工程旅行时间约42min。

1.4　车辆及限界

1.4.1　车辆

（1）概述

六号线采用直线电机车辆。所谓直线电机车辆是指采用直线电机传动和钢轮钢轨的车辆。目前世界上所有的直线电机车辆均采用直线感应电动机传动，车轮起承载和导向的作用。

直线电机车辆与旋转电机车辆有很多相同之处，它们都包含有车体、转向架、电力传动系统，空气制动系统，列车控制和通信网络，列车信息系统，通风和空调系统，辅助系统等子系统。其主要差别在牵引电机、转向架及电力传动的控制。下面对六号线直线电机车辆作介绍。

（2）列车编组

列车由四辆车（两节A车和两节B车）组成。A车和B车组成一个基本单元，每列车包含二个基本单元；A车配备一个司机室和一个受电弓，A车和B车均为动车。每辆车均设有两台自导向径向转向架。其编组方式如本页下图所示。

每辆A车的前端装有自动车钩，两列车连挂时，实现机械、空气和电气的自动连接；B车的第二端，设半自动车钩，两个基本单元连挂时，提供机械、空气的自动连接，电气须人工连接；A车和B车用半永久牵引杆连接。

在A车的车顶设有受电弓；在A车一位转向架和B车二位转向架的两侧各设一台受电靴。

（3）技术参数

① 车辆主要尺寸（表3-8）。

车辆主要尺寸　　表3-8

车辆外部尺寸	
列车总长（不含列车两端车钩）	71640mm
车体外部最大宽度	2890mm
外部在站台高度处最大宽度	2800mm
车辆高度（轨面至车顶高、新轮）	
含排气口及空调单元	3625mm
受电弓落弓高度	3610mm
车辆中心高度（客室净高）	
地板面到天花板中心最小高度	2100±5mm
客室内乘客站立区最小高度	1860±10mm
轨面到地板面高度（正常运行状态、空载、新轮）	930mm
车钩中心线距轨面高度	500_0^{+10}mm
车门	
客室车门数量	3对/侧
客室车门的净开宽度	1400±4mm

续上表

客室车门的净开高度	1860±10mm
开、关门时间调整范围	2.5～4.0s
全列相邻客室车门中心线间距	5920mm
司机室侧门中心线与相邻客室侧门中心线间距	1885mm
司机室侧门净开宽度	570mm
客室车窗	
数量	A车3个/侧，B车4个/侧
宽度（清晰视野）	2600mm
高度（清晰视野）	930mm
贯通道	
贯通道宽度	1300mm
贯通道高度	1900mm
转向架	
转向架中心距	11140mm
转向架轴距	2000mm
轨距	1435mm
轮对内侧距	1353mm±2mm
车轴数	16/列
列车和车辆重量	
A车自重	约30.6t
B车自重	约29.4t
自重	120t/列
AW2	约175t/列
AW3	约200t/列
旋转部件归算质量	6t/列（按自重的5%）
车轴最大载荷	≤13t
车轮直径	
新车轮直径	φ730mm
半磨耗车轮直径	φ690mm
全磨耗车轮直径	φ650mm

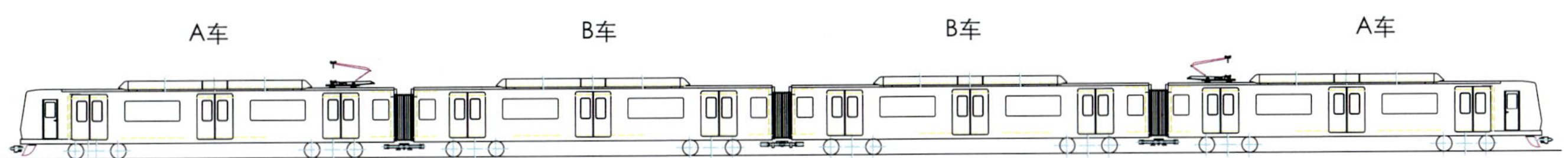

下图：列车编组

下图：直线电机外观

② 牵引和制动性能。

牵引和制动性能　　　　表3-9

列车结构速度	100km/h
最大运行速度	90km/h
列车最大牵引功率	1240kW
常用制动时最大输出功率	2760kW
平均起动加速度（0–35km/h）	≥1.0m/s²
常用平均制动减速度（90km/h–0）	≥1.0m/s²
快速制动平均减速度（90km/h–0）	≥1.3m/s²
紧急制动平均减速度（90km/h–0）	≥1.3m/s²
冲击极限	0.75m/s³
制动计算黏着系数	0.14～0.16
洗车速度	3km/h

③ 使用条件。

使用条件　　　　表3-10

供电	
供电方式	车辆段：柔性接触网 隧道内、高架线路：第三轨下部受电 在车辆段出入段线上设既有接触网，又有第三轨的转换区段
供电电压	DC1500V
电压波动范围	DC1000V～DC1800V
持续5min的最高电压	DC1950V

续上表

轨道	
最小平面曲线半径	正线：150m　车辆段：60m
最大坡度	正线：60‰　辅助线：60‰　车站：3‰
扭曲线	坡度50‰和最小平面曲线半径300m的组合

④ 车辆载客量。

车辆载客量　　　　表3-11

工况	定义	每辆车载客量		列车编组乘客数
		A车	B车	
AW0	空载	0	0	0
AW1	座席载客	28	32	120
AW2	定员载客	218	243	922
AW3	超员载客	313	348	1322

（3）直线电机

直线电机为单侧短初级型三相感应电动机，其外观如下图所示。

主要技术参数是：

- ●极数　　8极
- ●极距　　0.2808m
- ●冷却方式　　自然冷却

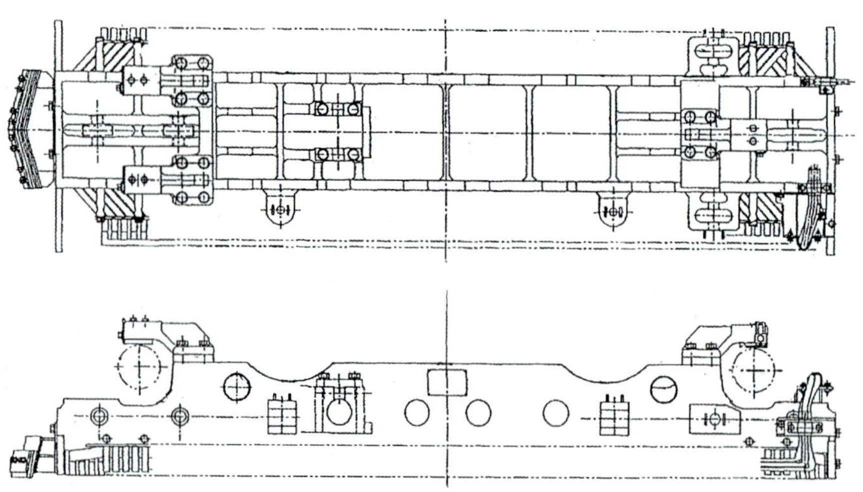

●定额　　见表3-12

直线电机定额　　表3-12

定额	持续制	小时制
输出	120kW	155kW
电压	1100 V	1100 V
电流	162A	210A
频率	22Hz	22Hz
同步速度	44.5km/h	44.5km/h

●气隙　　10.mm（电机不通电时测量）

●绝缘等级　　200级

●质量　　1550kg（包括防护板重量，不包括安全鼻重量）

●最大垂向吸力　　见表3-13

最大垂向力　　表3-13

	最大垂向力（kN/LIM）（气隙=3.5mm）	最大垂向力（kN/LIM）(气隙=9.0mm)
牵引（1500V）	42.66	36.53
牵引（1000V）	41.20	36.14
高加速（1500V）	43.74	37.89
电制动（1650V）	45.56	40.12
电制动（1500V）	44.50	39.23
电制动（1800V）	48.20	41.95

●悬挂和定位方式（左图）

垂向：轴箱悬挂（五点）

横向：单侧构架悬挂（二点）

（4）感应板

感应板相当于旋转感应电机的转子，沿线路铺设在轨道的中间，感应板的顶面比轨道顶面高15mm，如右图所示。

① 技术参数。

感应板为平板型，由导电体、导磁体和支架三部分组成，如下页左上图所示。

主要技术参数是：

●导电体和导磁体宽度:

有地沟的检修线：300mm

其余线路：360mm

●导电体厚度：

导电体：7.0mm

导磁体：25mm

●材料

导电体：铝

导磁体：钢（Q235）

●导电体和导磁体组合方式：爆炸焊接

② 安装方式。

感引板的安装基准面和安装的载体应与轨道相同，如在同一轨枕上或同一道床板上，安装方式如下页左下图所示。

左图：直线电机悬挂示意图

右图：感应板与轨道的相对位置

左上图：感应板断面图

（尺寸单位：mm）

左下图：感应板的安装示意图

右下图：转向架外观

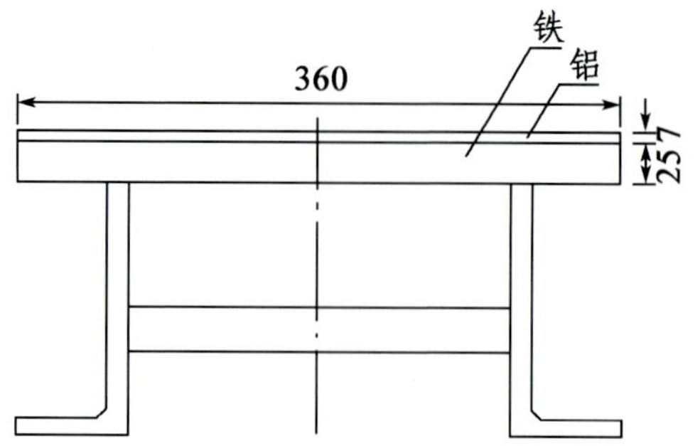

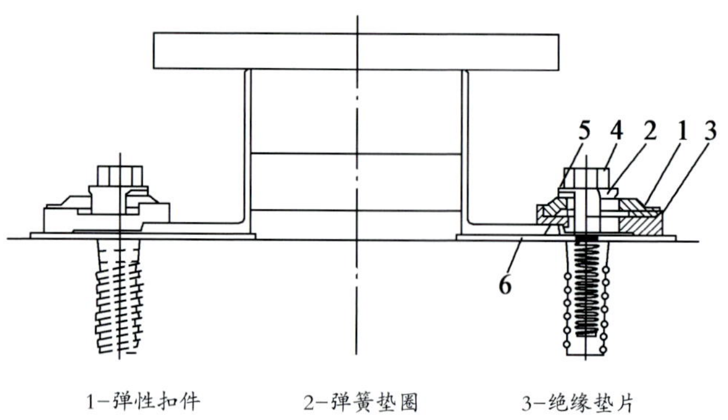

1-弹性扣件　　2-弹簧垫圈　　3-绝缘垫片

4-六角螺栓　　5-防松垫片　　6-调整垫片

（5）气隙

① 气隙大小，影响因素及限制值。

直线电机铁心表面与感应板顶面之间的距离称为气隙。此值非常重要，它不仅关系到能否保证列车安全运行，并直接影响直线电机的推力、吸力及效率。因此，应谨慎地决定气隙的大小，并重视气隙的管理。根据四号线车辆牵引和电制动性能要求，并根据工程实施的条件，对气隙大小，影响因素及限制值作如下规定：

a. 车辆空载、静止状态，直线电机的气隙为：1～10mm。

b. 影响气隙的因素及限制值见表3-14。

影响气隙的因素及限制值　　表3-14

序号	影响气隙的因素	限制值
1	直线电机安装误差	1.0mm
2	直线电机支持系统的挠度和列车载荷造成的沉降	1.0mm
3	维修周期之前的车轮磨耗	1.0mm
4	气隙的余裕	2.0mm
5	反应板安装误差	1.5mm
6	反应板的挠度	1.0mm
7	钢轨的沉降	1.5mm
8	维修周期之前的钢轨磨耗	1.0mm
	总计(空车时)	10.0mm

续上表

② 气隙检测。

为了有效地对气隙进行管理，应随时随地对气隙进行检测，检测的原则是：

a. 20%的列车装设感应板高度检测器，检测全线的感应板的高度，一旦检测到气隙减少到6mm时，检测器发出报警信号，并自动记录有异常的感应板位置。

b. 在车辆段的出入线和检修线，装设直线电机高度检测器，当直线电机高度异常时，检测器发出报警信号，并自动记录直线电机有异常的车号和直线电机号。

③ 气隙调整原则。

a. 当车轮磨耗或镟轮后使气隙变小时，调整直线电机的是悬挂高度，使气隙　达到规定值。

b. 当轨道磨耗使气隙变小时，调整反应板高度，使气隙达到规定值。

（6）转向架

六号线车辆上使用的转向架是在鹿特丹运营的旋转电机车辆用转向架的基础上改进而成的。

该转向架主要由构架、轮对、一系悬挂、二系悬挂、直线电机、基础制动、轮轨润滑及其他设备组成。整个转向架的重量约6300kg。

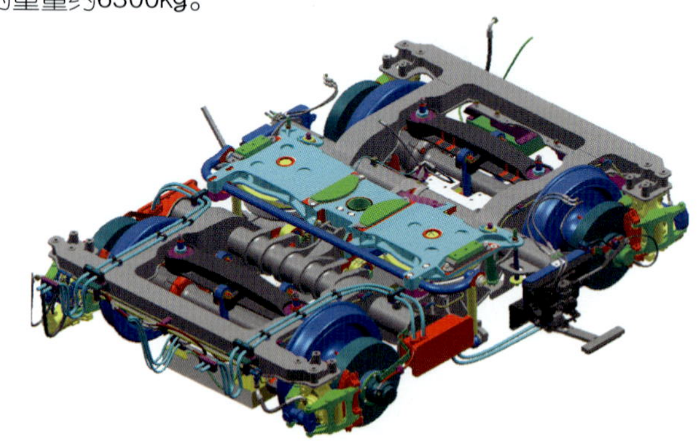

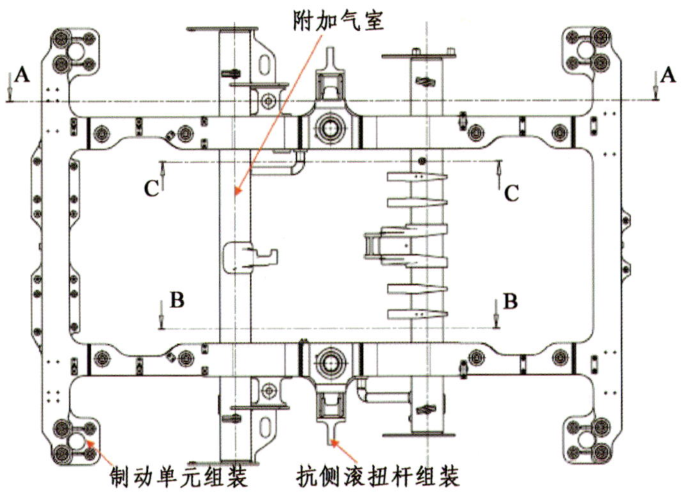

上左图：转向架构架

上右图：轮对

下左图：一系悬挂

下右图：二系悬挂

① 构架：构架结构如上左图所示。

构架采用钢板焊接结构。构架的中部为二系悬挂系统提供了安装支撑，端部为ATC天线和制动系统提供了安装支撑。

构架的横梁作为空气弹簧的附加气室，并且为熔断器箱和受电靴提供了安装支撑。构架上可安装抗侧滚扭杆。

② 轮对：轮对采用整体车轮，轮径为730mm。车轮与制动盘位于构架的外侧。车轴的材质为A4T级钢。轴箱是由球墨铸铁制作，由径向轴承承载来自车体的复合载荷和直线电机的垂向载荷。该轴承的使用寿命超过3百万公里。

③ 一系悬挂：一系悬挂系统由2个圆锥叠层橡胶弹簧组成，弹簧固定在轴箱上。弹簧的纵向刚度允许轮对在曲线上可偏转0.25度。

由于直线电机悬挂在轮对上，所以一系悬挂的垂向刚度不会对气隙有影响。

一系悬挂的参数见表3-15。

一系悬挂参数　　表3-15

弹簧高度（非加载）	182mm
弹簧高度（加载12.5kN）	150mm
垂向刚度	1060N/mm
重量	7.8kg
最大垂向载荷	41kN
最大纵向载荷	13kN
最大横向载荷	10kN

④ 二系悬挂：二系悬挂安装在转向架和摇枕之间。它包括空气弹簧、垂向油压减振器和横向油压减振器。

在载客量变化引时，通过连续改变空气弹簧内的空气压力使车体相对转向架构架保持一个恒定的高度。该高度由每一个转向架上的高度控制阀控制。如果空气弹簧失气，车体

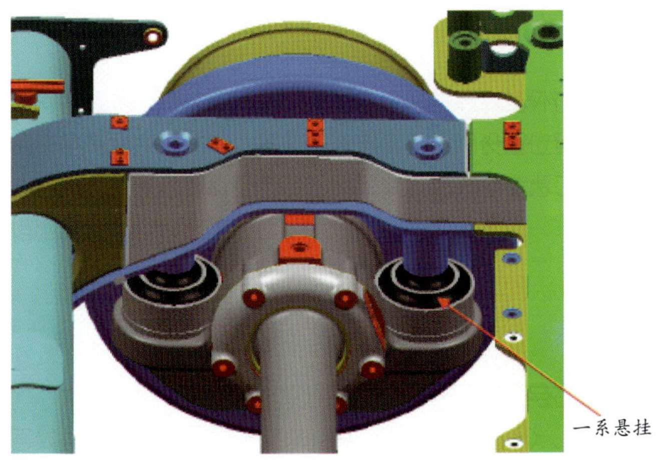

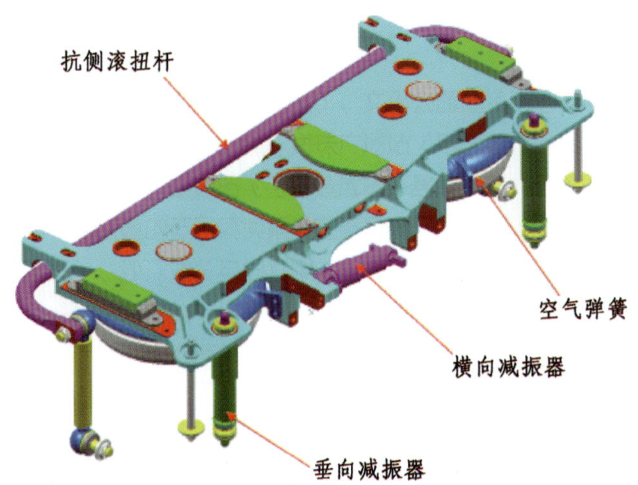

上图：直线电机悬挂

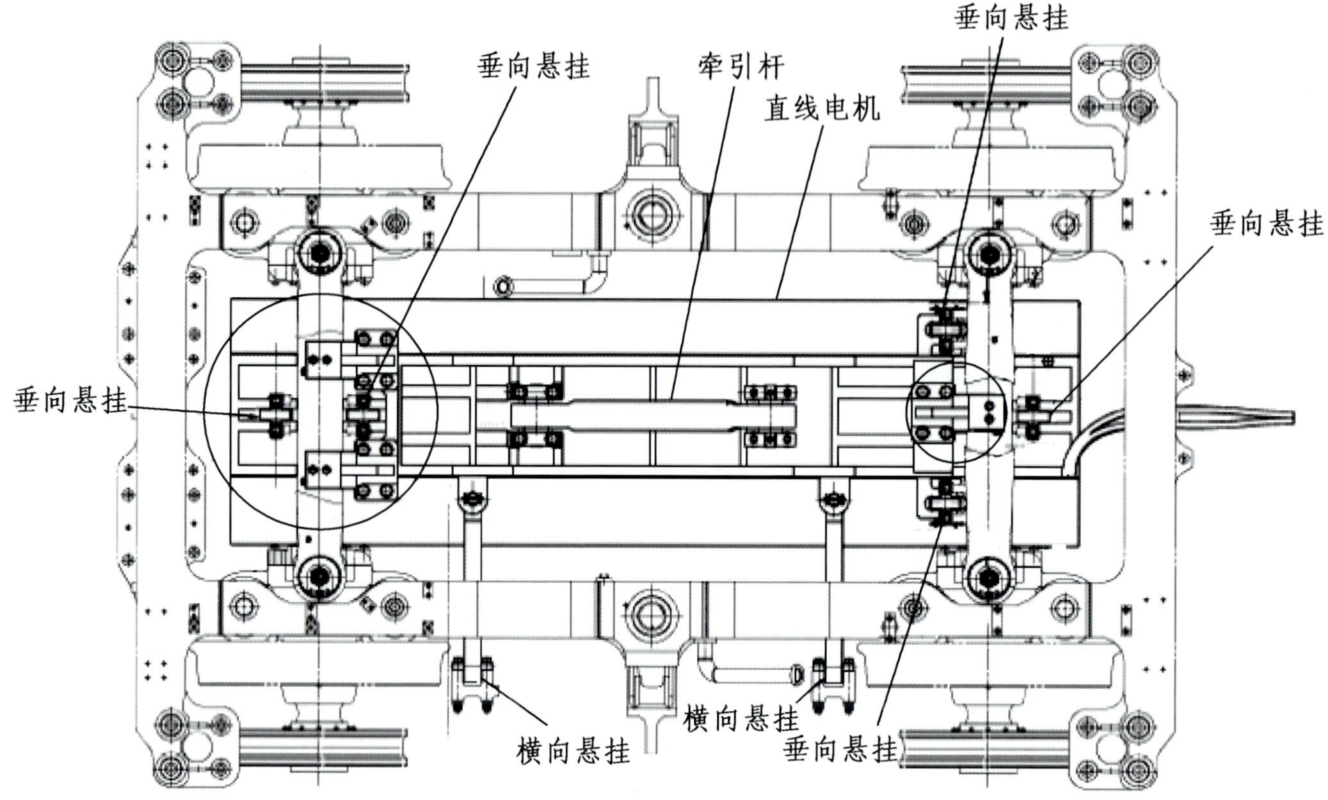

则由空气弹簧内的辅助橡胶弹簧支撑。车辆就可在空气弹簧失气状态下降低乘坐舒适度安全运行，直到故障得到解决。

空气弹簧配备有副风缸（利用构架的横梁），用以减小垂向刚度。2个垂向油压减振器安装在构架和摇枕上，在摇枕和横梁之间装有1个横向油压减振器，控制车体的横向摆动。

⑤ 直线电机悬挂：直线电机垂向直接悬挂在专用横樑上，此专用横樑的两端支撑在轴箱上。支撑上有螺纹和可调螺纹套管，以调整直线电机的高度。每个悬挂点都有橡胶衬套，为固定直线电机的位置，在构架一侧的侧樑与直线电机的一侧，使用了二根横向连杆。详见上图。

⑥ 基础制动：基础制动采用盘形制动，以压缩空气为动力。每个车轴上设两个制动盘和两个单元制动器，其中一个单元制动器具有停放制动的功能，在整个转向架上呈对角线布置。

1.4.2 限界

最终本工程的车辆类型选择与广州市轨道交通四号线、五号线一致，为直线电机车辆。具体车辆参数如下：

① 最高构造速度	100km/h
② 计算车辆车体长度	17080mm
车体最大宽度	2890mm
车体地板处宽度	2800mm
车辆高度（距轨面）	≤3625mm
③ 客室地板面高度（新车、AW0、距轨面）	930mm
④ 车辆定距	11140mm
⑤ 转向架固定轴距	2000mm
⑥ 受流器工作点至转向架中心线距离	≤1510mm
⑦ 受电弓最大工作高度（停车场）	4800mm

车辆典型布置见下页四图。

限界的设计完全以车辆为中心，在考虑轨道区安装的各种设备后，最终确定土建工程的内轮廓尺寸。本工程采用直线电机车辆，直线电机车辆有两种受电设备，即接触轨和接触网。一般而言，接触网授电的车辆限界高度要高一些，而接触轨授电的车辆限界高度要低一些。由于本工程在正线区间采用接触轨授电，不采用接触网授电，所以正线区间的限界高度按照接触轨授电车辆设计，即采用比较低的限界高

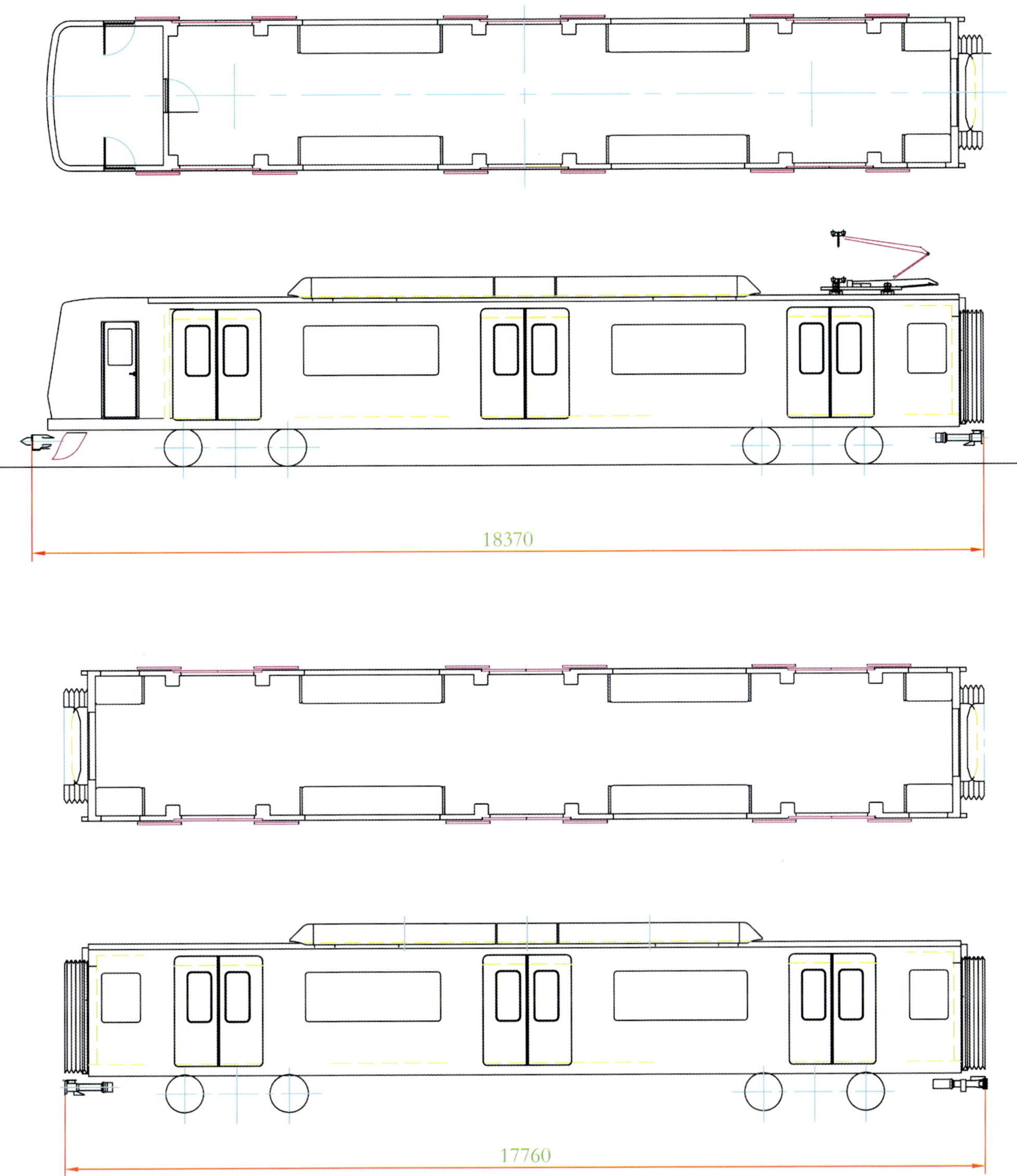

上两图：A车典型图（尺寸单位：mm）

下两图：B车典型图（尺寸单位：mm）

右图：车辆典型断面图
（尺寸单位：mm）

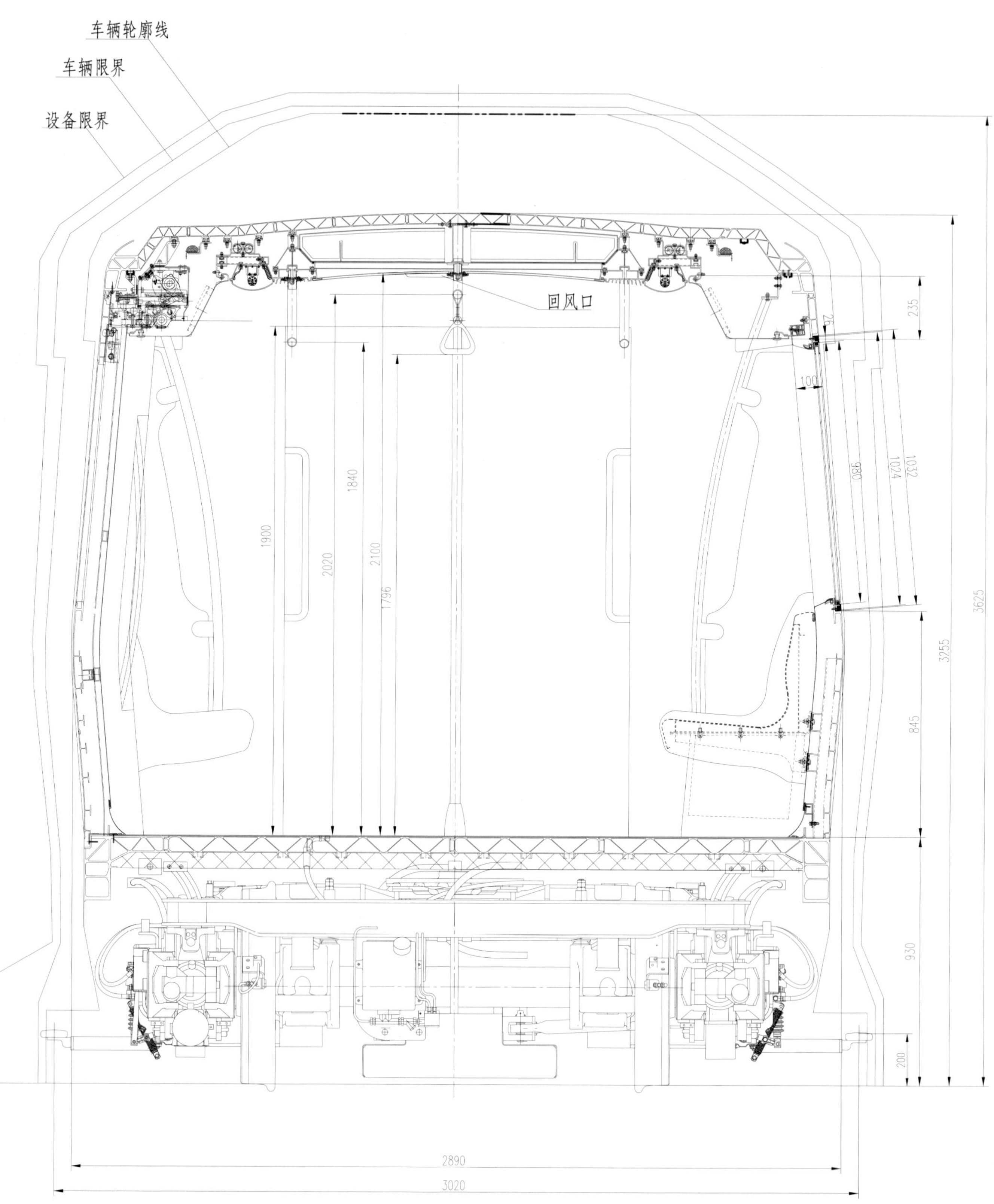

度，这也充分利用了直线电机车辆的特点和优势。而在车辆段以及出入段线，则采用了接触网授电方式，一般车辆段和出入段线的后半段都是在地面以上，可以降低修建过高隧道带来的工程代价。

本工程建筑限界的主要设计原则如下：

① 紧急疏散平台设置原则。按照消防疏散要求，全线正线上设紧急疏散平台，平台设于列车运行方向的左侧。平台在防淹门、人防隔断门和道岔区断开。平台高度（距轨面）为800mm。平台宽度：在区间隧道内一般不小于700mm，困难条件下不小于600mm；在高架区间不小于900mm。

② 圆形隧道建筑限界按本线盾构法施工地段平面曲线最小半径R250m、轨道超高120mm进行设计，采用直径5100mm。

③ 单线马蹄形隧道建筑限界按矿山法施工地段线路平面曲线最小半径进行设计，采用拱顶半圆R2500mm、断面最大宽度5000mm、腰部曲率半径R5000mm、拱顶高度（自轨顶起）4400mm。

④ 矩形隧道建筑限界按直线地段设备限界进行设计，线路中心线至行车方向左侧隧道边墙距离如下：当有紧急疏散平台时为2300mm，当无紧急疏散平台时为2000mm。线路中心线至行车方向右侧隧道边墙的距离为2150mm。曲线地段另行加宽。

⑤ 圆形隧道和马蹄形隧道在曲线地段采用相对于线路中心线向曲线内侧移动隧道中心线的办法代替建筑限界的加宽。其位移量计算公式如下：

$$d=h_0\frac{h}{s} \tag{1}$$

式中：d ——隧道中心线的水平位移值（mm）；

h_0——隧道中心至钢轨面的垂向距离（mm）；

h ——轨道超高值（mm）；

S——滚动圆间距，当采用60kg/m钢轨时为1506mm。

⑥ 高架区间建筑限界按紧急疏散平台设于两线之间设计。直线地段最小线间距为4100mm，紧急疏散平台宽度≥900mm。

高架区间曲线地段线间距按照曲线半径、列车运行速度和轨道超高值进行加宽。

⑦ 车站直线地段建筑限界。站台高度暂定880mm，车站计算长度范围内的站台建筑限界，自轨道中心线至站台边缘净距按车辆限界确定，取1500mm；车站计算长度范围外，设备区站台离轨道中心线净距按设备限界加不小于50mm安全间隙确定；设备区墙、柱离轨道中心线净距，当墙、柱上无管线时，按设备限界加不小于200mm间隙确定，当墙、柱上有管线时，采用区间隧道建筑限界。

⑧ 屏蔽门和安全门限界按车辆限界加不小于25mm安全间隙确定。

⑨ 防淹门和人防隔断门限界按设备限界加不小于100mm间隙量确定。

设备布置原则如下：

① 隧道内冷水管、信号机、弱电电缆、区间电话、接触轨和接触轨隔离开关、消防水管、排水管（仅坦尾站至如意坊站区间泵房的排水管接至如意坊车站）、电源箱布置在线路行车方向右侧。紧急疏散平台设在线路行车方向左侧，强电电缆、照明灯具也布置在线路行车方向左侧。

② 高架线接触轨、强电电缆、信号机、电源箱设在线路行车方向右侧。紧急疏散平台、弱电电缆、区间电话布置在线路行车方向左侧。

③ 接触轨隔离开关根据专业要求设置，必要时进行建筑限界局部加宽。

④ 接触网轨转换区内和试车线、出入线同时安装架空接触网和接触轨。

⑤ 车站内的接触轨安装在站台对侧，强电电缆安装在站台同侧站台板下方的承重墙上。

⑥ 道岔转辙机应尽量布置在两线之间，若两线之间安装转辙机有困难时，则布置在线路外，必要时对建筑限界进行局部加宽。

⑦ 受电靴处设备安装除要满足限界安全间隙（不小于50mm）的要求以外，还需满足电气绝缘安全距离要求（六号线设定为100mm）。

⑧ 浔峰岗出入场线曲线半径为150m，由于曲线内侧几何加宽量较多，为避免三轨侵限，将其调整至曲线外侧，同时弱电电缆调整至曲线内侧。

典型限界图如下页四图所示。

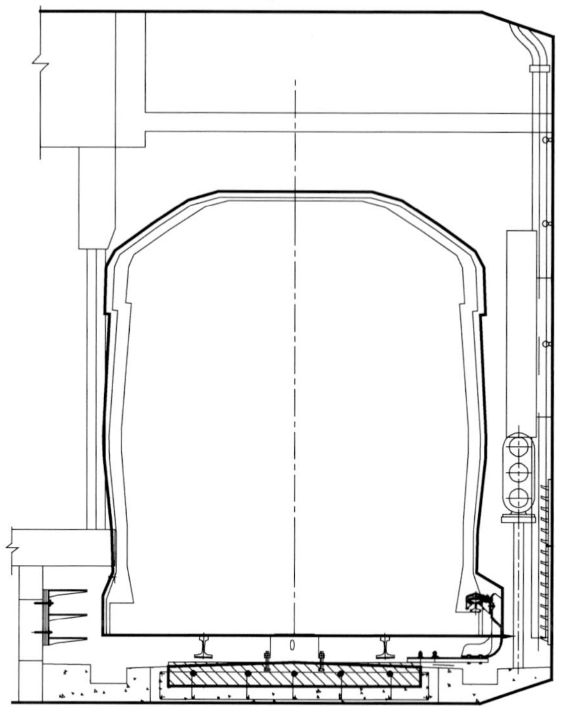

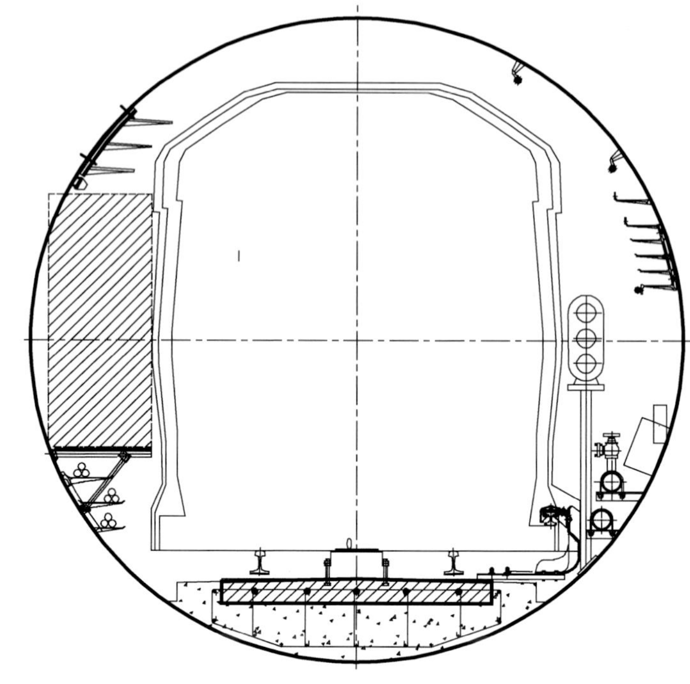

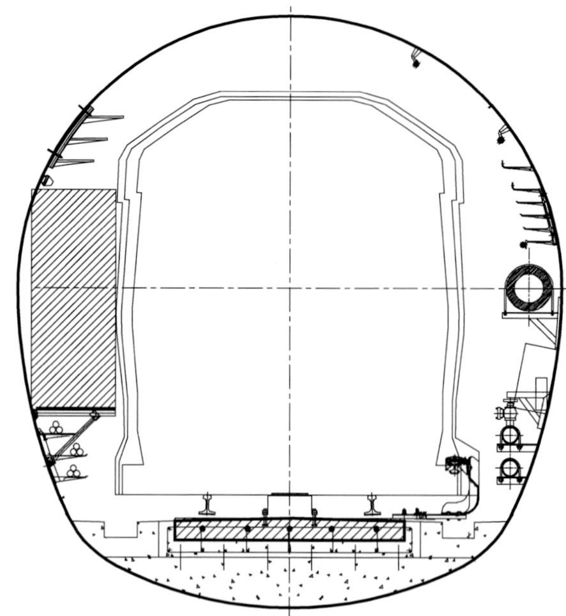

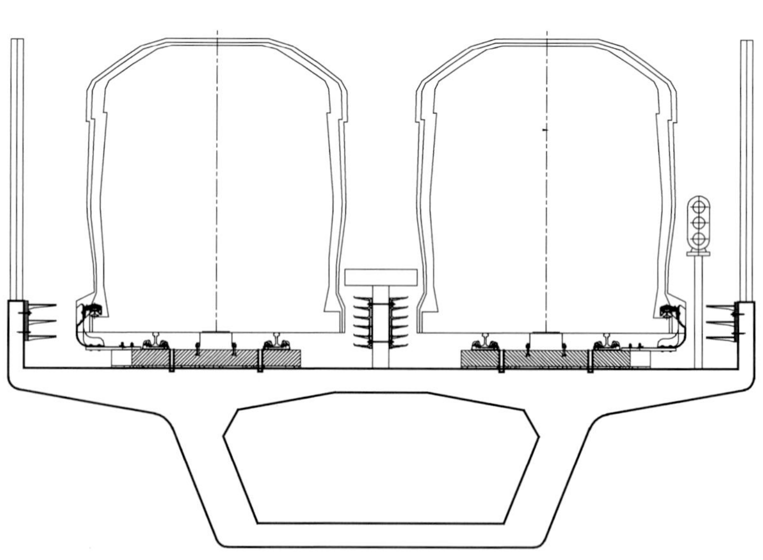

上左图：车站直线地段矩形隧道建筑限界图

上右图：区间直线地段圆形隧道建筑限界图

下左图：区间直线地段马蹄形隧道建筑限界图

下右图：区间直线地段高架双线建筑限界图

1.5 车站

1.5.1 浔峰岗站

广州市轨道交通六号线工程浔峰岗站是六号线的起点站，位于广州金沙洲居住用地中，在金沙洲路东北侧，规划路西南侧，设有站前折返线。车站从2005年6月开始设计，于2013年12月开通运营，历时8年。

1）工程概况

（1）站址周边环境

浔峰岗站是六号线首期工程起点站,站址位于广州金沙洲规划居住用地中，站位东侧为广佛高速公路，车站设置在金沙洲路东北侧，规划路西南侧，设有站前折返线。站址西北面为浔峰山，周边环境为具有优良的景观生态资源。站址位置原为金沙洲事故停车场、珍宝停车保养场及其配建用房。规划东北面为大型的住宅小区御金沙，一期已建成。规划西南面为公交枢纽，现状是荒地。站址环境内延线路方向两侧都没有道路，故车站在路中的一个孤岛上。车站左侧金沙洲路规划40m宽，已建成，车流量不大。车站右侧规划路20m宽，已建成，车流量小。

（2）车站技术指标

本工程包括车站设计起点里程至车站设计终点里程范围内的车站主体部分及人行天桥。浔峰岗站中心里程为YCK0+255.5。车站总建筑面积为8380.7m^2，其中车站主体面积为7510m^2，人行天桥建筑面积为870.7m^2。车站总长为105m，宽度为29m，车站外包总高为17.149m。轨面标高8.08m（绝对标高23.19m）。由于行车要求，本车站有三条线路，线间距为4.6m和12m，一岛一侧站台，前后均有配线。岛式站台宽度为9m，侧式站台宽度为3.6m，有效站台长度72m，安全门长度67.72m。车站地面站厅共设3个出入口。

车站结构采用桥建分离，轨道梁与车站主体框架结构分离，车站地面三层，地下局部有一层地下室电缆夹层。本工程的建筑场地土类别为II类。地基基础设计等级为甲级。本工程采用钻（冲）孔成孔灌注桩基础，钻(冲)孔桩设计为嵌岩桩，桩端持力层为中、微风化粉砂岩。基础桩径分0.8m及1m共两种。桩净长H为12～32m。

（3）地质条件

金沙洲路地下有一排水暗渠，故乘客过街不能采用地下通道，主要客流通过天桥，进入车站乘车。车站沿街设有2个乘客的主要出入口，两端的设备管理区内共设有5个工作人员出入口。车站主要客流来自车站东北面的居住区及来自西南面的公交客流，所以车站站厅公共区在车站的东北面和西南面各设置了1个出入口，与周边道路连接在一起，有利于人流的疏散和吸引。

2）设计特色

（1）总平面布置

浔峰岗站车站有效站台总长72m, 安全门长度为67.72m，有效站台中心线轨面标高为22.31m，由于行车要求，本车站有三条线路，线间距为4.6m和12m，一岛一侧站台。

站址环境内延线路方向两侧都没有规划道路，故车站在路中的一个孤岛上。主要客流通过天桥，进入车站乘车。车站沿街设有2个乘客的主要出入口，两端的设备管理区内共设有5个工作人员出入口。

（2）车站建筑布置

车站设计为三层框架混凝土结构的建筑。

① 站厅层。站厅层位于主体建筑的一层，主要功能分区为中间设置公共区，两端布置设备管理用房。在车站南端布置降压变电所。公共区分为付费区与非付费区。付费区内设置通向各站台的楼梯3部，上、下行扶梯各1台，以及透明无机房电梯2台。

② 站台层。站台层设置了一岛式站台和一侧式站台，根据线路、客流等数据，岛式站台宽度为8.98m，侧式站台宽度为8.29m，有效站台长度为72m，线间距为12m，设置安全门系统，安全门长度为67.72m，站台层轨面标高为22.31m（广州高程）。

③ 出入口通道。由于浔峰岗在市政规划居住用地中，主要客流来自车站东面的居住区及来自西南面的公交客流，所以车站站厅公共区在车站的东北面和西南面各设置了一个出入口，与周边道路连接在一起，有利于人流的疏散和吸引。增设小站厅连接市政过街天桥，出站客流可直接通过天桥到达居住小区或过街。

（3）立面设计

本高架车站立面构想强调车站建筑轻巧、明快、简约的风格，力求在建筑造型上与周围自然景观相协调。建筑以铝

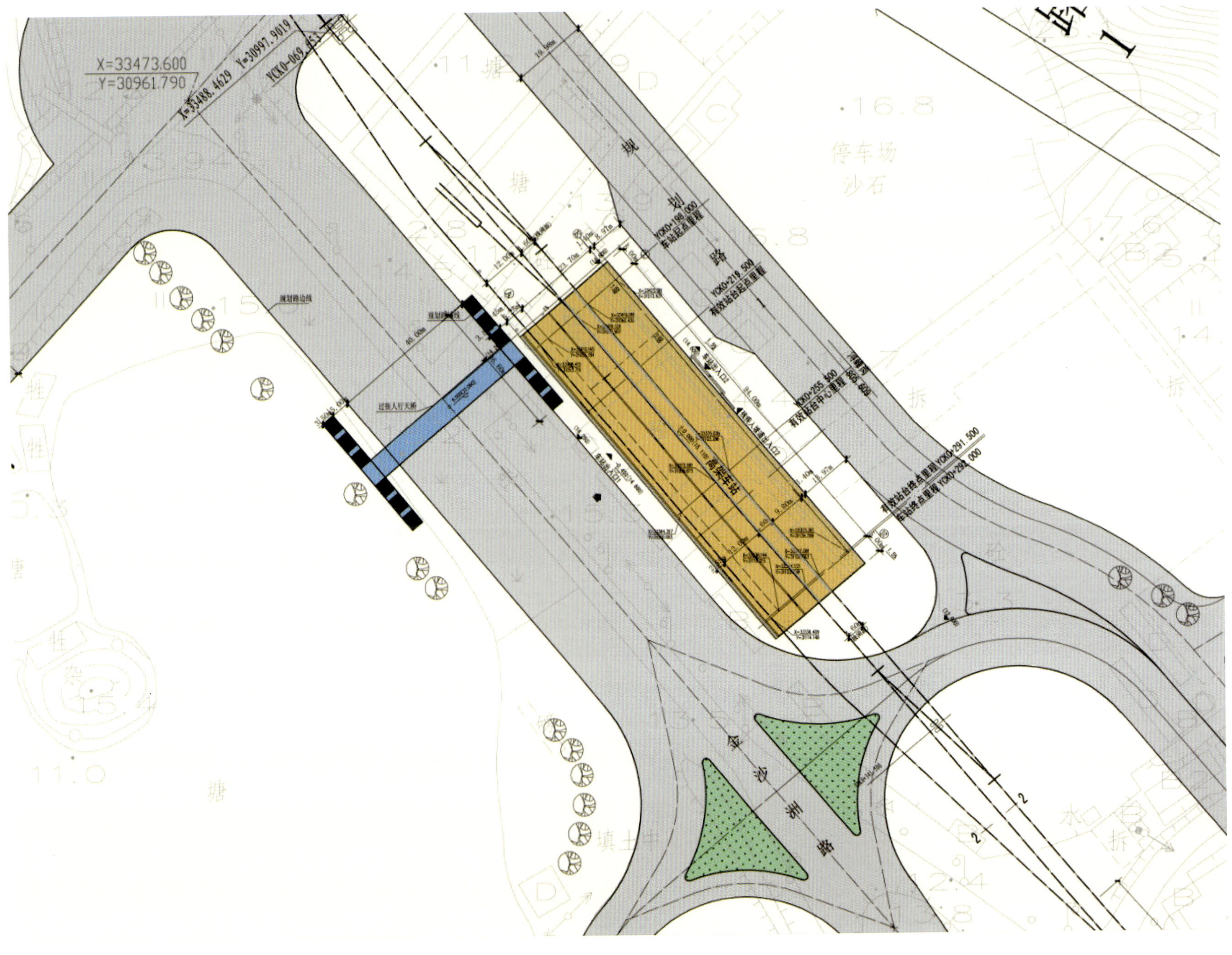

上图：浔峰岗站总平面图

锰镁板材屋面，配以玻璃块面及大百叶的设计，削弱了大体量建筑对道路、景观的压迫感，同时结合山型的屋面造型设计，通过虚实对比，以及对景观色彩的摄取，使建筑物融入到自然景观中。功能上顺应站台弧度展开，确保乘客免受不良天气影响。满足自然通风，遮阳避雨、卫生防灾、抗震减噪的要求。

（4）设计要点

① 确定高架车站合理层高。为减少车站体量、规模，车站高度原则上能低则低。结合本线特点，还应从高架车站周边地块景观、高架车站与两边交通衔接等方面分析。

上图：站厅层平面图

下图：站台层平面图

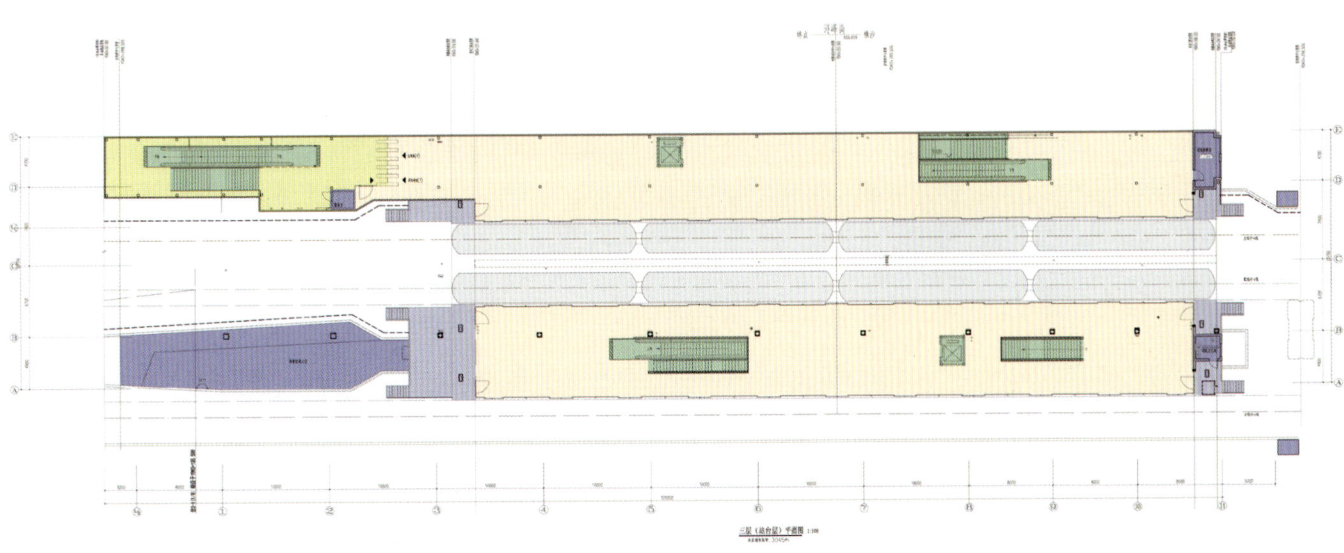

a. 我国轨道交通桥梁经20多年的建设实践，桥梁跨度已由原来的小跨度逐步向30m跨发展。从区间桥梁景观及桥梁跨度与桥高之间的比例关系分析，桥高建议控制在10～12m的范围。

b. 从车站的位置上分析，车站东北部为浔峰岗，是一个小山，规划为居住小区。居住区里的行人从道路的北侧看南侧的景物时，位于三层效果更佳。

c. 车站北面站台考虑增设连接市政过街天桥的小站厅，并加设出站闸机及票亭，出站客流可直接通过天桥出站，体现轨道交通“以人为本”的设计理念。

d. 浔峰岗站由于是线路第一个高架站，线路从浔峰岗车辆段出来，为使线路坡度减少，站台标高应压到最低。

e. 综上分析，本车站推荐采用三层高架车站方案。

② 选择合适的车站形式。高架车站的形式是依据车站线路条件、客流特征、车站功能布局及运营等因素进行综合比选决定的。

岛式车站具有使用效率高，乘客使用方便，车站设备少，车站规模、体量相对小，经济性好的优点。但是岛式车

上图：浔峰岗站鸟瞰图一

站的区间喇叭口段对景观有一定的影响。

车站采用侧式站台形式，方便区间架桥机架设轨道梁。

广州市气候属北亚热带季风气候区，温暖湿润，雨量充沛，同时广州地区易受台风影响，因此车站站台设在线路的两侧，必需考虑挡雨，站台屋架需采用全包式，车站体量较大。

通过以上分析比较，浔峰岗站采用一岛一侧的形式，外形采用半包，包住侧式站台部分，岛式站台的侧面采用开敞的形式。结合岭南气候，注重“以人为本”的设计理念。

3）工程特点与技术创新

浔峰岗站设计本着“安全、实用、经济、高效”的原则，遵循以人为本，技术创新的设计理念，经多方面研究和论证，在设计中采用了一系列的新技术和创新，主要有以下几方面。

① 全国首个“一岛一侧”的高架车站。车站为起点站，岛式站台主要为上车客流，侧式站台为下车客流，流线清晰，互不交叉。

六号线二期线路延长至萝岗后，客流将会大量增加，9m宽的岛式站台及8.3m宽的侧式站台可适应远期客流的增长。

② 全国首个在三层高的站台上直接出站的车站。站台加设出站闸机及票亭，车站增设小站厅连接市政过街天桥，出站客流可直接通过天桥到达居住小区或过街，体现轨道交通“以人为本”的设计理念。

乘客不需经过楼梯、电动扶梯或电梯到达首层站厅，通过闸机出站，再上天桥过对面马路，进行换乘或到达小区。因此，能节省车站内的出站时间，极大的提高了通勤效率。

③ 车站设两座人行过街天桥，均采用钢结构桁架桥式，在钢结构天桥中具有较高的经济性，在广州市天桥设计中属首例。

车站西南侧跨金沙洲路天桥桁架跨度为40.7m，高3.3m，宽4.7m，每平米用钢量为200kg。钢材比原来的钢箱梁结构天桥省了一半。

④ 车站采用桥建分离，轨道梁及其下部结构与车站主体结构分离，车站主体结构为普通框架结构。为后续车站乃至全国此类工程提供范例和参考。

⑤ 公共区普通照明全采用绿色环保LED照明，LED照明具有体积小、节能、寿命长、高亮度环保等特点，在广州轨道交通中是首次全面地、大规模地在线路开通时即采用LED照明，为今后轨道交通照明设计提供成功范例。

⑥ 风机就地控制箱采用远程智能型，将传统的风机至就地控制箱的控制电缆改为通信总线，减少环控电控室出线数量，并能方便监控到每个风机就地控制箱的通信状态，提高了环控智能低压系统的智能化程度，在广州轨道交通中是首次应用。

⑦ 变电所采用温控风机，根据室内温度控制风机的启停。车站大小系统空调采用变制冷剂流量系统，运营控制方便，能有效节约电量。站台层采用自然通风，乘务员房间采用分体空调，节省了空调能耗。

⑧ 车站大小系统空调采用变制冷剂流量系统，运营控制方便。

⑨ 车站装修设计在标准化、模数化、工业化的前提下

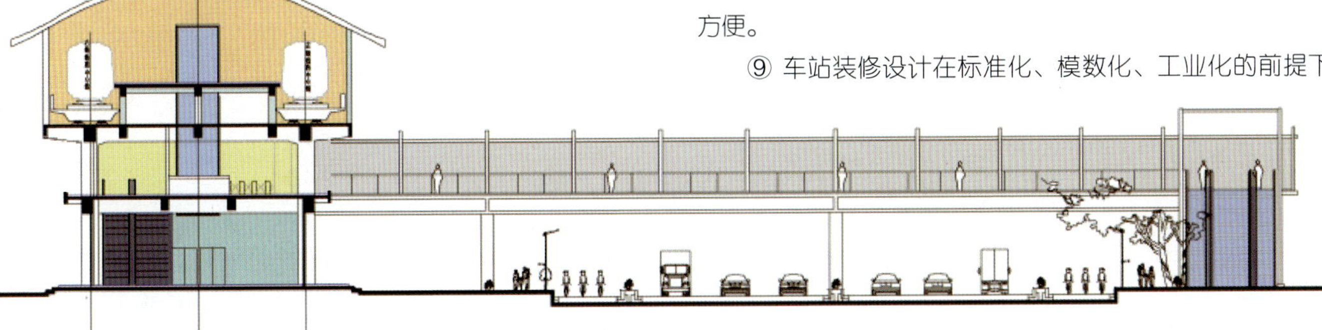

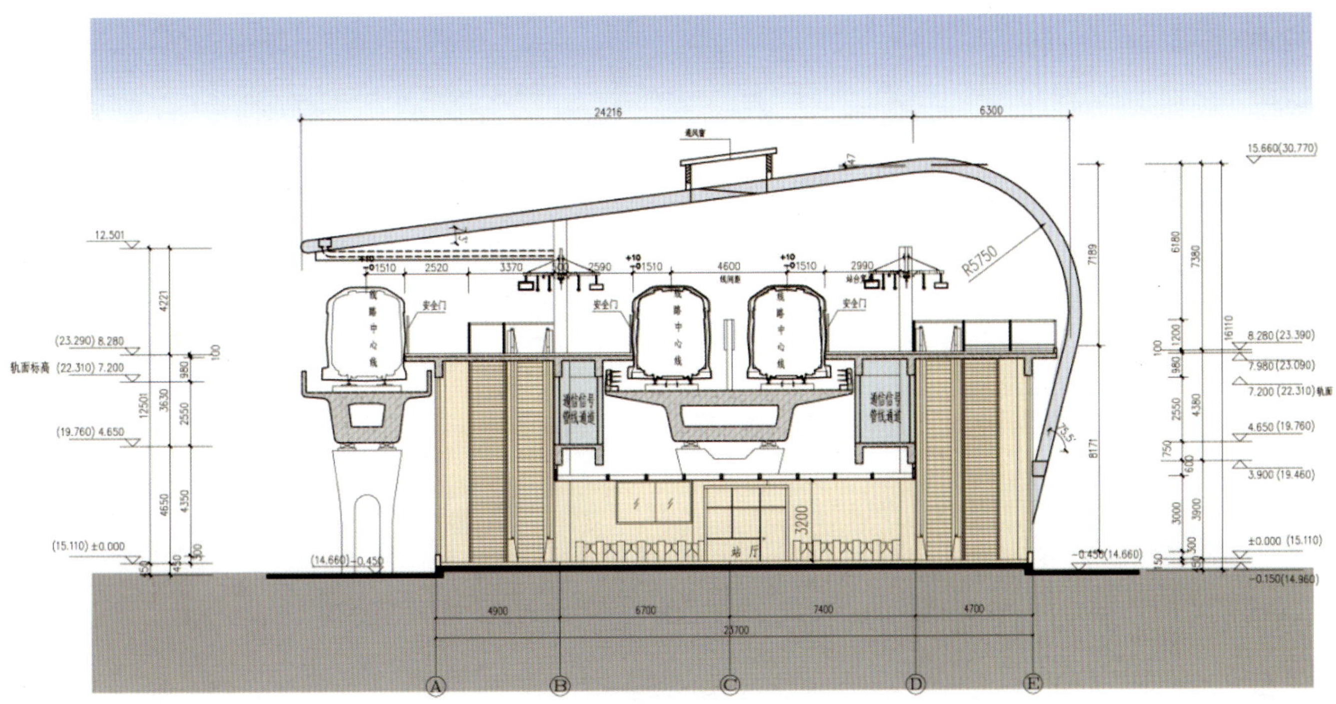

上图：岛式站台剖面图（尺寸单位：mm）

下图：横剖面图（尺寸单位：mm）

下图：浔峰岗站鸟瞰图二

努力创新，注重车站装修个性化的表现，力求在共性中求个性、统一中求变化。公共区大厅，空间效果开阔，采用淡绿色的玻璃墙面、芝麻白的花岗石地面、通透的天花精心搭配，使浔峰岗站的装修效果突出本站特点。

⑩ 站内设置公共厕所。男厕有3个隔间，3个小便兜，女厕有4个隔间，另外设置了无障碍厕所。在广州轨道交通中属于首创。

⑪ 刷羊城通打电话，使用羊城通打电话可用站内IC卡电话，也可刷羊城通付费拨打。

⑫ 人性化、环境保护要求高，车站两端的轨道旁均设置声屏障，对环境敏感点采取减震、降噪措施。

⑬ 车站进行节能设计。墙体采用蒸压加气混凝土小砌块，公共区采用中空Low-E玻璃（6中透光Low-E+12空气+6透明玻璃），出入口加设空气幕，有效防止空调外泄。设计建筑全年能耗远小于参照建筑全年能耗，本车站完全满足节能要求。2013年1月，浔峰岗站的节能专篇顺利在广州市墙改办备案。在广州轨道交通中属于首次。

浔峰岗站设备系统功能在既有地铁线路水平的基础上适当提高，以满足运营的方便、快捷、舒适、安全。机电设备系统应充分考虑分期投入及系统的完整性。子系统和单项设备的选用保证整个系统的先进性，并尽可能选用成熟可靠的国产设备。

1.5.2 横沙站

（1）工程概况

横沙站为六号线第二个车站，为高架车站。位于金沙洲路与环洲三路交叉口北侧道路上，站台层架空在路中线上，站厅层布置在站台两边（路的两侧）以付费/过街天桥连接。车站全长78.8m，标准段宽14.12m，站台形式为侧式。车站总建筑面积为4562.6m^2，其中主体建筑面积为1133m^2，1号站厅建筑面积为2759m^2，2号站厅建筑面积为195.2m^2，天桥面积为475.4m^2。站位所在路面标高为8.8～9.3m，路面平缓，轨面标高为22.22m，车站高度（至飘篷顶）24.14m。

前期无拆迁影响，主要管线为电信、给水排水及1号站厅10kV高压线迁改。高架站主体结构基础采用桩基础，桩基持力层为岩石的微风化层，并保证桩底以下3倍桩径内无软夹层或溶洞。本站的灰岩有岩溶发育，发育无规律。基坑开挖主要是局部的基础墩台开挖，开挖范围主要是人工填土及淤泥质土层。

施工工期从2008年7月19日进场，至2012年12月5日竣工验收，历时52个月18天。本站财评审定土建3034.89万元，车站风水电1488.34万元。

（2）车站方案

站位在规划十字路口以西，并尽可能靠近十字路口，既

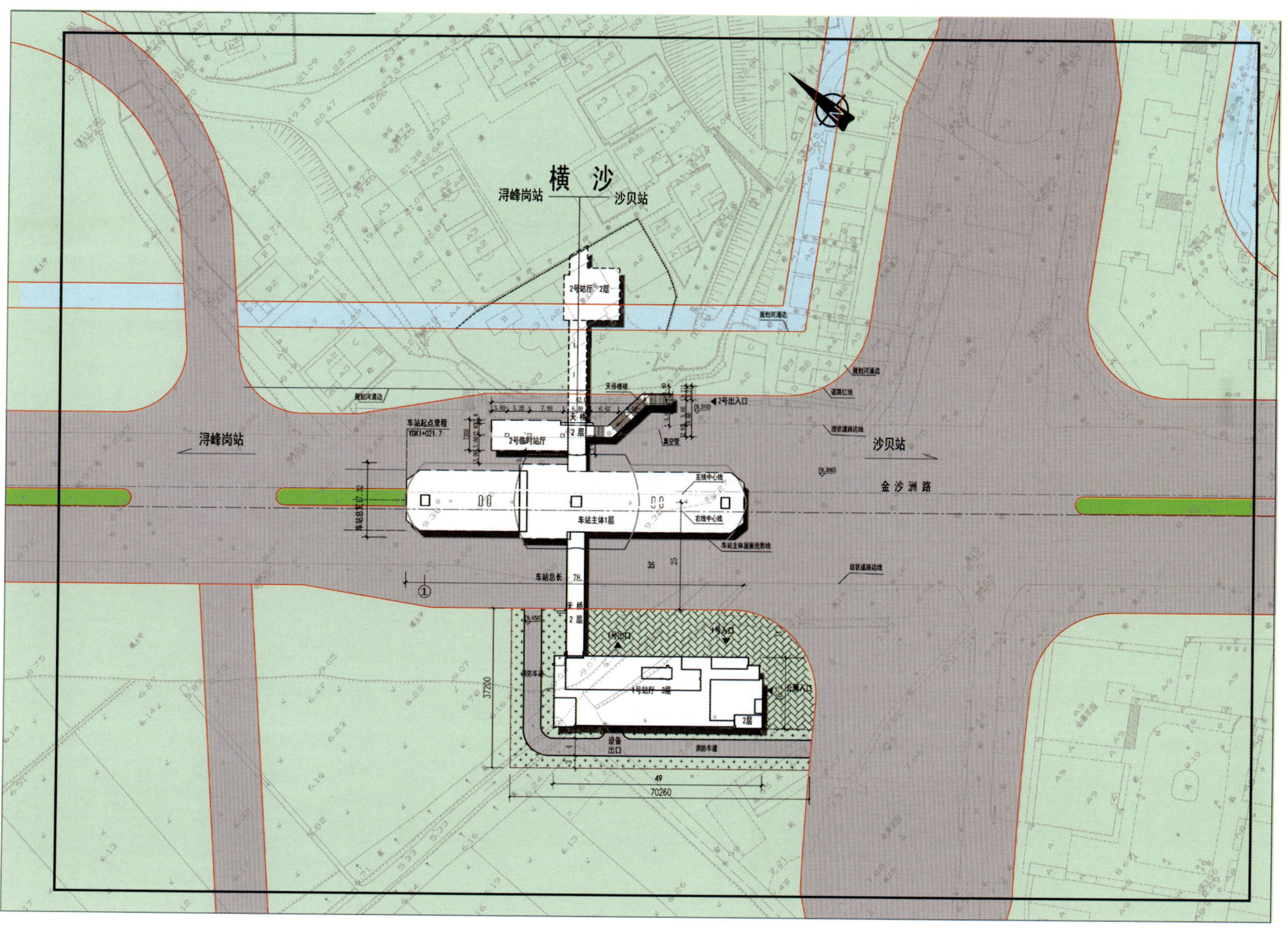

下图：横沙站总平面图

上　图：车站钢结构外立面效果图

下左图：站台

下右图：车站天桥

能避开建筑最密集拥挤的区域，同时还可以兼顾到十字路口各方的人流。车站主体建筑仅设置候车站台，尽量减少对道路的视觉压力。设备及管理用房布置在站台（道路）两侧，利用付费/过街天桥与站台连接，过街天桥联系道路两侧人流。

主体采用椭圆形钢架与Y形柱过渡流畅，屋盖边沿隔栅的波浪式设计使建筑更显灵动、纤秀。轻灵通透的处理手法、轻逸的飘蓬用以减轻车站对道路的视觉压力。在立面材料选用方面采用银灰色压型钢板、无色透明玻璃及钢制百页等新型建筑材料，以配合及体现交通建筑的简洁、明快，并

突出其鲜明的标志性。立面设置玻璃窗和钢制百页用以加强遮风挡雨效果，屋盖顶部沿纵向开设采光窗,两端以花格网架收口。主体内部站台候车空间明亮简洁，屋盖下设置方格隔栅吊顶,便于灯具安装和管线布置。1号站厅立面采用白色与局部橙色外挂铝板，与车站主体相互映衬。2号站厅由于体量不大立面采用玻璃幕墙及局部外挂铝板，与1号站厅相互映衬。

车站采用桥建分离形式，车站主体与轨行区分开设置。车站主体采用单柱两跨结构，跨度为35m，站台为预应力混凝土箱型结构，放置于Y形柱两侧。基础采用灌注桩基础。

车站屋盖采用半椭圆型钢结构，支点设置于站台箱型梁两侧悬挑梁上。屋盖的主屋架主要分两种跨度，分别为16m和18m，主屋架间采用系杆连接。

车站站房位于车站主体两侧，以两层天桥相连，站房均采用框架结构。为减轻自重，天桥采用钢管桁架，其中1号过街天桥跨度为33.9m，2号过街天桥跨度为16m，1号付费区天桥跨度为28.6m，2号付费区天桥跨度为10.7m。

上　图：车站鸟瞰图

下左图：天桥钢管桁架

下右图：溶洞区加设钢护筒保护的桩基础处理

左上图：横沙站1号站厅平面图

左下图：横沙站报建图

右　图：轨行区保护措施示意图

下　图：横沙站1号站厅纵断面图（尺寸单位：mm）

（3）工程实施难点

车站所处的金沙洲路交通繁忙，场地范围存在溶洞等不良地质，对结构施工影响较大。针对溶洞处理，成孔时加设钢护筒保护，防止塌孔。

本站轨道梁由区间统一施工，因此主体高架结构施工时，应与区间施工单位相协调。由于交通疏解的条件许可，站台箱型梁施工采用在现场固定支架上就地浇筑施工，且应待区间轨道梁施工完成后再施工。

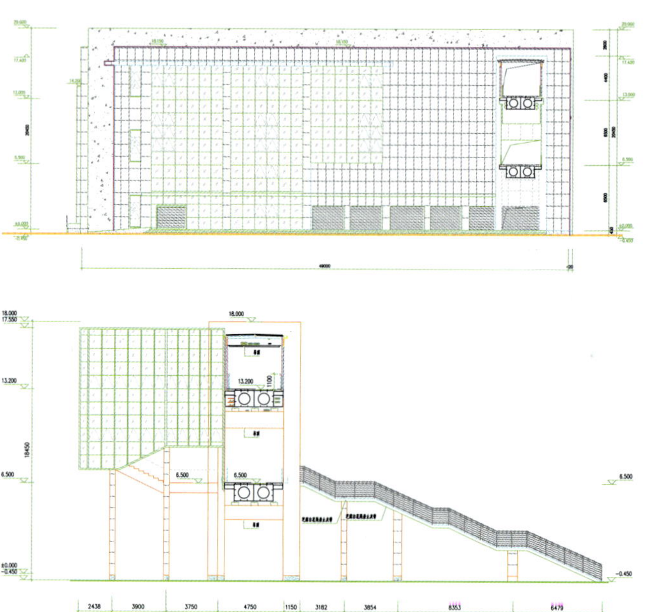

根据现场施工进度，区间铺轨及车站屋面吊装时间重合，为保证铺轨工作的安全性，在区间上方设置轨行区保护措施。

（4）总结

天桥为钢箱梁，形式为钢管桁架形式，并设计为两层天桥形式，广州市目前很少有这种设计形式。

受征地拆迁影响，原设计2号站厅无法实施，暂时改为临时站厅设置于现有人行道旁。因用地紧张及周边挡墙影响，2号临时站厅规模较小，无法设置扶梯等，影响服务质量。待征地问题解决后，建设常规站厅可解决该问题。

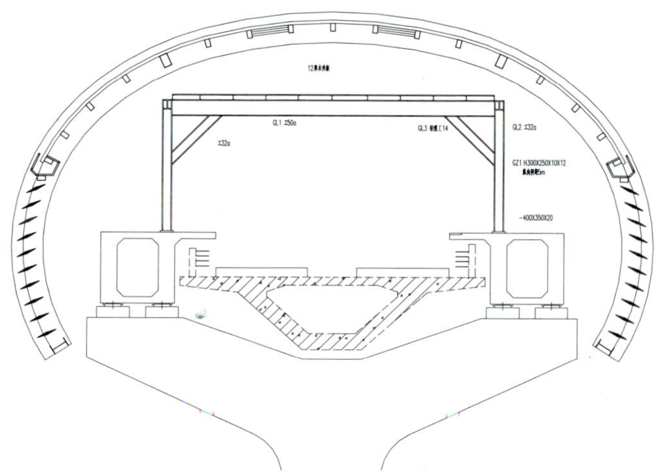

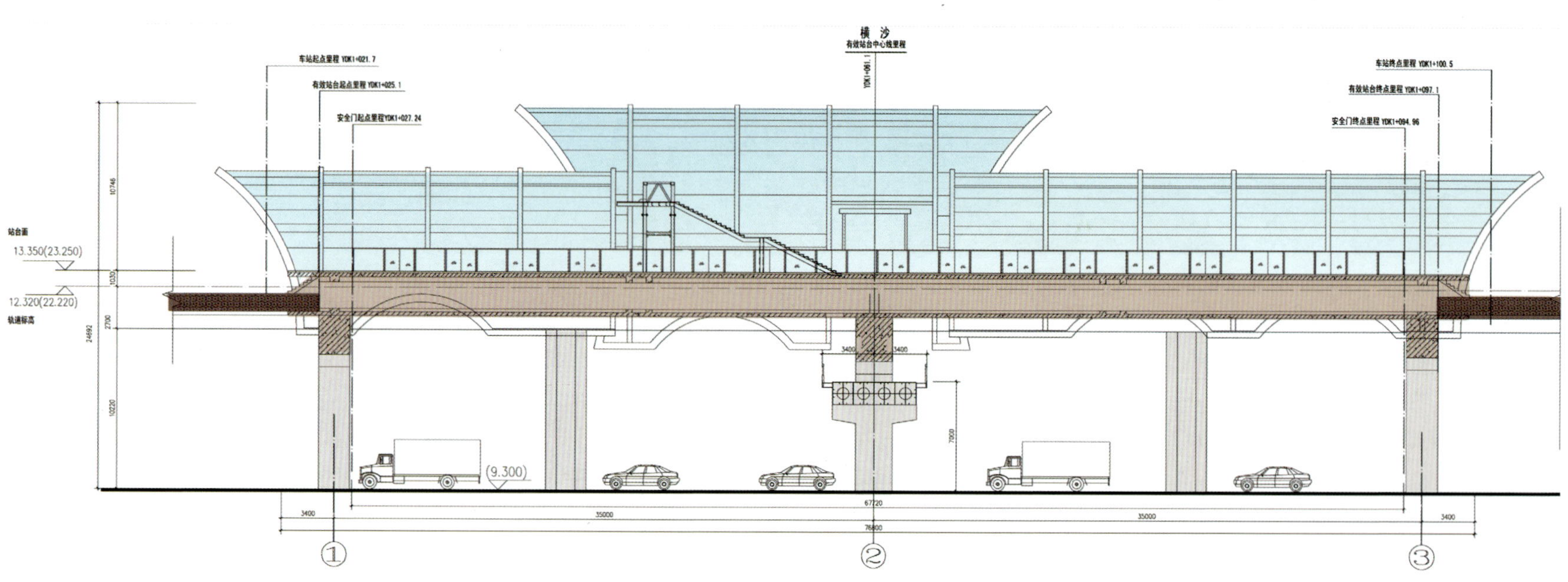

1.5.3 沙贝站

1）工程概况

沙贝站位于金沙洲大桥西侧，三条金沙洲大桥匝道围合的绿化带中，通过三条天桥与周边地块衔接，以达到客流吸引的作用。

沙贝站地面三层，其中首层架空，地下一层。车站站厅位于地面二层南端，站台位于地面三层。设备区分别位于地面二层北端及地下一层。

车站全长76m，标准段宽25.2m，站台形式为侧式。车站总建筑面积为5287m^2，3座天桥建筑面积合计2197m^2。站位所在路面高程为8.2～8.5m，路面平缓，轨面高程为21.45m，车站高度（至飘蓬顶）24.14m。

车站位于金沙洲大桥下桥位，初步设计审查时，规划部门认为，三层车站造型太过敦实，对景观影响较大，要求车站底层架空。受项目所在地块范围影响，无法进一步扩大车站投影范围，因此，下压部分设备用房至地下一层，地面首层架空绿化。

现场施工期间，车站范围内有一条沙贝涌横穿车站，沙贝涌需填埋，故需将原沙贝涌临时改道，新建一临时过水梯形槽，将水流引入下游侧河涌。新建过水梯形槽全长290m，过水断面面积为22.5m^2。

施工从2008年1月进场，至2013年12月竣工验收，历时72个月。本站财评审定土建2108.7909万元，车站风水电1290.18万元。

2）车站方案

车站共设置三组人行天桥与周边市政道路衔接，一组衔接站南侧金沙洲绿心公园，一组衔接站西侧市政道路，一组跨越金沙洲路，服务北侧的居住区。

车站为高架车站，部分设备用房位于地下一层，设有1个新风亭和1个排风亭，均为低矮风亭，设置于路中绿化带上。

车站设一层地下室及电缆夹层，用于设备用房。地上三层，其中地面层为架空层，做绿化，地上二层为站厅层，地上三层为站台层。设人行天桥3座。车站主体结构为钢筋混凝土框架结构，基础采用钻孔（冲）灌注桩基础，桩端进入微风化岩层。

沙贝站位于市政规划的金沙洲沿江景观带范围内，环境要求建筑形体不宜表现过强的个性，强调与周边环境的融合。结构方案总体确定为桥建分离的框架结构。在此设计条件下，沙贝站采用白色铝板构建的直线线条作为设计的核心元素，外墙采用为全玻璃幕墙包裹，结合车站的功能，形成动态的形体轮廓。将车站天桥与区间桥梁路径合并，减小构筑物过多对景观的冲击，形成和谐的线条感。屋面采用简支钢构配以铝锰镁板材屋面，节约钢结构的造价，形成轻巧、简介的造型效果。

3）工程实施难点

六号线采用桥建分离形式，车站主体位于轨道桥下方，

下左图：2012年7月17日，高架车站钢构件正式开始施工，当天上午10点，沙贝站第一条钢结构立柱开始吊装

下右图：沙贝站钢结构吊装

车站方案调整时，车站桥面已开始施工，限制了车站方案的调整范围，在最后的实施中出现了以下问题。

（1）防火胶泥脱落

由于设备区墙体顶部与轨行区下部衔接，轨行区采用预应力结构，无法植筋锚固，空隙部位采用防火胶泥进行分隔。但由于列车振动，防火胶泥在3个月左右就会脱落，需要整修。

（2）设备区漏雨风险

轨行区变形缝位置采用橡胶变形缝，位于设备房间上部，橡胶的设计周期与设备设计周期不一致，若橡胶老化后，存在漏雨风险。

（3）下轨道梯无法设置

桥建分离形式，是在桥体施工完成后，再施工车站，但是当车站将要实施下轨道梯时，发现桥体施工单位未施工下轨道梯的扩大段。

对于上述问题，建议慎重考虑在主体位于轨行区下部的车站采用桥建分离形式，若一定要采用该形式，需要预留足够的轨下高度，满足首层通车要求及二层加设混凝土屋顶及防水设施的要求。

4）总结

自六号线起，地铁高架车站需要进行节能报建，且由文件报审形式调整为网上申请形式。需将完成节能计算后的内

上图：六号线沙贝站桩基、承台施工

下图：车站低点透视图一

容，填写到广州市建筑节能与墙材革新管理办公室官方主页上的相关申报文件后，再进行申办。在整体过程中，建议关注下述要点：

① 报墙改办审查的过程中，需要咨询单位进行网上审核，因此需要咨询单位与墙改办协调，在网站后台增加审核资质。避免因咨询审核进度延误整体报审进度。

② 建筑材料分级较为细致，若施工单位在施工过程中采用了低级别的建筑材料，则达不到节能计算的理论值，建议在后续设计工程中，将节能设计参数增加到用户需求书中。

③ 目前高架车站的设计原则基本为站厅层设置空调，站台层不设置空调，因此，在节能计算模型中，天花面实际为站台层地面，需要注意该处的构造形式，满足节能要求。

沙贝站2009年完成施工图设计时，周围均为村屋及田地。2013年底通车时，居住小区及商业氛围已迅速形成，沙贝站北侧客流激增，需要增设连接北向地块的过街天桥。

施工图设计时，考虑景观要求天桥未设雨棚，随着社会的发展，乘客对乘降舒适度的要求越来越高，按照运营要求，为已完成的1、2号天桥增设雨棚。合计增加1627.3万元。

上图：车站低点透视图二

中图：车站低点透视图三

下图：车站天桥效果图

下图：河沙站总平面图

1.5.4 河沙站

（1）工程概况

河沙站是六号线首期第四座车站，位于大坦沙规划区中心的规划路交叉口偏北处，车站呈一字形南北走向，设置于规划主干道下方。车站有效站台中心里程为YDK3+859.59，本站为普通站，无配线设置，两端均为盾构区间，本站为盾构过站车站。本站采用明挖顺作法施工，附属建筑包括Ⅰ号出入口、与机械风道合建的Ⅱ号出入口及带消防疏散道的A端风道（活塞风），A端风道和Ⅰ号出入口的结构分别采用两层三跨和单层单跨箱型框架结构，Ⅱ号出入口的结构采用单层两跨箱型框架结构。

车站西侧为广州市一中大坦沙校区，车站附属均在车站东侧，A端风道和Ⅰ号出入口均位于未开发用地内，Ⅱ号出入口位于一片旧民宅和旧厂房的范围内。车站西侧与主体平行有一条110kV的高压线，另一条220kV的高压线斜穿Ⅱ号出入口，车站东侧与主体平行有一条直径1.8m的有压污水管，管中心埋深4.2m。

车站主要位于大坦沙岛中心，属于珠江江心洲冲积平原，四面临江，地势较为平坦，地面标高为7.1～8.6m。建设时车站范围主要为多层建筑物、拟建道路及农田荒地。

本站软土层为第四系海陆交互相淤泥质土层〈2-1B〉、

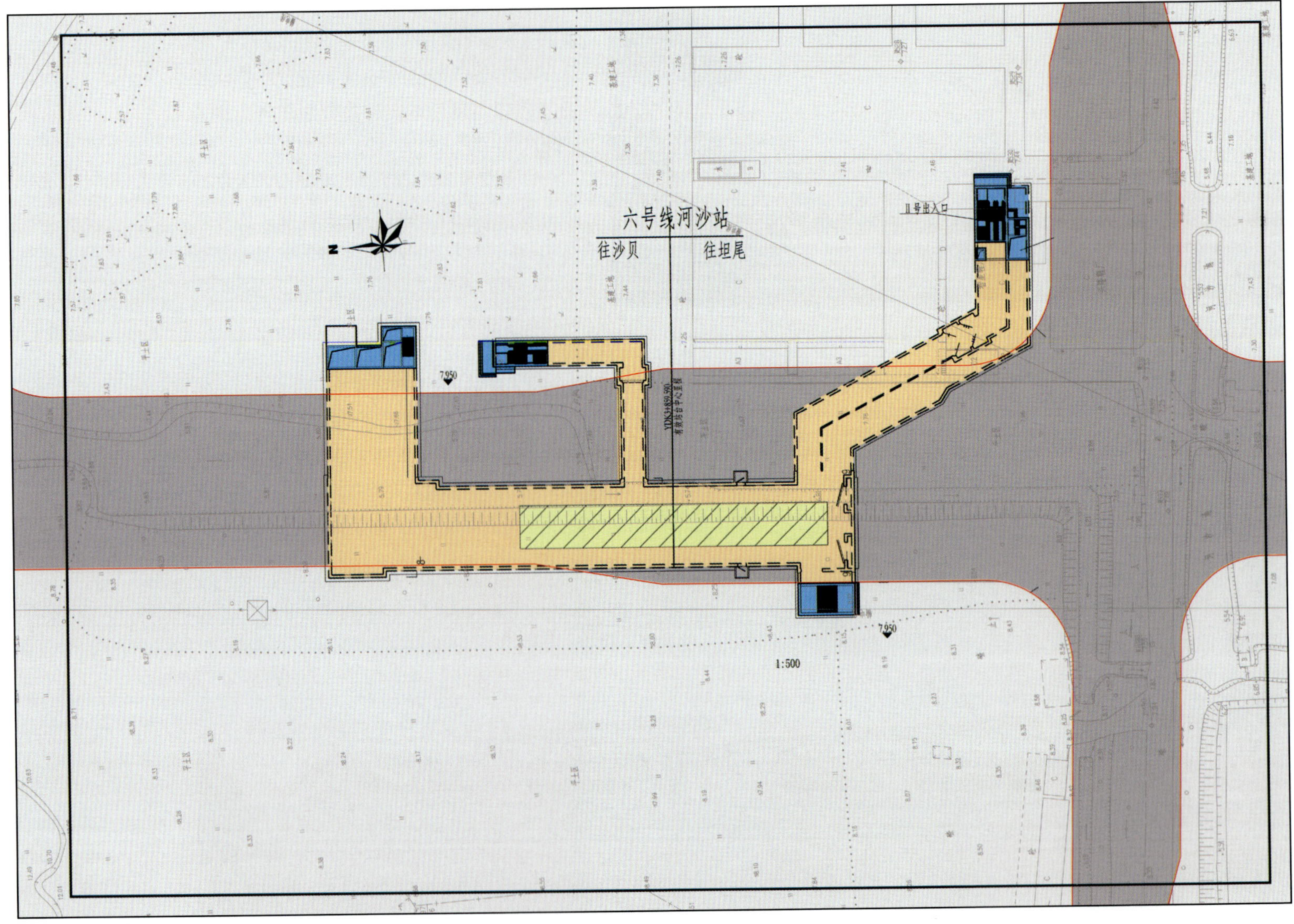

广泛分布着海陆交互相沉积淤泥质粉细砂层〈2-2〉、冲积-洪积粉细砂层〈3-1〉、河湖相淤泥质土层〈4-2〉。具有含水量高、孔隙比大、压缩性高、抗剪强度低、承载力低、灵敏度高的特点。综合判定液化等级为"中等～严重"，为潜在的不良地质体。

（2）车站主要技术指标及方案

总建筑面积9176.78m^2，总征地面积1971.36m^2，主体面积5582.6m^2，附属面积3594.18m^2，二层岛式站，外包总长124.90m，标准段宽19.5m，共有A、B两组风亭。

结构方案为主体两层两跨及两层三跨框架结构，顶中底板厚分别为800mm、400mm、900mm，侧板厚700m，附属A端风道为两层三跨框架结构，顶中底板厚分别为600mm、350mm、800mm，侧板厚600m，Ⅰ号出入口为单层单跨框架结构，Ⅱ号出入口为单层两跨框架结构。

河沙车站为地下二层岛式站，在车站站厅层A端设置一座牵引降压变电所兼环控电控室。变电所与环控电控室合建。负责车站范围内、相邻前后半个区间的动力照明负荷及A端环控设备供电及控制。

本站站址周边的控制性条件为车站东侧与主体平行的一条直径1.8m的有压污水管，管中心埋深4.2m。本站初步设计

上图：六号线河沙站内景

下图：河沙站钢筋笼吊装

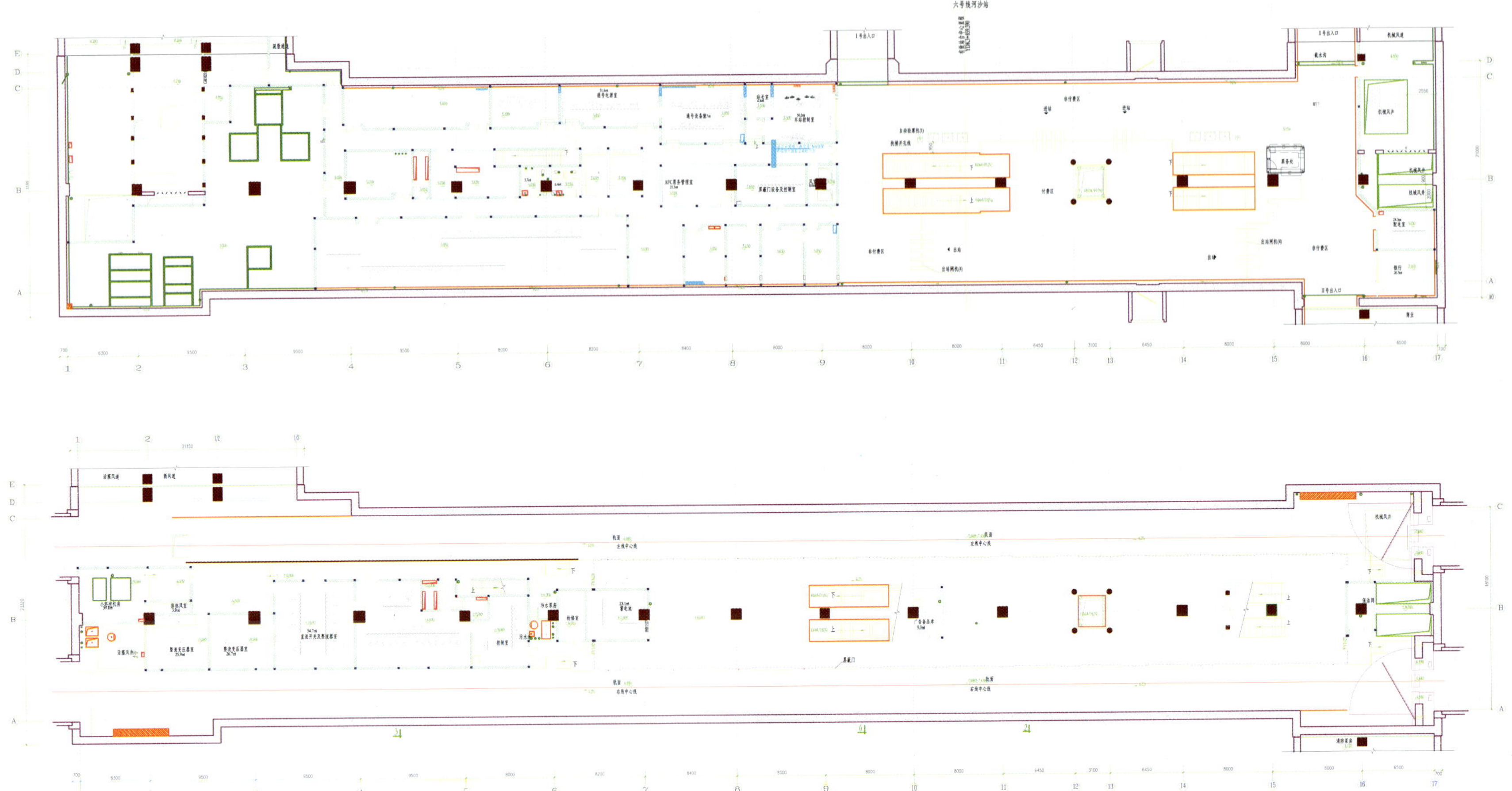

上图：河沙站站厅层平面图

（尺寸单位：mm）

下图：河沙站站台层平面图

（尺寸单位：mm）

阶段采用的是在河沙涌北侧的方案，两组风亭，东西两侧共设置了3个出入口，招标设计完成后，将站位移到河沙涌南侧，承包商进场施工后，因施工用地无法落实，将站位再移到河沙涌北侧。

（3）工程实施情况

① 河沙站围护结构采用连续墙加内支撑结构。主体结构分7个区段施工，施工先从中间第4段开始向两端延伸。在主体结构的2～7段底板、3～6段中板、3～4段顶板已完成后，2008年1月29日车站主体基坑北端接地体施工时出现涌水，水的来源是以岩层裂隙及破碎带为通道，底板以上砂层中的孔隙水。为保周边房屋安全，果断采取“以水堵水”：采用WSS专用的钻孔注浆一体机在基坑东侧塌陷处注入水泥水玻璃双液注浆，对其进行加固。当车站基坑被深达15m，约30000万m^3的水灌满，整个车站基坑一片汪洋时，保住了周边的安全。由于整个抢险处理时间比较短，方法得当，所以基坑涌水没有对基坑及周边建筑物造成任何安全风险。

为查明涌水发生的原因，确定后续的处理方案，沿涌水点基坑外边线5m等间距布置了26个钻孔，重新探明该处的地质情况，其中有8个钻孔中揭露到地质空洞和溶洞，洞高为0.2～1.8m，埋深为22～39.5m，并且在钻到空洞和溶洞时发生漏浆现象；另外有5个钻孔钻至23～35m时也发生漏浆现象，这些孔集中在涌水点处基坑两侧从西南向东北的方向。从提取的岩芯反映漏水段的岩层比较破碎，取样岩矿鉴定其为压碎岩，证明受构造挤压现象明显。根据钻探过程中发生的现象和其揭露的地质情况分析可得出：车站北端头应处在正北偏东方向（NNE向）的次生断裂破碎带上，同时该处可能存在一些与其伴生的共轭裂隙。断裂带区域的裂隙将地下空洞和溶洞连同形成过水通道，这些通道将地下水联系在一起，该站北端基底（包括涌水点位置）正好位于此断裂带上，所以清底时突然发生基坑涌水。该区域残积层局部缺失，基岩与其上履第四系砂层直接接触，所以基岩裂隙和空洞水第四系砂层水连通，虽然地下连续墙深入基岩但无法隔断基坑与第四系土层的水力联系，第四系砂层中的地下水也为此次涌水提供补给源。

根据补勘地质资料和现场情况，制订了综合灌浆的方案对河沙站的断裂破碎带进行处理，该方案的主要思路是：先在涌水部位的基坑外围形成较稳定的垂直止水帷幕，在断裂破碎带穿越车站的基坑外围布置三排孔，竖向在16.9～35m范围内从上到下分层灌浆，切断基坑外围一定范围内第四系砂层与破碎带相连的涌水通道及断裂破碎带一定深度范围内向基坑内的涌水通道，然后在基坑内对内涌水部位的基底下岩层进行灌浆，填充并固结基底以下8～10m范围内的破碎带岩层，形成比较稳定的隔水层，消除基底涌水，如河沙站断裂破碎带处理方案示意图，阴影区为注浆加固范围。

② 经论证审查，制订了以竖向分层水平分区注浆加固地层形成垂直止水帷幕的综合处理方案，止水效果极佳，治理涌水竖向注浆帷幕应是优先选择的方案。

③ 车站设计施工重难点是车站东侧与主体平行的一条直径1.8m的有压污水管，管中心埋深4.2m，最终的设计方案是将该管临迁至施工完成的主体顶板上，附属完成后，再迁回原位，该管线的保护措施因此得到了简化，施工效果较佳，该方案是诸多方案中较可行的。

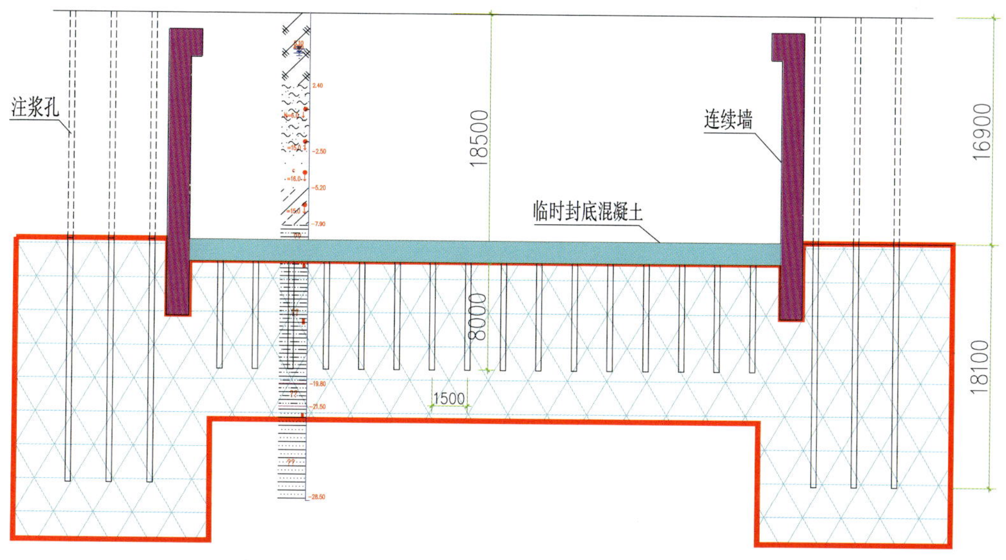

上图：河沙站断裂破碎带处理方案示意图（尺寸单位：mm）

下图：河沙站站台轨行区照片

下图：六号线坦尾站总平面图

1.5.5　坦尾站

（1）工程概况

坦尾站位于广州珠江大坦沙岛中部，北临60m规划道路，南临广佛放射线及广三铁路，为广州市轨道交通五、六号线换乘站。五号线是高架岛式车站，六号线为地下侧式车站。为广州地铁首个实施的高架—地下换乘的车站。五号线采用高架一层箱梁结构，六号线车站采用明挖一层局部二层框架结构，六号线车站有一条五、六号线的联络线，车站及区间均采用明挖。车站五号线为高架，六号线顶板埋深3.45m，底板埋深11.08m。五号线主体外包尺寸117.3m（长）×16.3m（宽）×17.59m（高），六号线主体外包尺寸99.8m（长）×28.83m（宽）×7.63m（高）。车站总建筑面积为14217.87m^2，其中五号线高架车站面积为6136.28m^2，地面三层为8m岛式车站。六号线车站面积为8081.59m^2，地下一层侧式站台站。

场地内有多条管线穿越基坑，其中，ϕ1800的压力管横贯基坑，从基坑边迁改绕过。其他通过施工场地的管线主要是沙桥中路及双桥路路口的五条管线，其中④管直接拆除。余下四条管在二期施工后采用悬吊保护，绕行临时便桥下方。北部施工场地内有一条给水管⑥，没有源头及去处，可直接拆除。

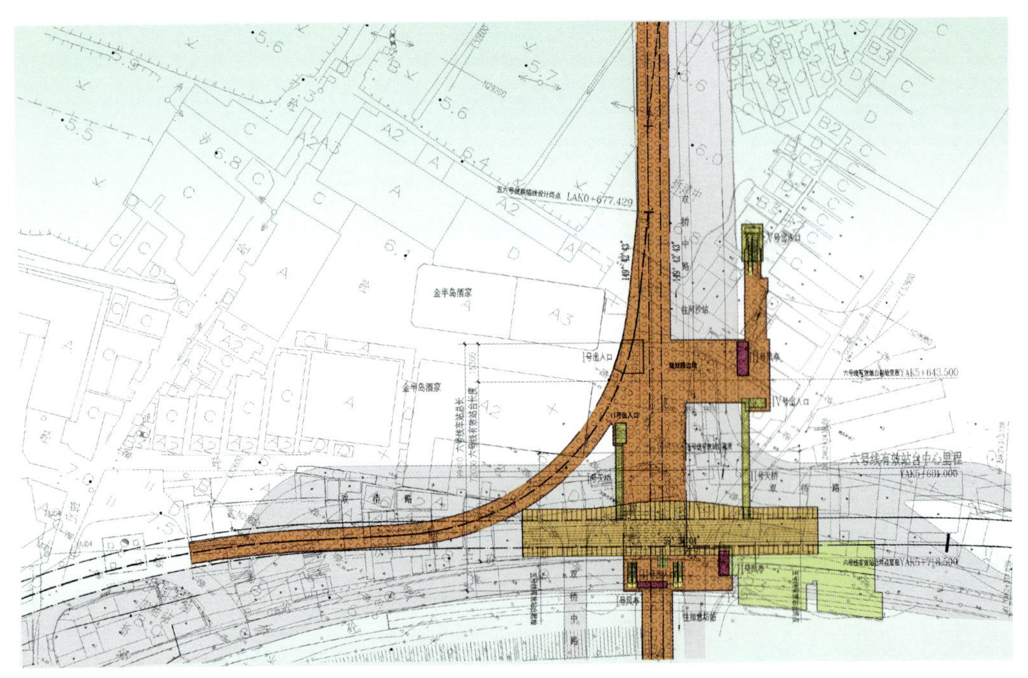

车站场地内上部覆盖土层主要为人工堆积成的杂填土层，珠江三角洲冲（淤）积成的淤泥（淤泥质土）、粉质黏土（黏土）、粉细砂、中砂、粗砂和砾砂层，残积成的粉质黏土层。下伏基岩大部分地段为白垩系的泥质粉砂岩、泥岩、侵入的辉绿岩及石炭系的灰岩。本地段的不良地质现象主要表现为断裂构造可能存在造成不同性质的岩性在场区内同时出现，岩性变化大，岩面起伏大，岩层风化不均，不仅形成风化深槽，而且造成同一岩系的风化程度不同，产生软硬夹层现象。上部淤泥（淤泥质土），粉细砂层深厚，基坑开挖面基本上在淤泥质粉细砂中，灰岩中溶洞发育，多成串珠状。由于场地内分布有淤泥（淤泥质土）和砂层，且水位受潮汐影响，下部溶洞发育，因此，钻（冲）孔灌注桩、旋喷桩地下连续墙的施工应注意水位上升使水压增大，遇溶土洞引起砂层段的塌孔，以及可能引起的地面塌陷。

（2）车站方案

坦尾站位于广州珠江大坦沙岛中部，北临60m规划道路南临广佛放射线及广三铁路，为广州市轨道交通五、六号线换乘站。五号线是高架岛式车站，六号线为地下侧式车站。为广州地铁首个实施的高架——地下换乘的车站。其中五号线高架车站面积为6136.28m^2，为地面三层8m岛式车站。车站长度为117.3m，站台雨篷、部分地面站厅及设备房雨篷采用钢结构形式。

本站五号线为地面高架车站，出入口通过天桥、楼梯直接设置与地面连接，天桥兼顾过街，在车站的东、南、西北均设置与地面连接的出入口，给乘客出行带来便利的条件。

根据车站经营及合理组织客流路线的需要，由于车站周边交通错综复杂，车站设置两层站厅，即地面站厅和夹层站厅。站厅划分为付费区和非付费区，两层站厅通过楼、扶梯连接，再由夹层站厅通过楼扶梯与站台连接，两区之间采用栏杆分隔。非付费区内设有自动售票机、公用电话、银行、自动售卖机、商铺等。

装修设计标准将在设计概算限定的投资内进行控制，以安全、适用、经济、美观为总原则，确保速度、秩序、通畅、易识别，以体现快捷性交通建筑的特点，力求简洁、明快、体现岭南风貌的设计概念，并力求在全线统一的模式下体现本站特点。所选择的装修材料具有不燃、无毒，放射性指标满足国家环保要求，经济、耐久，便于设备管理和清洗的性能。地面材料应防滑、耐久、耐磨、耐腐蚀，在设备与

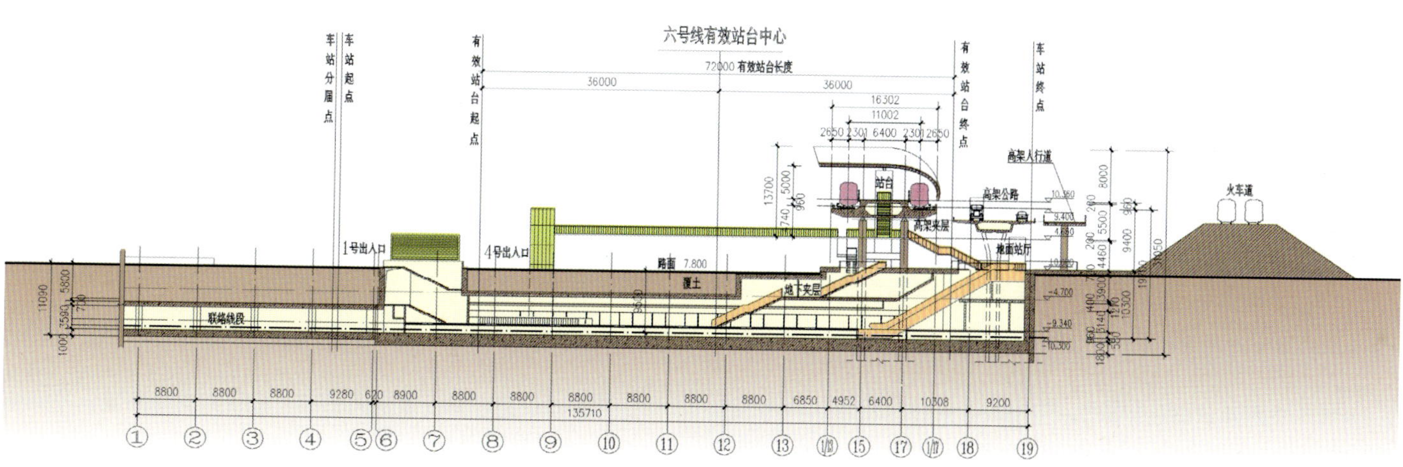

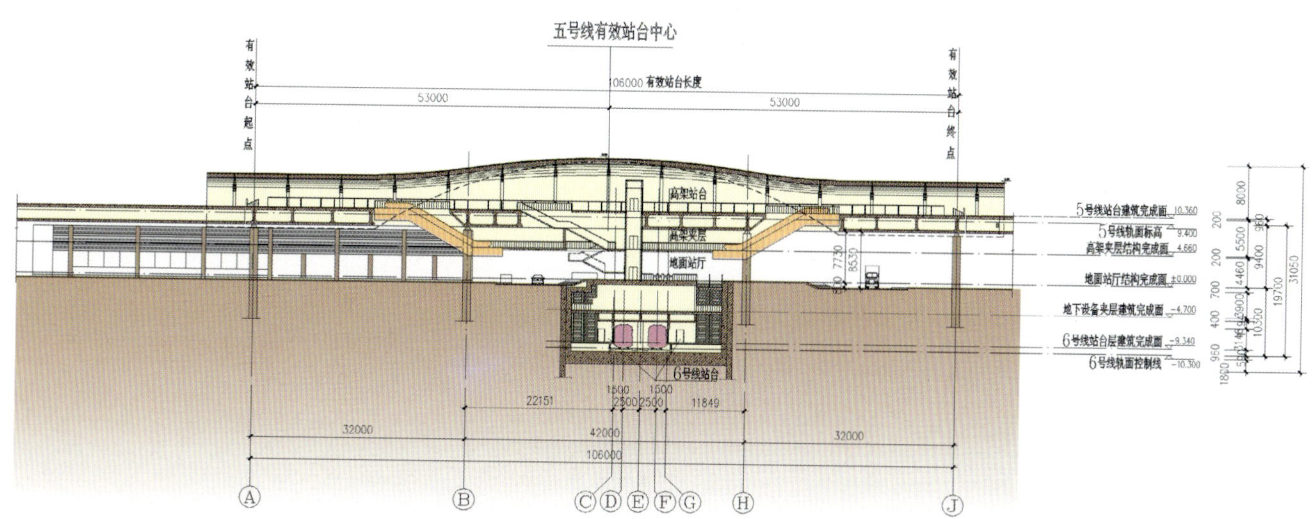

上图：坦尾站外景一

下图：坦尾站剖面图（尺寸单位：mm）

管理用房及公共部位按各专业提出的技术要求和工艺要求采用具有吸音防潮功能的装饰材料。照明灯具的选择以经济实用、方便维修为基本原则，并优先采用光效能高及节能型灯具，灯具布置将与装修设计相结合，为乘客创造舒适安全的光环境。

本站装修在保持六号线整体共性的基础上，分别对天花、地面、墙面处理进行细化，以简化施工，消除界面收口矛盾。并结合车站自身特点进行装修设计，以“佛碳漆涂料”作为整个车站的装修设计构思手法，力求简洁、明快、朴实、经济。

本车站采用明挖法施工，结构选用整体式矩形钢筋混凝土框架结构。根据车站使用功能的要求，结构方案为多层框架。内衬墙与钻孔灌注桩组成复合式结构，在使用阶段共同受力。

本工程地下水位较高，结构在施工和使用阶段应按最不利地下水位时的全部浮力进行抗浮设计，满足整体和局部抗浮稳定要求。抗浮设计主要通过结构自重及覆土平衡水浮力，在围护桩上另设压顶梁，利用桩自重帮助主体结构抗浮，整体抗浮系数为1.05，满足要求。

（3）工程实施难点

车站围护结构采用地下连续墙方案稍优于钻孔排桩方案。但施工时基坑涌水及溶洞处理均有一定风险。广佛放射线有两个范围，桩一柱与车站范围重合，该范围施工难度大、技术要求高，对设计施工都有的影响。

基坑内搅拌桩施工后，对被动土压力区有加固作用。坑内地下墙内侧土体经胶凝固结，其整体性及防渗性大大加强，能起到抗管涌、抗渗流的作用。

连续墙采用“钻抓结合”的施工工艺，抓槽前先进行导向钻孔的施工。导向钻孔一方面起到控制抓槽垂直度质量的作用，另一方面起到地层探测的作用。探测钻孔过程能及时发现同一槽段内地层是否有差异及是否有溶洞，从而采取针对性措施解决。

地下墙槽段采用空气吸泥机、钻机配合进行清孔。清孔后仔细量测各位置孔深，若同槽段各孔位深度相差大，则钢筋网进行局部的加长调整，使墙底与岩层面接触范围结构配置合理。

土方开挖前，先进行基坑内抽排降水，同时严密观测连续墙外侧的水位观测孔内水位变化。若水位变化大，说明此相近范围有发生渗流。此时可在邻近范围地下连续墙预埋管内注浆封底止漏。

工程将采用信息法施工，在基坑开挖期间及开挖完成后勤加观测，随时了解基坑稳定性的变化情况，提前发现安全隐患，并提出对策进行解决，确保万无一失。开控过程中，若发现涌流较大，情况紧急时启动应急处理机制，马上组织堆填砂包反压及基坑中挖土就近堆填反压。涌流情况稳定后，采用连续墙中剩下的预埋注浆管进行注浆堵漏、封底。

（4）设计经验总结

本站车站地面设置两层站厅，设备房单独设置，在保持

右图：坦尾站外景二

上左图：六号线站台

上右图：地面站厅

下　图：五号线站台

六号线整体共性的基础上，分别对“天花、地面、墙面”处理进行细化，以简化施工，消除界面收口矛盾。设计中在混凝土表面进行涂料处理，既不破坏混凝土本身特性情况，也达到了一定的装修效果，经济性高。

坦尾站五号线车站采用高架一层箱梁结构，岛式站台，六号线车站采用明挖一层局部二层框架结构，侧式站台。出入口沿双桥中路东西两侧广佛放射线高架桥底，设置三个点，其中北侧一号、七号、八号出入口考虑和物业结合，二号、七号出入口地面设置两个与天桥相接的楼梯，考虑在以后建天桥时直接连接地下站及高架车站站厅夹层。三号、六号出入口设置于双桥路南侧的东西两端，四号、五号出入口从六号线的站台连通地面站厅。在车站南端设置一个工作人员紧急疏散楼梯。整个车站设置四个风亭，其中一号风亭结合地面站厅设置，二号、三号风亭结合地面设备房设置，四号风亭结合八号出入口设置。

由于坦尾站地面部分被数条市政道路分割，给设计带来了前所未有的障碍及困难。设计单位在前期设计阶段，采用了超越常规的设计方式，特别是在地铁高架站钢结构设计中首次采用了模型比对的方式进行跨阶段的设计。通过制作实体模型对钢结构的设计从一开始就能有直观准确的把握，并同时开展节点的研究，反复推敲，力求使得钢结构设计最合理、最节约、最美观，实现技术与艺术的完美结合。坦尾站钢结构屋盖采用中间支承两边悬挑的结构形式。屋盖纵向约130m，横向约25m。中间支承是沿纵向的单排柱列，横向荷载作用下结构受力复杂，易引起倾覆。为尽量减少站台结构支承占用空间，其中两处支承要求结合垂直电梯井的立柱，既要满足电梯的使用要求，又需满足屋盖结构整体性能，因此设计复杂，对柱顶节点要求较高。屋盖有效支承宽度为2.6m，而两侧悬挑长度分别约为11.8m和10.7m，为典型的大悬挑结构。且两侧悬挑长度不同，结构形式不同，引起屋盖两侧的竖向荷载不平衡，在结构布置时通过调整两侧结构自重来使结构处于平衡状态。钢结构节点设计制作复杂，多杆件（最多达8根杆件）小角度空间汇交，受力复杂，定位困难，且节点种类繁多。

1.5.6 如意坊站

如意坊站是六号线的第六个车站，设置折返线，车站中心里程为YDK6+893.959，上承大坦沙站下接黄沙站，是六号线与环线换乘车站。如意坊站位于黄沙大道与多宝路交叉路口，大致呈南北走向。车站东侧主要是如意坊蛇类交易市场、广州铁路南站货场（已停运）及一些低矮的民房，折返线的东侧主要为广铁南站车间及多层住宅楼（A9）、广铁南站商用住宅楼（A25）、如意坊一号仓库（A5）、广州有色金属公司（A5），东侧的黄沙大道距车站大约80m，交通较为繁忙；车站及折返线的西侧主要为广州港务局新风港作业区、新风港家属楼（A9），西侧的珠江距车站约200m。

站前区间从大坦沙站到如意坊站，其间下穿珠江，区间左线长度为1373m，右线长度为1211m；站后区间从如意坊站到黄沙站，区间左线长度1115m，沿线建（构）筑物较密集，最深的桩长为29m；由于受两端区间边界条件的限制,如意坊站的轨面埋深较深，需要接近30m。

工程地质：本段上覆土层为第四系（Q），下卧基岩主要为白垩系上白垩统大塱山组黄花岗段（k_2d_2）。由上而下依次为：〈1〉人工填土层；〈2-1A〉海陆交互相淤泥层；〈2-1B〉淤泥质土层；〈2-2〉海陆交互相淤泥质粉细砂层；〈3-1〉冲积-洪积粉细砂层；〈3-3〉砾砂层；〈5-2〉硬塑或密实状残积土层；〈6〉岩石全风化带；〈7〉岩石强风化带；〈8〉岩石中风化带；〈9〉岩石微风化带。其中淤泥质土平均厚度2.0m，淤泥质砂层平均厚度达到8.3m。

水文地质：本站地下水水位埋藏较浅，稳定水位埋深为0.00～4.50m。车站位于珠江边约200m，砂层为强透水层，与珠江联系密切，地下水受珠江潮汐影响较大。

不良地质：软土地层厚，淤泥、淤泥质土、淤泥质粉细砂层最大厚度达11.5m；淤泥质粉细砂层液化等级为“中等”；岩层遇水易软化，在空气中暴露时间过长会风干开裂破碎，在地下水浸泡后易失稳；存在粉砂岩与砾岩突变，并受荔湾单斜影响，风化作用及地下水的冲刷发育有不规则的洞穴，洞穴多为半充填、无充填状态，洞穴周边裂隙发育，地下水活动频繁，是过水通道。

在上述复杂的建设控制条件下，六号线车站采用地下五层岛式车站，环线采用地下四层岛式车站，负三～负五层实现客流换乘以及车站功能，负一、二层充分利用富余空间组织车站进出站客流以及物业客流，创造出了合理多变的功能空间，为乘客提供舒适、便捷、美观的服务。主要有以下十二个方面的成功探索和实践：

① 单方向换乘形式。六号线车站在满足两站区间成立条件下，合理的埋深为地下五层站，结合环形两端区间情况，以及减少换乘高度损失，环线采用地下四层车站。因此，结合六号线客流小环线客流大的特点来定义：环线换乘客流地下五层至地下四层环线，环线换乘客流由地下四层换乘至地下三层，再由地下三层换乘至地下五层的单方向换乘模式。

该换乘模式既满足合理换乘功能、有效地控制工程投资，又利用单方向的换乘空间，可以有效地减少客流交叉，同时给客流缓冲提供较好的服务功能。

② 在深埋车站中将站厅设

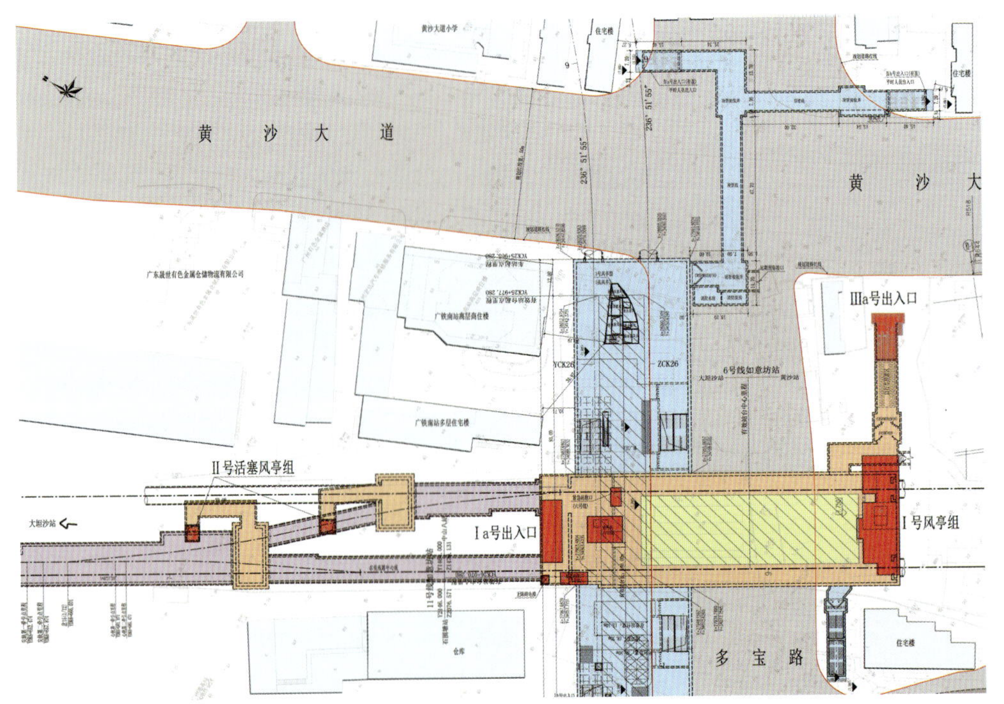

右图：如意坊站总平面图

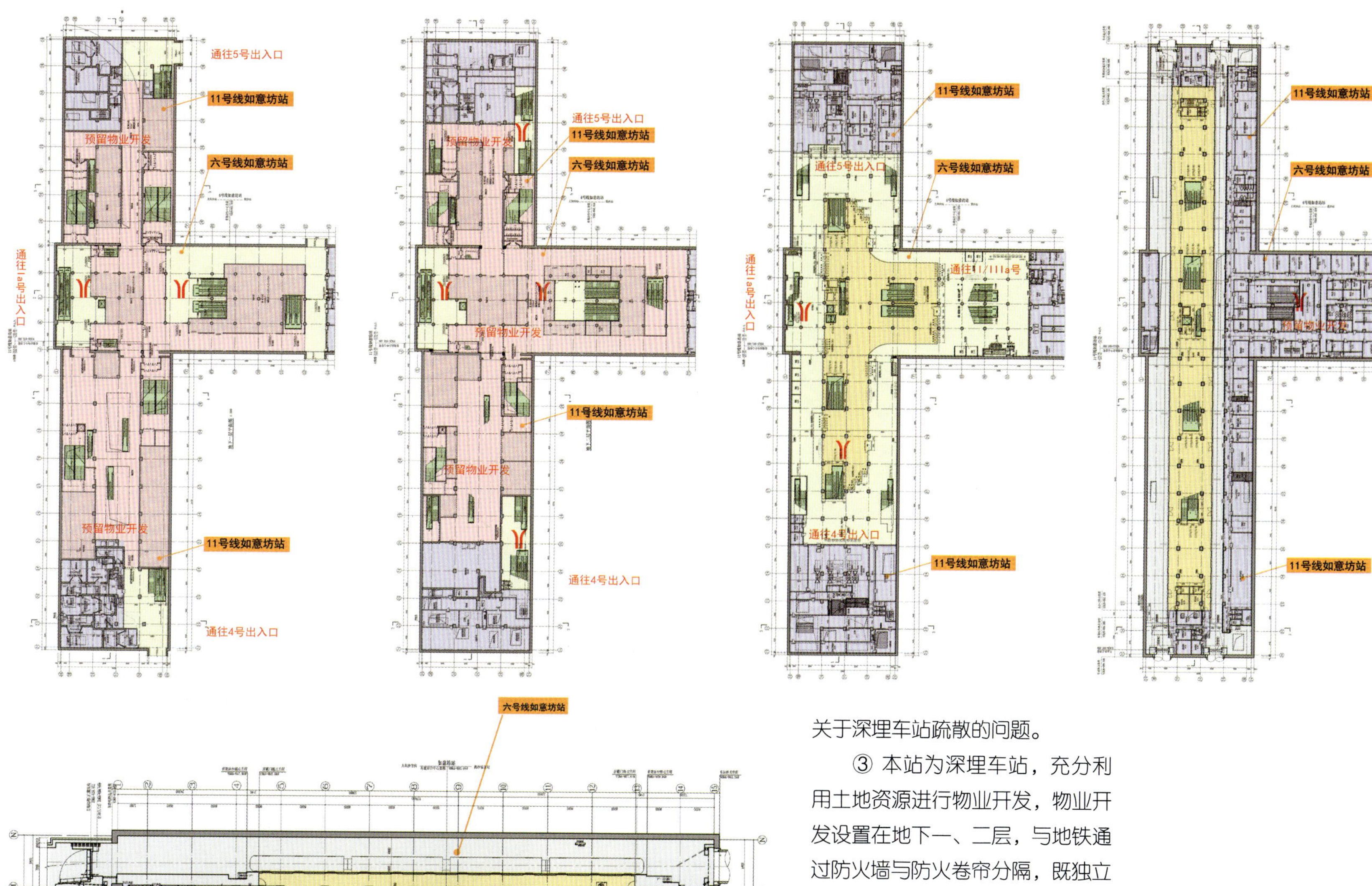

置于负三层，提高服务水平。海珠广场站六号线部分为地下五层站，扶梯提升总高度为21.70m。根据运营提供的相关数据，高度超过15m后，如采用直达扶梯会让部分乘客产生恐高心理。因此，将车站站厅层设置在地下三层，两线站台分别位于地下四层及地下五层，减少了换乘客流的距离，站厅和站台的扶梯布置位置也更均匀、合理，同时也解决了地铁规范关于深埋车站疏散的问题。

③ 本站为深埋车站，充分利用土地资源进行物业开发，物业开发设置在地下一、二层，与地铁通过防火墙与防火卷帘分隔，既独立又与地铁有机融合，为深埋站设计提供了新的参考与方向。

④ 本站为深埋车站，并设置有折返线，车站采用明暗结合形式，可有效控制工程投资。六号线车站为4节编组形式，车站规模较小，车站线间距较大，折返线长度较长，采用明挖法施工，土建规模大，富余空间多。因此采用的方案是大断面位置设置明挖竖井兼车站的活塞风井，其他断面位置为暗挖，土建综合投资较全明挖方案节约21.5%，同时工期上更为有利，建设条件更好。

⑤一字形防淹门在暗挖站台的应用。由于车站北端为珠江，车站需设置防淹门，受限道岔，在车站端部右线无法

上一图：如意坊站负一层物业开发平面示意图

上二图：如意坊站负二层物业开发平面示意图

上三图：如意坊站负三层（站厅层）平面示意图

上四图：如意坊站负四层（十一号线站台层）平面示意图

下　图：如意坊站负五层（六号线站台层）平面示意图

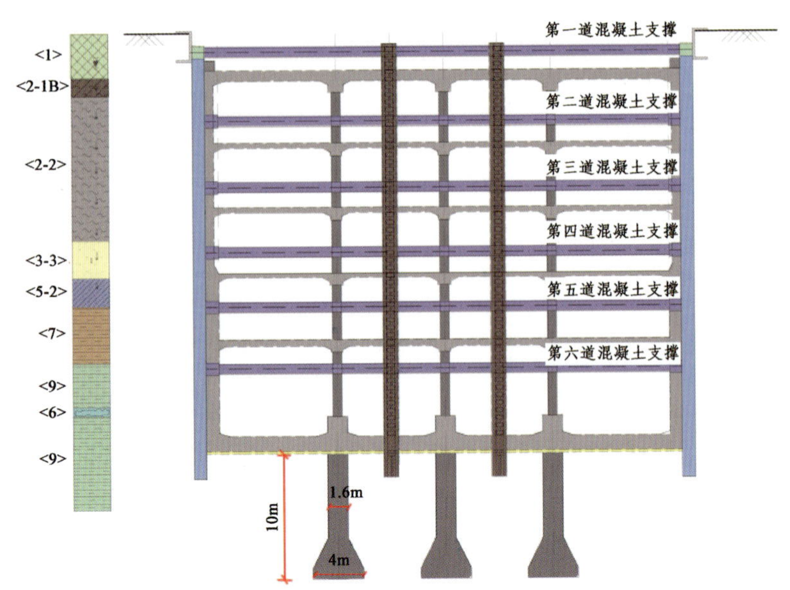

设置下落式防淹门，防淹门设置需避开道岔曲线部分，设置在直线段，因此无法在明挖段内设置，只能设置在暗挖隧道内，结合道岔设置的位置和形式，采用一字型的防淹门。

⑥ 站厅、站台增设防火隔断设施，增强火灾疏散的效果。六号线车站为4节编组形式，车站长度较短，如意坊站在车站的中部设置4台扶梯和1部楼梯，实现负三层和负四层的竖向联系，发生火灾的位置如在楼扶梯附近，人员的疏散会有恐慌心理，因此，结合车站的平面布置情况，将4台扶梯和1部楼梯拆分成两组，并在中部设置防火墙和防火卷帘，在火灾疏散的时候可以减少逃生人员的恐慌心理，更有利于疏散。

⑦ 复杂地质条件下的超大超深基坑设计。车站基坑宽39.8m、深33.6m、长111.6m，属超大超深型基坑。采用了1m厚的地下连续墙、六道混凝土支撑，设置两道中立柱及连系梁减跨。连续墙引进国际先进的双轮铣成槽工艺，以克服复杂的水文地质条件，提高连续墙质量、加快工程进度，降低对周边环境建筑物的影响。

⑧ 车站埋深，结构抗浮要求高。车站为三柱四跨五层结构，埋深33.6m，结构抗浮要求高。侧墙顶部设置压顶梁，利用既有的围护结构，柱下设置人工挖孔抗拔桩（标准段1.6m、扩大头4m），压顶梁和抗拔桩联合抗浮，有效地降低了工程投资。

⑨ 折返线隧道富水地层暗挖，断面多，工法种类多。折返线左线长63.5m、右线长338m、渡线长36.7m，设置3个竖井。隧道采用矿山法施工，包含6.9～18m共16种不同跨径断面，分别采用台阶法、中隔壁（CD）法、交叉中隔壁法（CRD）、双侧壁导坑法开挖。初期支护采用格栅钢架、喷射混凝土、锚杆、钢筋网片，部分断面采用超前注浆小导管或ϕ108大管棚支护。坚持超前地质预报，坚持信息化施工，严格控制循环进尺，及时支护，并及时进行初期支护背后注浆。

18m大断面拱部距离砂层仅2.8m，洞身范围存在地质空洞，工程风险巨大。隧道开挖前先在地面施作了旋喷桩和搅拌桩，对拱部砂层进行了加固处理，隧道范围的地质空洞采用了洞内水平注浆填充加固处理。隧道采用双侧壁导坑法

上左图：车站基坑平面照片

上右图：抗拔桩插图

下　图：折返线暗挖照片

上　图：折返线断面插图

下左图：隧道近接平面图

下右图：隧道近接照片

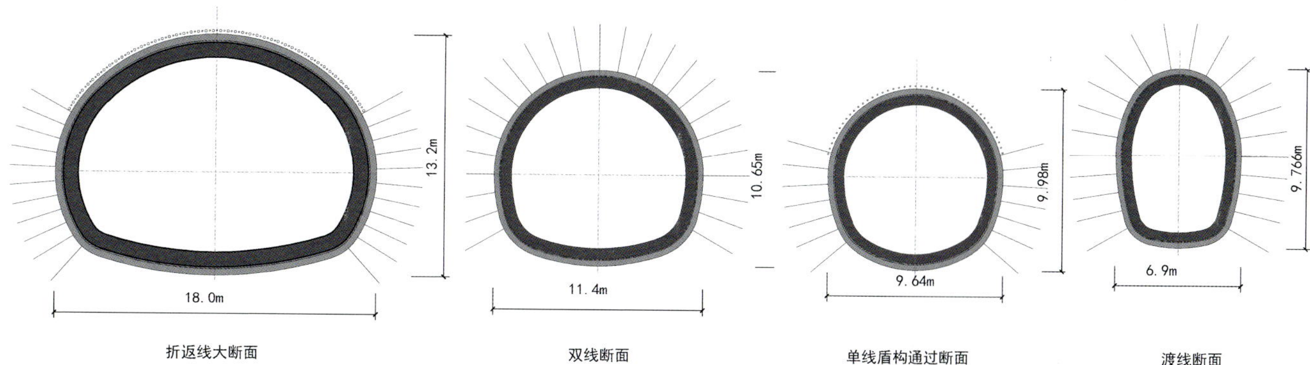

施工，微差控制爆破，减少对围岩的扰动。临时支护拆除阶段，先将临时中隔壁顶部与隧道初期支护之间的连接割断，加强监测，初期支护变形稳定后，一次拆除4～6m临时支护，模筑二次衬砌，有效地控制了临时支护拆除期间的最大风险源。

⑩ 盾构与矿山法隧道超近接，施工风险大。折返线隧道富水地层暗挖，断面多，工法种类多。折返线渡线隧道与左线盾构隧道最小夹持土厚度0.22m，属于超近接关系。由于左线盾构隧道先期施工完成，控制渡线隧道矿山法施工对盾构隧道的影响至关重要。渡线隧道采用三台阶施工，中间设置两道加密型钢支撑，控制盾构隧道侧移。开挖采用人工拉槽开挖和预裂控制爆破的方式，克服爆破对已完工的盾构隧道管片的影响。

⑪ 周边环境要求高。车站周边建筑物林立，主要为老广铁南站的破旧建筑物和新风港港务局建筑物。其中港务局宿舍距离车站主体基坑仅为6.4m，广铁南站车间及多层住宅楼距折返线隧道10m。设计从工程自身考虑，基坑选用了连续墙加混凝土支撑的强支护形式，折返线隧道控制爆破、选用合适工法，减少对周边环境的影响。辅以设置双排搅拌桩止水帷幕、建筑物跟踪注浆、加强量测等手段，确保了工程的顺利实施、周边环境影响的可控。

⑫ 车站变电所和环控电控室均只设一座，控制土建规模。结合六号线站台较短的具体情况，在车站的地下四层设备层中心位置设置变电所和环控电控室均各一座，远端的隧道通风系统、射流风机由电缆直供。优化配电、节约投资方面进行很好的实践，取得较好的效益。

深埋换乘车站的设计、实施应以换乘功能及消防疏散为首要前提，厅、厅和台、台换乘可为车站提供便捷、舒适的服务，同时车站应充分利用富余空间进行客流组织及物业配套设计；此外，结合地质和环境，通过合理选择工法、工艺和措施，有效控制工程投资、降低施工风险，满足周边环境要求，六号线如意坊站做了深入、有效的探索与实践，为进行类似的车站设计，提供了很好的借鉴与方向。

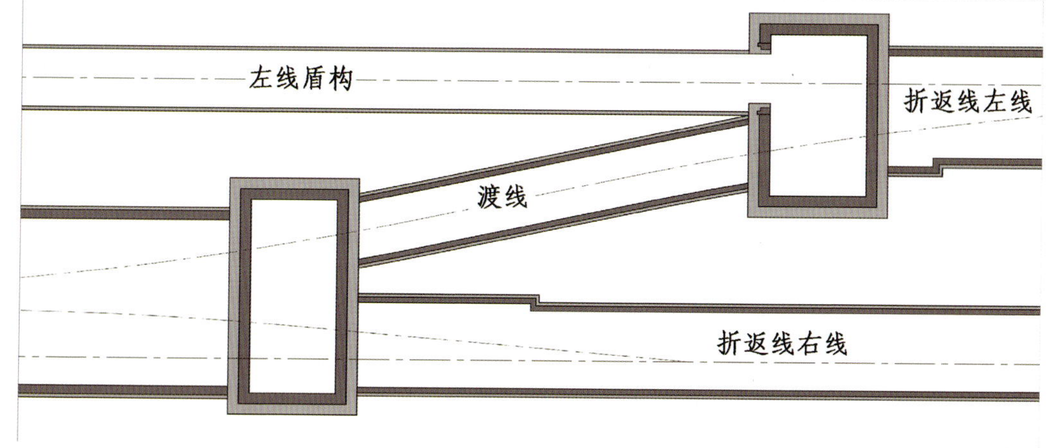

下图：黄沙车站总平面图

1.5.7 黄沙站

黄沙站为六号线第7个车站，上承如意坊站下接文化公园站，为六号线与一号线的换乘站，车站位于广州市荔湾区六二三路与大同路的交汇处。

车站位于六二三路南侧与大同路交叉路口，所处地段交通拥挤，商业较为繁华。道路北侧为在建的和记黄埔商业住宅楼、黄沙公交总站和药材、玩具批发市场。道路南侧为沙面岛。六二三路为交通主干道，车流量大，大同路为支路，车流量小。站位周边主要为药材市场、海鲜市场以及商住开发项目，人流密集。

车站场地内地层自上而下依次为杂填土〈1〉、淤泥〈2-1A〉及淤泥质土〈2-1B〉、粉土〈2-4〉、冲积—洪积粉细砂层〈3-1〉、冲积—洪积中粗砂层〈3-2〉、红层残积硬塑状黏性，中密状粉土〈5-2〉、全风化岩〈6〉、强风化岩〈7〉、中风化岩〈8〉、微风化岩〈9〉。车站底板主要位于〈3-1〉地层。〈3-1〉粉细砂、〈3-2〉中粗砂层为主要含水层。

车站结构为地下四层明挖双跨单柱结构，顶板覆土厚度2.6m，底板埋深28.84m，标准段结构宽度19.7m。

① 延展换乘空间，提高换乘服务水平。一号线黄沙站为地下两层站，六号线黄沙站为地下四层站，且六号线黄沙站为“小车小站”，站台空间狭小，受限于车站后周边环境和地质，以及既有运营车站的情况，在已具备站台—站台换乘的条件下，设计方案仍采用了站厅—站厅拓展换乘通道的设计尝试，在有限的投资前提下，获得较多的换乘空间。车站

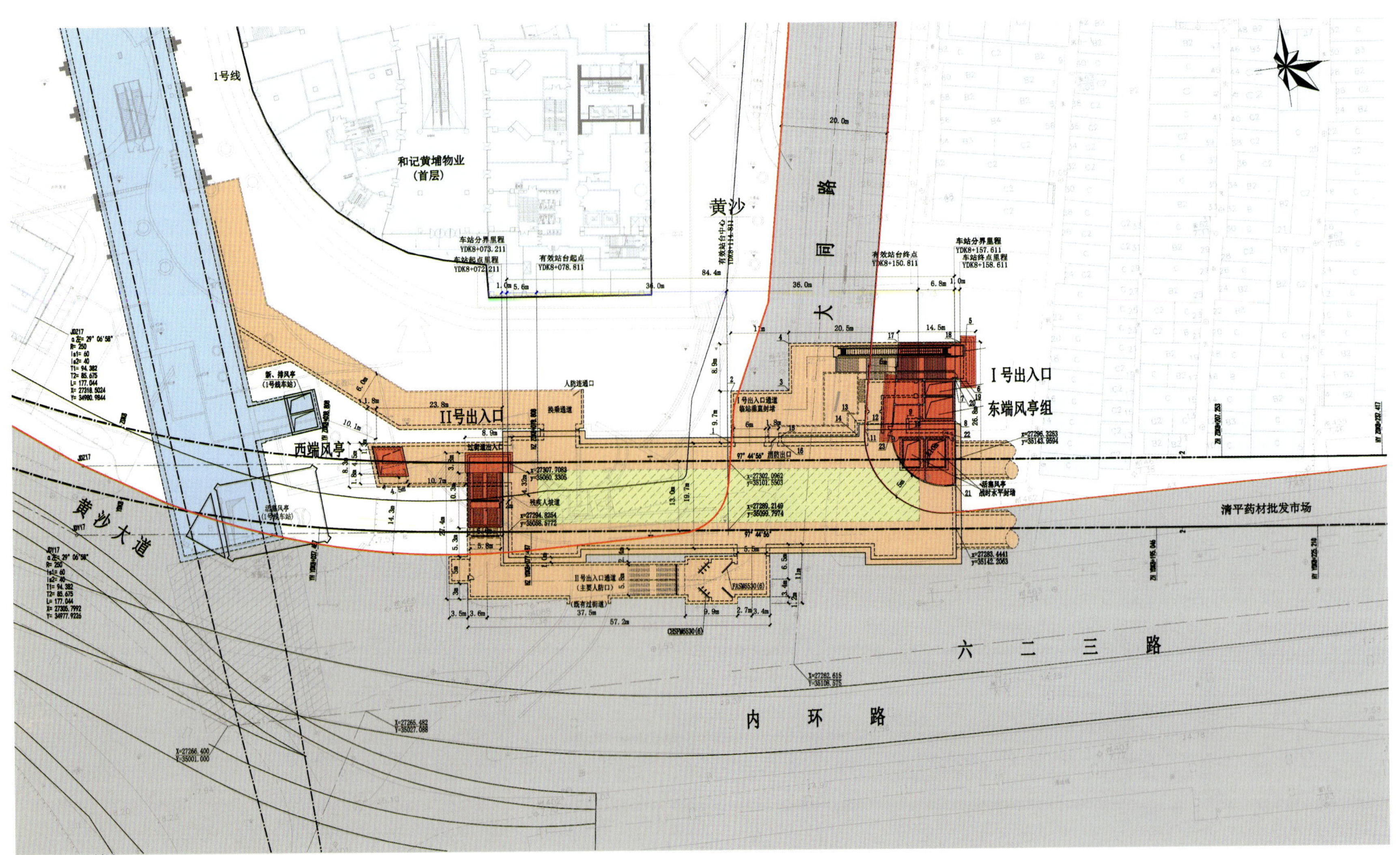

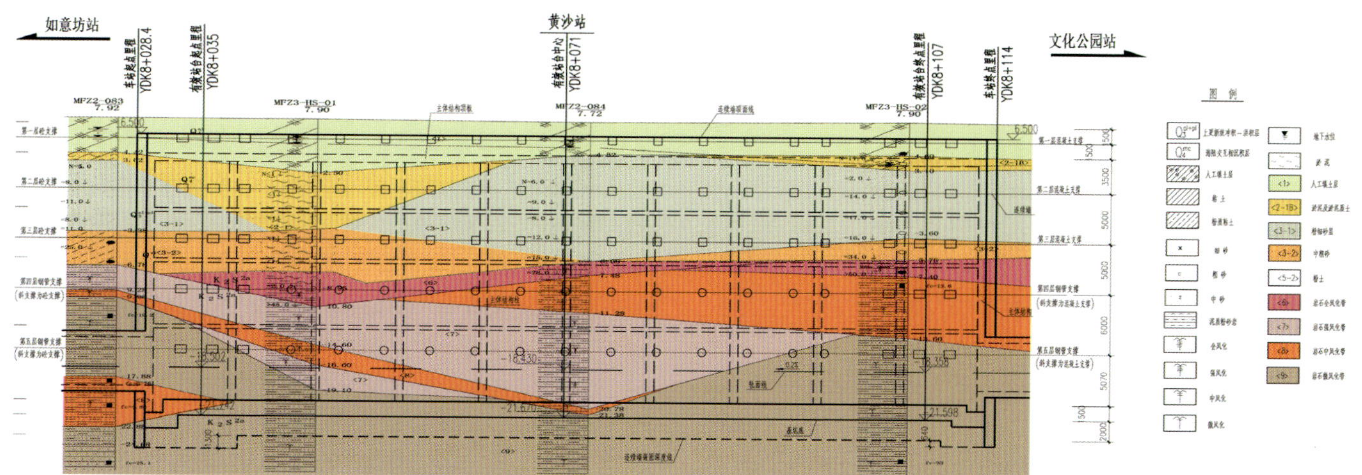

上　图：地质纵断面图

下左图：结构横断面图

下右图：站厅换乘通道

开通后的实际运营情况也印证了该方式是较好的选择。

② 在深埋车站中引入转换层概念，提高服务水平。黄沙站六号线部分为地下四层车站，站厅至站台高差为17.05m，若设置直达扶梯，虽然可以便于乘客使用，但带来的是使用中的恐高心理体验，因此在地下三层设置转换层，既增加了公共区的使用空间，同时也解决了提升高度过高带来的恐高问题。由于设置转换层，站厅、站台的楼扶梯布置更加灵活、均匀，更合理。

③ 对既有一号线公共区改造，实现换乘及商业无缝衔接。既有一号线周边地块为和记黄埔物业商住开发项目，该项目于2005年上半年开工，紧贴一号线车站施工。根据和记黄埔与广州地铁公司的合建协议，对一号线站厅公共区布置

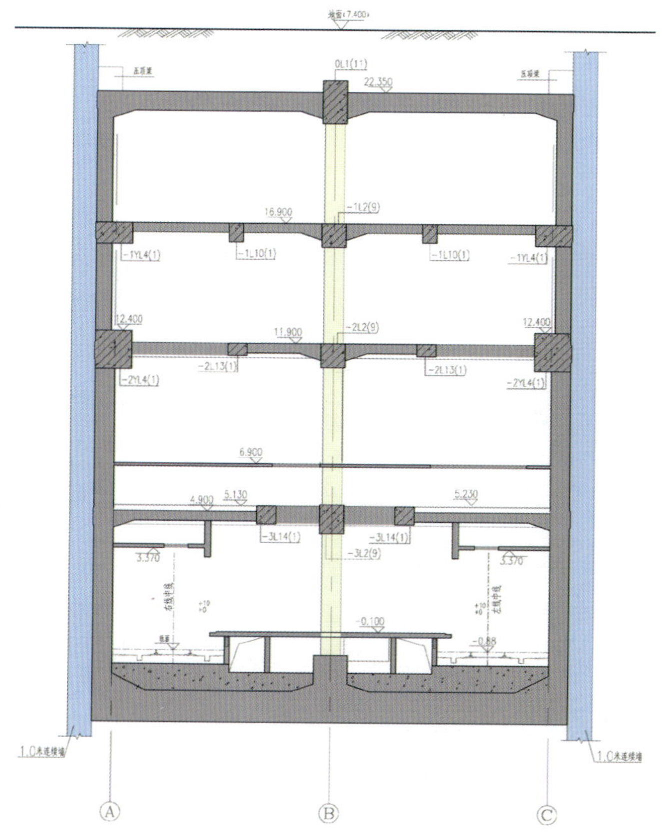

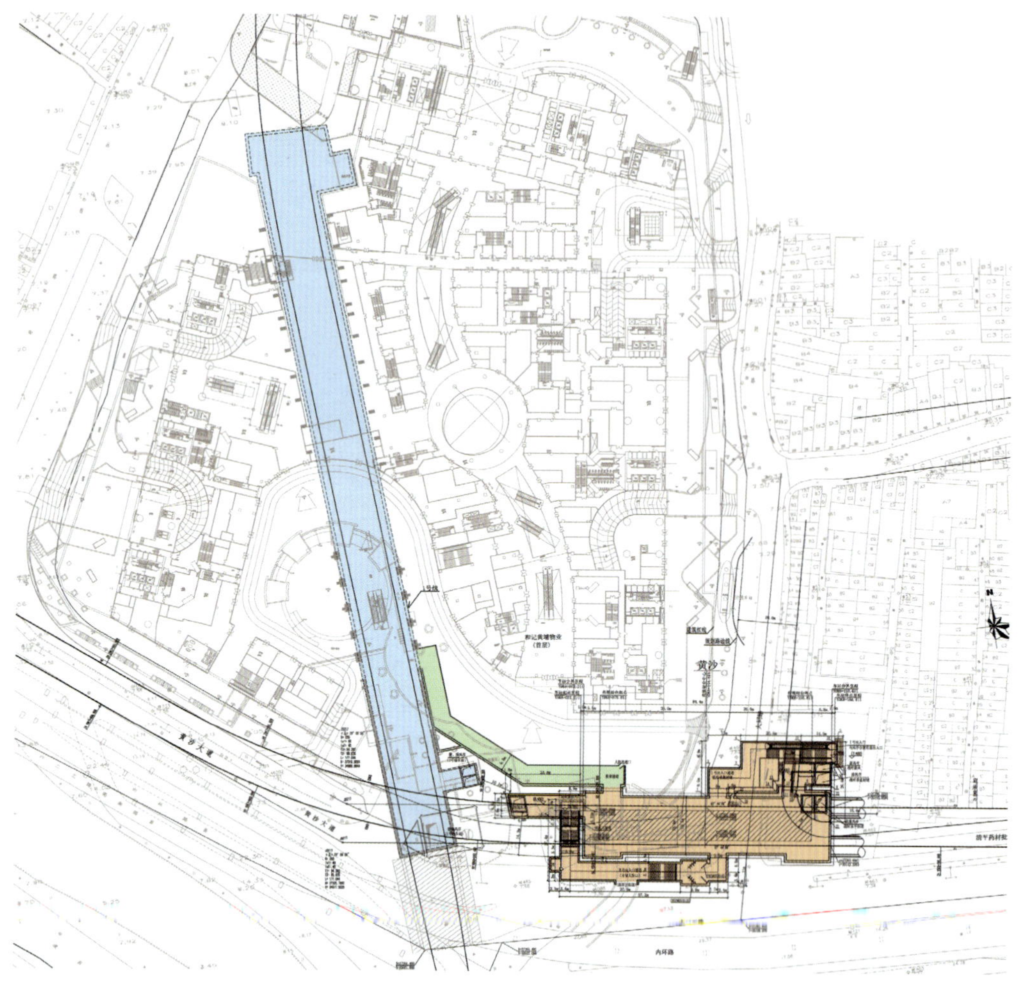

进行改造，一号线车站公共区与和黄地下室商业之间开若干接口进行对接，并将一、六号线的换乘通道纳入物业地下室建设之中，不仅实现了一、六号线的换乘功能，也使地下商业与地铁得到了有机结合，实现了地铁、商业双赢的局面。

④ 在不影响一号线运营的情况下改造既有风亭。为了保证既有一号线车站风亭能与和记黄埔物业广场景观融合，需对一号线既有风亭地面设置位置进行调整。在对一号线现场情况进行详细摸查后，对既有风道、管线进行重新布置，对施工顺序进行周密筹划，终于在不影响一号线正常运营的情况下完成了既有风亭的位置改移。

⑤ 为地块开发做概念设计，合理优化车站出入口、风亭布置，为地块开发预留条件。黄沙站Ⅰ号出入口及东端风亭位于六二三路北侧、大同路东侧，所处地块属广州市土地开发中心。该地块涉及拆迁补偿、居民回迁等问题，出于经济效益考虑，市土地开发中心决定对该地块进行商住开发，以平衡拆迁成本并解决居民回迁问题。由此对地块进行了开发概念设计，优化车站出入口、风亭布置，确保近期地铁建成后不影响远期地块的商住开发。

⑥ 充分利用一号线富裕冷源，整合资源，节能减排。六号线黄沙站水系统设计结合一号线黄沙站屏蔽门改造工程，利用改造后原一号线水系统的剩余冷量，形成小集中供冷，六号线车站大、小系统均考虑由一号线冷冻机房冷水机组提供冷源。该做法既充分利用了一号线的剩余冷源，同时也节

上图：换乘通道平面图

下图：地下三层转换层

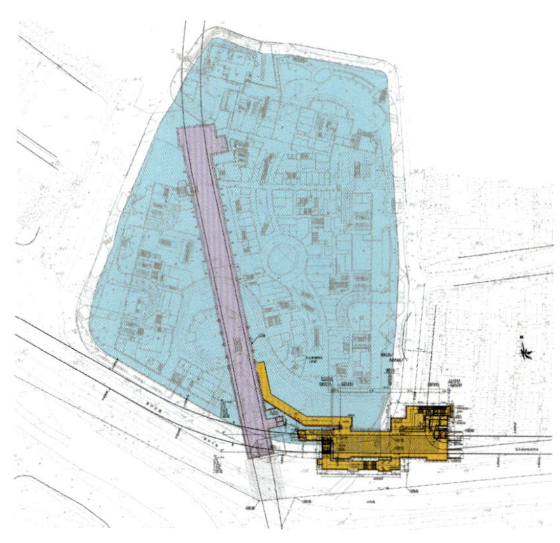

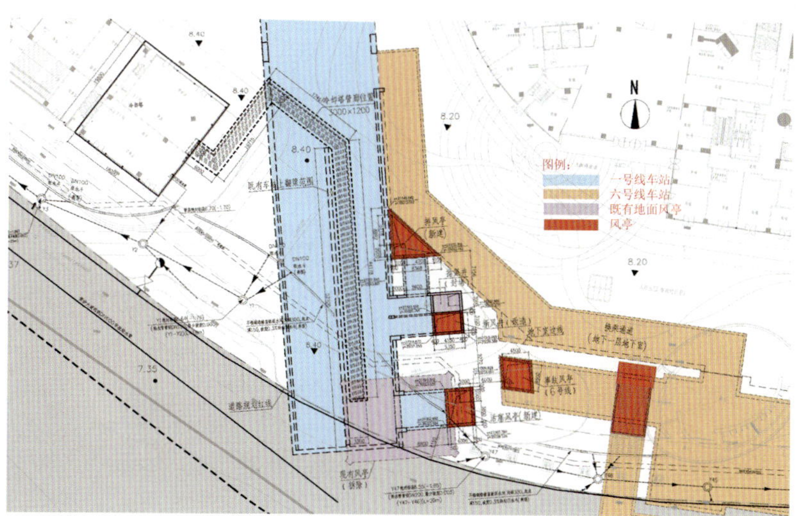

省了六号线原本需要的冷却塔，从根本上解决了六号线冷却塔的布置问题。

⑦ 在狭小的场地条件下完成施工。黄沙站站位南侧为城市主干道六二三路，交通非常繁忙，无法占道施工；东北侧为密集的1～3层老式民居，拆迁协调难度大，拆迁费用高；西北侧为和记黄埔开发地块，与车站同步施工，占用了施工场地。车站施工场地仅有前三者之间的三角地带可以利用，施工场地面积约7200m^2，在此有限的施工场地内，通过集约型布置材料场、作业区、办公生活区等，合理利用龙门吊，最终得以完成施工任务。

⑧ 市政过街通道衔接。在黄沙站站址范围内，有下穿

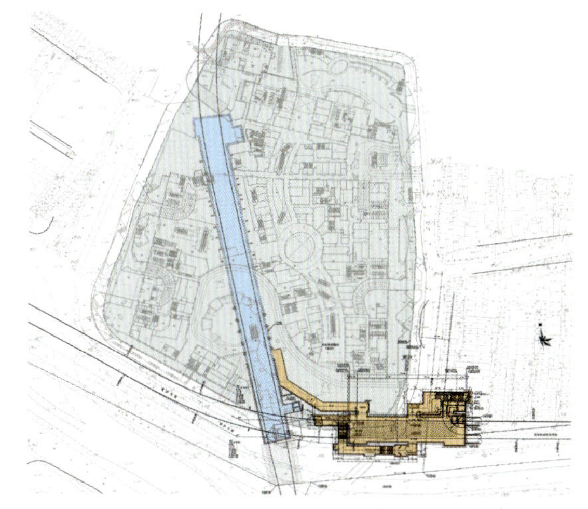

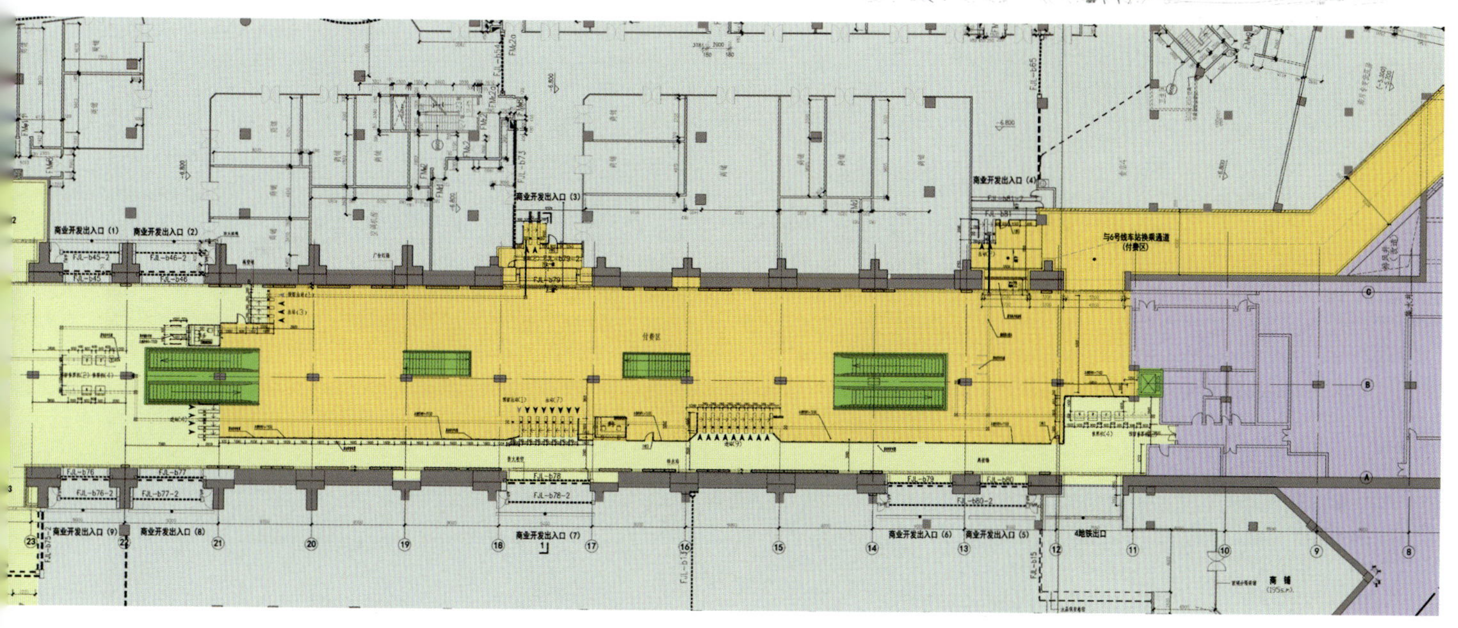

上左图：地铁站与商业区位图

上右图：一号线风亭改造总平面图

中　图：地块开发总平面图

下　图：一号线黄沙站站厅改造平面图

上左图：车站效果图

上中图：Ⅰ号出入口风亭一

上右图：Ⅰ号出入口风亭二

六二三路的市政过街通道，车站施工时需破除通道北侧出入口。设计过程中，充分考虑利用既有过街通道资源，将车站出入口与过街通道对接，将市政过街系统与地铁进出站功能融合，实现资源的再利用，完善市政和地铁的服务功能。

⑨ 车站主体结构与和记黄埔地下室结构紧邻密贴，同步施工，实现了互不干扰。在车站西北侧，黄沙站主体结构与和记黄埔地下室结构完全紧密贴合，共用围护结构，根据双方施工时间顺序，对每一步实施工况时围护结构及双方地下室结构构件进行了详细的受力分析计算，确保双方的结构安全。

小空间也可以做大文章，如何对有限的空间充分利用，最大限度发挥其功用，是设计的重中之重。黄沙站在换乘通道设计时充分考虑客流组织，在转换层设置上充分考虑乘客切身感受，以人为本，服务优先，取得了较好的效果。

下左图：车站鸟瞰照片

下中图：过街通道平面图

下右图：黄沙站与和记黄埔地下室关系剖面图（尺寸单位：mm）

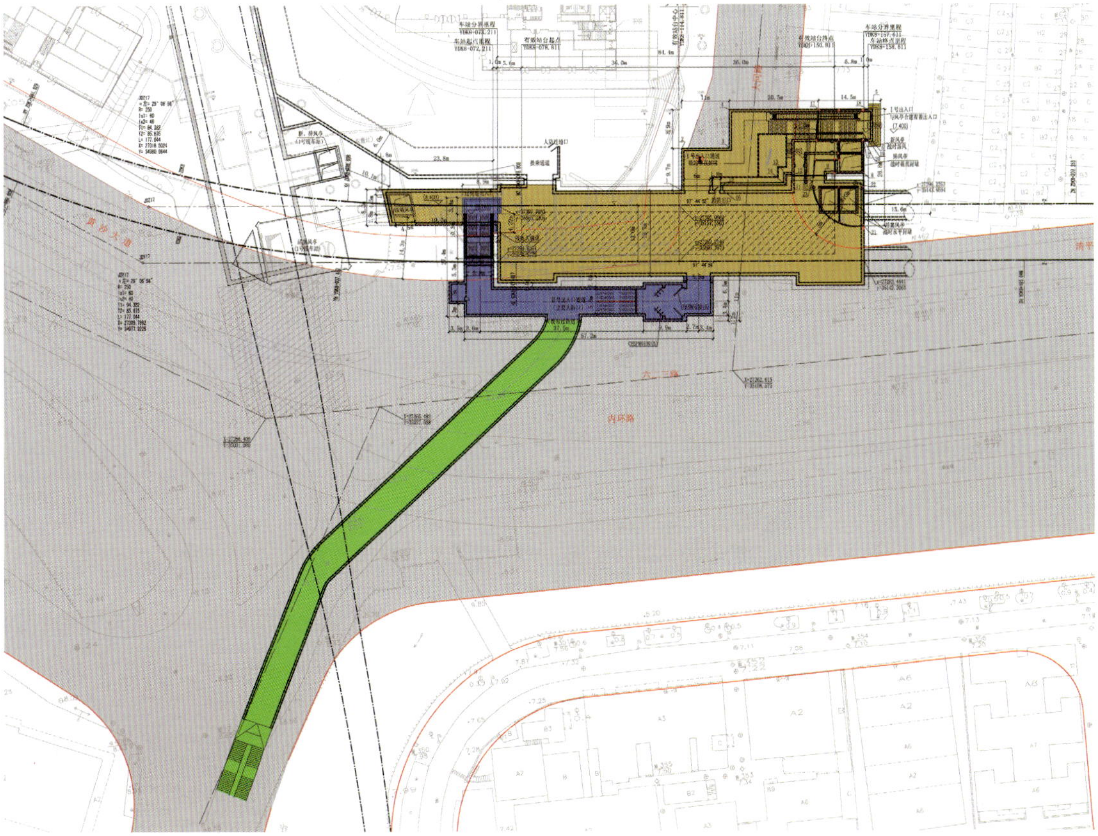

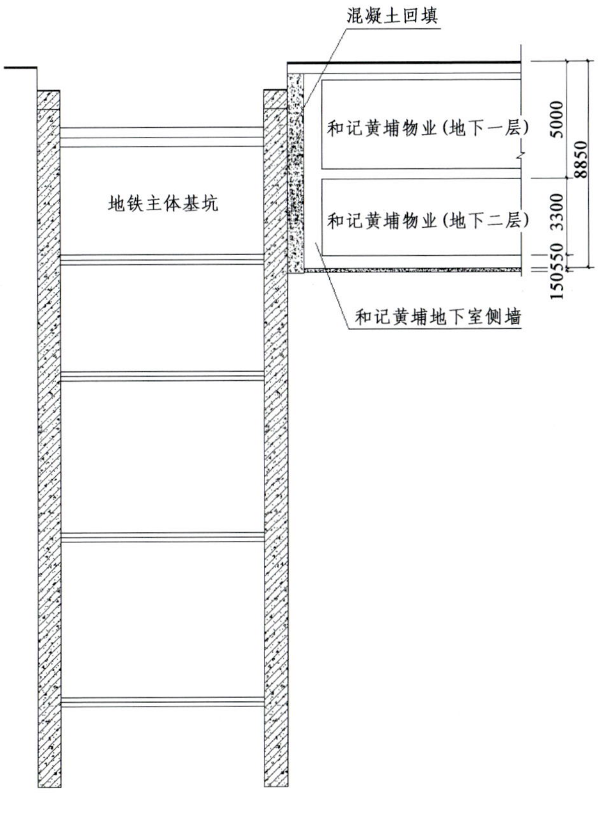

混凝土回填
地铁主体基坑
和记黄埔物业(地下一层)
和记黄埔物业(地下二层)
和记黄埔地下室侧墙
5000
3300
8850
150550

1.5.8 文化公园站

文化公园站是广州市轨道交通六号线与八号线的换乘站。车站位于康王南路与西堤二马路交叉路的广州市文化公园内，六号线文化公园站大致呈东西走向，受到文化公园站—德路站区间的影响，六号线按地下三层站设计。八号线文化公园站大致呈南北走向。受到站后折返线暗挖施工安全的控制，八号线按地下四层站设计。

站址所处土、岩层从上到下主要有：〈1〉人工填土层；〈2-1B〉淤泥质土层；〈3-1〉粉细砂层；〈3-2〉中粗砂层；〈5-2〉残积硬塑状粉质黏土层；〈6〉砂岩或泥质粉砂岩全风化带；〈7〉砂岩或泥质粉砂岩强风化带；〈8〉砂岩或泥质粉砂岩中风化带；〈9〉砂岩或泥质粉砂岩微风化带。

地下水类型主要有第四系孔隙水，主要含水层为冲洪积粉细砂层〈3-1〉、中粗砂层〈3-2〉，地层分布连续，厚度较大；根据详细勘察资料，砂层水位稳定时间相对较快，故其补给畅通，富水性相对较大。第四系层中的地下水与珠江水有较好的水力联系。

在上述复杂的建设控制条件下，在满足安全、经济和风险可控的前提下，通过多种工法的灵活组合，创造出了合理多变的车站功能空间，为乘客提供舒适、便捷、美观的服务。主要有以下九个方面的成功探索和实践：

① 车站采用明暗结合形式，有效控制工程投资。六号线车站为4节编组形式，车站规模较小，受限于车站埋深，如果采用全明挖方案，会产生大量富余面积，因此采用的方案是设备管理用房为明挖，站台为暗挖，形成分离岛站台形式，土建综合投资节约13.5%。

② 优化车站平面设置，保护百年古树。车站主要位于文化公园的西南角，该区域有挂牌的古树10余棵，车站方案在总平面布置满足车站功能的前提下进行调整和优化，避开古

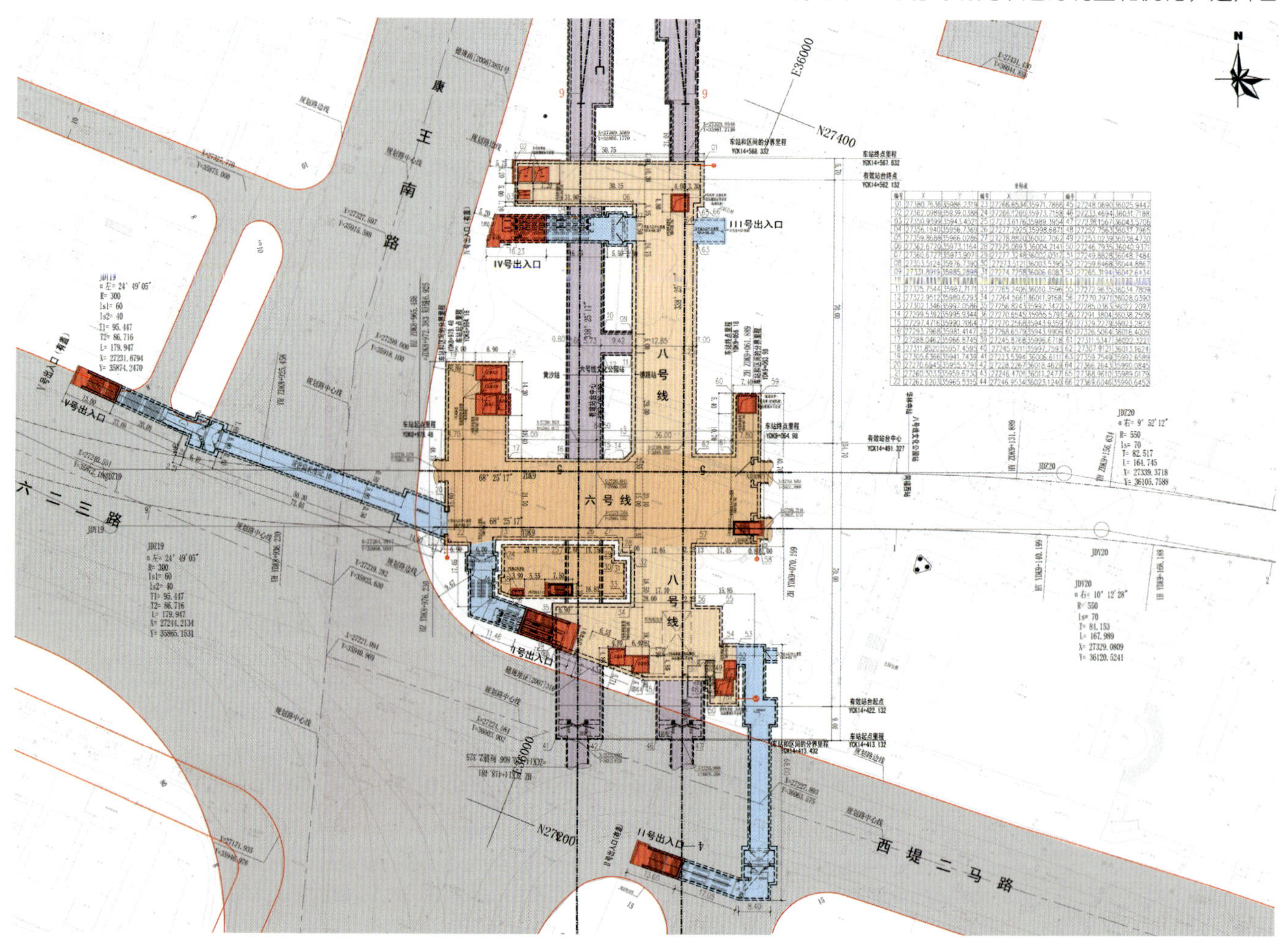

右图：文化公园站总平面图

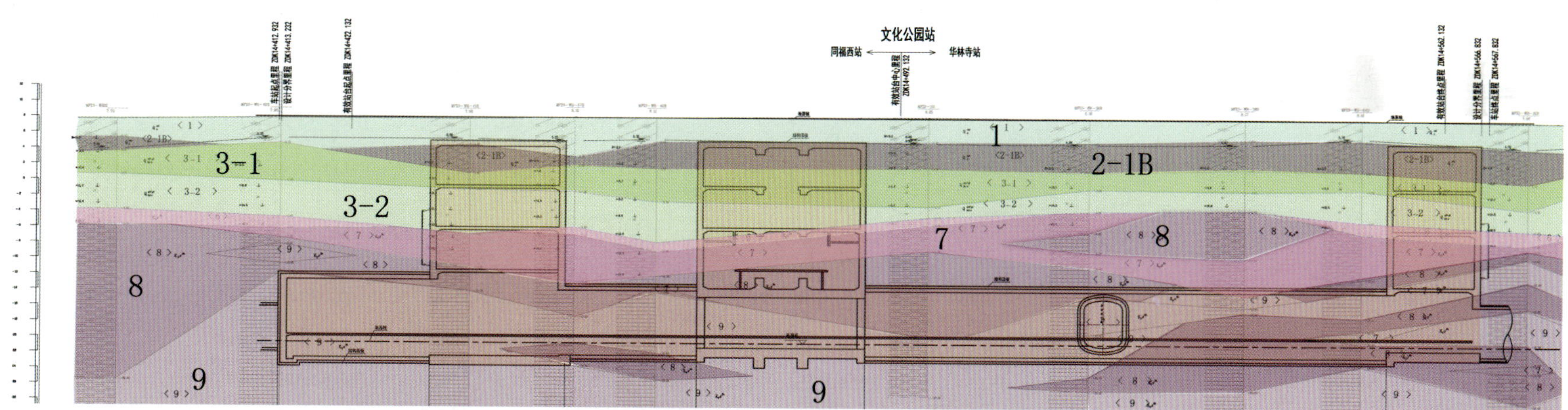

树的范围，同时预留古树有效存活的根系范围，方能保证施工期间和运营期间的树木存活。

③ 有效合理的暗挖工法在复杂地质条件的成功运用。车站六号线、八号线部分有6个暗挖断面尺寸，隧道洞身位于7、8、9号地层，上部有较厚的砂层、淤泥层，根据不同的地质条件和隧道断面，分别采用了CRD法、CD法和台阶法，辅以相关的加强措施，施工过程中精细控制，最终实现了车站的各种功能空间。高风险、高难度的暗挖方案通过多软件、多角度的三维计算和分析，类似工程数据收集，形成专题报告。在通过初步设计评审后，施工图阶段中，地铁公司及国内暗挖专家对专项方案进行多次论证，不断修改完善实施方案，通过加强措施，加强监测，精细施工。最终方案得

上图：现场鸟瞰图

下图：地质纵剖面图

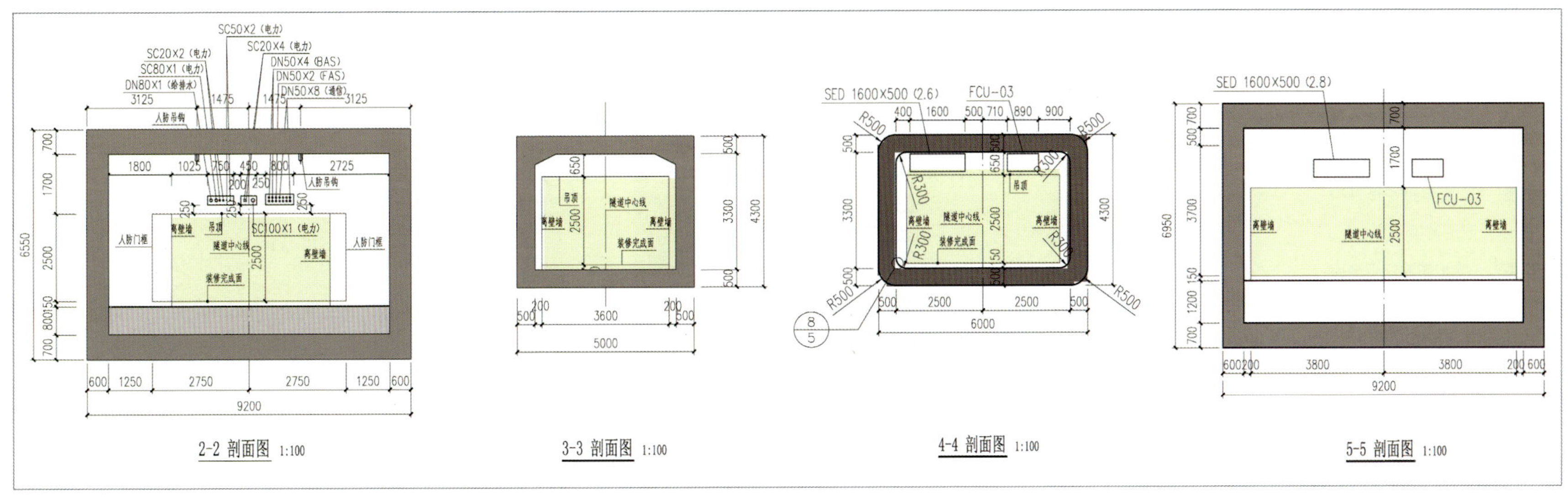

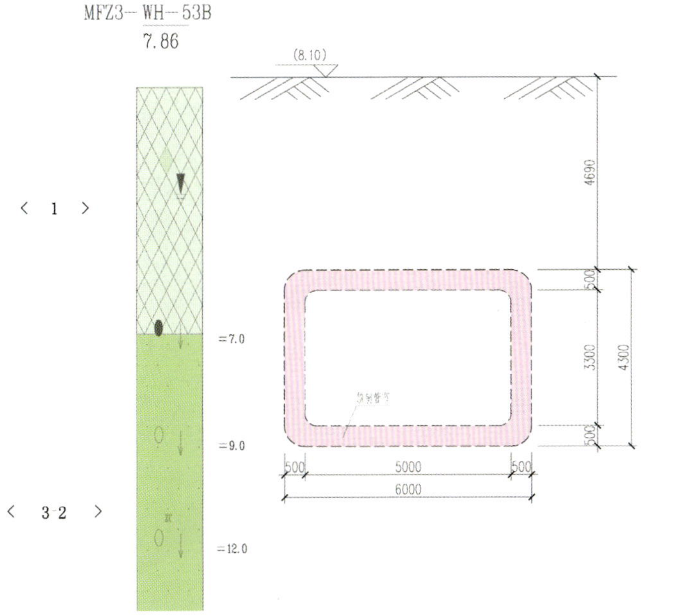

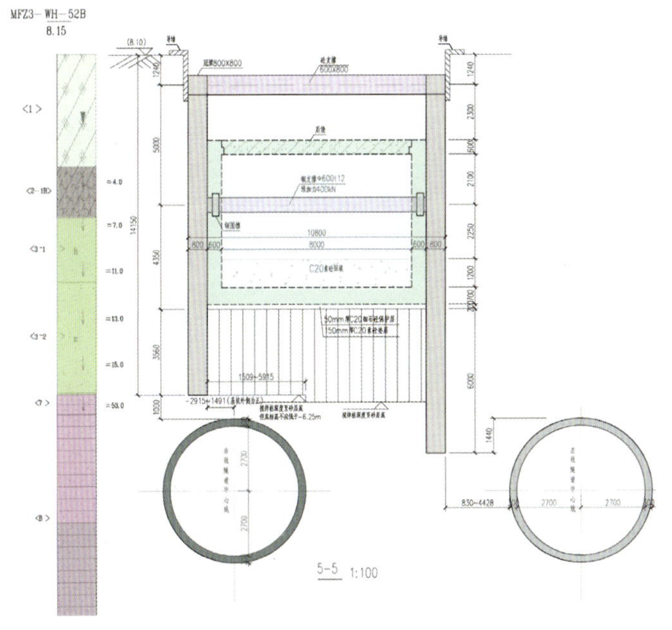

管涌；设计时对连续墙成槽工艺进行限制，避免冲孔成槽对下方隧道产生影响，最终在不影响隧道安全的情况下顺利完成始发井施工和顶管始发。

⑤ 车站南端暗挖堵头墙位置距离人民高架桥桩平面距离仅1.8m，桩底位于堵头墙中部，开挖过程中的掌子面稳定和桥桩沉降控制成为设计重点。设计时为保证堵头墙掌子面稳定，采用CRD工法，堵头墙掌子面避开桥桩位置打设砂浆锚杆，最终实现安全贯通，桥桩累计沉降在2mm以下。

⑥ 一字型防淹门在暗挖站台的应用。由于车站北端为珠江，车站需设置防淹门，受限道岔，在车站端部右线无法设置下落式防淹门，防淹门设置需避开道岔曲线部分，设置在直线段，因此无法在明挖段内设置，只能设置在暗挖隧道内，结合道岔设置的位置和形式，采用一字型的防淹门。

⑦ 仿古地面建筑形式在高风亭设计中的应用。文化公园周边历史建筑林立，风亭等地面建筑立面在尺度、形式、色彩、材料上与整体风貌相协调，与区域的建筑文化特色保持一致，结合骑楼建筑特点采取统一的立面风格。风亭及出入口外立面设计增加周边欧式古建元素，例如，墙角

上　图：顶管段纵、横剖面图（尺寸单位: mm）

下左图：大断面矩形顶管断面（尺寸单位: mm）

下右图：顶管始发井横剖面图（尺寸单位: mm）

上左图：顶管顶进

上右图：顶管到达

中左图：桥桩与南端暗挖隧道平面位置关系

中右图：桥桩与暗挖隧道立面位置关系

下　图：人字型防淹门平剖面

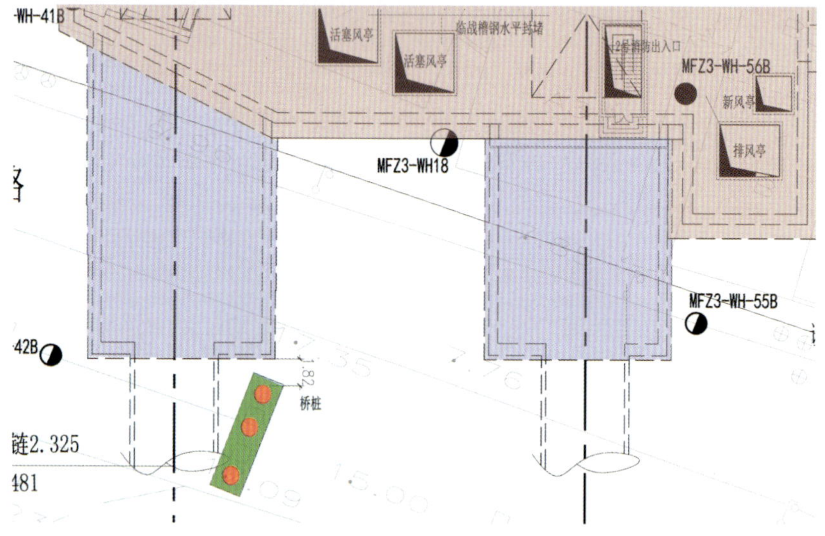

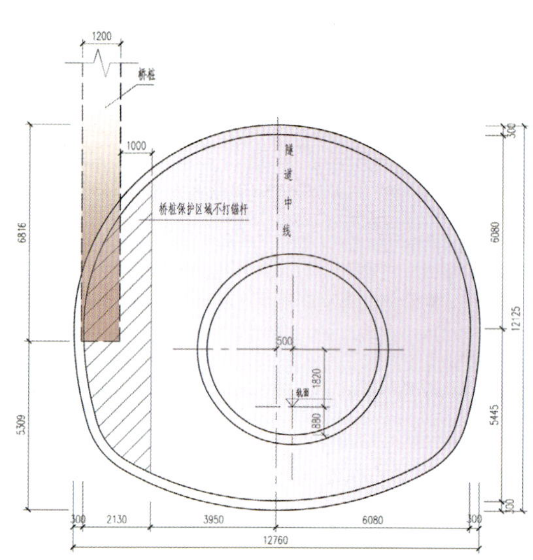

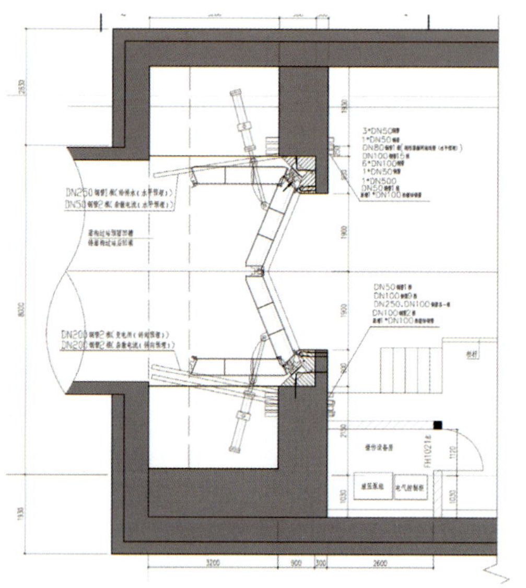

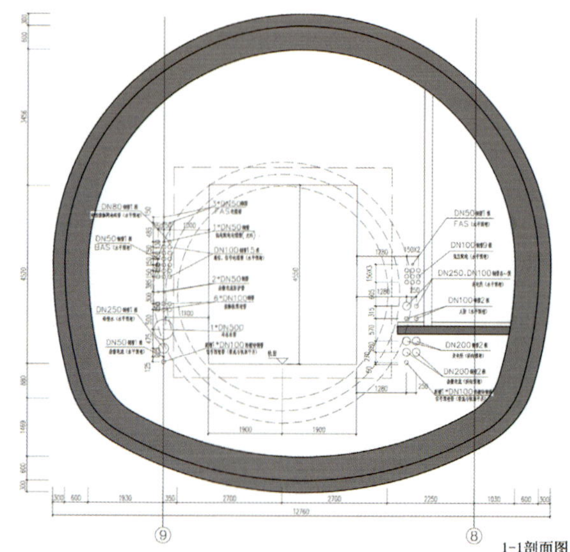

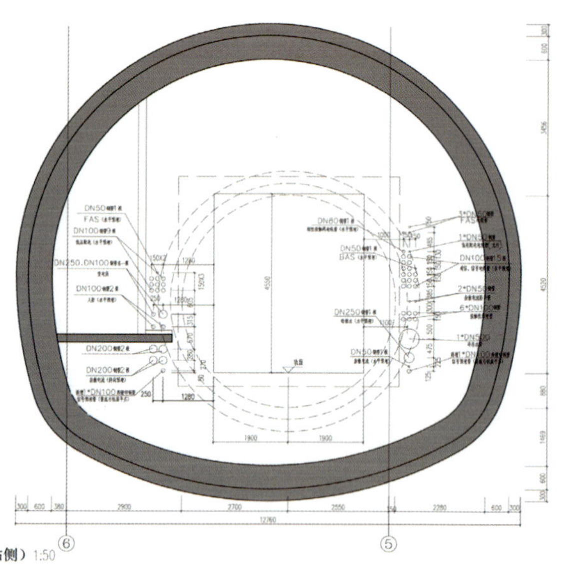

1-1剖面图（车站侧）1:50

采用文化石修边，檐口位置及墙面的石雕装饰，百叶的石膏造型收口等，融入环境却不失特色，避免对景观及城市肌理的破坏。

⑧ 文化墙演绎与传承广州的历史和文化。站内装修在满足经济、功能和实用的前提下，从“色、柱、墙”三方面进行文化演绎，其中文化墙采用砂岩浮雕、铁艺镶嵌彩色玻璃的形式，再现珠江、爱群大厦、西关窗花及融入古官道、天字码头、千年商道、高第街等图案及古韵遗风，体现自然纹理，延续千年商道。

⑨ 实现同步设计、土建同步建设、机电分期建设、车站分线分期运营的需求。车站在设计和施工过程中，根据建设方提供的边界条件，以及建设中不断调整的控制因素，车站先后进行了机电和土建方案的优化和调整，实现了六号线、八号线两线不同的建设和运营需求，并进行了合理的拆分，实践效果很好。

换乘站的设计、实施应以换乘功能为首要前提；厅、厅和台、台换乘可为深埋换乘站提供便捷、舒适的服务；车站的建筑形式可以结合明挖法、暗挖法、顶管法等多种工法的特点，灵活组合运用，去解决工程建设中的各种困难。六、八号线文化公园站在诸多控制条件下，做了深入、有效的探索和实践，获得了很好效果；同时，还实现了同步设计、土建同步建设、机电分期建设、车站分线分期运营的需求，为进行类似的车站设计，提供了很好的借鉴。

上左图：公园地面高风亭

上右图：站厅文化墙

下　图：站台文化柱

1.5.9 一德路站

一德路站是六号线第9座车站，上承文化公园站下接海珠广场站，车站盾构过站。车站位于一德路与海珠南路的交叉路口东北侧骑楼拆迁地块内。

一德路站周边交通繁忙，管线密集，商业及历史建筑密集。车站地质情况复杂，从地表以下依次为：人工填土〈1〉、淤泥质土〈2-1B〉、粉细砂层〈3-1〉、中粗砂层〈3-2〉、残积土层〈5-2〉及泥质粉砂岩的全风化层〈6〉、强风化层〈7〉、中风化层〈8〉、微风化层〈9〉。水文复杂多变，软弱地层分布广泛，裂隙水丰富，施工难度较大，风险多。

在上述复杂的建设控制条件下，在满足安全、经济和风险可控的前提下，通过多种工法的灵活组合，采用游离站厅车站形式，车站与复建历史建筑合建，创造出了合理多变的复合功能空间，为乘客和商业提供舒适、便捷、美观的服务。主要有以下十个方面的成功探索和实践：

① 车站采用明暗结合形式有效控制工程投资。六号线车站为4节编组形式，车站规模较小，受限于保护一德路部分临街骑楼，如果采用全明挖方案，会破坏保护的骑楼建筑，施工期间要占用一德路和海珠南路，对交通影响很大，全明挖也会产生大量富余面积。因此采用的方案是站厅及设备管理用房为明挖，站台为暗挖，站厅和站台设置暗挖扶梯通道，形成明暗结合、分离岛站台形式，土建综合投资较全明挖方案节约9.7%，同时工期上更为有利，建设条件更好。

② 在通过游离站厅的车站形式，解决拆迁和交通疏解问题。车站位于海珠南路与一德路的交叉路口，道路繁忙，管线密集，无法封路施工；站址周边不仅商业建筑密集，而且

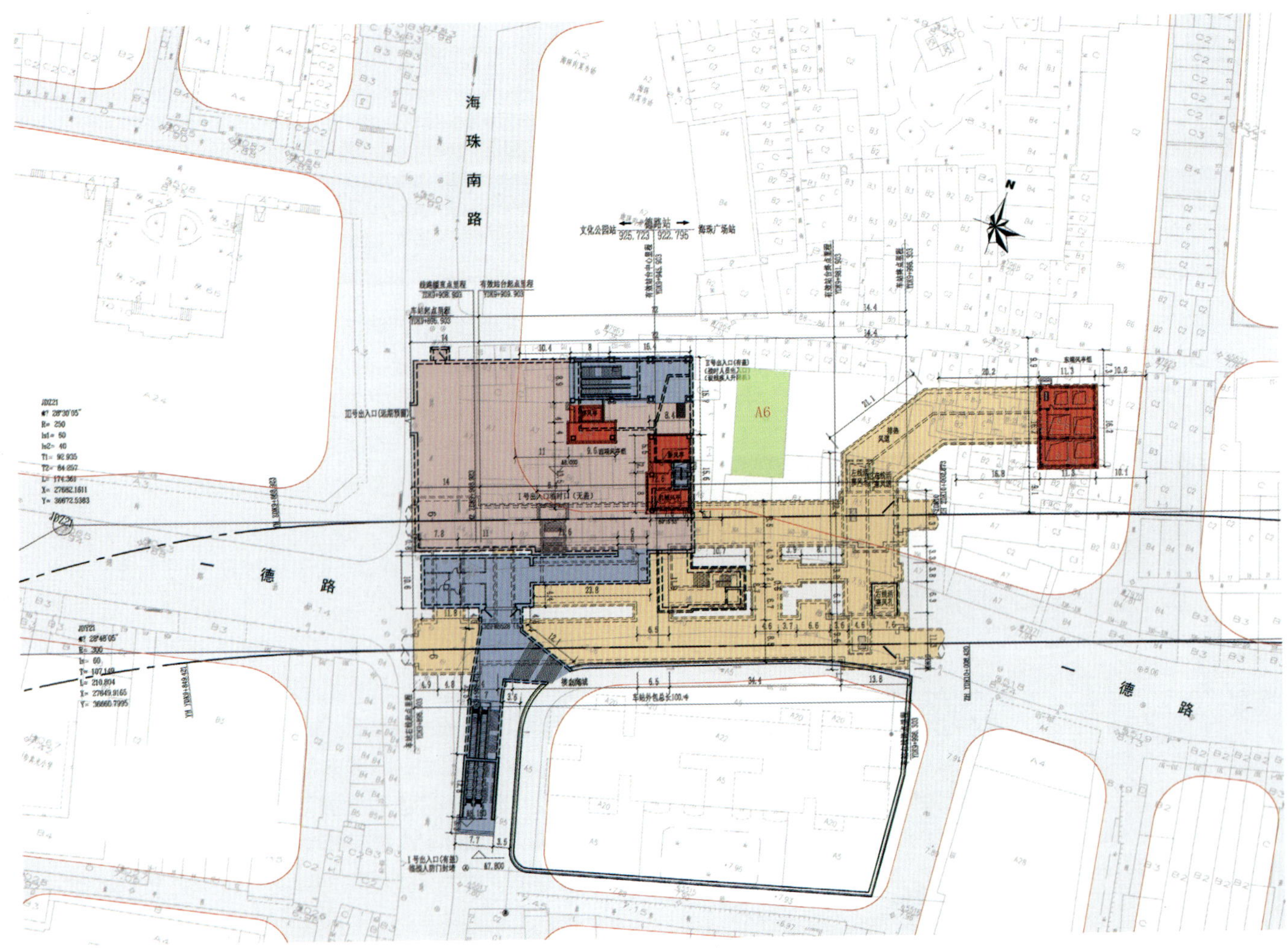

右图：一德路站总平面图

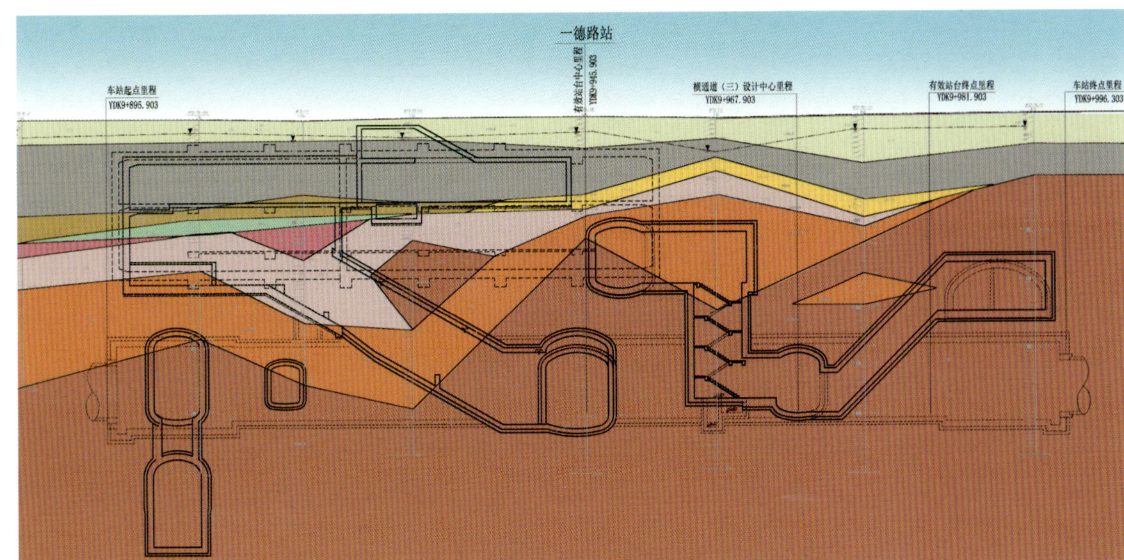

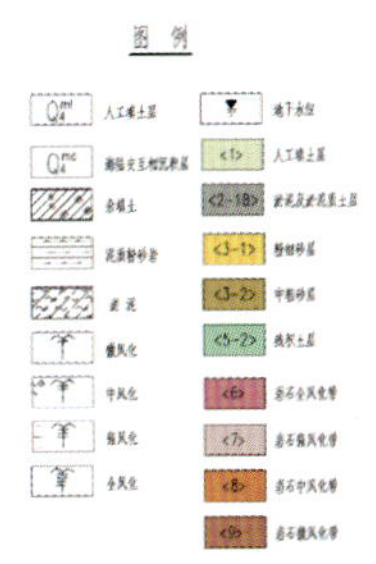

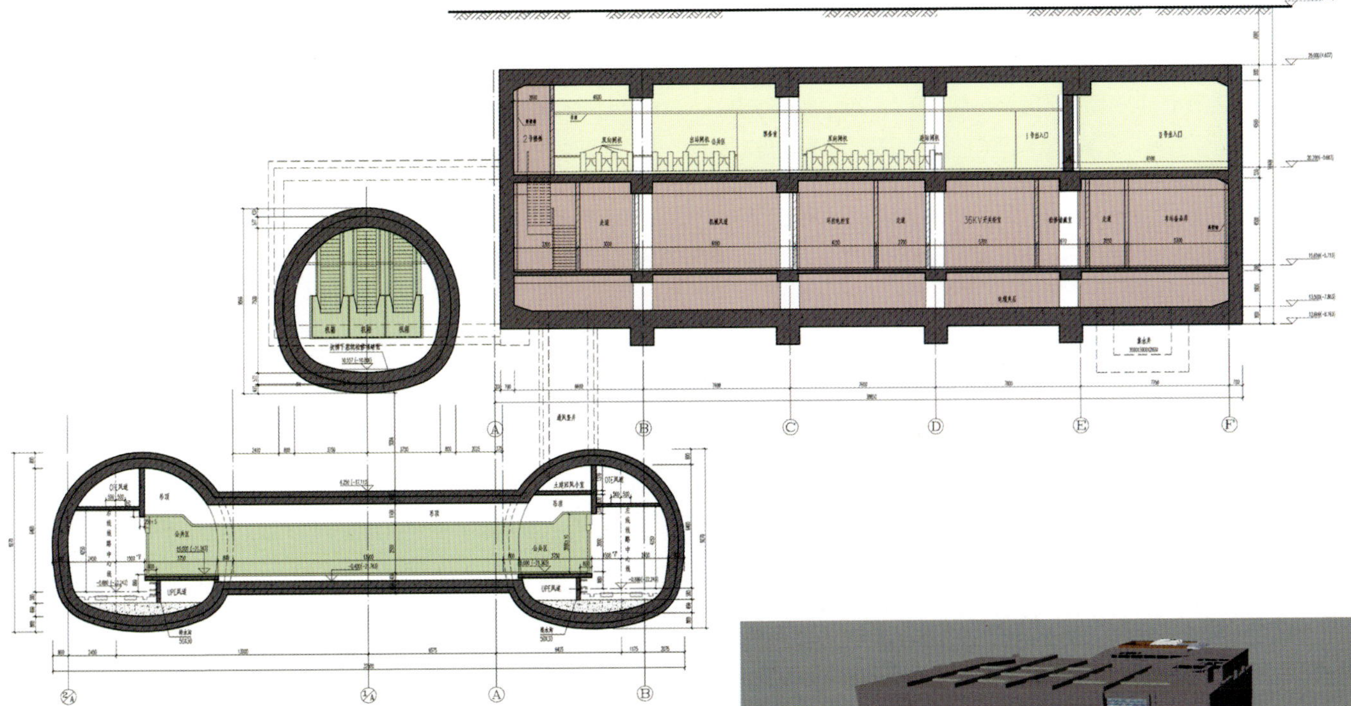

上图：地质纵剖面图

中图：车站横剖面图

下图：车站三维图

有大量骑楼历史建筑，明挖场地有限。因此合理选择可拆迁建筑物，进行明挖站厅和车站附属的设置，并通过暗挖通道衔接游离站厅和站台层，可以很好地解决老城区地铁建设条件困难的问题，缩短建设时间，减少拆迁面积，减少占用道路范围和时间，减少管线迁改的范围，降低工程投资，在一德路站获得很好的社会效益和经济效益。

③ 骑楼历史建筑复建与车站明挖站厅的完美结合。车站明挖部分的柱网结合复建骑楼的柱网统筹调整，共用轴网；板、柱和梁的结合设计预留上部骑楼荷载条件，同时在车站顶板预留分期建设骑楼的实施条件。合建的方式既解决了地铁建设的场地问题、车站地面附属设置的问题，又可以很好地延续区域历史建筑文化风格，同时可以实现商业地面建筑与地下交通建筑的有效对接，给两个类型的建筑都创造出很好的服务功能，产生更大的价值。

④ 在深埋车站中引入转换平台概念，提供服务水平。一德路站站台层埋深为29m，斜通道扶梯提升总高度为20.62m。根据广州运营相关部门提供的数据，高度超过15m后，如采用直达扶梯会让部分乘客产生恐高心理。因此，车站的扶梯斜通道中间设置转换平台，增加缓冲空间，既增加了公共区的使用空间，同时也解决了提升高度过高带来的恐高问题。由于设置转换平台，站厅、站台的楼扶梯布置更加灵活、均匀，更合理。

⑤ 设置暗挖竖井解决深埋站台层的疏散及无障碍问题。由于明挖站厅游离，因此站厅和站台间的疏散和无障碍设计需要通过合理的暗挖竖井布置来实现。通过增大车站线间距，结合地质条件保证各个暗挖断面间的合理夹土厚度，使得暗挖竖井和暗挖站台主隧道的具体施工条件，经过平面和竖向的空间整合，疏散楼梯及无障碍电梯设置在同一个暗挖竖井内，并通过暗挖横通道与明挖部分联通，不仅减少暗挖的范围，降低了施工风险，同时有效地解决了深埋站台的功能需求。这样的设计方式给深埋车站的疏散和无障碍设计提供了一个方向。

⑥ 仿古地面建筑形式在高风亭设计中的应用。一德路周边骑楼林立，风亭等地面建筑立面在尺度、形式、色彩、材料上与整体风貌相协调，与区域的建筑文化特色保持一致，结合骑楼建筑特点采取统一的立面风格。风亭及出入口外立面设计增加周边骑楼古建元素，例如，墙角采用文化石修边，檐口位置及墙面的石雕装饰，百叶的石膏造型收口等，融入环境却不失特色，避免对景观及城市肌理的破坏。现已成为一德路站区别于其他地铁车站的一大特色。

⑦ 建设条件复杂，方案根据边界条件变化不断调整。受沿街骑楼和东侧仓库拆迁因素影响，2005～2011年间，经历了几次大方案调整和修改初步设计之后才最终稳定。即便如此，实施过程中仍受多种外在因素制约，多处局部方案反复

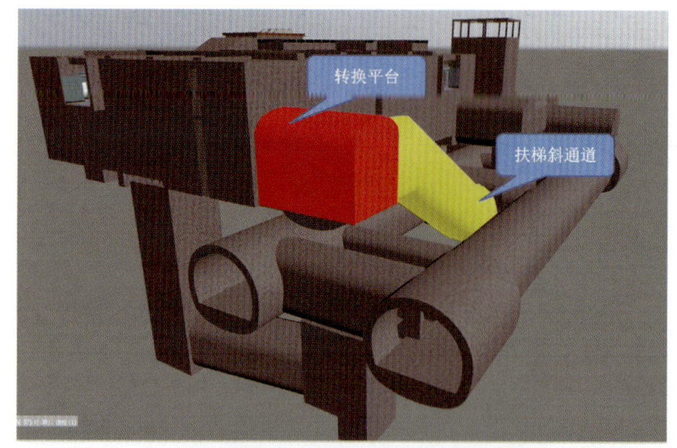

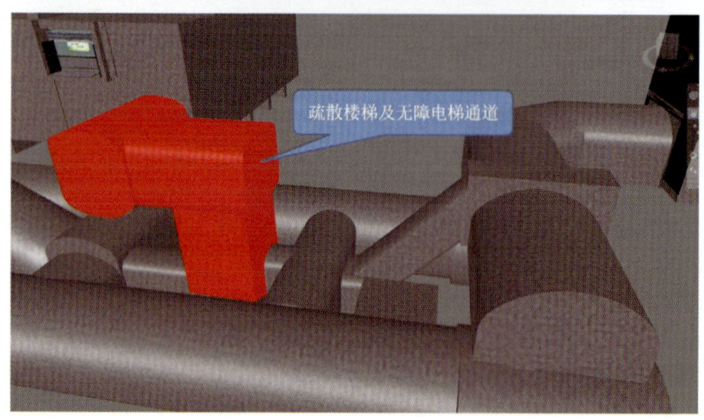

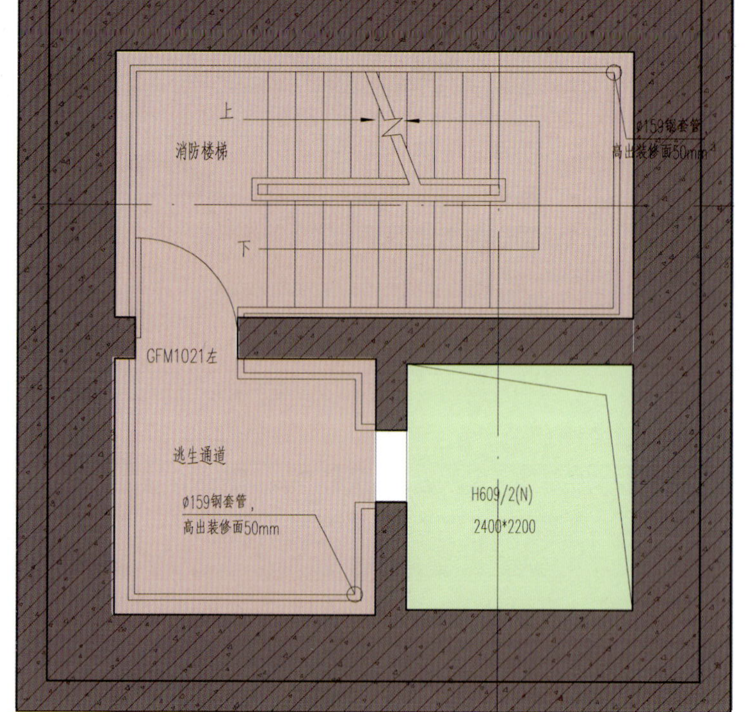

左上图：车站扶梯通道转换平台三维图

左下图：疏散楼梯及无障碍电梯通道三维图

右　图：疏散楼梯及无障碍电梯通道平面图

上左图：东端风亭
上右图：车站东侧仓库
中左图：海珠南路
中中图：一德路
中右图：卖麻街
下左图：一德路沿街骑楼
下中图：明挖基坑施工一
下右图：明挖基坑施工二

一德路站

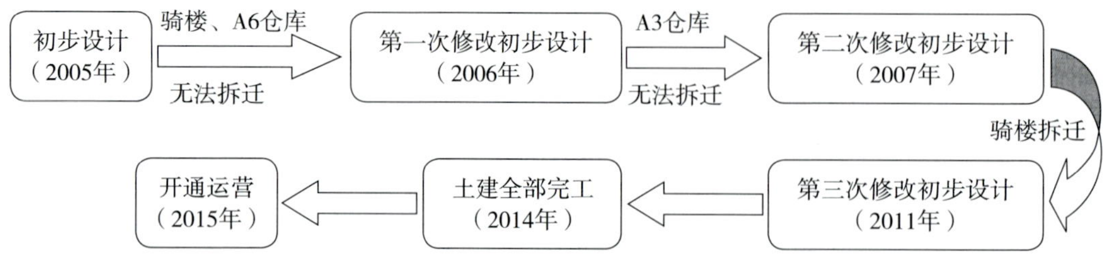

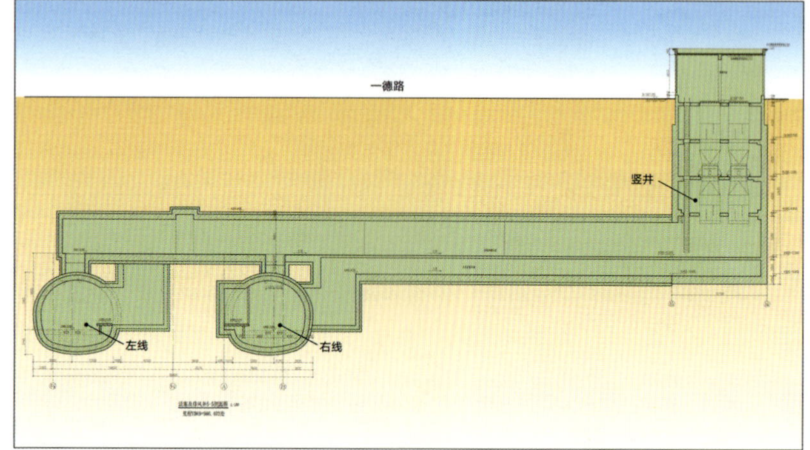

修改才得以实施。

⑧ 暗挖施工竖井，确保全线洞通。为了能按期提供盾构过站条件，在场地极其有限的情况下，右线隧道南侧设置了一口暗挖竖井和横通道，以此开挖站台层隧道，自2006年起利用仅600m²地面场地完成了绝大部分隧道暗挖施工。

⑨ 精心设计，克服了复杂暗挖隧道的诸多难题。明挖站厅、风井通过5个暗挖隧道与站台隧道连接，左、右线站台隧道又设置了3个横通道和1个机械风道，各暗挖通道或上下重叠，或左右交织，竖向最小净距仅1.9m，且有明显的群洞效应，风险高。通过合理的工法选用、可靠的加固措施、恰当的开挖顺序和严格的施工管理，保障了整个暗挖工程的安全和质量。

车站高风险、高难度的暗挖方案通过多软件、多角度的三维计算和分析，类似工程数据收集，形成专题报告。在通过初步设计评审后，施工图

上图：一德路方案变迁示意图

中图：右线施工竖井

下图：狭窄场地内竖井施工

阶段中，地铁公司及国内暗挖专家对专项方案进行多次论证，不断修改完善实施方案，通过加强措施，加强监测，精细施工。最终方案得以成功实施，期间的参数指标，均满足各方的要求。

⑩ 预留风亭除臭的实施条件。由于一德路站东端风亭周边住宅密集，存在投诉隐患，为避免风亭排除的气体可能存在的异味，在东端风亭区域预留了采用植物液干式中和脱臭方案的土建实施条件。

在复杂地质条件以及敏感的建设环境下，在满足安全、经济和风险可控的前提下，通过多种工法的灵活组合、各种有效措施的补充和加强，采用游离站厅车站形式，明挖部分与复建历史建筑合建，创造出了合理多变的复合功能空间，为乘客和商业提供舒适、便捷、美观的服务，实现了一德路站的成功建设和运营。

上　图：一德路隧道群

中　图：消防通道施工照片

下左图：暗挖扶梯通道

下右图：暗挖隧道群节点

1.5.10　海珠广场站

海珠广场站是六号线第10个车站，上承一德路站下接北京路站，车站两端盾构始发。车站位于泰康路与起义路的交叉路口南侧，海珠绿化广场内，与既有的二号线海珠广场站进行换乘。

车站周边交通繁忙、管线密集，既有运营二号线海珠广场站和重要的建构筑物（解放纪念碑）等，车站地质情况复杂，从地表以下依次为：人工填土〈1〉、淤泥质土〈2-1B〉、粉细砂层〈3-1〉、中粗砂层〈3-2〉、残积土层〈5-2〉及泥质粉砂岩的全风化层〈6〉、强风化层〈7〉、中风化层〈8〉、微风化层〈9〉，水文复杂多变，软弱地层分布广泛，裂隙水丰富。

在上述复杂的建设控制条件下，在满足安全、经济和风险可控的前提下，通过多种工法的灵活组合，创造出了合理多变的车站功能空间，为乘客提供了舒适、便捷、美观的服务。主要有以下十个方面的成功探索和实践：

① 单向循环换乘形式。二号线为既有的地下四层站，六号线车站在满足两站区间成立，并且要实现站台换乘功能的前提下，合理的埋深为地下五层站。因此，结合六号线客流小、二号线客流大的特点来定义：地下五层换乘至地下四层，地下四层换乘至地下一层，再由地下一层换乘至地下五层的单向循环换乘模式。

该换乘模式既满足合理换乘功能、有效地控制工程投资，同时利用单向循环的换乘空间，给客流缓冲提供较好的服务功能。

② 厅、厅换乘和台、台换乘通过多种工法组合在深埋站实现。海珠广场站是地下四层至地下五层站的换乘站，因此厅厅、台台换乘功能是提供舒适、快捷服务的前提。

二号线为12m岛式站台，未预留换乘节点，因此需要在整体迁移车站端部设备房后，破除站台板和底板，与六号线的暗挖换乘通道进行联通，受限于地面条件（古树、交通、管线）无法明挖实现站台换乘通道。六号线线间距调整至26m时可实现通道暗挖，解决台台换乘的问题。站厅分别在付费与非付费区设置了换乘通道，以实现换乘，通道的平面位置避开地面的古树、管线实现明挖。

③ 车站采用明暗结合形式，有效控制工程投资。六号线车站为4节编组形式，车站规模较小，受限于车站埋深，如果

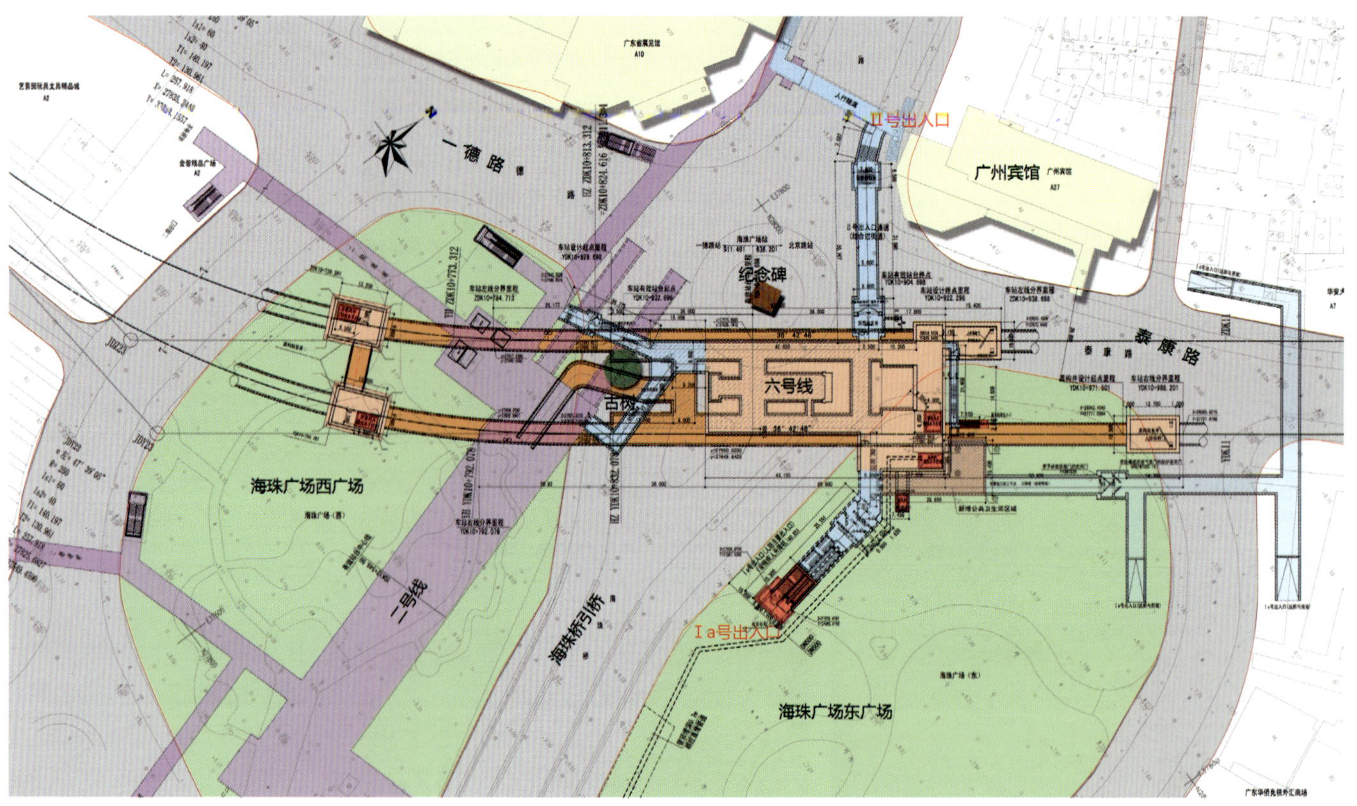

下图：海珠广场站总平面图

上　图：现场鸟瞰图

中　图：单循环换乘示意图

下左图：六号线站台换乘通道

下右图：二号线站台换乘通道

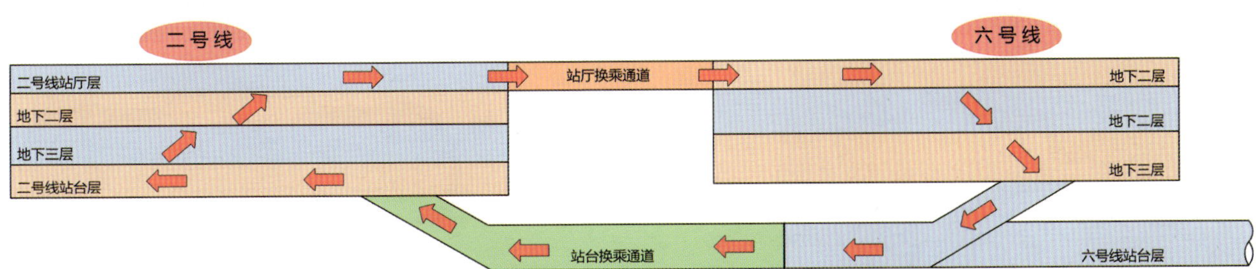

采用全明挖方案，会产生大量富余面积，因此采用的方案是设备管理用房为明挖，站台为暗挖，形成分离岛站台形式，土建综合投资节约13.5%。

④ 在深埋车站中引入转换层概念，提供服务水平。海珠广场站六号线部分为地下五层站，扶梯提升总高度为24.17m。根据运营提供的相关数据，高度超过15m后，如采用直达扶梯，会让部分乘客产生恐高心理。因此，在车站明挖部分地下三层设置了转换层，既增加了乘客的使用空间，又解决了恐高问题，同时使得站厅和站台的扶梯布置位置更均匀、合理。

⑤ 成功运用顶管法修建过街出入口。Ⅱ号出入口受限于泰康路和起义路的交通疏解、地下管线及周边建筑的问题，前期工作量巨大，若用明挖施工则工期难测。结合出入口位置较软的地质环境，采用顶管法进行修建，成功实现了出入口过街功能。该工法在工期、造价和环境影响等方面均取得了良好的经济和社会效益。

⑥ 超近距暗挖下穿既有运营区间获得成功。暗挖站台和区间隧道下穿既有运营二号线车站和区间，最小距离仅3.25m，施工期间必须确保二号线正常运营，难度高、风险大。

通过多软件、多角度的三维计算和分析，类似工程数据的收集，形成暗挖方案专题报告。在通过初步设计评审后，施工图阶段中，地铁公司及国内暗挖专家对专项方案进行多次论证，不断修改完善，通过加强措施、加强监测、精细施

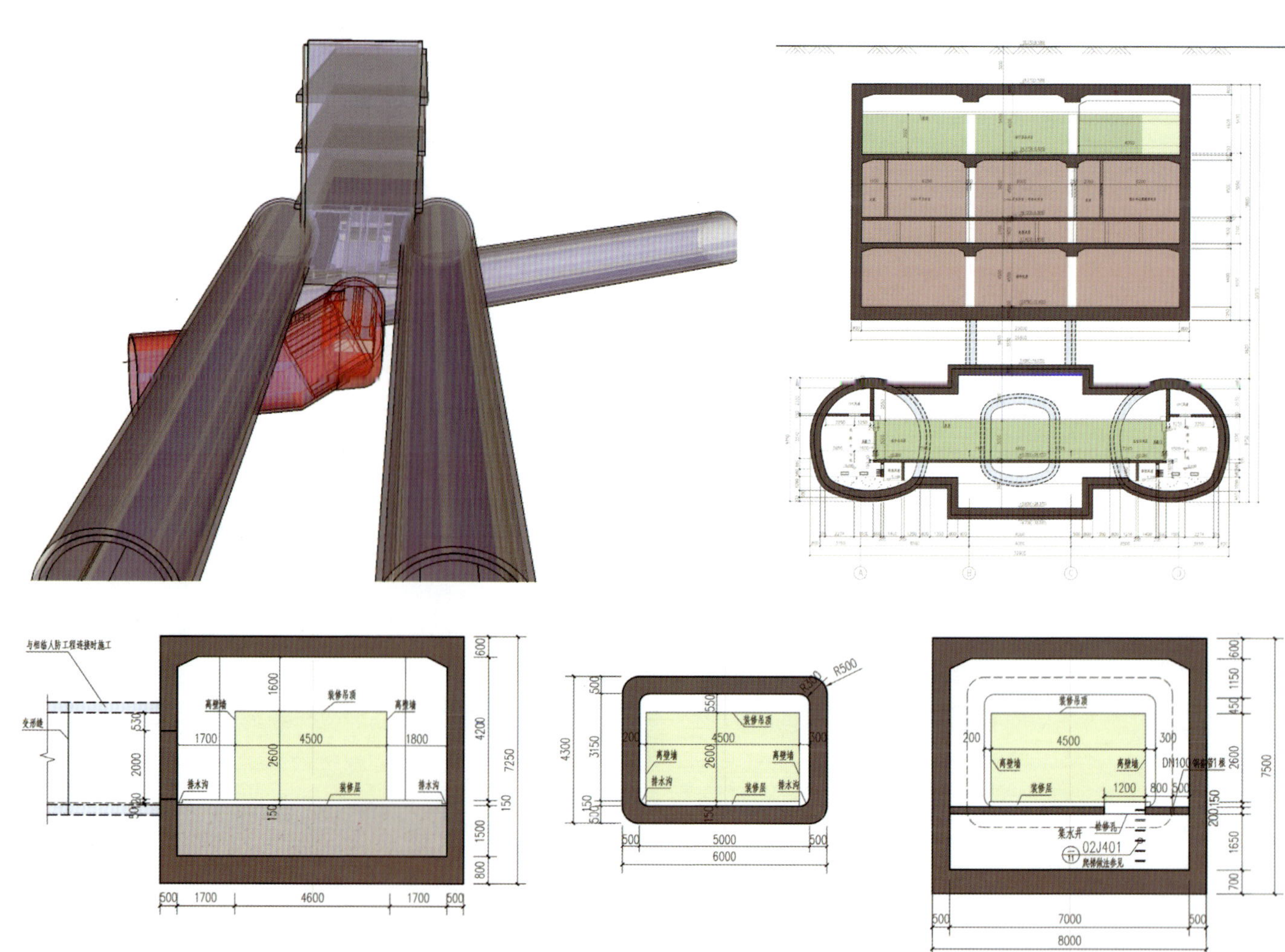

2-2剖面图 1:100　　4-4剖面图 1:100　　5-5剖面图 1:100

上左图：站台暗挖换乘通道三维图

上右图：车站横剖面图

下　图：顶管段横剖面图

（尺寸单位：mm）

工，最终方案得以成功实施。根据监测结果，区间的最大沉降为5mm，满足地铁安全运营的要求。

⑦ 精心设计，严格施工，安全打通站台层换乘通道。站台层暗挖换乘通道分两期施工，其中，二期扶梯段需破除既有二号线结构底板，暗挖过程中会使主体结构柱处于临空状态，风险大。经深入研究和反复论证，精心制订出了详细的设计方案，将二期扶梯段分5段施工，分段开挖、步步推进，在前段二次衬砌强度达到设计强度后方进行下段施工。施工中严格执行既定设计方案，严密监测，待施工完成后监测数据显示结构柱沉降最大值仅3.4mm，均在设计允许值范围内，确保了二号线运营安全。

⑧ 在不停运的前提下，实现了既有运营车站部分设备管理用房的整体迁移。为了实现六号线的台台换乘节点，二号线站台北端的设备房需整体迁移。在迁移前，先在二号线地下二层完成设备管理用房的改造，功能与地下四层北端设备房一致，并敷设相关管线、安装设备系统，最终在夜间停车期间分5个工作日进行实施接驳，白天二号线正常运营。完成接驳后，站台层北端房间进行拆除，并进行后续的换乘通道的实施。

⑨ 周边建筑物保护贯穿建设始终。本站周边交通繁忙，

上左图：顶管机顶进施工

上右图：顶管管片安装

下左图：洞通的出入口通道

下右图：顶管机出洞

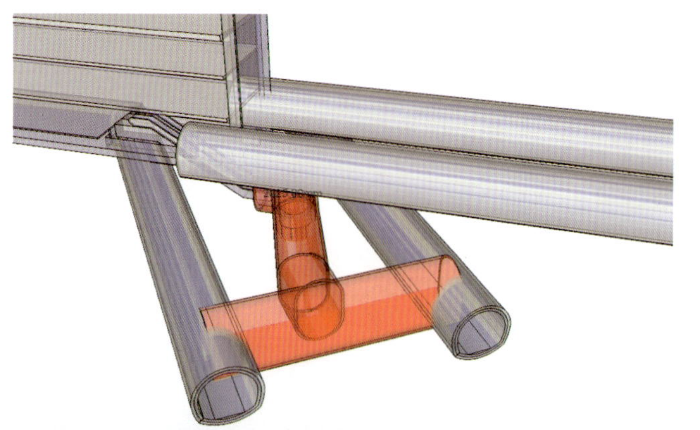

建筑颇多，主要有广州宾馆、解放纪念碑、起义路过街隧道及海珠桥引桥等，尤其是解放纪念碑临近车站主体基坑边缘。基坑周边的重要建筑物一侧施工搅拌桩止水帷幕，搅拌桩均为ϕ600@450mm，深度为16m，并严格按方案实施，监测数据最终显示各建筑物沉降最大值为22.55mm，实现了对周边建筑物保护的预期目标。

⑩ 海珠冷站与地下车站的结合，功能房间的合并，降低工程投资。由于六号线首期工程大部分车站位于老城区，地面冷却塔设置困难，大部分车站为集中供冷，冷站未独立设

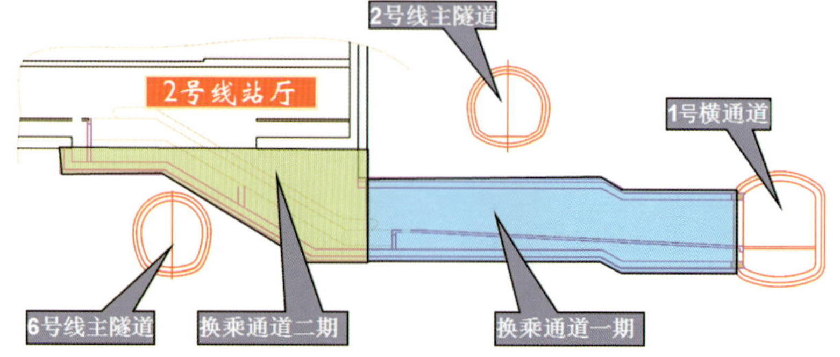

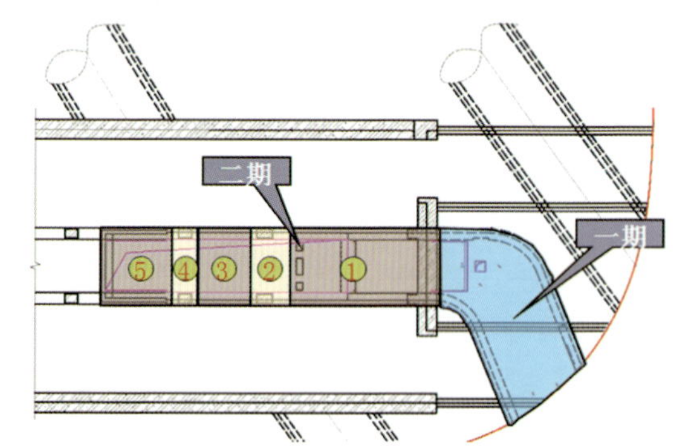

上图：暗挖隧道下穿既有二号线三维图

中图：暗挖隧道内型钢门架支顶

下图：站台层换乘通道分段施工示意图

置，而是设置在本站负三层，该方式未相邻车站，供冷更为方便，环境影响小，土建投资低；消防加压泵房与小系统风机房合建，废水泵房设于事故风室内，减少土建投资。

换乘站的设计、实施应以换乘功能为首要前提；厅、厅和台、台换乘可为深埋换乘站提供便捷、舒适的服务；车站的建筑形式可以结合明挖法、暗挖法、顶管法等多种工法的特点，灵活组合运用，去解决工程建设中的各种困难，包括交通疏解、管线、建（构）筑物保护、古树等。六号线海珠广场站在诸多控制条件下，做了深入、有效的探索和实践，获得了很好效果；同时，还进行了在未预留换乘条件下，不停运车站、整体迁移设备管理用房的创造性设计，为进行类似的车站设计，提供了很好的借鉴。

上左图：二号线站台层平面图（改造前）

上右图：二号线站台层平面图（改造后）

下左图：解放纪念碑

下右图：地下三层集中冷站

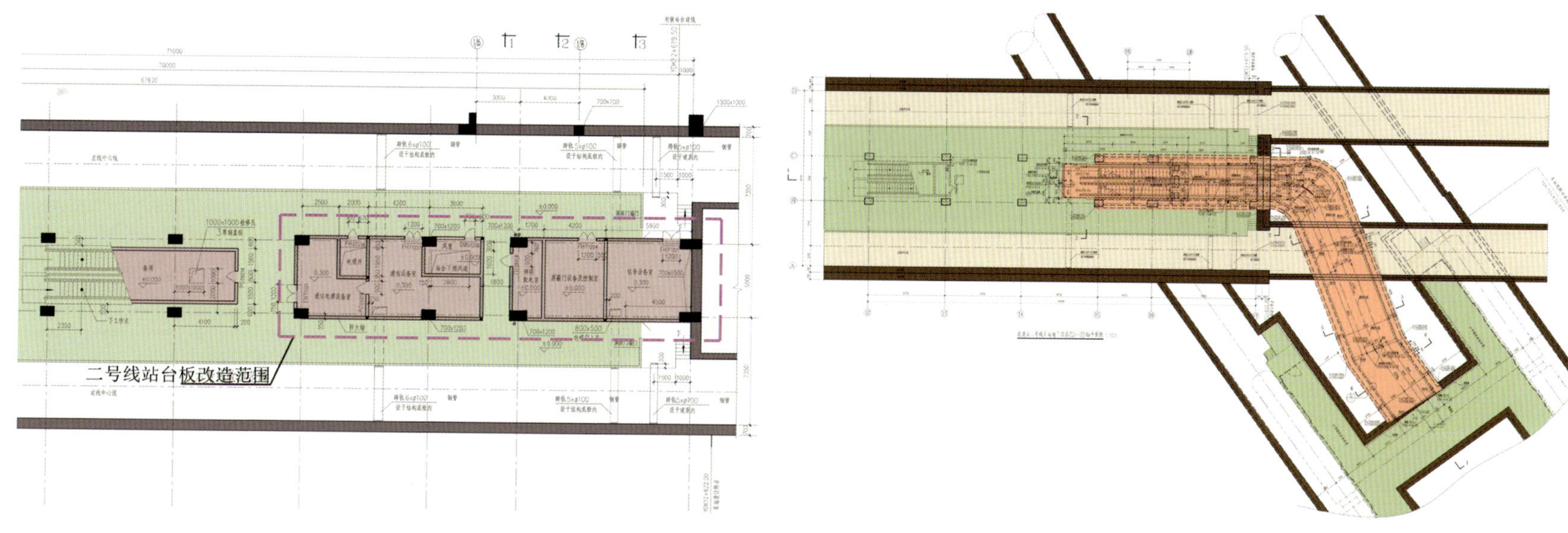

下图：北京路站总平面图

1.5.11 北京路站

1）工程概况

北京路站位于北京南路、泰康路、万福路交汇口以东万福路下。车站全长87.1m，标准段宽19.7m，岛式站台。车站总建筑面积为8208m^2，其中主体建筑面积为5386m^2，附属建筑面积为2822m^2。车站有效站台中心轨面标高为-12.774，车站埋深23.78m，顶板面覆土厚度3m。

本站地貌形态为珠江三角洲冲积平原地貌，地势平坦，场地地面标高7.64～8.30m。附近建筑物密集，道路范围地下管线种类繁多，地下管线铺设复杂，埋深一般在0.80～4.00m。本站南面约400m处为珠江。本站上覆第四系地层，下伏基岩为白垩系泥质粉砂岩、粗砂岩。软土为第四系全新统海陆交互相淤泥质土〈2-1B〉、第四系上更新统河湖相冲积淤泥层〈4-2〉，软土层分布不连续。淤泥质土，具有含水率高，孔隙比大，压缩性高，固结度差，灵敏度中等，抗振性能低等特点。

施工工期从2006年6月1日进场，至2012年10月12日竣工验收，历时75个月。本站土建概算5770万元，车站风水电概算2050万元。

2）车站方案

依据线路条件及站址周边环境，车站站位可设于北京路与万福路交叉路口附近。北京路与万福路交叉路口西侧建筑物密集，不利于出入口及风亭的布置；同时根据六号线的线路条件，在交叉路口北侧约30m处线路进入曲线段；车站横跨北京路布置的站位较困难，而且对北京路、泰康路、万福路影响较大，交通疏解难度大。基于上述因素，车站设于北京路、泰康路、万福路交汇口以东万福路下，大致呈东西走向布置。车站北侧附属与名城广场合建，南侧附属与恢复骑楼合建，减少对周边环境的影响。

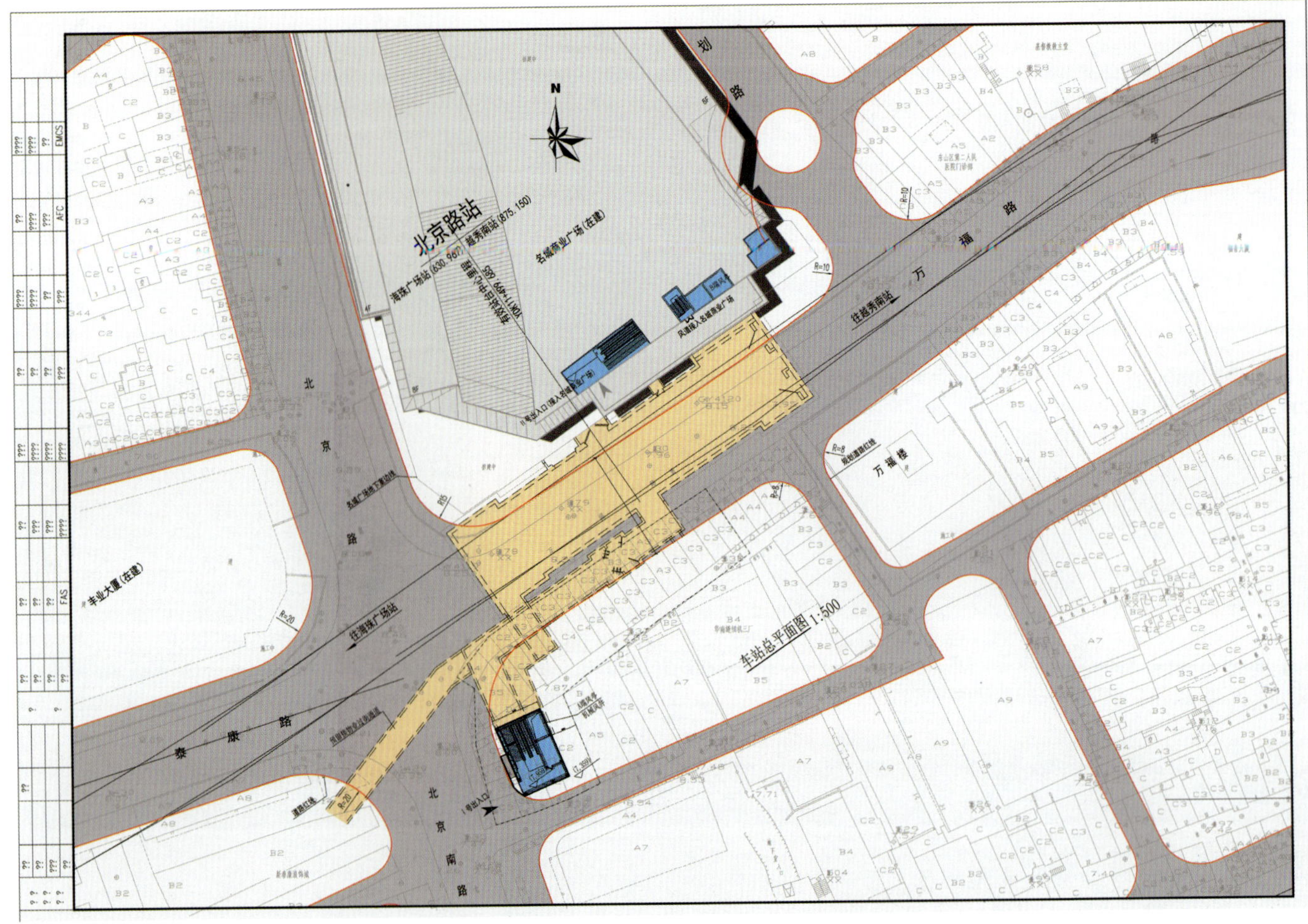

三图：六号线北京路站

北京路站为地下三层岛式明挖车站，地下一层为站厅层，地下二层为设备层，地下三层为站台层。

（1）地下一层（站厅层）

站厅层东端为设备管理用房区,布置有车站控制室、站长室、综合控制室、通号设备室、通号电源室、AFC管理室、AFC检修室等设备及管理用房。设备管理用房区设有一部1.8m宽的楼梯通往设备层,另外设有一条1.5m宽的紧急疏散通道直通地面。站厅层西端布置有机械风道及电缆井。站厅层中部为公共区，由检票机和栅栏分割成付费区和非付费区。在付费区内沿纵向设两部1m宽自动扶梯和一部3.6m宽消防疏散楼梯，通过设备层与岛式站台连接，非付费区设于付费区东侧，售票机设在非付费区通道附近，票务处设在付费区、非付费区交界处。站厅层功能分区明确，动、静空间有别，进出站客流有序，很好地满足了交通性建筑的特点。根据地面的周边环境及站厅层布置情况，共布置2个出入口及1个紧急疏散出入口。

（2）地下二层（设备层）

车站的地下二层为设备层，布置了牵引降压混合变电所、商业通信机房及环控用房。

（3）地下三层（站台层）

车站的地下三层为站台层,站台宽度为10m,站台边缘为屏蔽门。站台有效长度为72m,屏蔽门长度为67.72m。站台层中部为公共区，布置2部自动扶梯、1部1.8m楼梯及1部垂直电梯与站厅层相连，保证扶梯、楼梯设置满足技术要求和防火要求。站台层西端布置了废水泵房及照明配电室，东端布置了屏蔽门控制室、污水泵房及必要的环控用房。

（4）出入口

本站共设2个出入口。Ⅰ号出入口设置在万福路南侧，根据广州市建设委员会的要求，Ⅰ号出入口与车站南侧复建的骑楼有机地结合，考虑骑楼复建工期与地铁工期的不同步，出入口采用钢筋混凝土板顶盖一次浇筑完成，减少骑楼复建期间对地铁运营的影响。地铁出入口在结构柱、楼板处预留钢筋，便于复建骑楼接入。Ⅱ号出入口设置在万福路北侧，与在建物业名城商业广场结合设置。

（5）风亭及冷却塔

车站共设2组共5个风亭。A端风亭为机械风亭，与车站Ⅰ号出入口、制动电阻柜室结合设置。B端风亭组分别由2个活塞风亭、1个新风亭、1个排风亭组成，与在建的物业名城商业广场结合设置。本站为集中供冷车站，不设冷却塔。

地铁站内装修反映出交通建筑的特点，其装修设计应简洁、明快、统一；装修设计着重处理地面、墙面、天花三个面，在装修材料的选择、照明灯光的布置等设计手法上予以处理；对车站的站厅层和站台层充分利用空间变化和色彩变化，将吊顶、灯具、导向设施统一设计。协调配合，使车站既丰富多彩又统一协调。

站厅层、站台层公共区部分，出入口通道等地面采用花岗岩，墙面采用搪瓷钢板。站厅、站台、天花顶棚用铝合金扣板及格栅垂片，重点进行线条及造型设计，丰富空间效果，营造明亮宽敞的视觉空间。车站的设备及管理用房的装修设计满足各专业规定的工艺要求，如防火、隔音、吸音、

右图：北京路站施工

两图：六号线北京路站主体土方工程施工

防静电、耐磨、耐腐蚀等要求。所有电器设备用房均在主体墙内侧设置离壁式隔墙，门口设挡鼠板。

广告灯箱设置在站台层有效站台长度内主体结构的两侧墙上，站厅层广告灯箱设在公共区，除售票机、自动验票机所占位置的两边空墙上；另外，在人行通道的侧墙上或正对行人的通道口比较醒目的位置上设置广告灯箱。

3）工程实施难点

车站主体南侧骑楼在主体实施期间未能拆迁，导致车站主体维护结构离骑楼最近距离仅有1.8m，车站主体实施期间对骑楼的保护尤为重要。实施时在车站与骑楼之间采取了加固措施，并加强对骑楼的监测，主体施工期间未对骑楼使用造成影响。

根据现场工程进展及南侧骑楼拆除进展情况,主体结构封顶后,车站南侧的出入口不能作为材料进出口。为了方便主体结构封顶后材料的进出，在12~13轴、*B*~*C*轴间的顶板位置上预留材料运输孔。

4）总结

广州市轨道交通六号线工程北京路站土建工程，于2012年10月已完成全部主体结构施工。施工过程中严格按照设计图纸、技术交底、有关规范及图纸会审进行施工，做好图纸会审、方案编制、技术交底、测量复核、复检验收等重要工序工作，确保了施工误差符合规范要求。本工程材料全部合格，钢筋焊接、混凝土抗压抗渗试件检验评定合格，钢筋混凝土工程施工质量符合设计和标准要求，质量保证资料齐全、完整，施工中未发生工程质量事故，未对周边环境造成不利影响。

1.5.12 团一大广场站

1）工程概况

团一大广场站布置于东园横路与越秀南路道路下，跨路口沿东西向布置。车站为明挖结合车站，主体为地下四层明挖结构，站台局部采用暗挖施工。明挖段南北向最长64.07m，东西向最宽24.60m；车站左线暗挖段总长94.61m，右线暗挖段长度97.85m；车站总建筑面积10131.71m^2，主体建筑面积7771.35m^2，附属建筑面积2360.36m^2。

团一大广场站位于老城区，周边建筑密度大，房屋多，拆迁量大。路口西北部为广州市长途汽车运输公司长途客运站，西南角为广东省总工会和电信大楼（20层）并有两层地下室，东北部为东山酒家，东南部为年代较久远低矮建筑。沿越秀南路交汇路的地下管线中对车站起到重要影响的是一条为3m×2.8m（高×宽）的暗渠，站址范围内的埋深约3.5～4.5m；这条暗渠沿越秀南路从北向东，在越秀南路与东沙角路的交汇处向南。另外大量通信电缆和光纤也影响到车站在越秀南路方向的施工工法的选择。本站地貌为珠江冲洪积及海积平原，地形平坦开阔，场地地面标高为7～9m。本站上覆第四系地层，下伏基岩为白垩系泥质粉砂岩，俗称“红层”，钙、泥质胶结，风化不均匀。

施工工期从2008年02月进场，至2013年12月28日竣工验收，历时70个月。团一大广场站土建概算9092万元，车站风水电概算2259万元。

2）车站方案

根据车站客流量，分向客流及站址环境、线路埋深、

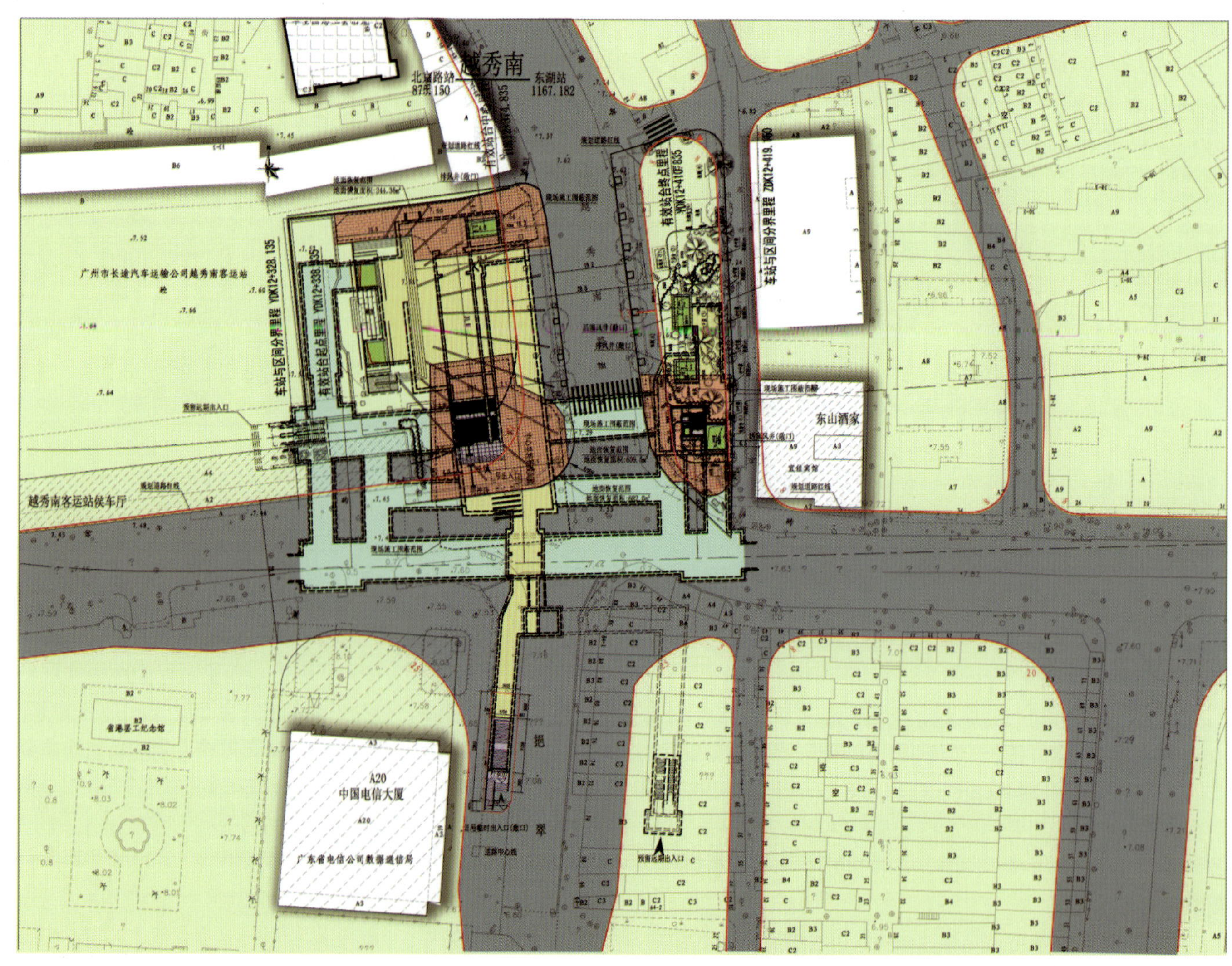

右图：团一大广场站总平面图

线路走向等进行综合比较，车站主体采用明暗挖结合方案，主体明挖段位于越秀南长途客运站候车厅、食堂与暗渠车站之间，其余站台层采用单层单洞暗挖形式。暗挖站台沿东园横路、越秀南路东西向布置，位置适中且邻近长途汽车客运站，方便吸引周边客流及与公交换乘。

团一大广场站为明暗挖结合岛式车站。明挖段为四层框架结构，地下一层为站厅层, 地下二层为设备层，地下三层为设备及转换层，地下四层为站台层。

（1）站厅层

车站地下一层为站厅层，北端布置设备及管理用房、消防楼梯。中部为公共区，由检票机和栅栏分割成付费区和非付费区。非付费区内按要求设置自动售票机、自动验票机、自动增值机等设施。付款区内布置2部自动扶梯和1部电梯、1部楼梯。乘客通过楼扶梯直达地下三层公共平台，然后通过暗挖通道直达站台层。残疾人乘电梯直达站台层。

（2）站台层

站台层为明、暗挖结合，主要布置屏蔽门控制室及少量设备房，有效站台长72m，宽3.7m。站台层的公共区均匀地分布扶梯和楼梯，使客流能够均匀地疏散，并且保证乘客上下车有一定的安全距离。本站为盾构过站。

（3）其他层

车站地下二层为设备层，布置综合监控设备室、会议

上图：2013年11月24日，站务员在巡视站厅

下图：团一大广场明挖主体结构连续墙钢筋笼吊装

室、安全办公室、环控机房、AFC设备室及AFC管理室等管理用房。

车站地下三层主要为高低压开关柜室、环控机房，包括环控电控室、气瓶室、污水泵房及通号设备室等。

车站地下四层还有屏蔽门控制室、废水池等设备房间。

（4）出入口通道

车站共设2个出入口，出入口通道结合周边环境设置，以吸引周边的客流，同时兼顾行人过街。Ⅰ号出入口及Ⅰ号紧急疏散口并排设在团一大广场上，在越秀南路与东园横路交汇处布置；Ⅱ号出入口设在车站的东南角，为临时出入口，为减少对道路的压抑感，Ⅱ号出入口设为敞口式，与现据翠路间留人行道。

（5）风亭及冷却塔

A端风亭位于现团一大广场范围内，新风井及机械风井布置与团一大广场的雕塑合建。排风井位于团一大广场西北侧。B端风亭由新风亭、排风亭、两个活塞风亭组成，设在团一大广场东的广场绿地内。本站为集中供冷车站,采用海珠广场站冷站的冷量,本站不设冷却塔。

地铁站内装修反映出交通建筑的特点，其装修设计应简洁、明快、统一；装修设计着重处理地面、墙面、天花三个面，在装修材料的选择、照明灯光的布置等设计手法上予以处理，对车站的站厅层和站台层充分利用空间变化和色彩变化，将吊顶、灯具、导向设施统一设计。协调配合，使车站既丰富多彩又统一协调。

站厅层、站台层公共区部分，出入口通道等地面采用花岗岩，墙面采用玻璃墙板。站厅、站台、天花顶棚用铝合金扣板及格栅垂片，重点进行线条及造型设计，丰富空间效果，营造明亮宽敞的视觉空间。车站的设备及管理用房的装修设计满足各专业规定的工艺要求，如防火、隔音、吸音、防静电、耐磨、耐腐蚀等要求。所有电器设备用房均在主体墙内侧设置离壁式隔墙，门口设挡鼠板。

广告灯箱设置在站台层有效站台长度内主体结构的两侧墙上，站厅层广告灯箱设在公共区，除售票机、自动验票机所占位置的两边空墙上；另外，在人行通道的侧墙上或正对行人的通道口比较醒目的位置上设置广告灯箱。

3）工程实施难点

① 车站主体采用明暗挖结合形式，其中主体明挖段位于越秀南路，南北向布置，为地下四层结构。基坑采用明挖顺作法施工，明挖段基坑围护结构采用地下连续墙加内支撑的支护形式，车站主体为现浇钢筋混凝土箱形框架结构。

② 车站左线站台隧道采用明暗挖结合形式，右线站台隧道均为单洞单线暗挖隧道。根据车站功能需要，左右线站台隧道间设置有站台横通道、机械风道、活塞风道等。站台横通道与车站明挖段之间设置有扶梯斜通道。本站左线暗挖隧道正上方为越秀南汽车客运站，右线隧道南侧紧邻中国电信大厦地下车库，右线隧道紧邻据翠路骑楼，周边环境极为

上左图：团一大广场站风亭
上中、右图：团一大广场站
下图：2008年8月31日，土建施工

复杂。本站暗挖隧道具有周边环境复杂、暗挖工法转换接口多、地下水丰富等特点。隧道开挖设计分别采用台阶法、CD法、CRD法等多种工法。

③ 结构防水采取以结构自防防水为主，附加全外包柔性防水为辅的防水措施，加强变形缝、施工缝、穿墙管、预埋件、预留孔洞、各种结构断面接口的防水措施。

4）总结

广州市轨道交通六号线工程团一大广场站土建工程，于2012年9月已完成全部主体结构施工。施工过程中严格按照设计图纸、技术交底、有关规范及图纸会审进行施工，做好图纸会审、方案编制、技术交底、测量复核、复检验收等重要工序工作，确保了施工误差符合规范要求。本工程材料全部合格，钢筋焊接、混凝土抗压抗渗试件检验评定合格，钢筋混凝土工程施工质量符合设计和标准要求，质量保证资料齐全、完整，施工中未发生工程质量事故，未对周边环境造成不利影响。

1.5.13 东湖站

1）工程概况

东湖站主体位于东山湖公园内，紧邻东湖路东侧，车站平行于规划的海印大道，暗挖站台穿越海印大桥引桥，车站呈东西向布置。车站为地下四层框架结构，车站长度83.3m，标准段宽度19m，东端最宽处25.70m；车站总建筑面积7518m²，其中主体建筑面积5324m²，附属建筑面积2194m²。车站共设置3个出入口通道、2组高风亭。

东湖站地貌形态为珠江三角洲冲积阶地，地势低平，地面标高为7.03～7.72m。本场地存在的不良地质现象为砂土的液化。本站砂土层属冲洪积相，为饱和的粉细砂层〈3-1〉和中粗砂层〈3-2〉，场地液化等级为中等，需要考虑该层受地震液化的影响。施工期间需要临迁的管线有给水钢管、排水管、电力管线。

施工工期从2006年6月8日进场，至2012年9月30日竣工验收，历时75个月。本站土建概算10005万元，车站风水电概算2326万元。

2）车站方案

东湖站主体位于东湖公园内，紧邻东湖路东侧，车站平行于规划的海印大道，车站部分穿越海印大桥引桥，为东西走向。东湖站紧邻现有南北走向的城市干道东湖路，东湖站为明暗挖结合岛式车站。明挖段为四层框架结构，地下一层为设备管理层，地下二层为站厅层，地下三层为设备转换层，地下四层为站台层。

（1）站厅层

站厅层设置在地下二层，可以减小公共区自动扶梯的提升高度；公共区集中布置在东湖路和东湖公园明挖段，设有

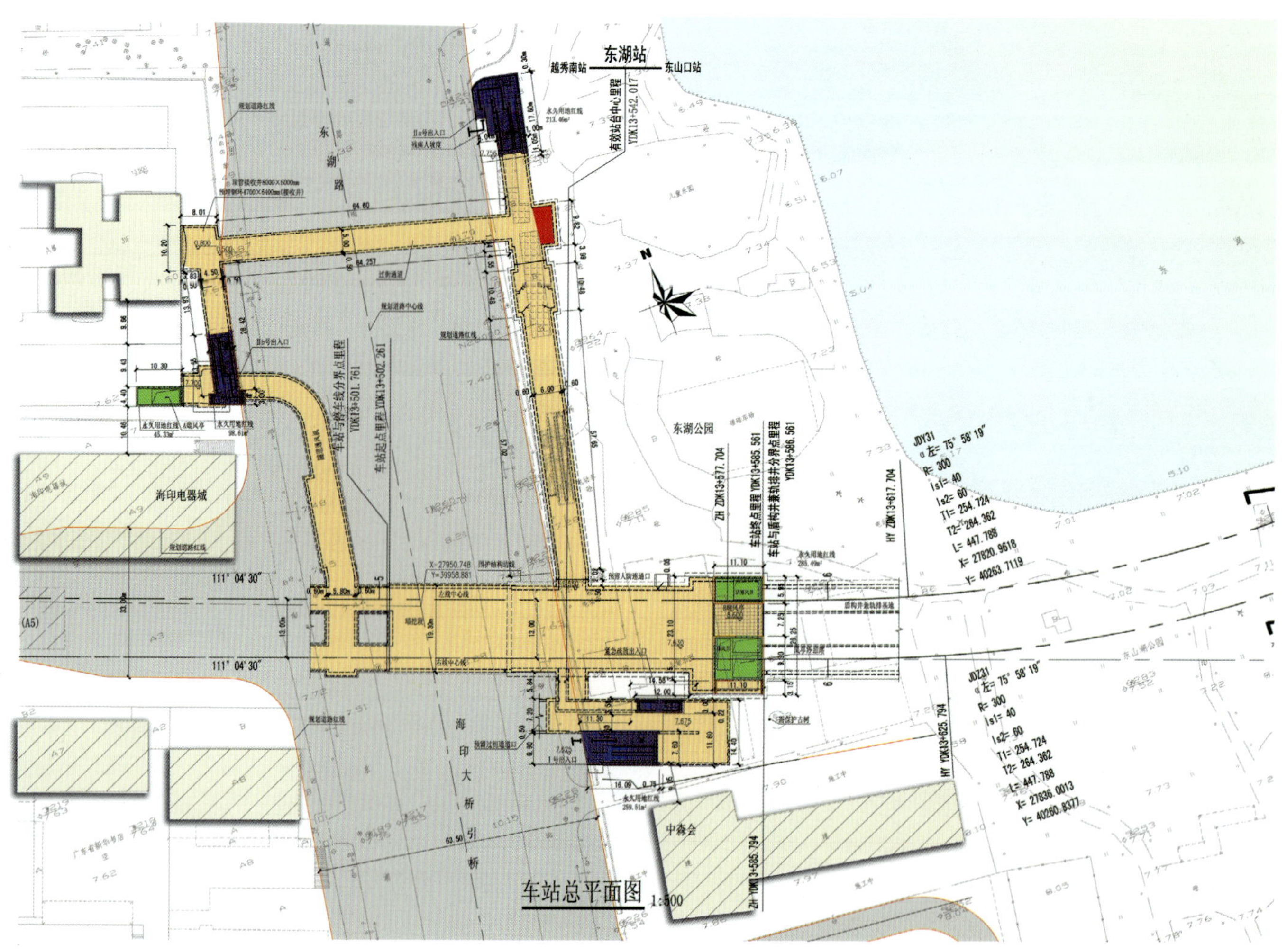

右图：东湖站总平面图

上　图：六号线东湖站

下左图：2008年6月26日，东湖站主体结构封顶，成为第一个封顶的车站

下右图：广州轨道交通六号线东湖站

车站控制室、管理用房、AFC用房及环控用房等。中部为公共区，由检票机和栅栏分割成付费区和非付费区。在付费区内沿纵向设一部1m宽上行自动扶梯、一部1m宽下行自动扶梯和一部1.8m宽疏散楼梯间，疏散楼梯将站厅层付费区和站台层付费区连接起来，满足紧急情况下的疏散要求。售票机设在非付费区通道附近，进站闸机设在付费区北端，出站闸机设在付费区南端，票务处设在付费区、非付费区交界处。站厅层功能分区明确，动、静空间有别，进出站客流有序，很好地满足了交通性建筑的特点。

大厅的非付费区内按要求设置自动售票机、自动验票机、电话机等设施。在付费区内布置上行和下行自动扶梯和一部紧急疏散楼梯，均匀地分布客流。在Ⅰ号出入口设置楼梯牵引机到达非付费区，在付费区内设置残疾人电梯直达站台层以方便弱势群体乘车。楼梯扶梯背对检票口，缓解客流，节省付费区面积，增大非付费区面积。在付费区与非付费区分界处布置进站检票机和出站检票机，并设置兼有问讯、补票和处理检票机故障等功能的票务室，方便乘客进出站。

（2）站台层

站台宽10m，有效站台长72m，仅在有效站台范围内设置屏蔽门公共区和必要的设备及管理用房，将车站长度压缩到最短。东端布置很少量设备用房。中部为岛式站台，站台两侧为行车区。站台层的公共区均匀地分布扶梯和楼梯，使客流能够均匀地疏散，并且保证扶梯、楼梯设置满足技术要求和防火要求。

（3）设备管理层

地下一层为设备管理层，主要布置低压变电所、环控电控室及环控机房和车站管理用房。地下三层为设备层，主要布置高压开关柜室及其控制室，以及通信信号设备和管理用房。

（4）出入口通道

车站共设3个出入口，Ⅰ号出入口设置于海印大桥引桥东侧的儿童乐园内，Ⅱa号出入口设置于东湖路东侧的东湖公园内，Ⅱb号出入口位于车站西北侧，宽度为4.5m，与东湖路商住楼地下室负一层相连，利用Ⅱb号出入口楼扶梯可到达地面。残疾人通过设在Ⅱa号出入口的楼梯牵引机进入地铁车站。紧急疏散出入口设于Ⅰ号出入口的上面，从设备区的夹层引出一直到达地面。本站出入口均为有盖出入口。

（5）风亭及冷却塔

车站共设2组6个风亭，A端设1组风井，为东湖站前停车线机械风亭，风亭与物业地下室结合设置，为高风亭。B端风亭设活塞风井、排风井、新风井，风亭为有盖风亭，设于东湖公园内。本站的冷却塔设于B端风亭屋面。

3）工程实施难点

（1）车站明挖段主体结构上方有一根110kV电缆横跨基坑

110kV电缆无法迁改，解决方案为：在电缆沟下的连续墙采用逆作法施工，基坑外增加三排ϕ1000@800旋喷桩，连续墙与旋喷桩之间增加一排拉森钢板桩。

（2）Ⅱb号出入口过街通道因交通疏解和管线迁改困难，采用顶管法施工

Ⅱb号出入口通道穿越东湖路段交通疏解和管线迁改困难，同时通道位于淤泥层和粉细砂层中，明挖法、盖挖法或矿山法均不具备实施条件，考虑到引进顶管法施工对今后软弱地层类似工程的施工具有重要意义，最后采用顶管法

左图：六号线东湖站盾构调出井围护结构施工

右图：广州轨道交通六号线东湖站

施工。

顶管始发井端头采用4排ϕ600@500×500双重管旋喷桩，旋喷桩穿透砂层进入岩层不小于0.5m。紧贴围护结构的一排旋喷桩插入拉森Ⅲ型钢板桩，待破除连续墙，顶管机就位后，拔出钢板桩。始发井后侧采用6排ϕ600@500×500双重管旋喷桩加固土层，旋喷桩穿透砂层到达岩层层面。顶管接收井加固采用2排ϕ600@500×500双重管旋喷桩，旋喷桩穿透砂层进入岩层不小于0.5m。

4）总结

广州市轨道交通六号线工程东湖站土建工程，于2012年9月已完成全部主体结构施工。施工过程中严格按照设计图纸、技术交底、有关规范及图纸会审进行施工，做好图纸会审、方案编制、技术交底、测量复核、复检验收等重要工序工作，确保了施工误差符合规范要求。本工程材料全部合格，钢筋焊接、混凝土抗压抗渗试件检验评定合格，钢筋混凝土工程施工质量符合设计和标准要求，质量保证资料齐全、完整，施工中未发生工程质量事故，未对周边环境造成不利影响。

上图：东湖站过街通道方形顶管法

1.5.14 东山口站

1）工程概况

东山口站位于中山一路与署前路交汇路口，车站沿署前路南北走向布置，本站为换乘站，和位于中山一路下地铁一号线东山口站进行换乘。本站为明、暗挖法结合施工的车站，明挖段南北向最长为47.00m，东西向最宽为51.45m。车站左线暗挖站台隧道长91m，左线站前隧道长107m，站台形式为侧式。车站总建筑面积为11338m^2，其中主体建筑面积为9057m^2，附属建筑面积为2281m^2。站位所在路面标高为12.85～11.83m，轨面标高为-12.728m，明挖段顶板最深为3.4～1.95m，暗挖拱顶距地面17.53～19.86m。

车站站位范围内，影响车站形式的主要为省二轻工业集团公司六层综合楼，该楼目前为二轻集团的产业支柱，其业主曾致函给地铁相关部门，请求在地铁六号线东山口站设计中尽量考虑保留该楼。为避免该楼拆迁，车站主体采用明暗挖结合方案。车站站址范围内管线错综复杂，受车站影响的管线主要是沿署前路横跨车站明挖段主体的的煤气管、给水管、排水管。根据工程地质断面图，站址明暗挖部分大部分为中风化岩、微风化岩，围岩性质相对较好。由于红色碎屑岩为泥钙质胶结，具遇水软化、暴露时间长、易开裂等特点，暗挖站址跨度较大，施工时应及时封闭工作面，防止地下水淋滤和暴露时间过长。

施工工期从2007年7月1日进场，至2012年8月14日竣工验收，历时60个月。本站土建概算11388万元，车站风水电概算2163万元。

2）车站方案

根据周边地下管线及建筑物的布置情况，本站的站位选

下图：东山口站总平面图

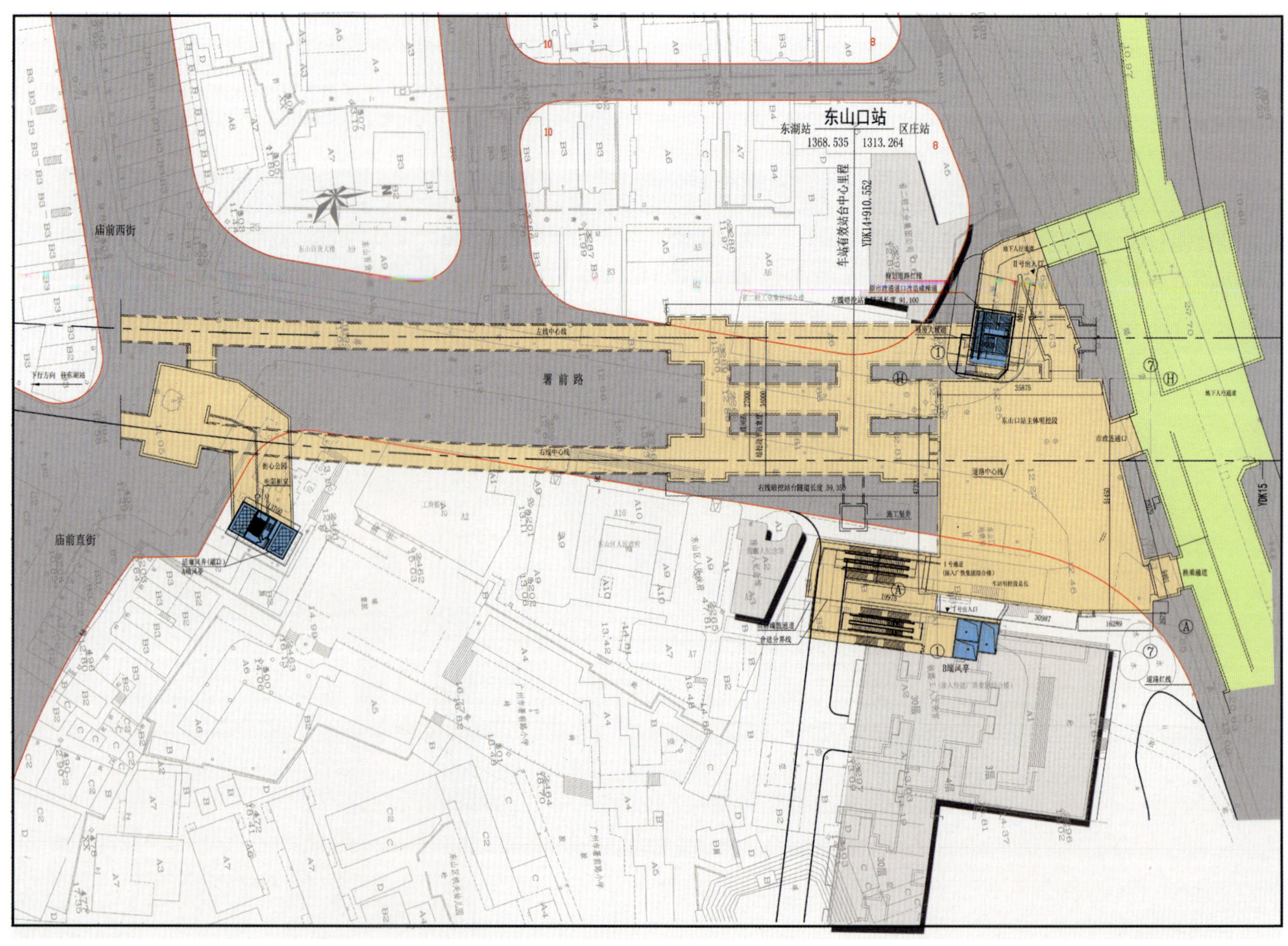

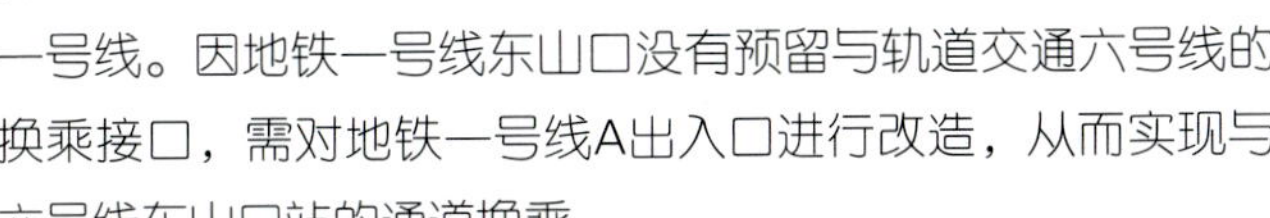

择位于一号线的北侧，沿署前路南北向布置，线路下穿地铁一号线。因地铁一号线东山口没有预留与轨道交通六号线的换乘接口，需对地铁一号线A出入口进行改造，从而实现与六号线东山口站的通道换乘。

车站布置在满足车站功能及规划条件下，以尽可能减少拆迁为原则，控制车站主体在署前路的相对位置及车站形式。车站主体采用明暗挖结合形式，主体明挖段位于署前路、中山一路、中山二路的交汇路口下，为地下四层结构；车站站台层采用单层单洞暗挖形式，中部暗挖纵、横向通道连通左右线站台，避免对省二轻工业集团公司六层综合楼拆迁。

东侧B端风亭、A号出入口与广铁综合楼合建，西侧B号出入口结合人行过街通道改造进行设计。车站的活塞风井为减少拆迁，与车站分开设置，布置于车站南面的东山口公园内。

车站明挖段为四层框架结构，地下一层为站厅层，地下二层为设备转换层，地下三层为设备层，地下四层为站台层。

（1）地下一层（站厅层）

东山口站地下一层设置一、六号线进出站大厅及有人职守的设备管理用房。设备管理用房区布置有车站控制室、站长室、综合控制室等。站厅层公共区由检票机和栅栏分割成付费区和非付费区。在付费区内设两部1m宽自动扶梯和一部1.8m宽疏散楼梯，通往地下二层。

（2）地下二层（设备转换层）

车站的地下二层大部分为设备用房区，主要布置有通号电源室、通号设备室、商业通信机房、小系统机房、环控电控室等。同时地下二层是连接地下一层及地下四层之间的转换层。

（3）地下三层（设备层）

车站的地下三层为设备层,主要布置环控机房及牵引降压混合变电所设备用房。环控新风道、排风道及隧道机械排风道从本层接入广铁综合楼内。

左　图：2013年11月2日，地铁开通预检人员在检查导盲带

右上图：2013年11月24日，技术人员在调试屏蔽门

右下图：2013年11月24日，保洁员工在清洁天花板

上左图：六号线东山口站一

上右图：2008年12月14日，主体围护结构施工

下　图：六号线东山口站二

（4）地下四层（站台层）

车站的地下四层为站台层,线间距为27m，侧式站台宽3.7m。站台层采用单层单洞暗挖形式，中部暗挖横、纵向通道连通左右线站台,有效站台长度为72m。站台公共区布置三部自动扶梯、一部4.0m宽双跑楼梯及一部垂直电梯。站台层东端为设备用房区，主要布置变电所的设备用房。

（5）出入口

车站设置出入口2个、管理设备区直通地面紧急疏散口1个、与市政地下通道连接口1个、与一号线通道换乘口1个。Ⅰ号出入口将原一号线东山口站Ⅰ号出入口拆迁,和广铁集团拟建综合楼结合重建作为 号线、六号线东山口站独立出入口。Ⅱ号出入口位于车站明挖段的西北侧，拆除既有市政通道出入口设置。

（6）风亭及冷却塔

本站共设2组共5个风亭。车站A端风亭位于署前路与庙前直街交汇路口东北角东山口公园内，由2个活塞风亭及1个制动电阻柜室组成。车站北侧B端风亭和广铁集团拟建综合楼结合设置。

3）工程实施难点

东山口站采用地下四层分离岛式明暗挖结合形式设计方案，其中左线暗挖站台隧道全长91.1m，右线局部明挖。车站隧道周边环境极为复杂，建筑物众多，其中左线隧道正上方广东省二轻集团六层综合楼为重点保护对象。该楼基础采用ϕ300锤击灌注桩，桩长6~8m，站台隧道拱顶距地面18.8～19.8m，距上部省二轻综合楼桩底净距约为7.1～9.5m。桩身主要穿过中粗砂层〈3–2〉、粉质黏土、黏

土层〈4-1〉，桩底在〈4-1〉和〈5-1〉地层，属摩擦桩。桩体所处地层为软土地层，其具有含水率高、孔隙比大、高压缩性等特点，隧道施工中失水或受振动，土层结构易受破坏，承载力降低易引起地面或建筑物下沉。

由于前期征地等种种原因，区间左线盾构到达车站端头时，站台隧道尚未开挖，如按照常规方案等待车站隧道贯通后再行盾构过站，根据测算，预计等待时间在9个月以上。同时盾构设备长时间停机将会带来较大的工程风险和设备风险。为尽量降低风险，经充分论证，本站左线站台隧道拟定采用“先隧后站”逆序施工方案，即盾构先行掘进过站，后在盾构隧道基础上采用矿山法扩挖形成车站隧道的施工方案。

4）总结

目前国内地铁建设蓬勃发展，随着盾构技术在地铁施工中的广泛应用，其施工速度快、造价低、安全性高等优势极为明显，因此车站与盾构区间的工期矛盾将更为突出。东山口站在特定条件下的成功实践表明，在区间隧道贯通成为关键工期节点情况下，先用盾构先行掘进过站，后在盾构隧道基础上扩挖修建地铁车站的新思路在技术上是一种可行的选择。

广州市轨道交通六号线工程东山口站土建工程，于2012年8月已完成全部主体结构施工。施工过程中严格按照设计图纸、技术交底、有关规范及图纸会审进行施工，做好图纸会审、方案编制、技术交底、测量复核、复检验收等重要工序工作，确保了施工误差符合规范要求。本工程材料全部合格，钢筋焊接、混凝土抗压抗渗试件检验评定合格，钢筋混凝土工程施工质量符合设计和标准要求，质量保证资料齐全、完整，施工中未发生工程质量事故，未对周边环境造成不利影响。

上左图：六号线东山口站主体土方开挖施工

上右图：六号线东山口站三

下　图：六号线东山口站四

1.5.15 区庄站

（1）工程概况

① 区庄站为广州轨道交通五号线与六号线的换乘站，位于环市东路与农林下路的交叉口，换乘节点为偏“十”字形。五号线沿环市路布置，六号线沿农林下路布置，两站同步设计与施工。本站除北站厅及附属出地面口部结构采用明挖施工外，其余结构均采用暗挖法施工。总建筑面积约为28000m^2，北站厅地下为明挖三层（局部四层）和地面二层建筑（五、六号线站厅和设备层）。五号线东端盾构吊出，西端区间为矿山法施工区间，站台层为暗挖单洞隧道形式，侧站台宽度3.73m，线间距28m，轨面埋深19m，车站外包总长134.1m，标准断外包总宽34.36m。

② 五号线站厅、站台分离设置，北站厅地下四层，地上四层；六号线站厅设置于中部，为双层双柱三跨结构的超大断面隧道，外包总宽24.21m，总高16.93m，两端为左、右线分离的站台隧道。五号线、六号线之间通过站台横通道、楼扶梯斜通道、南北站厅非付费区连接通道及付费区换乘通道联系。

③ 本站建筑规模大，但存在地面交通繁忙、周边房屋密集且拆迁困难、地下管线众多、地质条件复杂及施工场地狭小等制约因素，使得本站的设计技术难度大、施工风险高。设计因地制宜，在车站建筑轮廓异形、很不规则的形状导致建筑布局设计难度极高的情况下，（为此）通过十多个方案比选，克服重重制约条件，最终达到车站建筑布局合理、客流组织顺畅、换乘便捷的最佳效果。设计中创新采用车站站厅、站台分离的方案，在有限的空间设置北站厅，其余结构大胆采用矿山法隧道，从而在地下形成大小不同断面达43种纵横交错、交叉重叠的隧道群。

（2）车站主要技术指标介绍

本站除北站厅及附属出地面口部结构采用明挖施工外，其余结构均采用暗挖法施工。五号线站厅、站台分离设置，北站厅地下四层，地上四层，站台层为左、右线分离式隧道，线间距28m，轨面埋深19.6m，总长度134.1m。六号线站厅设置于中部，为双层双柱三跨结构的超大断面隧道，外包总宽24.21m，总高16.93m，两端为左、右线分离的站台隧道，轨面埋深30.6m，车站总长度137.3m，车站设5个出入口，4组风亭。建筑总面积28237m^2。设计概算3.067亿元。

右图：区庄站现场照片图

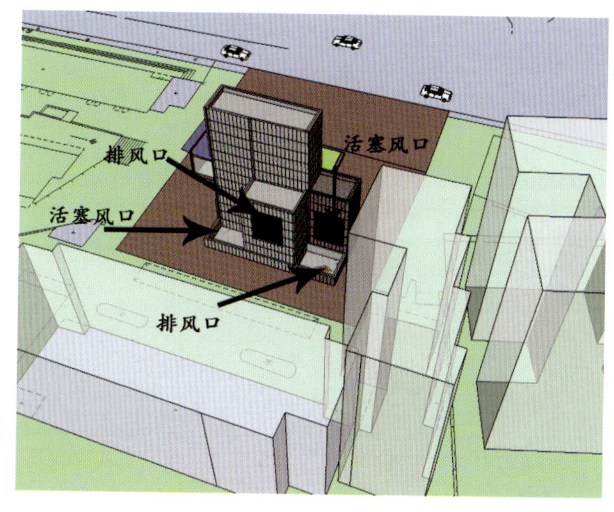

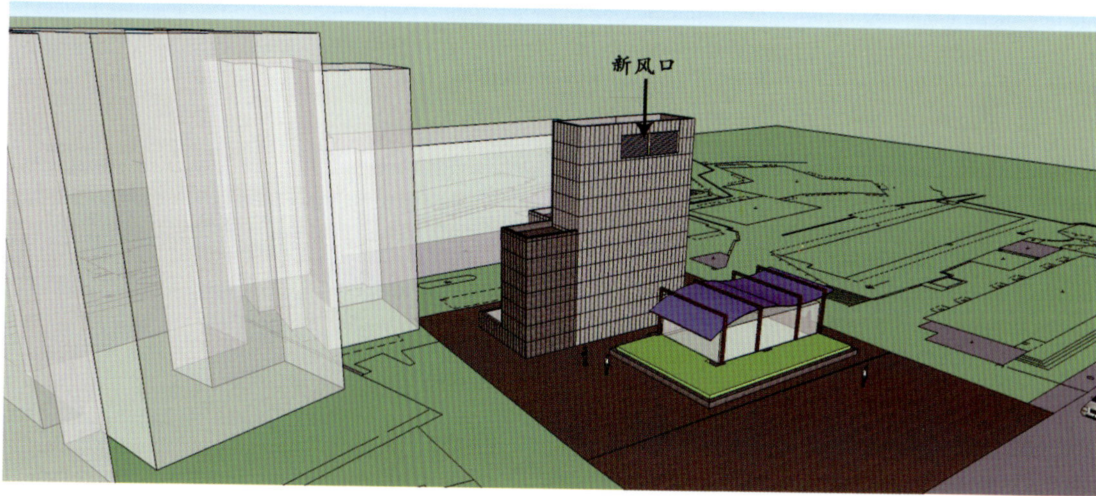

（3）车站方案的形成

①本站土建施工难度高、风险大，场地条件苛刻，为满足总体工期筹划及克服前期工作推进困难的问题，合理筹划施工工序至关重要。设计结合现场情况，从施工组织、工程安全角度出发，采用“小、快、灵”的策略，多开作业面，分头进行不同区域的隧道施工，合理地设置了7个施工竖井，各自充分发挥其功能，使得整个工程进展顺利。其中四号竖井的设计与施工方案独具匠心，解决了在狭窄的空间内施工南站厅超大断面隧道的重大难题。南站厅隧道开挖轮廓宽达24.21m，但地面条件只能满足普通尺寸（7.8m×8.8m）竖井的施工，设计综合考虑施工需要及工程地质条件，对竖井的位置及设计方案精心选择，采用小井口开挖至主体隧道顶后开挖施工横通道，通过结构梁、柱体系受力转换支撑隧道顶覆土荷载，从而实现超大断面隧道施工空间。

本站地下隧道群具有超大断面、超浅埋、小间距、重叠及群洞效应明显的特点。隧道设计是个系统工程，除了保证每个隧道安全外，还有统筹考虑，尽量减少不同隧道施工之间的影响，设计实施方案应采取合理的措施尽可能避免隧道群洞不良的时空效应。为保证施工安全可靠，施工图设计前专门做了“地铁暗挖换乘站设计施工技术研究”科研项目。科研中进行了大量的理论分析；建立实体模型，根据不同的施工工序、支护参数模拟计算；并结合工程经验，选择最优的设计方案，最终施工效果良好。其中C风道横穿环市中路，为两层暗挖结构，开挖断面，最宽14.2m，最高17.5m，开挖面积203.2m^2，最小覆土4.6m，属超浅埋隧道。C风道隧道处于全风化岩层，局部为硬塑粉质黏土，设计采用强的超前支护（管棚+小导管）及400mm厚初期支护的支护体系，合理的选择开挖步骤及每部开挖进尺，以保证隧道开挖安全及地面沉降要求。南站厅为地下两层双柱三跨超大断面，最宽24.2m，最高16.97m，开挖面积348.27m^2，最小覆土14m，属超大、超浅埋隧道，其设计施工难度号称国内乃至世界之最。设计经多种开挖工序方案的比选，采用中洞法施工，使用超常规的支护方式，实现隧道开挖空间和受力转换，以达到施工过程中，结构受力最合理、变形最小，地面沉降最小的效果。

为满足车站功能需要，本站充分利用北

上左图：B风亭现状一

上右图：B风亭现状二

下　图：六号线区庄站一

右图：六号线区庄站二

侧有限的场地，设置北站厅；由于房屋拆迁的问题，导致北站厅设计成地下四、五、六层不等多跨结构，基坑平面不规则，最深35m，紧贴建筑物基础，最近距离1.5m。异形基坑围护结构设计复杂，设计中综合分析周边环境及基坑本身的安全，对施工方法及基坑支撑的形式做了深入研究。根据实际情况围护桩采用能入岩的旋挖钻，并采用了多种支撑组合的方式，如钢支撑、混凝土支撑、板撑、锚索等，最终取得很好的效果。

② 通风空调。区庄站为五号线与六号线的换乘车站，六号线部分属于全暗挖施工方式。车站建筑形式复杂，建筑布局紧凑，不同于一般的标准地下两层车站，管线布置紧凑，施工难度较大。六号线区庄站主要分为站厅层和站台层，共两层车站，主要用电及通信等设备房均布置在五号线设备区内，与五号线同期施工，其余房间均设在六号线设备区内。本站设有空调机房两处，车站公共区的大系统空调机房设置在站台层设备区，另外一个小空调机房设置在站厅层，为400V开关柜室服务。其他通风房间的风机均设置在风室内。

根据车站特点，公共区大系统采用单端设置，上送上回。公共区均匀送风，高位回风、排烟，保证良好的气流组织和排烟效果；小系统房间布置比较分散，根据房间不同的温湿度要求分系统采用空调或者通风；系统设计清晰、简单，管路简短。

③ 给排水及消防。区庄站为五号线与六号线的换乘车站，共用一套生活给水系统及消防系统，分别在3号换乘通道及北站厅地下四层预留接驳水管。

a．给水系统：生活系统引入管经接驳水管后分别从车站的两端进入车站。在车站布置成枝状，供给冲洗栓用水点。

b．消防系统：消防系统引入管经接驳水管后分别从车站的两端进入车站。车站的站厅站台水平成环并用立管连接竖向成环,使车站消防形成环状供水管网，另在站台的两端从环状管网上分别接出DN150的消防管进入区间。

c．排水系统：排水系统主要由雨水系统和废水系统组成。其中雨水主要来自车站出入口通道和敞开式风亭；废水则包括车站冲洗水、消防废水和结构渗漏水等。

d．灭火器设置：手提灭火器的配置按照现行灭火器配置规范执行，另每个灭火器配置点设自救防毒面具两具。

（4）工程实施情况

本站土建工程为五号线、六号线同步实施，装修及机电分步实施；六号线装修及机电安装过程中各专业无重大变更出现，只有小部分管线的修改及孔洞开凿造成的小变更。

上图：六号线区庄站三

下图：六号线区庄站四

1.5.16 黄花岗站

1）工程概况

黄花岗站位于先烈中路下，车站沿先烈中路东西走向布置，车站为明暗挖结合车站，站台为暗挖侧式站台，地铁乘客通过站台两个扶梯斜通道到达南、北两个明挖站厅。暗挖站台沿先烈中路东西向布置。明挖南站厅设在先烈中路南侧中国科学院广州分院A11楼东侧的地块内，与中科院科研办公楼合建，为地下五层地下室、地面约50m高的框架结构建筑。车站Ⅰ号出入口、消防出入口及A端风亭均结合南站厅设置。明挖北站厅设在幼儿园台地下，Ⅱ号出入口、B端活塞机械风亭结合北站厅设置。本站两个站厅为地面站厅。车站总建筑面积11381.28m^2，南站厅建筑面积5789.76m^2，北站厅建筑面积2380.33m^2，暗挖建筑面积3211.19m^2。

车站范围内的拆迁主要为两个明挖站厅范围内的房屋，受车站影响的管线主要是车站明挖段主体的煤气管、给水管、排水管、电力管。本站地貌属冲洪积平原，旁侧存在剥蚀残丘，地面略有起伏，在站址范围内地面标高为20.20～25.09m。场地内软土层为第四系河湖相淤泥质土层〈4-2〉，在车站场地内局部分布，埋藏较浅，层厚0.50～6.50m，淤泥质土层具有含水率高，孔隙比大，压缩性高，抗剪强度低，灵敏度高的特点，易导致基坑失稳；压缩性高，易产生地面沉降。场地内主要为冲积—洪积砂层〈3-1〉、〈3-2〉，局部为可液化砂层，地基的液化等级为“轻微～中等”。

施工工期从2007年11月25日进场，至2013年7月31日竣工验收，历时67个月。本站土建概算15382万元，车站风水电概算2845万元。

2）车站方案

车站线路沿先烈中路东西走向布置，先烈中路北面为中

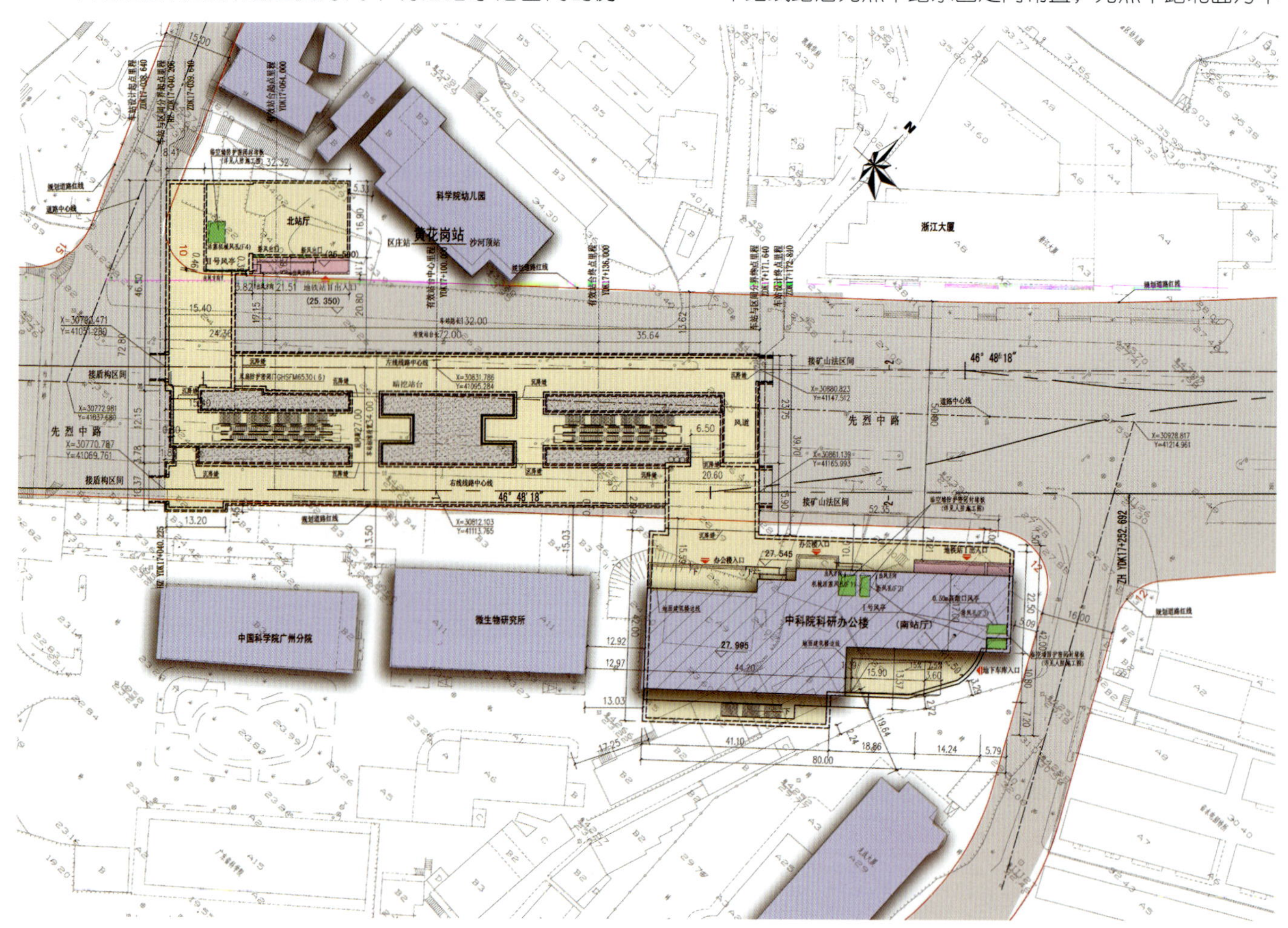

右图：黄花岗站总平面图

国科学院广州分院幼儿园、浙江大厦、A17住宅楼，南面为中国科学院广州分院。根据客流预测分析，黄花岗站客流主要来自黄花岗广场及太和岗路、中科院周边住宅小区以及站址东侧公交车站场；黄花岗站后设置有停车线区间，根据行车组织要求，需要临近停车线设置车站；线路小里程方向受A157楼及A159楼（空军干休所）控制，大里程方向受粤海凯旋大厦及先烈路桥桩控制。站位所在的先烈路交通繁忙，根据交管部门意见，先烈中路的交通疏解要保证五车道，车站东端停车线区间已施工至距离车站东端约610m处。

站间距基本位于区庄站与沙河顶站中间，站位合理。因交通疏解的需要，采用明挖法施工需拆迁较多房屋，需采用明、暗结合避开，减少对两侧建筑物的影响。站位南北两侧设站厅条件较好。

黄花岗站为明暗挖结合车站。站台为暗挖侧式站台，南站厅与中科院科研办公楼合建，为地下五层地下室地面50m高的框架结构建筑；北站厅结合B端风道及Ⅰ号出入口设置，为地下二层、地面一层框架结构。

（1）南站厅

① 首层（站厅层）。

南站厅首层为站厅层。首层西侧主要为中科院科研办公楼门厅及商业空间；中部为地铁车站设备管理用房区，布置有车站控制室、站长室、警务室、警务监控机房等；东侧为公共区，由检票机和栅栏分割成付费区和非付费区。在付费区内沿纵向设3部1m宽自动扶梯到达地下四层，通过转换通道与站台扶梯斜通道连接，到达站台。

② 地面二层以上楼层。

南站厅地面二层以上为科研办公楼的办公室及实验室，其中地铁在二层将占用部分面积作为风亭使用。

③ 地下一层至地下三层。

南站厅地下一层至地下三层为科研办公楼实验室、设备用房区及停车库，地铁车站占用部分面积作为地铁风道与扶梯斜通道，地下室的楼梯间为公共区域。

④ 地下四层（转换层）。

上图：六号线黄花岗站

下图：六号线黄花岗站施工现场图

下图：北站厅

南站厅地下四层西北角为地铁的设备管理用房区，主要布置了AFC设备室、票务管理室、综合设备室、屏蔽门控制室、会议室、安全办公室、更衣室、卫生间等设备管理用房。地下四层其余地方为停车库。乘客进站后通过扶梯直达南站厅地下四层转换层，再经暗扶梯斜通道到达站台。

⑤ 地下五层（设备层）。

南站厅地下五层为地铁主要设备用房区，主要布置了环控机房、通信、信号设备用房、降压变电所、气瓶室、风道等。

（2）北站厅

① 首层（站厅层）。

北站厅首层为站厅层，为地面站厅。站厅层公共区由检票机和栅栏分割成付费区和非付费区。在付费区内沿纵向设一部6.3m宽的楼梯到达转换平台，再通过两部1m宽自动扶梯和一部2.4m楼梯到达地下一层转换层。非付费区设于付费区东侧，售票机设在非付费区通道附近，票务处设在付费区、非付费区交界处。本站残疾人电梯设于北站厅内。站厅的西面布置了车站的B端风亭及一部到达地下二层风道内的2.6m宽楼梯。

② 地下一层（转换层）。

北站厅的地下一层为转换层，乘客在过本层后，再经暗扶梯斜通道到达站台。地下一层北侧楼、扶梯用房下布置部分设备用房。

③ 地下二层（设备层）。

北站厅的地下二层为设备层。本层主要布置的是环控的活塞及隧道机械排风道及环控电控室。

（3）站台层

车站的地下四层为站台层，线间距为27m，侧式站台宽3.7m。车站站台层采用单层单洞暗挖形式，中部暗挖横通道连通左右线站台。站台边缘为屏蔽门，站台有效长度为72m，屏蔽门长度67.72m。站台公共区布置2个出入口扶梯斜通道，共布置了4台1m宽自动扶梯，2部2.4m宽楼梯，及1部残疾人楼梯升降机。保证扶梯、楼梯设置满足技术要求、消防要求，同时保证建筑无障碍设计要求。

（4）出入口通道

本站共设两个出入口。Ⅰ号出入口位于先烈中路南侧，与地面南站厅结合设计；Ⅱ号出入口位于先烈中路北侧，与地面北站厅结合设计。

（5）风亭、冷却塔

本站共设2组共4个风亭。Ⅰ号风亭位于先烈中路南侧结合南站厅设置，风口设置在中科院科研办公楼二层。Ⅱ号风

上左图：2013年12月3日下午，黄花岗站顺利实现“三权移交”，标志着六号线首期开通时的20个车站全部完成“三权移交”

上右图：2013年11月30日下午，黄花岗站通过消防检测复测，标志着六号线首期（除一德路站）21个车站及全线区间隧道的消防检测工作全部完成

下　图：南站厅合建楼

亭结合北站厅设置，位于省科学院幼儿园前活动场下，沿规划红线布置。本站为集中供冷车站，采用区庄站的冷量，本站不设冷却塔。

3）工程施工难点

黄花岗暗挖站台围岩中存在软弱夹层，掌子面常出现坍塌现象。暗挖站台隧道在开挖过程中发现掌子面存在软弱夹层，根据地质勘察单位分析，该层主要为海陆交互相沉积岩经风化后形成的软硬交错、岩土互层严重、夹砂夹砾的复杂地层。隧道开挖过程中日渗水量约800m^3，采用常规注浆止水措施难以封堵隧道大面积渗漏水，掌子面经常出现坍塌现象。为防止隧道开挖过程中掌子面坍塌，确保施工安全，拟对左右线站台隧道、南端机械风道、横通道1、横通道2增加超前预注浆加固措施。

4）总结

① 车站设计合理利用地下空间，车站南站厅与中科院科研楼共同建设，激活了中科院闲置地块的发展，达到地铁运营与资源开发的双赢效应，为今后地铁建设提供参考。

② 车站北站厅结合中科院幼儿园台地的特殊地貌，充分利用其地形特点，出入口与风亭从台地侧面直出，减少了对幼儿园日常运作的干扰。

③ 车站采用厅台分离的形式，车站建筑面积相对增加。从工程建设角度来看，由于站台主要使用暗挖法施工，导致工程造价增加，使工程的施工难度加大，施工风险加大。

④ 广州市轨道交通六号线工程黄花岗站土建工程，于2013年7月已完成全部主体结构施工。施工过程中严格按照设计图纸、技术交底、有关规范及图纸会审进行施工，做好图纸会审、方案编制、技术交底、测量复核、复检验收等重要工序工作，确保了施工误差符合规范要求。本工程材料全部合格，钢筋焊接、混凝土抗压抗渗试件检验评定合格，钢筋混凝土工程施工质量符合设计和标准要求，质量保证资料齐全、完整，施工中未发生工程质量事故，未对周边环境造成不利影响。

1.5.17 沙河顶站

1）工程概况

（1）车站基本情况

沙河顶站为明挖地下两层岛式车站。车站外包总长117.8m，标准断面宽18.8m，车站总建筑面积9484m^2，为一般车站；车站西端区间为矿山法施工区间，东端为盾构法施工区间，车站东端设置有盾构吊出井。车站设有3个出入口、2组风亭。

（2）站址周边环境

车站位于先烈东路与水荫路交汇处北侧，呈东西走向，西接黄花岗站，车站的北侧为广东省建筑科学研究院、检测实验大楼，东侧有广州市文物保护单位朱执信墓道、广东工业大学沙河顶分院，东南角有23层高鼎鑫商住楼和一些多层住宅楼，西南面有粤海凯旋大厦。车站附近交通流量大，四周民房密集，西面为内环路入口。道路的交汇处是省文物保护单位十九路军牌坊。先烈东路规划道路宽36m，水荫路规划道路宽33m。

（3）地质条件

场地内第四系土层上部为人工填土层、冲洪积土层、砂层，下部为残积土层，下伏基岩为白垩系大塱山组黄花岗段地层。

残积土层（Q^{el}）由白垩系大塱山组黄花岗段红色碎屑岩风化作用形成，岩性为粉质黏土、粉土。按残积土层的状态和密实度可分为2个亚层：可塑或稍密～中密状残积土层；硬塑或密实状残积土层。

场地内地下水位在大部分地段埋藏较浅，局部埋藏较深，埋深范围2.50～16.80m，平均埋深8.31m，白垩系红色碎屑岩残积土层基岩全风化带含少量地下水，但不均匀且不丰富；基岩风化裂隙水主要赋存在白垩系红色碎屑岩强、中

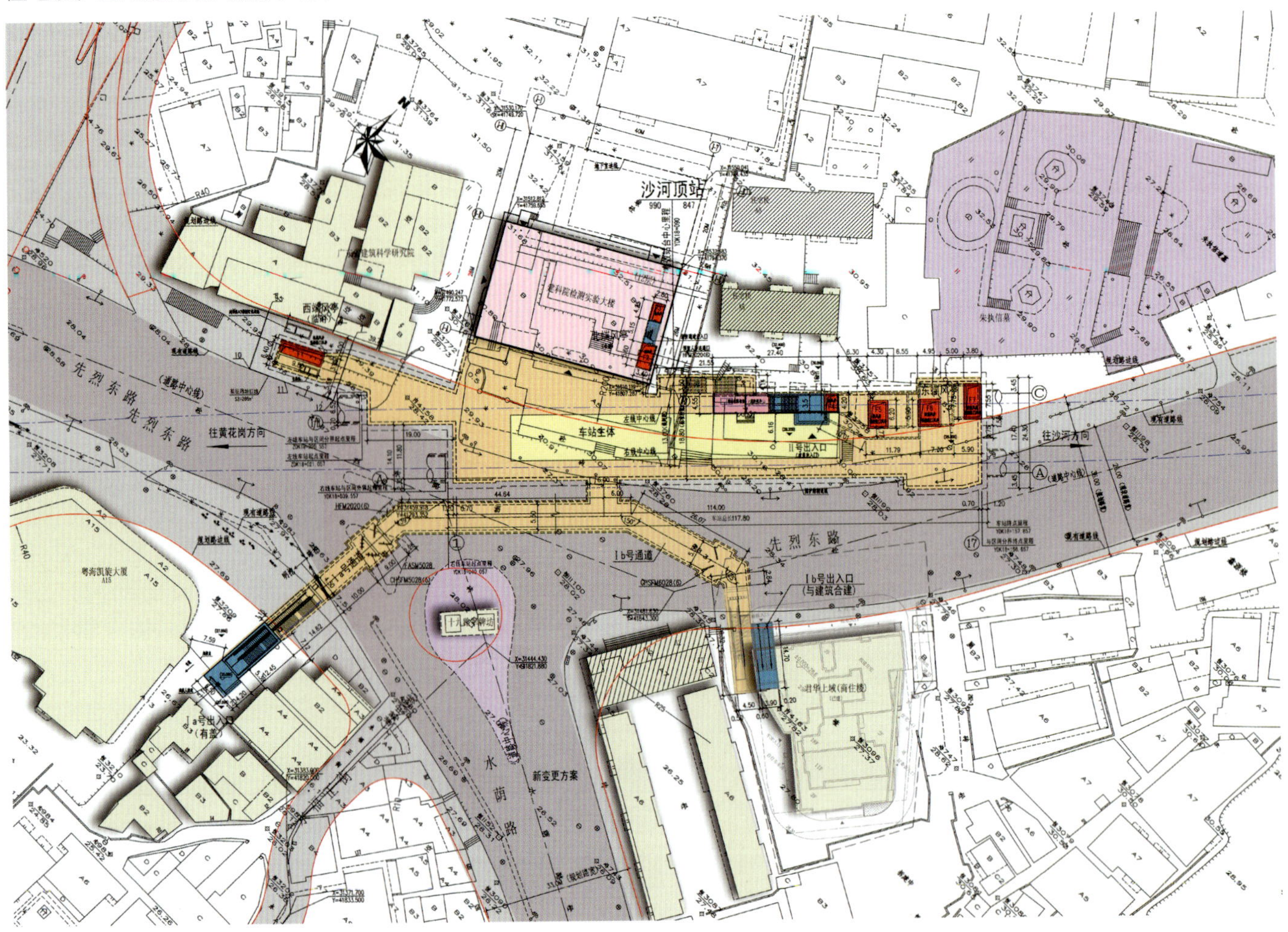

右图：沙河顶站总平面图

上　图：六号线沙河顶站
下左图：车站出入口及风亭效果图一
下右图：车站出入口及风亭效果图二

风化的裂隙发育地段。

2）车站主要技术指标介绍

（1）车站规模

车站外包总长117.8m，标准断面宽度18.8m，线间距13.0m，顶板覆土厚度3.0m；车站总建筑面积9484m^2，主体建筑面积5324m^2，北端设备房面积（占用建科院部分）1773.7m^2，风道、风亭建筑面积1000.1m^2，出入口通道1386.2m^2；车站分站厅、站台两层，站台形式为岛式，宽度为10m。有效站台中心处轨面埋深15.033m（绝对标高，广州城建标高12.967m），有效站台中心线处底板底面埋深16.65m。

（2）工程筹划

工程筹划总施工工期两年，从2005年12月至2007年12月。

（3）工程概算

概算总额14610万元，其中工程费用10405万元、工程建设其他费用4205万元。

3）车站方案的形成

（1）站址位置的控制性条件

沙河顶站位于先烈东路与水荫路的交汇处，这里建筑物十分密集，车辆行人川流不息。站址位置的控制条件很多，主要有：

① 西面的内环路入口，作为进入内环路的主要入口，不允许地铁在施工期间对其封闭。

② 东面的朱执信墓道，是广州市文物保护单位。

③ 南面的十九路军牌坊，是广东省文物保护单位。

④ 北侧有省建科院新建的检测实验大楼和广东工业大学宿舍楼。

以上的文物保护单位均不允许地铁建设对其有任何影响和损伤，给车站设计工作带来极大的困难；还有广东工业大学的宿舍楼，距离车站较近，风亭和出入口的设置都可能对其产生影响。如何综合考虑这些影响因素，处理好车站与周边环境的关系，是车站设计的关键。

（2）建筑、结构、风、水、电方案介绍

① 建筑。本站是六号线首期的第17个车站，结合线路、周边环境情况，车站结构为地下两层单柱双跨结构，站台为10m岛式站台。车站利用建科院办公大楼负四层作为车站的设备用房区，车站设备房及公共区设置较广，施工影响面较大。站厅层设于地下一层，公共区位于中部，西端为管理用房，东端为设备用房和风道风井。公共区分东西两部分，西部为非付费区，南侧与Ⅰ号通道连接，北侧与Ⅱ号通道连接；非付费区布置有自动售票机、票务处、检票机等。

左图：六号线沙河顶站站台层

右图：六号线沙河顶站

东部为付费区，付费区中部设有2部宽1m的自动扶梯和1部宽1.8m楼梯，可下至站台层；并设1部无机房液压电梯，满足残疾人进出站的需要。站厅层西端为管理用房区，主要布置车控室、站长室、警务室、通信及信号设备室、PIDS设备室、AFC设备室和会议室等管理设备用房。东端为设备区，布置环控用房、风道、风井等。站台层设于地下二层，站台宽10m，线间距13m，有效站台长度为72m，屏蔽门长67.72m。主体建筑的中部为候车区，候车区的两侧为轨行区。东、西两端布置有屏蔽门设备及控制室、污水泵房、风室和照明配电房等。站台层利用北面省建科院新建大楼的地下四层布置设备用房，主要布置0.4kV开关柜室、整流变压器室、环控机房以及风室、井道、疏散楼梯等。在电气设备用房的下部设有层高2.00m的电缆夹层。附属建筑部分由3个出入口及3组风亭组成，其中Ⅰ号通道分为2个出入口，Ⅰb号出入口与商住楼合建，Ⅱ号通道设置一个出地面的出入口，地面出入口与地面制动电阻柜室及消防泵房合建。

② 结构。车站主体围护结构采用人工挖孔桩结合钢筋混凝土支撑，主体结构为两层两跨（局部三跨）箱形钢筋混凝土框架结构。车站主要柱距为7.0m，柱截面700mm×1100mm；顶纵梁1000mm×1800mm，中纵梁1000mm×1200mm，底纵梁1200mm×2200mm；顶板厚800mm，中板厚400mm，底板厚900mm。车站西端风道围护结构采用旋挖桩结合钢筋混凝土支撑，结构形式为两层单跨箱形钢筋混凝土框架结构，其主要构件断面尺寸与车站主体结构一致。车站两个出入口均采用浅埋暗挖法施工，暗挖隧道分为标准段及人防扩大段。标准段断面净空为6350mm×7600mm或5850mm×7100mm，扩大段断面净空为6109mm×9000mm。初期支护采用C25、P6、300mm网喷混凝土，格栅钢架，R25中空注浆锚杆，辅助措施有ϕ108超前大管棚及ϕ42超前注浆小导管。二次衬砌为C30、P8模筑钢筋混凝土，厚500mm。初期支护及二次衬砌间铺设防水层。

4）工程实施情况

（1）重大设计施工问题

① 车站Ⅰb号出入口与先烈东路198号商住楼合建，为功能独立的出入口。该出入口原由先烈东路198号商住楼的开发商（广州鼎鑫房地产开发有限公司）建设，因车站主体基坑施工占用交通疏解道，该出入口一直无法实施。为确保六号线通车时间，经地铁总公司协调，该出入口改为我公司设计、车站土建承包商实施，施工工法由原明挖改为明暗挖结合施工。

② 因前期征地及施工场地限制，车站Ⅱ号出入口由明挖改为明洞+暗挖法，对车站顶板以上部分出入口采用架设大管棚施工，顶板以下采用暗挖法施工。

③ 车站Ⅰa号出入口由于拆迁问题至今无法实施。

（2）重大变更

车站重大设计变更有：

车站西端风亭原设计为地下两层，因地块业主不同意将风亭出风口设置在地块单位大门附近，经沟通协调，风亭修改为西移13m，调整后风亭改为地下两层，局部地下一层结构。

（3）车站设计施工重难点介绍

由于车站施工场地狭窄，道路交通流量大，车流密集，且由于Ⅰa出入口处用地无法稳定，车站通道暗挖施工时只能先从车站中板接暗挖通道处开始，由车站顶板向下施打大管

棚，并从车站中板侧墙开口处进入，进行全断面注浆，切除主体结构围护桩，施工拱部小导管注浆，进行隧道开挖。暗挖施工难度大，风险高。

（4）车站施工过程中的监测、检测情况，及设计的符合性对比分析

车站施工过程中各项围护结构、主体结构的监测、检测指标均符合设计要求。

（5）土建、装修、机电安装施工中各主要阶段的工期情况，及与工程筹划的对比分析

车站施工启动时间为2008年4月，由于场地限制，土建施工分三期进行。一期施工车站西端主体和建科院大楼地下室部分，施工场地面积为6498m^2，施工时间从2008年4月至2010年11月；二期施工车站东端主体和东端风亭，施工场地面积为5222m^2，施工时间从2010年12月至2011年5月；三期施工车站西端风道及附属结构（含暗挖通道），施工场地面积为3738m^2，施工时间从2011年6月至2011年12月。土建交付时间为2011年12月底。

装修、机电安装工期从2012年7月开始至2013年11月止。

与工程筹划对比，土建工期大大延长，主要原因为原车站设计用地无法征用，设计方案多次调整，经多方协调，最终动工。

5）总结

（1）亮点

沙河顶站车站设计的最大亮点是将设备区布置在邻近新建大楼的地下四层，这与其他车站有较大的不同；在设计过程中，需要与大楼建设方进行很多的沟通和协调工作，解决双方利益分配的分歧。由于设备区外挂，给管线设计增加不少困难。尤其在施工期间，需要协调建设工期，处理好地铁车站与大楼地下室的连接关系。经过设计方的努力以及建设方的大力支持，沙河顶站的设计、施工进展顺利。

（2）缺憾

沙河顶站的车站设计受到房屋拆迁、征地、交通疏解和文物保护等因素的影响和制约，使得整体规模偏小；设计方案几经修改，也使得部分设计不甚合理。Ⅰa号出入口作为车站的主要出入口，却由于征地困难而未能修建，较大地影响了车站人流的疏散。Ⅱ号出入口因广州工业大学的用地问题无法解决，而改变了施工工艺。不断的设计修改也难免出现一些不足和遗憾。

（3）总结

沙河顶站作为标准的两层车站，其设计难度并不是很大；但由于征地的问题，使得设计方案数次修改，初步设计就审查了三次，车站的附属建筑用地十分拥挤，又要满足环保要求，使得设计难度增加很大。设备区与建筑物合建，也有许多预想不到的困难。今后对于老城区的地铁车站设计，需要对周边环境影响做更深的研究，尤其是征地拆迁，这是直接影响地铁设计的关键，总结六号线设计经验，为广州地铁建设做出更大的贡献。

上图：六号线沙河顶站附属结构施工

下图：六号线沙河顶站主体土方开挖施工

1.5.18 沙河站

1）工程概况

（1）车站基本情况

沙河站位于广州大道北（现有宽度33m，规划宽度80m）与先烈东路（现有宽度16m，规划宽度26m）交汇处东北侧的地块内，呈东西走向。地块现状为密集的民宅区，站址地势平缓，居民住宅多为砖混结构。站位的西侧有沙河服装商场，道路交通繁忙，车流量大。

（2）地质条件

场地内第四系土层上部为人工填土层、冲洪积土层、砂层，下部为残积土层，下伏基岩为白垩系上统大塱山组黄花岗段地层。

场地内地下水位埋藏较浅，埋深范围1.70～3.50m，平均埋深2.40m。场地内上部冲积—洪积砂层的透水性及富水性强，其冲积—洪积土层的透水性及富水性弱，白垩系红色碎屑岩残积土层基岩全风化带含少量地下水，但透水性及富水性分布不均匀。当残积土或岩石全风化带含较多风化残留的粗颗粒时，其渗透性对工程施工有一定的影响；基岩风化裂隙水主要赋存在白垩系红色碎屑岩强、中风化的裂隙发育地段。

2）车站主要技术指标介绍

车站采用明挖站厅暗挖站台方式施工，车站暗挖部分外包总长96.4m，标准断面宽度32.1m，线间距26m，暗挖站台覆土厚度19.5m，东端风亭覆土厚度0.5m；车站总建筑面积4410m^2，站台建筑面积2350m^2，东端竖井建筑面积1956m^2，风亭建筑面积104m^2；有效站台中心轨面埋深27.131m，有效站台中心轨面绝对标高-11.571m。

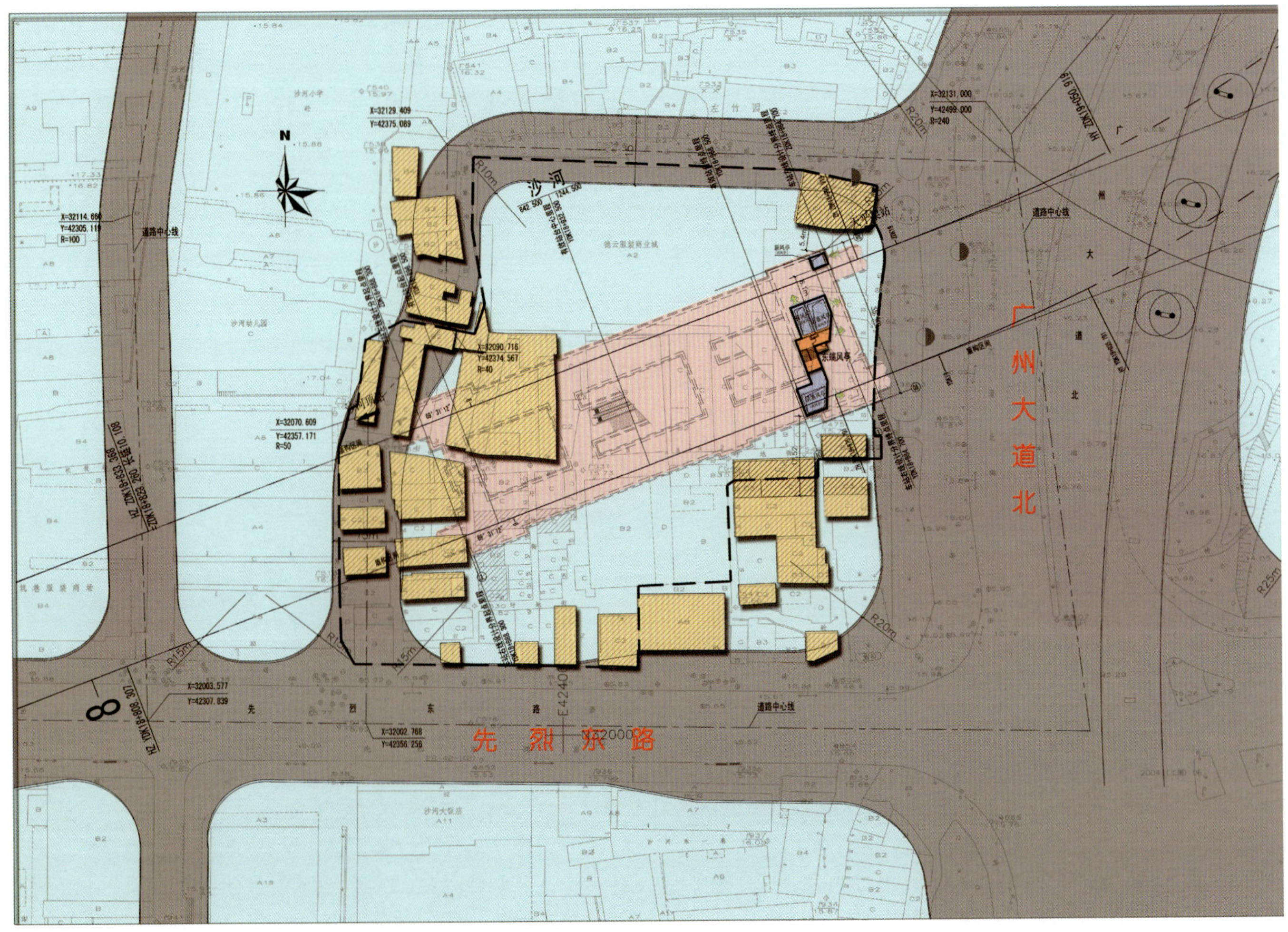

右图：沙河站总平面图

上左图：盾构进入沙河站

上右图：暗挖隧道掌子面

下左图：沙河站东端明挖

下右图：受拆迁困扰的沙河站

3）车站方案的形成

（1）站址位置的控制性条件

沙河站位于广州大道北与先烈东路交汇处东北侧的地块内，地块现状为密集的民宅区，房屋拆迁难度极大。东端风亭受东侧军用电缆的影响。

（2）车站方案的比选与形成

最早期的方案是明挖地下二层岛式车站，但由于明挖部分的拆迁困难，无法满足整条线的工程进度要求；加之沙河站与沙河顶站区间也因为拆迁问题，需要局部降低线路，经过多轮方案比选，包括对车站及车站前后区间施工条件的分析比较，最终选定车站的设计采用明挖站厅、暗挖站台、岛式车站设计方案。由于明挖地块房屋拆迁困难，车站明挖部分至今无法施工；暗挖站台已经全部完工，满足过站要求。

（3）建筑、结构方案介绍

① 建筑。本站将与11号环线换乘，结合线路、周边环境情况，车站结构为地下明挖二层站厅通道换乘、站厅设扶梯斜通道与暗挖岛式站台连接。站台采用暗挖方式，施工影响面较小；但由于明挖地块房屋拆迁困难，车站的站厅层、设备层、出入口及西端风亭现阶段都无法施工。为确保六号线按时通车，满足过站要求，在东端竖井中布置过站所需的设备用房，以解决区间通风问题。沙河站现阶段为过站。

② 结构。车站采用明暗挖法结合施工，站厅采用明挖法，站台采用暗挖法，站厅设扶梯斜通道与暗挖岛式站台连接。站台隧道采用矿山法施工，300mm C25喷锚初期支护+600mmC35模筑二次衬砌，隧道设置全包防水。隧道临时施工竖井设在服装城地块内，临时施工竖井深约29.7m，

采用500mm C25喷锚支护，外围设搅拌桩止水。车站站台隧道采用微差控制爆破，减少对地层的扰动，减少对地面建筑物的影响。东端风井根据地层情况采用复合基坑支护形式，上部采用800mm吊脚连续墙，下部位于微风化岩，采用500mm C25喷锚支护。由于地面房屋拆迁至今尚未完成，车站站厅及出入口均延后实施。站台隧道预留与明挖站厅斜通道连接接口。

4）工程实施情况

（1）重大设计施工问题

由于暗挖站台隧道上方地块房屋多为二十世纪五六十年代修改的砖混结构，且无法拆迁，在隧道施工过程中出现地面沉降超规范值而停工。但经过广州市科技委专家研究后，施工承包商做了详细施工应急预案，在精心施工和组织管理下顺利打通隧道，现阶段明挖站厅部分仍无法施工。

（2）重大变更

① 临时施工竖井方案变更。初步设计、招标设计利用东端风井作施工竖井，由于东端风亭受东侧军用电缆和地块房屋拆迁困难的影响无法实施，在已拆迁的服装城地块新增8m×10m施工竖井和施工通道。

② 施工通道及横通道变更。为减少暗挖隧道施工对地面的影响，考虑机械开挖减少爆破，将施工通道及站台中部横通道断面改为7.8m×11.6m，并采用微差控制爆破。

③ 为满足沙河站运营，按过站考虑时区间线路通风及六号线全线总工期的要求，车站东、西端风亭互换调整。

（3）车站设计施工重难点介绍

① 车站暗挖站台隧道开挖的地层稳定控制。

本站暗挖隧道底埋深达30m，覆土厚约20m。开挖断面高达10m，宽9.6m。隧道顶多位于〈6〉全风化层、〈7〉强风化层并夹杂软土、砂石，拱顶极易出现坍塌。如何确保暗挖断面的安全与稳定是本工程的重难点。

设计中采用了CRD法对开挖断面进行分割，使隧道支护尽快闭合；拱顶位置预设超前小导管，对地层进行跟踪注浆，增加拱顶支护刚度，减少拱顶发生坍塌的可能性；隧道爆破开挖采用微差爆破，控制第一台阶单次掘进深度，减小振动，减小对地层的扰动。

② 对临近建筑物的保护。

本站暗挖站台上方房屋密集，多为天然基础的砖混结构。由于拆迁工作困难，暗挖站台隧道施工时许多房屋均未拆迁，隧道施工容易导致房屋下沉、墙体开裂、坍塌等情况。

设计对未能拆迁的房屋进行重点布置监测点，增加监测频率；并对隧道爆破开挖进行控制，减少爆破的振动，控制地层沉降变化对地面房屋的影响。

左图：有台车的二次衬砌施工

右图：隧道初期支护预配格栅

（4）土建、装修、机电安装施工中各主要阶段的工期情况，及与工程筹划的对比分析

土建工期由2006年开始到2012年止。

装修、机电安装工期从2012年7月开始至2013年11月止。

沙河站土建实际开工日期为2009年7月，完工日期为2013年4月。造成工期延缓的主要原因为地面房屋拆迁进度缓慢。目前由于房屋拆迁原因，明挖站厅及出入口等仍无法施工。

5）总结

（1）亮点

本站隧道埋深较大，地面房屋密集，多为年代久远的天然基础砖混结构。暗挖隧道施工容易对周边房屋产生影响；且由于地面房屋难以拆迁，地质钻孔缺乏，施工超前钻揭露隧道拱顶所处地层多变，隧道开挖存在不确定性。

综合考虑隧道开挖的稳定，地面房屋的安全，本站采用了CRD法施工，300mm初期支护及600mm二次衬砌结构，并在拱顶增加超前小导管跟踪注浆。经实践验证，本站在施工过程中并未对地面房屋造成大规模影响，只有少数房屋出现墙体开裂情况。隧道开挖安全，稳定可控。隧道变形及地面沉降均在控制范围内。

（2）总结

沙河站采用明挖站厅暗挖站台方式施工。由于明挖地块房屋拆迁困难，现阶段只考虑过站，先完成站台以及东端风亭的施工，预留西端风井和扶梯斜通道与站台隧道的接口，由东端风亭解决区间通风问题，确保六号线按时通车。

上左图：沙河站台车一

上右图：沙河站台车二

下左图：沙河站车站隧道施工图一

下右图：沙河站车站隧道施工图二

下图：天平架站总平面图

1.5.19 天平架站

1）工程概况

（1）车站基本情况

天平架站为广州市轨道交通六号线第19个车站，前一站为沙河站，后一站为燕塘站。车站中心里程为YDK20+177，车站起点里程为YDK20+136.2，终点里程为YDK20+218.8。根据六号线总体设计原则以及线路走向的要求，车站的设计采用明挖地下三层岛式车站设计方案。

（2）站址周边环境

天平架站位于沙太路（现有宽度35m，规划宽度70m）与兴华路（现有宽度25m，规划宽度50m）的交叉口处，呈东西走向。站位南侧为天平架公交枢纽站，东北侧为天平农贸市场，西北侧为广州市第七十五中学、天建医疗门诊部、祺丰综合商场，西南侧为东沙婚育文化广场、广东军区接待站，道路交通繁忙，车流量大。

（3）地质条件

根据《广州市轨道交通六号线工程天平架站详细勘察阶段岩土工程勘察报告》，该车站场地各岩土分层如下：

① 人工填土层（Q_4^{ml}）。

② 冲积—洪积细砂层（Q_{3+4}^{al+pl}）。

③ 冲积—洪积中粗砂层（Q_4^{al+pl}）。

④ 冲积—洪积圆砾层（Q_4^{al+pl}）。

⑤ 冲积—洪积土层（Q_4^{al+pl}）。

⑥ 残积土层（Q^{el}）。

⑦ 花岗岩全风化带。

⑧ 花岗岩强风化带。

⑨ 花岗岩中风化带。

⑩ 花岗岩微风化带。

⑪ 地下水位。

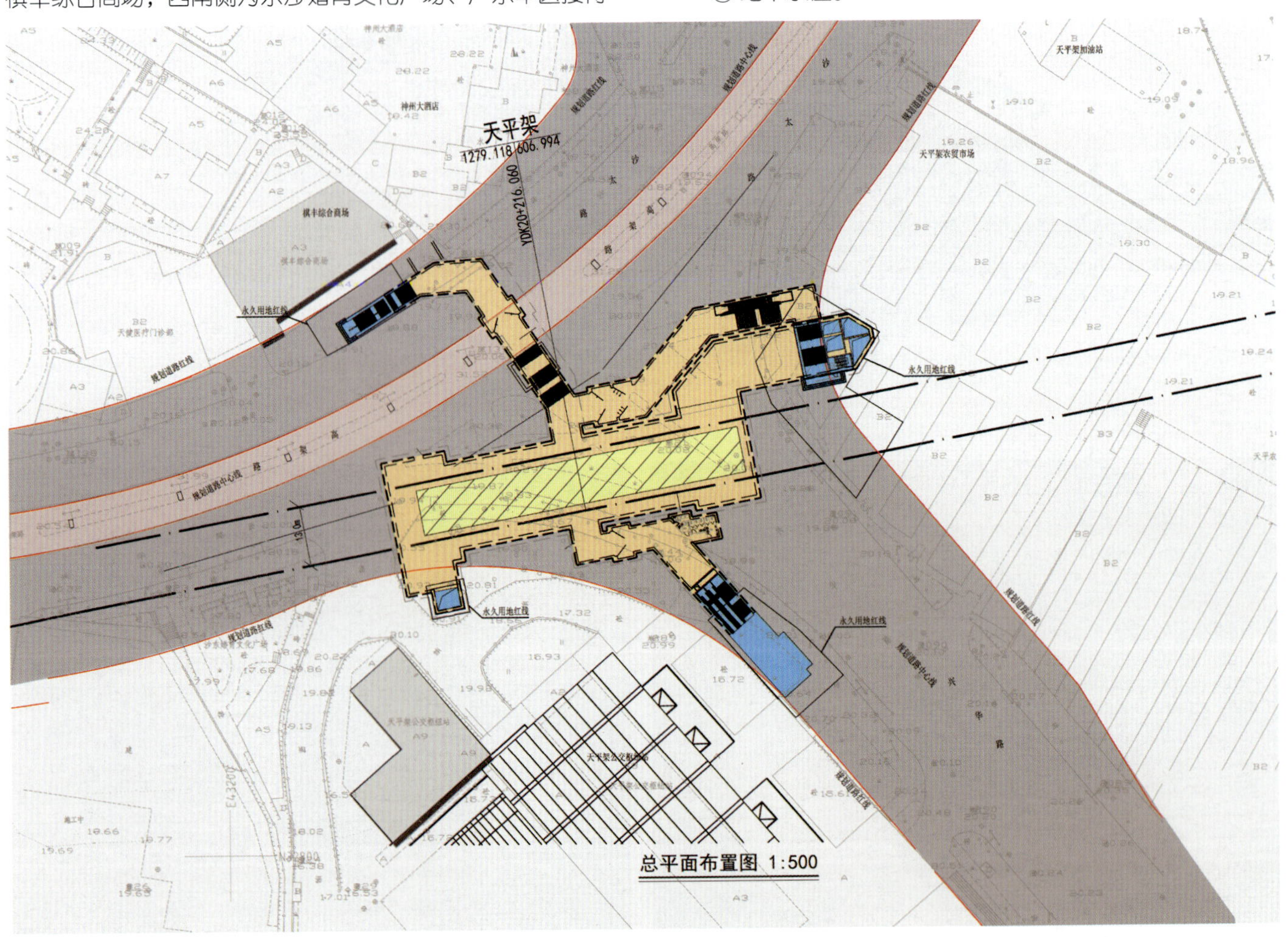

上图：天平架站主体施工照片

下图：招标阶段土建工程施工进度横道图

2）车站主要技术指标介绍

（1）车站规模

车站明挖部分外包总长82.6m，标准断面宽度21.7m，线间距13m，顶板覆土厚度3.0m；车站总建筑面积8471m^2（不含围护结构），车站主体建筑面积5640m^2；有效站台中心轨面埋深20.630m，有效站台中心轨面绝对标高－0.63m。

（2）工程筹划

工程筹划见下图。

工期 / 项目	2007年										2008年										
	月份										月份										
	3	4	5	6	7	8	9	10	11	12	1	2	3	4	5	6	7	8	9	10	11
前期施工准备	两个月																				
部分围护结构施工及搭设便桥				三个月																	
其余主体先期围护结构施工及基坑开挖								五个月													
施工主体先期结构和主体后期围护、主体结构												八个月									
施工出入口风道																		六个月			
回填覆土及恢复路面																				三个月	

上图：六号线天平架站

（3）工程概算

概算总额14236万元，其中工程费用10250万元，工程建设其他费用3986万元。

3）车站方案的形成

（1）站址位置的控制性条件

天平架站位于沙太路与兴华路交汇的三岔路口，呈东西走向。沙太路（现有宽度为35m，规划路宽70m）为天平架站一带东西向主要交通干道，现状为双向六车道，并且在上有与之平行的高架桥，目前车流量较大。兴华路（现状宽度为25m，规划路宽50m）为双向六车道，因为天平架公交枢纽站的车行进出口都开在此路上，所以尽管现状道路不宽，但车流量较大。天平架站所处位置周边建筑物密集，道路宽阔，地势平坦；站位以东是天平架农贸批发市场，站位以南是拥有15条公交线路的天平架公交枢纽站，车流量和人流量很大，车站的设计充分考虑与天平架公交枢纽站的接驳关系。天平架站在设计中对站址环境进行分析：车站位于交通繁忙、人流集中地段，受周围环境制约较大，在站位东北的天平架加油站、站位以东的天平架农贸市场、站位以北的沙太路高架桥墩以及站位以西的军区用地和站位以南的天平架公交枢纽站都对车站有一定的限制作用。

（2）车站方案的比选与形成

因为天平架农贸市场拆迁难度很大，经过多轮方案比选，包括对车站及车站前后区间施工条件的分析比较，最终选定天平架站呈“一”字形布置，东西走向，横跨兴华路，车站按三层明挖站设计。通过尽可能地缩短主体的长度，来控制车站的实施对天平架公交枢纽站及天平架农贸市场的影响，尽量减少拆迁。车站埋深增大也改善了天平架站东西两端区间线路条件，降低了车站以东区间通过沙河涌以及车站以西区间通过南洋大酒店（军区物业）裙楼下部的施工风险。车站为地下三层岛式车站，根据线路走向及区间埋深的要求，车站的设计采用明挖地下三层岛式车站设计方案。

（3）建筑、结构、风、水、电方案介绍

① 建筑。车站呈“一”字形布置，东西走向横跨兴华路，为明挖岛式车站，车站主体为地下三层。地下一层为站厅层，地下二层为设备层，同时本层也是公共区的转换层，地下三层为站台层。附属建筑部分由3个出入口及2组风亭组成，其中Ⅰa号出入口置于天平架公交枢纽站的站前绿化带上，解决公交与地铁客流的换乘；Ⅱa号出入口设在沙太路以北，现状沙太路人行道上（本出入口暂缓施工）；Ⅱb号出入口设于天平架农贸市场地块内,主要解决农贸市场方向客流；东端风亭与Ⅱb号出入口合建，为高风亭；西端风亭设置于道路绿化带上，为矮风亭。

② 结构。车站为地下三层岛式站台车站，采用明挖顺作法结合部分盖挖法施工。基坑围护结构采用地下连续墙加钢筋混凝土内支撑的结构形式。车站全长82.6m，标准段宽19.7m，覆土3m，底板埋深约24m。围护结构连续墙厚1m，设四道混凝土支撑。车站主体为现浇钢筋混凝土三层两跨箱形框架结构，结构外设置外包防水层。车站西端为盾构

上　图：天平架现场及施工照片一

下左图：天平架现场及施工照片二

下右图：天平架现场及施工照片三

吊出，由于西端右线场地无法满足盾构机吊出，故盾构在主体结构完成后平移至左线吊出，东端为盾构过站。

③ 环控。站内设有区间及车站的隧道通风系统。为满足乘客过渡性舒适环境以及运营管理人员、设备使用环境参数要求，本站站厅、站台公共区以及两端设备管理用房、设备层均设置通风空调系统，空调系统采用全空气一次回风系统，同时为满足防排烟要求，设置了相应的防排烟系统。车站采用分站供冷，2台冷水机组、3台冷冻水泵及3台冷却水泵设于地下2层冷水机房，冷却塔设置于东端风亭顶部。重要设备房设有备用冷源。

④ 给排水及消防。车站给排水及消防设计包括车站内的给水系统、排水系统、消火栓系统、灭火器配置、系统之间接口的设计以及与其他相关专业的接口配合设计。给水消防系统充分利用市政现有设施，从市政不同给水管网分别接入一条DN150引入管。车站站厅层设有公共卫生间，负二层设有污水集水池及污水泵房。车站负四层设有废水集水池及废水泵房。

⑤ 低压配电。根据车站使用功能，本站在设备层（负二层）车站西端位置设降压变电所。车站站厅层、设备层、站台层及东西端相邻半个区间的所有动力与照明设备分别由设备层变电所内0.4kV低压开关柜提供电源。公共区照明配电采用变电所两段母线各负担一半负荷的交叉配电方式。大部分环控设备位于地下二层、三层东端设备区，根据供配电房应位于负荷中心或靠近被供电设备的原则，在地下二层设有一个环控电控室。

4）工程实施情况

（1）重大设计施工问题

本站主体基坑招标阶段基底采用三管旋喷桩基底加固，根据地铁总公司地灾防控小组对该站基底加固方案建议（详见“穗铁总工室〔2009〕25号”文）以及对该站地质、水文情况进一步调查、分析意见，同时综合考虑工期和经济因素，由于实际施工的条件有限，要达到设计的预期效果有一定难度，而基坑外侧施作止水帷幕注浆能较好地切断基坑内外强、中风化花岗岩层节理裂隙水的水力联系，为基坑施工安全与主体结构施工创造良好条件。在总结六号线燕塘站基底加固处理经验的基础上，根据会议纪要“穗铁建总六号线土建会〔2009〕1216号”的意见及地铁总公司总工联20090229工联单实施变更，采用基坑外注浆止水帷幕+基坑内降水对天平架基底进行加固处理；对天平架站基底所处的强风化、中风化花岗岩层采用分段注浆施工。施工结束后通过对检查孔的取芯、压水试验等判断，注浆效果好，达到预期效果。

车站四周外侧布置防渗墙（前进式注浆），帷幕注浆孔共设两排，每排的孔距暂定为2m，排距暂定为1m，两排孔呈梅花形布置，共249孔。

（2）重大变更

① 由于征地拆迁问题，天平架站位西移38m，需借用天平架公交枢纽地下室。

② Ⅱa号出入口设在沙太路以北人行道上，由于交通疏解和管线迁改问题无法解决，暂缓施工，为满足规划要求新增Ⅱb号出入口。

③ 天平架站取消建筑物周边旋喷桩、增加基坑围护结构外侧旋喷桩的变更。

④ 天平架站取消基底加固、增加基坑外侧前进式注浆止水帷幕。基底范围将φ900三管旋喷桩加固，变更为基坑外注浆止水帷幕+基坑内降水，对天平架基底进行加固处理。

（3）车站设计施工重难点介绍

天平架站址位于沙太路及兴华路的交汇处，站址范围管线较多，施工场地围蔽对现有交通影响较大。车站底板埋深标准段为24.02m，基坑底部主要位于花岗岩残积土层中，局部位于花岗岩全、强风化带。花岗岩残积土和全风化带具遇水易软化、崩解的特点，基坑开挖时，容易引起基底涌水，因此本基坑设计施工重难点是周边建筑物和地下管线保护。为防止周边建、构筑物和管线因主体基坑开挖可能造成周边失水引起的沉降、偏移，在连续墙外侧采用φ600双重管咬合旋喷桩止水，旋喷桩穿透砂层不少于1m，连续墙外侧布置防渗墙（前进式注浆）；帷幕注浆孔共设两排，每排的孔距

上图：车站旁的公交枢纽

暂定为2m，排距暂定为1m，两排孔呈梅花形布置；注浆范围为连续墙底以上2m至微风化花岗岩层以下0.5m；基坑内设置降水井，取得很好效果。

（4）车站施工过程中的监测、检测情况，及设计的符合性对比分析

本工程在施工过程中能按设计图纸的要求放线，能按照设计图纸和相关规范规定施工，结构截面厚度尺寸正确，构件满足结构受力的要求。各项材料检测满足要求，施工过程监测数据齐全、稳定，满足设计要求。

（5）土建、装修、机电安装施工中各主要阶段的工期情况，及与工程筹划的对比分析

土建工期由2006年开始至2012年止。

装修、机电安装工期从2012年7月开始至2013年11月止。

天平架站土建实际开工日期为2009年6月，实际完工日期为2013年2月。造成工期延缓的主要原因是各期交通疏解的转换、便桥及道路的更改与恢复，以及天平架日杂市场的拆迁工作的影响。

5）总结

（1）亮点

本站位于交通繁忙的沙太路与兴华路交叉路口，周围有天平架公交枢纽、天平架日杂市场，人流量及车流量均较大。车站基坑底埋深较深，基坑底位于花岗岩残积层、全风化层中，上部有砂层。如何在花岗岩层安全地开挖基坑，并防止对周边的建筑物造成影响，是本工程设计的重点难点。经过分析比较，设计采用了连续墙+内支撑围护结构形式，采用基坑外注浆止水帷幕+基坑内降水对花岗岩残积层进行基底加固处理，注浆可以达到对含水破碎带封堵止水的预期效果。车站的顺利施工完成证明该措施是有效的，其成功经验对花岗岩地区深基坑设计与施工有一定的借鉴作用。

（2）缺憾

Ⅱa号出入口由于交通疏解和管线迁改困难，暂缓施工，客流组织受一定程度的影响；特别是沙太路不能满足过街功能，东端风亭紧靠日杂市场对居民有一定影响。

（3）总结

本站南侧为天平架公交枢纽，东侧为天平架日杂市场，北侧为沙太路高架桥。基坑位于花岗岩残积土层、风化层中，设计中需综合考虑工程本身安全以及周边建（构）筑物的安全，使整个工程能有序、高效、安全地完成。

本站配合施工的经验主要有以下几个方面：

① 现场的复杂地形条件：主要是周边建、构筑物和管线多且离基坑很近，地层中存在砂层，砂层的富含水性容易导致基坑的漏水，基坑渗漏水极易引起周边建筑物沉降变形。

② 针对本站类似地层，在前进式注浆止水帷幕施工前应对先导孔进行取芯，自上而下分段进行压水试验，以测定岩层的裂隙情况和漏水量的大小，了解岩层的渗透性，为灌浆提供依据；每段压水试验后要立即对先导孔分段注浆，施工后应采用检查孔进行压水试验检验基岩的透水率，评定注浆效果。

③ 针对本站地层，砂层和花岗岩地层尽可能采用连续墙＋钢筋混凝土内支撑形式，同时做好接头止水处理，保证基坑不发生大的渗漏水和基底涌水。

④ 针对本站类似地层，应加强止水帷幕和基坑内降水设计，同时在施工时加强基坑的各项监测，及时反馈施工的各种情况，达到信息化施工的效果。

⑤ 施工图会审的时候要做好交底工作，配合好施工单位的施工，针对施工单位反馈的意见及时跟踪解决。

⑥ 积极与第三方监测及施工监测配合，及时掌控基坑的施工情况，做到有备无患。

左图：天平架工程现场图一

右图：天平架工程现场图二

1.5.20 燕塘站

1）工程概况

燕塘站为广州市轨道交通三号线北延段的第一座车站，燕塘站是三号线北延段和六号线的换乘站，车站位于广汕公路与规划路、燕兴路（现为住宅小区内的通道）的三角交叉口，三号线沿燕兴路呈南北走向，六号线垂直三号线呈东西走向。车站南接广州东站，北连梅花园站。

车站东南面为广汕路，东北面为燕侨大厦（30层的办公楼），北面为燕塘小区住宅楼和燕兴路，西面为燕塘企业的住宅楼，西南面为燕岭大厦（18层的酒店）。周边建筑较为密集。

站地周围地形高差起伏较大，燕塘站地貌形态为剥蚀残丘或山间冲洪积洼地，高差6~8m，地形西部高，东部低平。

地层由上而下依次为：

人工填土层〈1〉、粉细砂层〈3-1〉、中粗砂层〈3-2〉、粉质黏土层〈4-1〉、淤泥质土层〈4-2〉、残积层〈5H-1〉、残积层

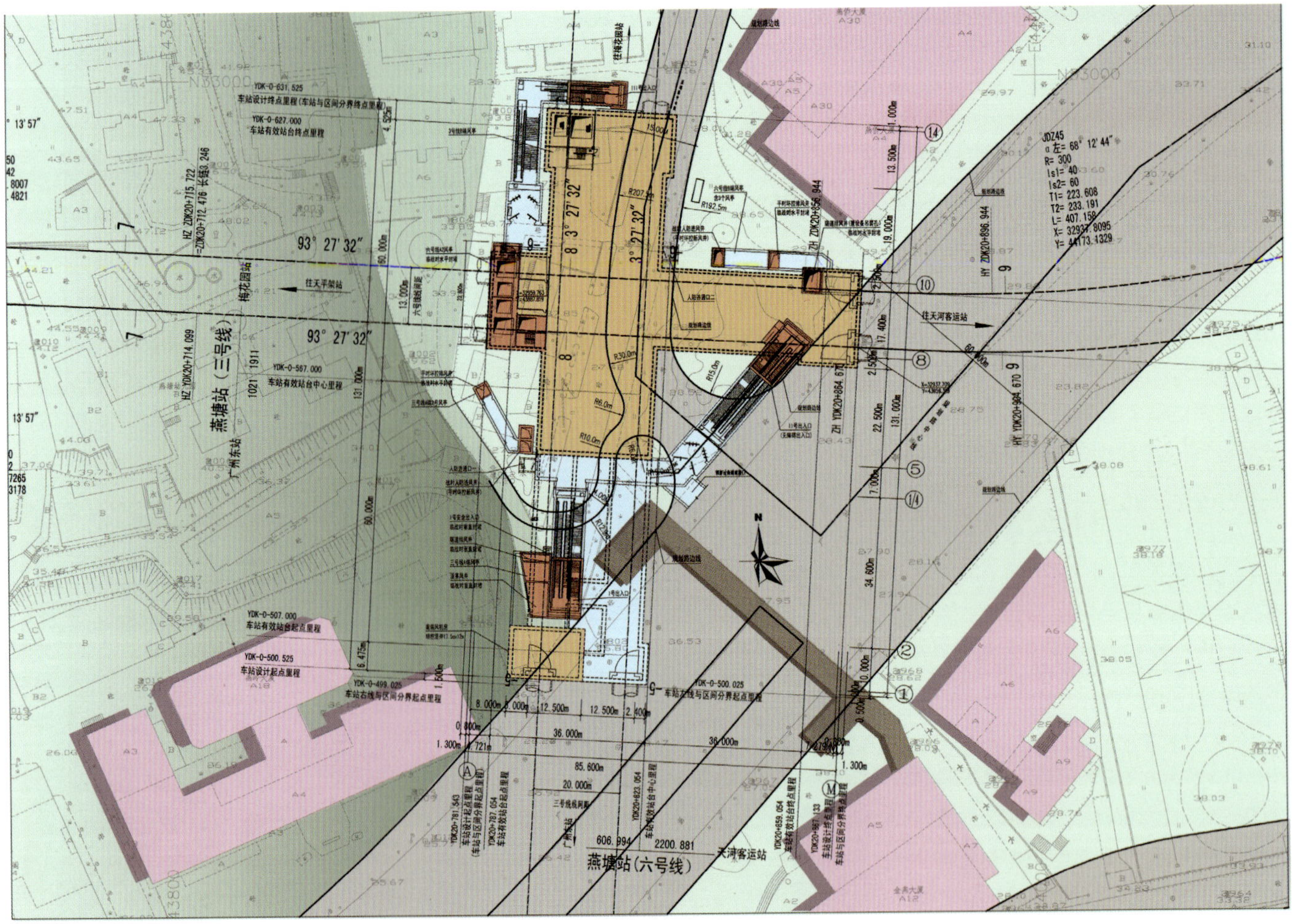

上图：燕塘站站位一

中图：燕塘站站位二

下图：燕塘站总平面图

上图：车站实景

下图：站址环境

〈5H-2〉、全风化岩〈6H〉、强风化岩〈7H〉、中风化岩〈8H〉、微风化岩〈9H〉。

燕塘站地形有起伏，地下水位受地形变化影响明显，勘察期间揭露地下水稳定水位埋深为 1.90～6.50m。

2）车站主要技术指标介绍

车站位于广汕公路与规划路、燕兴路（现为住宅小区内的通道）的三角交叉口。

由于三号线线路标高不能抬高，因此结合地形，三号线在下，六号线在上，正十字相交。

本站为地下四层车站，地下一层为站厅层，地下二层为六号线站台层，地下三层为换乘平台层，地下四层是三号线站台层。三号线车站有效站台中心里程为YDK0+567.000，车站设计起点里程为YDK0+500.525，车站设计终点里程为YDK0+631.525。六号线车站有效站台中心里程为YDK20+826.683，车站设计起点里程为YDK20+785.162，车站设计终点里程为YDK20+870.762。三号线车站总长度、宽度、高度分别为131m、26.8m、28.22m；六号线车站长度、宽度、高度分别为85.6m、18.8m、15.03m。车站主体建筑面积为13320.1m^2。

根据对客流和周边规划的分析，本站客流来自广汕公路南侧较多，因此出入口的布局，考虑能最大化地吸引客流，共设3处出入口，分别沿广汕公路和燕兴路设置。其中Ⅰ号出入口设于燕兴路与燕岭路交界处，平行广汕公路布置，退缩道路红线大于3.0m，且按无障碍出入口要求设置；Ⅱ号出入口设置于广汕公路和燕兴路交叉路口，根据规划要求预留远期过街通道接口，有利于吸引广汕路南侧的客流，同时不影响地铁的运营，待规划条件成熟后，可折除过街天桥；Ⅲ号出入口设于燕兴路西侧，伸入燕塘小区内部，有利于吸引小区内大量客流。按照消防疏散要求，本站在三号线车站南北两端各设一个紧急疏散安全出口，直达地面。其中南端安全出口主要为三号线站台紧急疏散要求设置。

本站三号线南端区间为矿山法施工，北端区间为盾构法施工。因此，车站北端设置盾构吊出井。六号线两端区间为盾构法施工，车站按盾构过站要求设计。

本站共设5组风亭，三号线、六号线两端各1组风亭，车站中心设置1组风亭，均为相对集中布置。三号线南端风亭设于燕兴路西侧，平行燕兴路布置与Ⅰ号出入口组合设计，为高风亭；北端风亭设于车站主体上部，与Ⅲ号出入口组合设计，为高风亭；六号线西端风亭设于燕兴路西侧；东端风亭设于燕兴路东侧街心公园内，结合绿化设计，为低矮风亭；中间风亭利用地形，设于燕兴路西侧的挡土墙内。

3）车站方案的形成

燕岭路东接过境广汕公路，并设有上下高架桥的匝道，桥墩密布，桥墩跨距一般为25m左右。站位所处的燕岭路段现状为路宽60m的双向十车道城市主干道，车流量大，交通密集，规划为60m宽，广汕公路上有一人行天桥横跨（规划部门要求保留天桥），燕兴路段为15m，现状为小区内部道路，规划为15m道路。广汕公路地下管线复杂，避免对交通的影响和进行大量的管线迁改，车站设置在广汕公路北侧。

车站最初方案阶段，针对三号线、六号线的特点进行了多种方案的比选，工法上主要有全明挖、明暗挖结合两类。

根据现场的交通疏解、场地条件，及车站的结构形式、地质情况、施工风险的处理及土建施工费用，综合考虑，三号线、六号线主要采用施工方便、周期短、结构外包防水完整的明挖顺作法。三号线南部采用暗挖工法。

由于所处的地理位置及车站埋深等因素，决定了本站存在以下特点：

① 本车站为三号线、六号线换乘站，基坑呈十字形，基坑规模大，基坑深达32m。

② 车站所处地层广泛分布花岗岩残积土，花岗岩残积土及全强风化岩遇水易发生崩解，导致岩土强度降低，影响地基土的均匀性和边坡稳定性。

③ 车站所处位置靠近瘦狗岭断裂带，周边地势起伏大，水文地质条件复杂。

④ 车站的三号线部分结构采用暗挖，暗挖所在土层广泛分布花岗岩残积土。

在初步设计以及施工图设计中，已考虑了针对性的措施，如对六号线存在花岗岩残积土的基底采用注浆等措施进行预处理。

针对以上的工程特点、难点，设计和施工配合过程中主要采取如下技术措施：

① 选用止水效果好、整体性强、可靠度高的围护结构形式：地下连续墙+内支撑的围护形式。计算过程中，充分考虑不良土层遇水软化的特点，同时充分考虑周边建筑物及六号线西端陡坎超载对基坑支护的影响。加强基坑监测设计，保证基坑安全。在三号线、六号线节点处采用混凝土米字撑，保证节点位置的受力满足安全要求。基坑设计概况如下：

本车站为三号线、六号线换乘站，基坑呈十字形。

六号线：基坑标准断面深19.69m，墙厚800mm，根据不同的地质条件，其入土嵌固原则上需进入〈7H〉层；当〈7H〉层埋深很深时，进入基坑底下〈5H-2〉层不小于6～6.5m，进入〈6H〉层不小于5～5.5m，在小基坑范围墙体嵌入深度适当加大为7.5～8m；支撑竖向共设四道，换撑一道，水平间距除钢支撑为3m外，其余钢筋混凝土撑均为6m。

三号线：基坑分为两段，即车站部分和南端风机房（兼作竖井），基坑标准断面深31.74m，墙厚1000mm，其中三号线、六号线节点处采用ϕ1200@1200密排钻孔桩支护，并设旋喷桩止水帷幕；同时结合六号线基底加固方案，将六号线基底加固范围扩大到钻孔桩未设旋喷桩止水帷幕的一侧，加固深度为穿过〈6H〉层并进入〈7H〉层内1m，保证〈6H〉花岗岩残积层内施工人工挖孔桩的安全。

墙（桩）的嵌固深度根据不同的地质条件，其入土嵌固原则上需进入〈7H〉层；当〈7H〉层埋深很深时，进入基坑底下〈7H〉层不小于5.5～6m。支撑竖向共设七道，并换撑二道（南端风机房基坑六道混凝土支撑，换撑一道），水平间距除钢支撑为3m外，其余钢筋混凝土撑均为6m；考虑到三号线基坑宽大于25m，需在基坑中部设临时竖向立柱。

三号线、六号线基坑主要设计参数如下：

a．第一道支撑采用700mm×1000mm混凝土支撑，冠梁尺寸1200mm×1000mm。

b．第二、三、四、五、七道支撑采用ϕ600、t=14钢管，支撑支顶在腰梁上，斜撑采用混凝土支撑，截面为800mm×700mm，腰梁采用混凝土腰梁，截面为800mm×700mm。

c．第六道支撑采用混凝土支撑，截面为900mm×800mm，腰梁采用混凝土腰梁，截面为800mm×800mm。

d．第四道换撑、第七道换撑、风机房第六道换撑均采用ϕ600、t=14钢管，支撑支顶在内衬墙上。

e．风机房六道混凝土支撑均采用700mm×800mm截面，冠梁尺寸1200mm×1000mm，其余五道腰梁均采用混凝土腰梁，截面为900mm×800mm。

f．钢立柱采用600mm×600mm矩形钢格构柱，柱下设ϕ1200钻孔桩基础，深入基坑底以下6m。

② 针对花岗岩残积土遇水软化崩解的特性，在广泛存在花岗岩残积土的六号线基底，开挖前采取预处理措施，预处理措施采用三管旋喷桩对基底进行加固，连续墙内侧及纵梁底设两排紧密布置旋喷桩。加固范围为基底以下3m（中间部分）和达到连续墙底（连续墙内侧两排）。紧贴连续墙两排旋喷桩从地面开始施工，其余的旋喷桩在工期和场地允许情况下待土方开挖至第一道支撑位置处再进行施工。

考虑混合花岗岩残积土遇水易软化，地下连续墙应穿越残积土层及全风化岩层进入较好的岩层且应确保嵌固深度。根据计算分析结果和广州地区的一般经验，并结合现场的实际地质条件，重新调整地下连续墙的深度，均在强风化以下土层嵌固。

③ 在施工过程中，考虑到地质灾害的可能性，以及是否依靠降水保证三号线基坑的开挖，从地面对燕塘站三号线进行了抽水试验，表明场区可能存在一个富水的破碎带。

为保证基坑、主体结构施工安全，对基坑采取止水措施，止水方案应以封堵上述富水的破碎带为主。随后进行了燕塘站注浆止水试验，注浆止水报告表明，注浆可以达到对该富水破碎带的封堵止水效果。

故针对基底土层富含承压水的特性，对燕塘站基坑采用帷幕注浆止水，通过对基底的强、中风化花岗岩富水破碎带分段注浆止水，为基坑施工安全与主体结构施工创造条件。

④ 由于地铁区间施工以及燕塘站基坑开挖导致车站周边地层失水，周边建筑距车站很近，产生沉降，尤为突出的为车站南侧的燕岭大厦。

具体处理概况如下：

燕岭大厦裙楼基础形式为人工挖孔桩，桩长根据现有资料判断，应为6～10m；燕侨大厦主楼基础形式为混凝土灌注桩，桩长根据现有资料判断，应约为33m。两建筑物由于基础持力层失水，造成沉降，现采取外侧注浆止水，桩基础持力层袖阀管跟踪注浆，通过注浆补偿持力层因失水造成的沉降，对燕岭大厦以及距六号线基坑较近的燕侨大厦进行保护。

燕岭大厦裙楼沉降最多时达到150mm，经过注浆处理后，沉降量下降至50mm后趋于稳定，保证了大厦的安全。

⑤ 车站的三号线南部采用暗挖工法，但暗挖车站所处地层广泛分布花岗岩残积土，施工风险很大。针对该特点，对有条件的暗挖车站采用了地面旋喷桩加固，对没有条件进行地面加固的暗挖车站，采用洞内前进式注浆止水的措施。实际施工证明，上述措施很好地保证了暗挖车站的顺利完工。

4）车站设计施工重难点（重大变更）介绍

（1）六号线基底加固（重大变更）

燕塘站六号线基坑深约17m，六号线基底主要在〈6H〉和〈5H-2〉层，三号线基底绝大部分在〈7H〉，小部分在〈6H〉层，三号线局部基底位于〈5H-2〉层。根据地质勘察报告以及既往工程经验，〈5H-2〉、〈6H〉土层具有遇水软化、崩解的特性，当遇水浸泡时，土层会迅速软化及崩解，对基坑施工有显著不利影响。

花岗岩残积土以及全风化层〈5H-2〉、〈6H〉土层，当遇水浸泡时，土层会迅速软化崩解，基底软化对施工与安全造成显著不利影响，主要集中在以下几方面：

① 基底软化对围护结构造成安全隐患。

② 基底软化引起主体结构基底承载力不够。

③ 基底软化造成基底土层软硬不均，产生不均匀沉降，影响主体结构安全。

④ 基底软化引起施工难度加大甚至无法施工。

因此，考虑到燕塘站基底土层有部分位于花岗岩残积层及全风化土层，对该部分土层采取必要的处理措施是合理的，也是非常必要的。

根据工程的地质勘察报告，该土层呈明显的砂性土、

左图：开挖到底现场

右图：开挖过程现场

砾质土的特征，土工试验反映出花岗岩残积土的级配差，扰动敏感性较强，含砂量高达40%～50%，而砂基本上不再吸收水分。当施工开挖时，周边地下水一旦渗入该土体，增加的水量几乎都加到土体的高岭土部分，风化的高岭土成分实际含水率将大大增加；根据工程的地质勘察报告所提供的参数及以往工程实例试验数据，经过计算，其实际含水率达60%～70%，超过其50%～60%的液限含水率，这与工程反映的花岗岩残积土一经开挖暴露遇水浸泡，经1～2d呈泥浆状的现象相吻合。

若不考虑土体膨胀产生的含水率，仅计算土体饱和时的含水率$W'=W_0/(1-S)$，〈5H－2〉土为0.576>0.406；〈6H〉土为0.467>0.373，均已超过液限含水率。所以针对花岗岩残积土的预处理是非常必要和合理的。

针对选用何种措施进行预处理，我们采用了试验的方法进行比选，其中主要包括旋喷桩加固以及袖阀管注浆加固两种预处理措施。根据燕塘站的基底花岗岩残积层预处理试验结果，袖阀管劈裂注浆在花岗岩残积层中的加固效果较差，试验中未能得到劈裂注浆的有效加固体；同时经过试验，对单重管、二重管、三重管旋喷桩的加固效果进行了判断，针对花岗岩残积层，三重管旋喷桩的加固效果最好，成桩直径可以达到600mm。

在广泛存在花岗岩残积土的六号线基底，开挖前采取预处理措施，采用三管旋喷桩对基底进行加固，连续墙内侧及纵梁底设两排紧密布置旋喷桩。加固范围为基底以下3m（中间部分）和达到连续墙底（连续墙内侧两排）。紧贴连续墙两排旋喷桩从地面开始施工，其余的旋喷桩在工期和场地允许情况下待土方开挖至第一道支撑位置处再进行施工。

考虑混合花岗岩残积土遇水易软化，地下连续墙应穿越残积土层及全风化岩层进入较好的岩层且应确保嵌固深度。根据计算分析结果和广州地区的一般经验进行类比，并结合现场的实际地质条件重新调整地下连续墙的深度，均在强风化以下土层嵌固。

采用基底加固后，六号线开挖至基底恰逢雨季，局部旋喷桩桩间出现了残积土软化崩解的现象，但是仍然可以采用施工机械进行作业。施工单位及时按照设计方案中的碎石换填要求对旋喷桩桩间进行碎石换填，并及时设置排水盲沟，对基底水进行及时疏导和排泄，最终保证了整个基底满足承载力要求，同时通过了荷载试验，并且没有基底土层软硬不均导致垫层隆起等现象，六号线基底顺利采用混凝土垫层封底，顺利施作完成底板结构。

针对燕塘站六号线基底广泛分布花岗岩残积土，经过业主与参与工程建设的各方单位共同确定的三管旋喷桩加固措施，有效地保证了六号线基底顺利开挖到底，并且保证了基底承载力的要求，为燕塘站整个工程的顺利进行创造了很好的条件。在整个设计以及实施加固和开挖的过程中，有一些经验和措施值得在后续的工作中继续研究和采纳，具体如下：

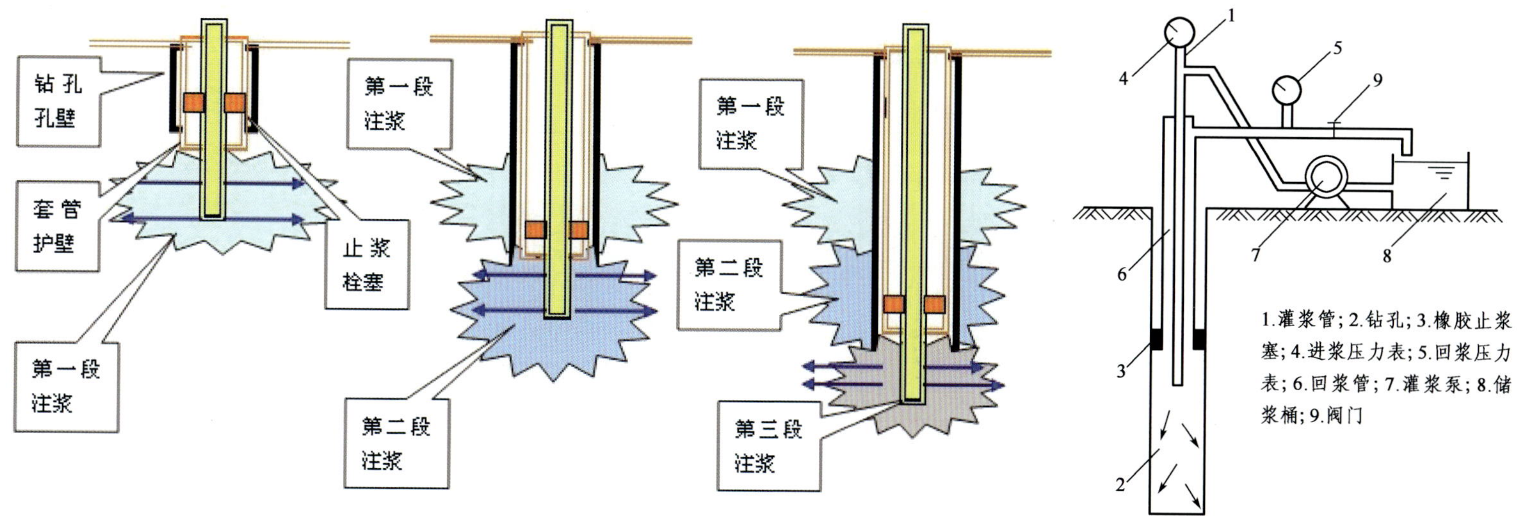

① 设计中应充分考虑地层经扰动后坑外主动土压力增大，而坑内土层软化，被动土压力减小的现象，慎重选取土层计算参数。

② 设计时应考虑内撑未施作，而开挖面下土层被软化的工况，并预核算基坑的变形及围护受力，以满足规范要求。

③ 如果条件允许，围护结构尽可能穿越花岗岩残积层和全风化层，深入不透水层中。

④ 施工中应严格管理，对基坑外应采取截流措施，基坑周边设置截水沟，严禁坑外水流入坑内；坑内设置排水沟，及时抽排坑内积水，尽量减少地基土受水浸泡的时间，杜绝基坑长期泡水。

⑤ 因为采用了大型机械，使基底残积土被扰动崩解，造成后续的工作难以进行，甚至停滞，所以应该在土方开挖至开挖面500～1000mm时采用人工开挖，减少大型机械对基底土的扰动；即使采取了基底加固，也应注意桩间土体的软化。

⑥ 针对花岗岩残积土，不应仅仅停留在预处理后，快速封底也是一个防止残积土软化的很有效的措施，花岗岩残积土即使没有遇水扰动，在空气中暴露1～2d后也会逐渐崩解，所以施工中的快速反应也是不可忽视的。

（2）三号线基坑帷幕注浆分析（重大变更）

由于燕塘站处于瘦狗岭断裂带附近，且存在承压裂隙水等水文地质特点，在施工前期，考虑到地质灾害的可能性，同时为了确定是否可以依靠降水保证三号线深达32m基坑的顺利施工，经过地铁公司地质灾害防治小组牵头，组织了多次会议进行讨论研究，决定先对燕塘站三号线基底采取抽水试验，以确定下一步的具体施工方案。

在抽水试验中发现，三号线基底存在富含承压水的破碎

上两图：机理图

下两图：基坑开挖至底现场情况

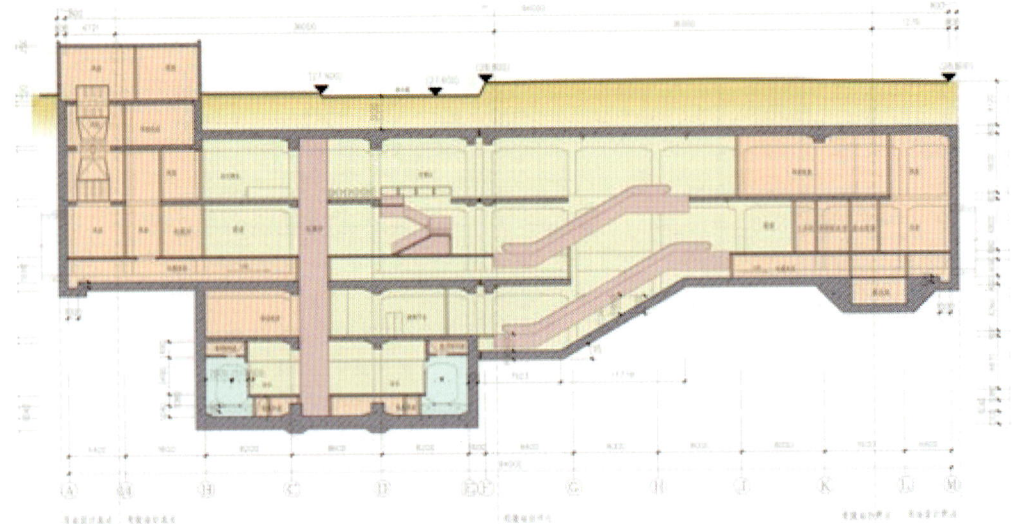

上图：六号线纵剖面

带，一口抽水井一天的抽水量为500～600m³，远大于历次勘察中的抽水量，而且仅仅一个抽水井的运作已经导致距离基坑150m外的地面产生沉降。针对该情况的出现，已经充分证明降水措施不能满足基坑安全的需要，也不能保证基坑开挖过程中周边建筑物的安全，开挖过程中可能会出现基底大量涌水的现象，同时会影响到基底以上的开挖，降水措施不能满足基坑安全的需要。

在抽水试验后经过详细的分析和讨论，基本确定应在基坑外围设置止水帷幕的设计思路，帷幕的范围应达到基底以下的微风化层，彻底将破碎带中的承压裂隙水封堵，将水挡在基坑以外。随后进行了一次帷幕注浆止水试验，注浆工艺参考水工建筑中的自上而下的循环式分段注浆。试验完成后，注浆止水报告表明，注浆可以达到对富水破碎带的封堵止水效果。故针对三号线基坑采用了帷幕注浆措施。

帷幕注浆的设计主要参考了水工建筑的钻孔灌浆方法，具体为自上而下的循环分段注浆，该工艺按照灌注的顺序可称为自上而下分段灌注。

按照灌注的方式可以称为循环灌注法，液压入钻孔后，一部分进入到岩石裂隙，一部分多余浆液可以从内外管之间的空隙返回到孔外，经过回浆管路返回，浆液始终处于流动状态，不会产生沉淀，灌浆效果好。同时可以对回浆浓度状态、回浆量等指标进行测定，根据进浆与回浆的浆液比重的差值，对岩层的吸浆情况作出判断，准确分析灌注效果以调整参数。本次设计采用了两种工艺的有机结合。

通过自上而下的分段灌注，每灌浆一段均需要进行重复破孔，配合压水试验的检查，以确认每一段的止水效果，形成准确成果，判断各段的灌浆质量，总结调整参数。技术上可以确保止水的质量。

帷幕注浆结束后，基坑开挖至底，现场土质干燥，未有涌水，原日抽水量600m³的抽水井位置亦无水涌出。以上充分表明，帷幕注浆已基本将三号线基底存在的富水破碎带封堵，保证了深达32m的基坑顺利封底，保证了主体结构的顺利完成，为燕塘站工程提供了巨大安全保障。

（3）换乘站设计

燕塘站为广州市轨道交通三号线北延段的第一座车站，车站位于广汕路与燕塘小区燕兴路交叉口处，为三号线、六号线的换乘站。

三号线有效站台长为120m,六号线有效站台长为72m。由于三号线、六号线各自线路敷设的特点，六号线在上，三号线在下，同时受三号线线路的影响，燕塘站六号线和三号线之间的距离达到13m左右。根据此特点，同时充分利用空间，在两线之间沿三号线设置了一个换乘平台空间层。

为了减少三号线车站的设置对燕塘小区住宅楼的拆迁，三号线车站南端进入了广汕公路机动车道约16m。考虑到广汕公路为过境的城市主干道，车流量较大，交通繁忙，为减少车站施工时对广汕公路交通的影响，保证广汕公路的畅通，结合车站的设置情况，三号线站台层的南端约为52m部分采用暗挖工法，而站台层在暗挖段以北约80m的部分则采用明挖法，使车站明挖部分基本不侵入广汕公路的机动车道，保证车站实施时广汕公路的交通顺畅。

根据以上的各种因素，结合本站内部管理、设备等工艺要求以及各附属建筑物的设置条件，对本站的客流组织以及三号线、六号线之间客流换乘结合各层平面的布置作如下的引导和设计。

地下二层为六号线的站台层，三号线的楼扶梯的转换空间及三号线、六号线的设备用房。

地下三层为三号线、六号线换乘平台空间层和设备用房。

地下四层为三号线的站台层。

在地下一层三号线、六号线交叉节点处设置为付费区，付费区的中间设有一部可直接通各层付费区的无障碍电梯沿六号线走向；在东西两端设一组扶梯和一部楼梯到达地下二层六号线站台层公共区。同时沿三号线去向的南端设二组楼

上左图：站厅垂直电梯

上右一、二图：站厅——六号线站台扶梯

上右三图：站厅——六号线站台楼梯

下左图：六号线站垂直电梯

下中图：六号线站台扶梯

下右图：六号线站台楼梯

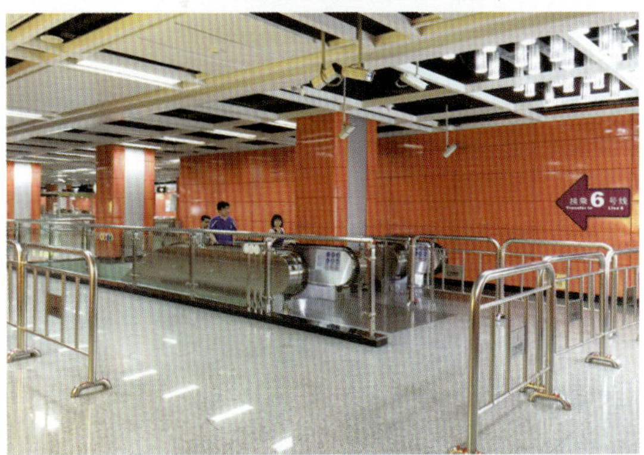

上左图：站厅——三号线扶梯

上右图：站厅——三号线楼扶梯

中两图：站厅——三号线

下　图：换乘平台

扶梯到达地下二层三号线的转换空间。

在地下二层六号线站台层公共区的东端设1组楼扶梯到达地下三层的换乘平台空间层，同时在地下二层南端的三号转换空间上设2组楼扶梯到达地下三层的换乘平台层。

地下三层换乘平台空间沿三号线走向，在南北两端各设1组楼扶梯到达地下四层、三号线站台层的公共区上。

三号线、六号线方向的换乘是通过地下三层的换乘平台层来进行付费区之内的换乘，换乘的途径可以通过连接三号线、六号站台层的楼扶梯和电梯来完成。

5）总结

① 整个燕塘站工程中没有严格意义上的技术创新；但在土建工程中，三号线基坑帷幕注浆的设计中充分借鉴了水工建筑中的注浆方法和工艺，对基坑的止水取得了良好的效果。

帷幕注浆也存在缺憾，由于本站最终确定采取帷幕注浆方案时，围护结构地下连续墙已完成施工，若在连续墙施工之前即在连续墙内预埋注浆管，则可以节省在外围施工时的空钻时间及工程量；但预埋的工艺要求较高，可能会采取在连续墙墙身中重新清孔或开孔等措施。

② 方案设计优秀与否同最终整个项目设计优秀与否是休戚相关的，所以方案的把握是关键，是基础。而要做好这基础工作，整体把握能力和意识又是关键，整体设计的思想还要贯穿在设计细化过程中，做到设计不脱节。在整体设计的基础上，形成对工程薄弱环节的认识，从而自然而然引伸到

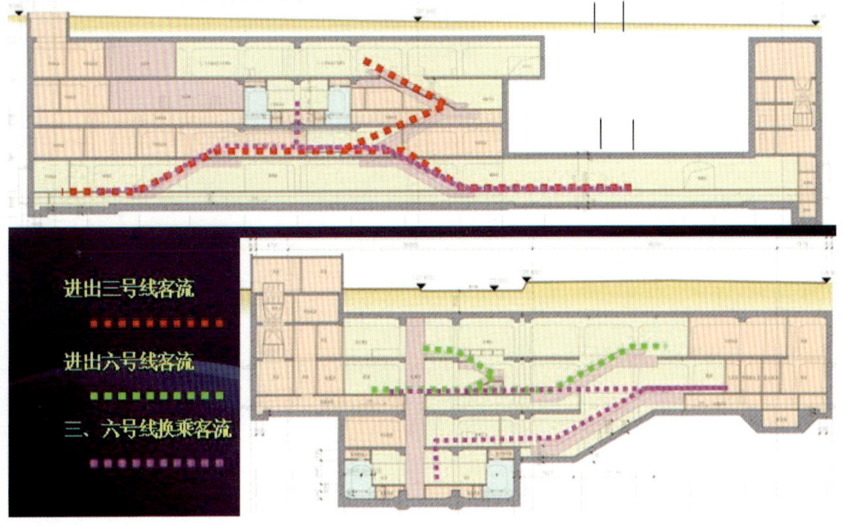

上两图：六号线换乘平台楼扶梯

下左图：换乘平台垂直电梯

下右图：客流组织示意图

上　图：换乘平台

中左图：换乘平台——三号线扶梯

中右图：换乘平台——三号线楼、扶梯

概念设计。

概念设计应贯穿在设计过程中。负责设计的工程师应以丰富的经验和对工程典型案例的了解、熟悉为基础。在进行具体设计之前，应针对项目的工程特点、场地条件和水文地质等具体条件在大方向上作方案的考虑。方案的讨论和评审制度等都是比较可行有效的方法，集思广益，在工程安全、经济、适用和消除隐患方面作全方位的权衡、判别和取舍。

③ 设计既要注意整体也要考虑细节。在设计过程中要有整体概念，清晰内力传递途径，有所加强，有所减弱，科学设计。加强节点、连接构件设计和验算，保证结构安全。同时还要关注现场，适时调整设计参数，信息化设计施工。由于各种原因，在施工过程中不可避免出现一些设计时不可预见或者与设计输入条件不一致的因素，要求设计人员及时调整设计参数，以策安全。

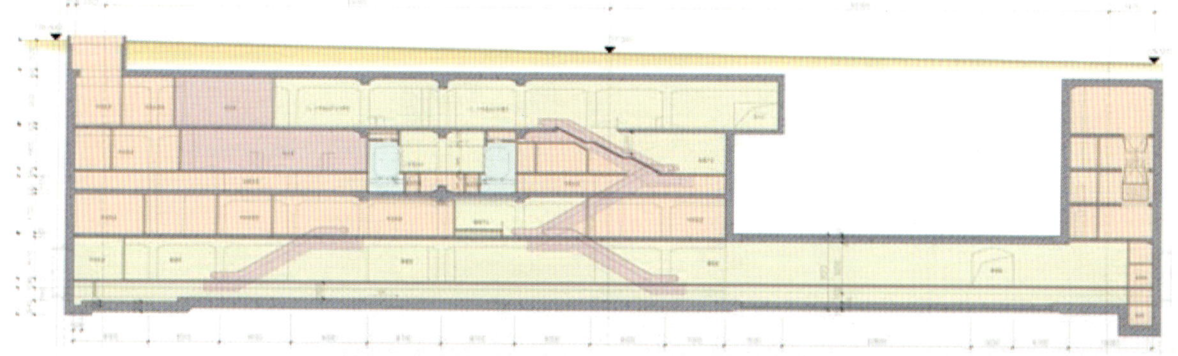

中　图：三号线纵剖面

下左图：三号线站台扶梯

下右图：三号线站台楼扶梯

1.5.21 天河客运站

1）工程概况

（1）车站基本情况

车站位于沙汕路与天源路交汇处的东北面，元岗批发市场的东南面，线路走向大致为东西向。沙汕路（规划路宽40m）为元岗批发市场主要交通便道，现状为双车道；天源路（路宽60m）为双向十车道，为城市主要交通干道。站位以东是三号线支线天河客运站，车站的设计充分考虑了与三号线的接驳关系；站位以西是天河汽车客运站；站位以北是元岗村；站位以南是北环城市干道高架桥。天河客运站处于客运站场繁华地段，车流量大，来往行人多。

（2）地质条件

天河客运站附近为丘陵地貌，沿线为剥蚀残丘和山间冲洪积小盆地或小沟谷，车站所处位置地势较为平坦，地面标高为23.54～24.04m。周边多为多层建筑物、居民区及城市道路。

地下水水位埋藏变化较大，初见水位埋深为1.10～3.10m，稳定水位埋深为1.20～3.10m。地下水位的变化与地下水的赋存、补给及排泄关系密切，每年5～10月为雨季，大气降雨充沛，水位会明显上升；而在冬季因降水减少，地下水位随之下降。

2）车站主要技术指标介绍

（1）车站规模

车站明挖部分外包总长83.8m，标准断面宽度19.9m，线间距13m，顶板覆土厚度3.0m，车站总建筑面积8924.6m^2，车站主体建筑面积7316.5m^2，有效站台中心轨面埋深29.23m，有效站台中心轨面绝对标高–5.530m。车站附

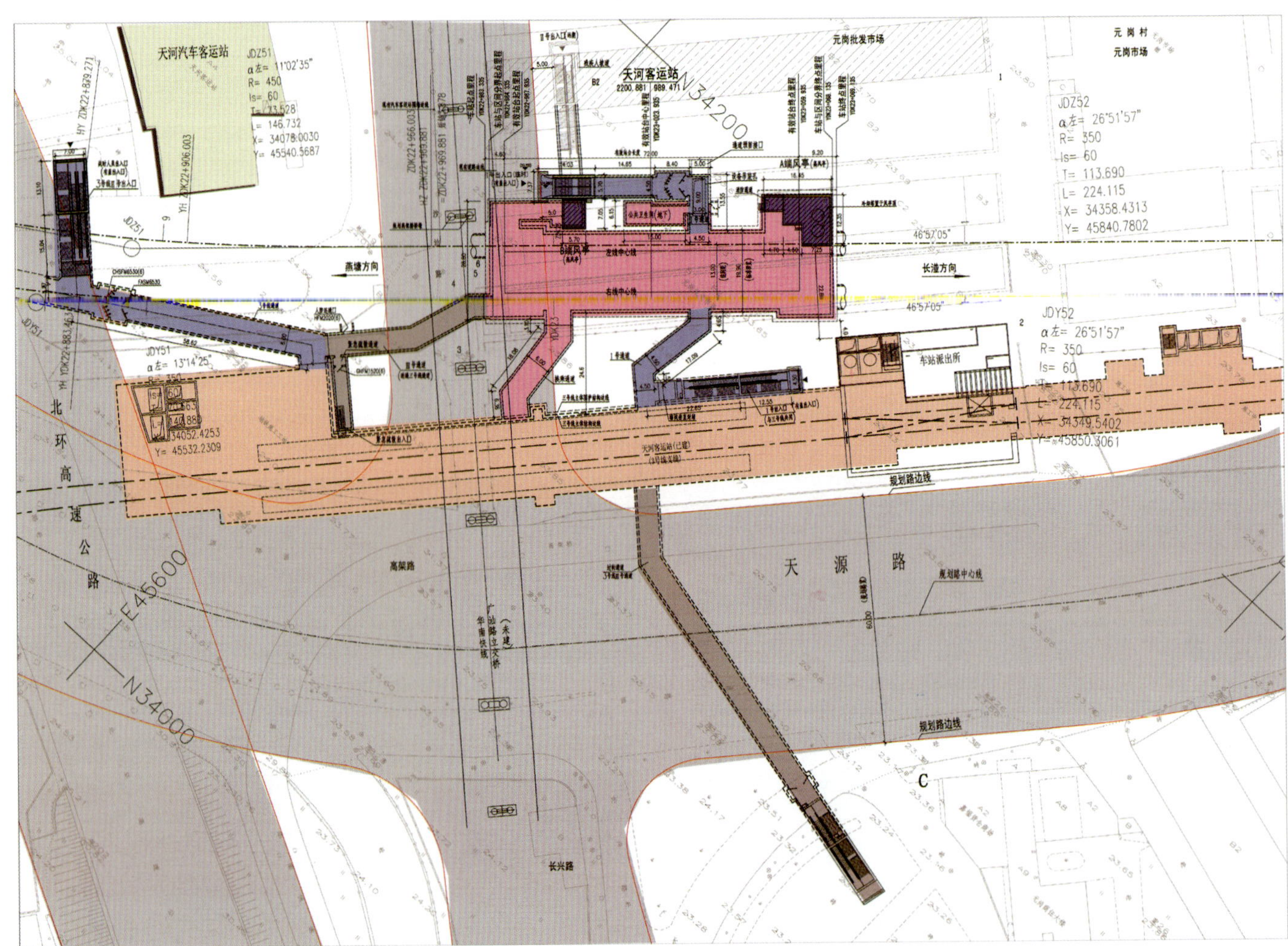

右图：天河客运站总平面图

属建筑面积1608.1m^2。附属建筑部分由3个通道、1个出入口及2座风亭组成。

（2）工程筹划

为减少施工期间对地面交通的影响，该站分一期、二期施工方法。一期施工主要是施工车站主体结构，二期施工主要是施工车站附属结构。施工工期31个月，其中包括施工前期准备2个月。

（3）工程概算

车站土建工程概算为8843万元。

3）车站方案的形成

（1）站址位置的控制性条件

由于车站站位周边交通设施多，车流量和人流量都很大，车站位置的设计控制性条件很多，主要有以下几点：

① 东面的三号线天河客运站已经建成运营，六号线车站须与其换乘，这就要求车站位置应尽量靠近三号线车站；但由于站位的地质条件差，六号线车站的埋深较大，线路布置受限，以及由于地面建筑物拆除等因素影响，要求设计时对诸多影响因素综合考虑，优化设计方案。

② 南面的北环高速路的桥墩对车站位置的确定也有很大影响，设计尽量减少对其产生影响，避免对桥墩基础实行托换处理。

③ 北面的元岗购物商场为四层建筑物，桩基基础，也应考虑线路通过该建筑物的需要。

四图：六号线天河客运站

三图：六号线天河客运站

（2）车站方案的比选与形成

车站方案的比选和形成是经过多次研究、修改，并经过两次初步设计审查后确定的。在综合考虑了周边各种影响因素后，2006年8月通过了初步设计专项审查。设计方案为地下三层明挖车站，线路从元岗购物商场下面通过，并须对其作基础处理或拆除。后来由于拆迁工作难以实施，业主要求对初设方案进行修改，改为地下四层明挖车站，以便区间从建筑物桩下通过。初步设计（修改）方案于2006年12月审查通过，并得以实施。

（3）建筑、结构方案介绍

① 建筑。本站是与三号线换乘的车站，车站换乘方式为通道换乘，结合线路、周边环境情况，车站结构为地下四层单柱双跨结构，站台为10m岛式站台。

车站地下一层为站厅层，主要布置了公共区及设备管理用房；地下二层为过厅层，主要布置了公共区与设备用房，设备用房主要布置环控机房与通信用房；地下三层为设备层，主要布置有降压变电所与环控机房；地下四层为站台层，主要为乘客候车区。由于车站内部层数较多，车站设备房及公共区设置较广，施工影响面较大。附属建筑部分由3个通道、1个出入口及2座风亭组成，其中Ⅰ、Ⅲ号通道与现有的三号线通道连通，Ⅱ号通道设置1个出地面的出入口，换乘通道与三号线站厅层付费区连接，实现与三号线换乘。

② 结构。车站为地下四层岛式站台车站，采用明挖顺作法施工。基坑围护结构采用地下连续墙加钢筋混凝土内支撑

的结构形式。主体围护结构标准宽度19.9m，深度32.4m，围护连续墙厚度为1m，竖向采用五道钢筋混凝土支撑支护；附属围护结构标准深度9.5m，围护连续墙厚度为0.6m，竖向采用一道钢筋混凝土支撑支护；车站主体为现浇钢筋混凝土四层两跨箱形框架结构。车站全长85.8m（含围护结构），标准段宽19.9m，车站覆土厚度3.0m，底板埋深标准段为32.42m；车站为盾构过站，车站主体与出入口预留与三号线的换乘条件。

4）工程实施情况

（1）车站设计施工重难点介绍

车站主体主要位于花岗岩残积土层中，由花岗岩风化作用而形成风化残积土，遇水软化崩解。本基坑南侧邻近已正常运营的地铁三号线天河客运站，东面离地铁派出所最近只有4m，西面临近天河汽车客运站，北面为砖混结构的元岗批发市场。如何减少对运营车站和周边建筑物的影响是本基坑设计的关键。围护结构采用1m厚连续墙，设置5道钢筋混凝土撑；计算采用增量法模拟施工全过程，采用弹性支点法和极限平衡法，模拟开挖支撑的实际施工过程。由于车站邻近正在运营的三号线车站，需模拟施工时对三号线天河客运站结构的影响，两车站相距16.1～22.9m。考虑到本基坑施工时地层失水对原车站结构的影响及土方开挖对其卸荷作用，应对三号线车站结构进行稳定及承载力复核计算，这是本工程关键技术，并采用有限元程序进行数值模拟计算分析。

考虑对运营的影响，施工过程中对三号线车站的监测由传统的人工监测调整为实时监测，以便能更加方便、及时和准确地获取监测数据，根据数据结果对整个基坑体系的施工作出指导，真正做到信息化施工。后来的事实证明，采用实时监测对车站基坑的施工起到了很好的保障作用，保证了运营车站的结构和行车安全。

（2）车站施工过程中的监测、检测情况，及设计的符合性对比分析

本工程在施工过程中能按设计图纸的要求放线，能按照设计图纸和相关规范规定施工，结构截面厚度尺寸正确，构件满足结构受力的要求。各项材料检测满足要求，施工过程监测数据齐全、稳定，满足设计要求。

5）总结

（1）亮点

车站主体基坑深32.42m，在广东省深基坑工程中尚属少见；且地质情况有其特殊性，在城市繁忙地段且花岗岩残积层中修建深32.4m的基坑是少之又少。

基坑东侧邻近已正常运营的地铁三号线天河客运站，并且离地铁派出所最近的距离只有4m，西面临近天河汽车客运站，北面为砖混结构的元岗批发市场。怎样减少对运营车站和周边建筑物的影响是决定基坑设计的重要因素。考虑花岗岩风化层遇水软化崩解的特点，经过方案比较，围护结构采用地下连续墙加五道内支撑形式。施工过程中的第三方监测显示，对相邻车站和周边建筑的影响都比较小，其成功经验对花岗岩地区深基坑设计与施工有一定的借鉴作用。

（2）缺憾

首先，地铁六号线线路经过城市闹市区，受周边环境影响和制约十分严重，因此，车站规模相对较小，站厅层的非付费区面积也偏小，难以满足人流较大时段的疏解要求。其次，车站设计的3号通道与三号线的2号通道相连，可以使两个车站有机地结合，人流可以得到有效的疏通；但由于通道中部的紧急出口用地无法落实，导致3号通道未能在地铁开通前建成，客流组织受到一定程度的影响。

三图：六号线天河客运站

下图：长湴站总平面图

1.5.22 长湴站

1）工程概况

长湴站原名元岗站，为六号线第22个车站，也是首期工程的终点站，六号线二期工程将往东延伸。长湴站初期为小交路折返站，近、远期贯通运营，站东设折返线、存车线。本站两端均接盾构区间，西端设盾构始发井，东端设二期工程的盾构吊出井。

现状地面较为开阔、平坦，周围建筑密度一般，多为村镇工业用地。现状道路标高约30～32.9m。本站场地占用部分车道，周边场地较开阔，站址范围内无永久性建筑物，施工场地条件较好。车站位于广汕路由西往东车道一侧，车站站址范围内东端道路有部分管线，埋深均在3.0m以内，施工期间对相应的管线作临时迁改或临时废除处理。

车站站址地质条件：花岗岩残积土在水平方向上分布广泛，且层厚较大。

2）车站主要技术指标介绍

车站为地下二层岛式车站，全长349.9m，标准段宽19.7m，基坑深约16.35～19.45m。有效车站台中心处顶板覆土厚度3.08m，岛式站台宽度10m。车站总建筑面积15689.63m^2，其中车站主体建筑面积13988.29m^2，其中包含预留物业开发面积2512.16m^2，附属建筑面积1701.35 m^2。

2008年开始围护结构施工，2009年开始主体结构施工，2010年开始附属结构围护结构施工，2012年至2013年分批次移交主体、附属结构给机电安装、装修，开展施工。2013年8月至10月分批次移交车站给运营部门。2013年12月28日开通运营。

修改初步设计送财局评审的概算总额为21413.52万元，工程费用为17633.27万元。总变更费用约为2200万元。

3）车站方案的形成

根据前期协调情况，本站附近的A类多层建筑均难以拆除。天源路道路较宽，车流量较大，交通疏解难度一般。

有排水暗渠横跨道路，与车站顶板标高冲突，实施方案通过下调了轨面标高得以实现。

初步设计的站位靠道路一侧，影响长湴村的人、车交通出行。实施方案在初步设计的基础上往路中移动了8m，受线路曲线半径影响往路东移动了约30m。所有附属建筑均根据拆迁情况、站位调整等连带地调整了方案。

车站Ⅲ号出入口受工期、管线影响，由原明挖方案调整为顶管法。

本站存车线上方空间作为预留空间。地面共设置Ⅰ号、Ⅲ号共2个出入口；预留Ⅱ号出入口，其中Ⅲ号出入口下穿天源路，采用顶管法施工，口部设置残疾人牵引机、无障碍坡道。车站设置1个紧急疏散出入口与地面制动电阻柜室合建。3组风亭均位于道路南侧或路中：其中A端风亭为矮风亭；B端风亭为高风亭，上置冷却塔，均设于规划道路红线以外的南侧地块；C端风亭为临时矮风亭，设于路中绿化带，待六号线二期工程开通后可视情况封堵。

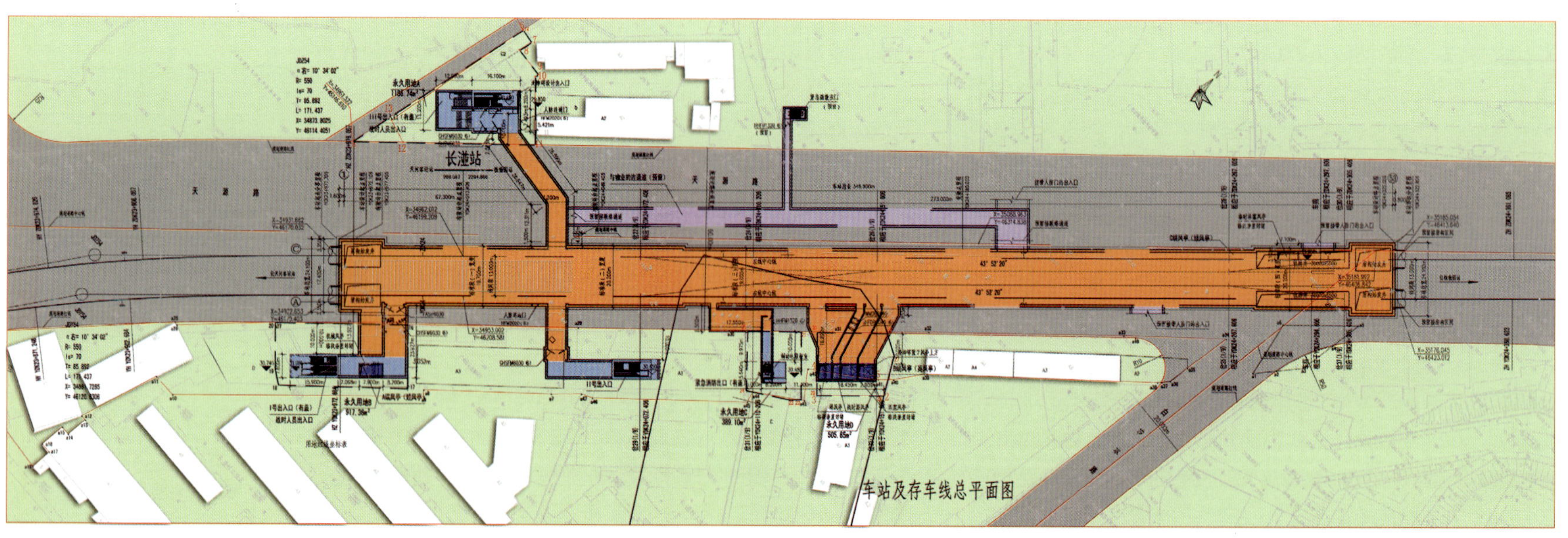

车站大部分采用全明挖工法，主体结构形式为地下双层双跨现浇混凝土矩形框架结构。Ⅲ号出入口采用顶管法施工。

车站站台较短，西端设机械隧道风系统，东端设单活塞风系统。大、小系统均设置在东端的环控机房内。

本站设置牵引降压变电所，由于站台带配线设备房面积较小，降压所设置在站厅层。

站台西端设置乘客公共卫生间，站厅管理区设置工作人员卫生间。

4）工程实施情况

（1）重大变更

① 基底加固。对基底花岗岩风化土灾害进行预防处理。

② Ⅲ号出入口口部由单跑改为双跑等。站位调整连带引起、Ⅲ号口出入口通道改顶管法连带引起，前期征地引起。

③ B端风亭移位及围护结构形式变化。站位调整连带引起，围护结构由钻孔桩改为连续墙为业主审查要求。

三图：六号线长湴站

右图：六号线长湴站

④ Ⅲ号出入口由明挖法改为顶管法。Ⅲ号出入口通道原设计方案采用明挖分期倒边施工，受征地、管线改迁及盾构施工进度慢、场地移交晚等因素影响，该通道开工时间较原工期严重滞后；另由于该通道施工范围内管线密集，特别是出入口段有较多军用光缆，分期交通疏解的管线受车站轨排井及盾构井影响无法迁改，导致原明挖方案无法满足六号线首期开通的条件。

（2）车站设计施工重难点介绍

① 花岗岩残积地层在基坑设计中的处理措施。

② 综合管线与管线之间的碰撞，管线与吊顶冲突。

本线站台长度短，大部分通风空调、配电等管线均为单端布置，造成管线布置困难。本站管线施工过程中的种种标高问题，有的是设计管线图纸与现场土建施工条件不一致，有的是设计人员没有充分考虑施工条件，有的是现场施工员发现问题没有及时与设计沟通，有的是施工单位存在多家施工，只管各自方便。

建议设计、施工均采用三维管线平台，在设计源头减少此类情况，同时设计人员还应多下工地了解情况，主动发现问题、解决问题。

③ 增加公共卫生间。

六号线沿用以往的设计标准，未考虑公共卫生间；施工后期，全国范围内地铁设公共卫生间已成为通用做法，并已写入规范，则应适应新规范，做出设计调整。但本站规模小，增设公共卫生间难度很大，经业主、总体、工点、运营部门多次开会讨论，才得以明确最终方案。

④ 管理用房布置与运营部门的提前沟通。

随着广州地铁的成网运营及乘客对于地铁服务水平要求的日益提高，各类服务及运营用房标准也有所调整，对于一条施工年限较长的线路，应及时与相关部门沟通，以便在施工之前完成设计图纸的修改。

5）总结

（1）亮点

本站按规划局批复意见，站内装修及机电安装设计满足24h过街的功能要求，但需Ⅱ号出入口开通后才能实现。

（2）缺憾

由于本站有效站台较短，采用单端活塞的隧道风系统，站内风管较大。设备区内部分管线与天花高度有冲突，需各专业协调后调整，虽然最终能满足设计及使用要求，但是如果在设计及施工前期能考虑周全，则能避免不必要的返工及变更。

配线上方预留为物业开发空间的原则是正确的，但此种带配线的车站在建筑设计时应适当加大公共区面积，设备区留出一定设备用房以后，剩余的面积才作为物业开发的用途，如此才可适应后续运营的高服务水平要求。

三图：六号线长湴站

1.6 区间

1.6.1 概况

六号线首期工程区间隧道共有20个。

高架区间采用预制节段拼装、双薄壁墩连续刚构结构形式，主梁梁高均为2m，最大跨度40m，最小跨度30m，一般三跨一联，少数四跨或者两跨一联。桥墩采用双薄壁墩，高度一般在8～12m范围内，壁厚有0.6m和0.7m两种，墩中心间距为1.9m。

地下区间以盾构法施工为主。

六号线区间工法一览表　　表3–16

序号	区　间	线路敷设方式	工　法
1	浔峰岗—沙贝站	高架	
2	沙贝站—河沙站	高架+地下	高架+明挖法+盾构法
3	河沙站—坦尾站	地下	盾构法（主要）+明挖法
4	坦尾站—如意坊站	地下	盾构法（主要）+明挖法+浅埋暗挖法
5	如意坊站—黄沙站	地下	盾构法
6	黄沙站—文化公园站	地下	盾构法
7	文化公园站—一德路站	地下	盾构法
8	一德路站—海珠广场站	地下	盾构法（主要）+浅埋暗挖法
9	海珠广场站—北京路站	地下	盾构法（主要）+浅埋暗挖法
10	北京路站—越秀南站	地下	盾构法
11	越秀南站—东湖站	地下	盾构法（主要）+浅埋暗挖法
12	东湖站—东山口站	地下	明挖法+盾构法（主要）+浅埋暗挖法
13	东山口站—区庄站	地下	盾构法（主要）+浅埋暗挖法
14	区庄站—黄花岗站	地下	盾构法
15	黄花岗站—沙河顶站	地下	浅埋暗挖法
16	沙河顶站—沙河站	地下	盾构法
17	沙河站—天平架站	地下	明挖法（盾构井）+盾构法
18	天平架站—燕塘站	地下	盾构法
19	燕塘站—天河客运站	地下	明挖法（盾构井）+盾构法
20	天河客运站—长湴站	地下	盾构法

1.6.2 主要设计原则、标准

① 结构设计应满足施工、运营、城市规划、人防、防水、防火、防迷流的要求，保证结构具有一定的耐久性。

② 根据区间隧道的工程地质和水文地质条件及城市总体规划要求，结合周围地面既有建筑物、环境条件、管线及道路交通状况，通过对技术、经济、使用功能等方面的综合比较，合理选择施工方法和结构形式。

③ 结构的净空尺寸设计应在建筑限界的基础上再考虑适当的富裕量，以满足施工误差、测量误差、不均匀沉降、结构变形的需要。

④ 结构计算模式的确定，应符合结构的实际工作条件，并反映结构与周围地层的相互作用。

⑤ 结构设计应符合强度、刚度、稳定性、抗浮和裂缝验算的要求，并满足施工工艺的要求。最大裂缝宽度允许值按荷载效应标准组合并考虑长期作用影响进行控制，最大裂缝宽度允许值：明挖法、矿山法施工的结构为0.2~0.3mm，盾构法施工的隧道为0.20mm。结构应按最不利情况进行抗浮验算，在不考虑侧壁摩擦阻力时，其抗浮安全系数不得小于1.05。当计入侧壁摩擦阻力时，其抗浮安全系数不得小于1.15。

⑥ 地下结构进行横断面方向的受力计算时，遇到下列情况时，则应对其纵向强度和变形进行分析：a. 覆土荷载沿隧道纵向有较大变化时；b. 隧道直接承受地面建筑物等较大局部荷载时；c. 地基或基础有显著差异时；d. 地基沿纵向产生不均匀沉降时。

⑦ 区间隧道在结构、地基、基础或荷载发生显著变化的部位，或因抗震要求必须设置变形缝时，应采取可靠的工程技术措施，确保变形缝两侧的结构不产生影响正常行车的差异沉降和轨道的曲率变化。

⑧ 区间隧道所选择的盾构机，必须对地层有较好的适应性，以满足地层变化大、岩性软硬不均等复杂的地质条件。

⑨ 结构按100年的要求进行耐久性设计，并在结构设计时采取相应的构造处理措施，以提高结构的整体抗震能力。

⑩ 隧道施工引起的地面沉降和隆起均应严格控制在环境条件允许的范围以内，并根据周围环境、建筑物基础和地下管线对变形的敏感度，采取稳妥可靠的措施。地面沉降量一般控制在30mm以内，隆起量控制在10mm以内。当地铁穿

越重要建筑物时，应根据实际情况确定允许沉降量，并因地制宜地采取措施。

⑪ 地下结构应根据现行《地铁杂散电流腐蚀防护技术规程》（CJJ 49—1992）采取防止杂散电流腐蚀的措施。

⑫ 两条单线隧道之间的净距，应根据工程地质及水文地质条件、线路条件、隧道断面尺寸、埋置深度、施工方法等因素确定，并不宜小于隧道外轮廓直径，当净距不能满足时，应在设计和施工中采取适当措施。

⑬ 暗挖结构设计参数根据力学分析并结合工程类比确定，采用信息化设计，根据现场地质条件，施工量测反馈信息，及时调整修改相关设计参数。结构计算模式的确定，应符合结构的实际工作条件，并反映结构与周围地层的相互作用，对于二次衬砌采用荷载结构模式计算。

⑭ 二次衬砌按使用阶段发生的最不利情况下的水土压力进行计算，根据计算结果确定其配筋。在不良地质条件下初期支护尚未基本稳定就施作的二次衬砌还应考虑承受一定的围岩后期形变压力。

结构防水设计应根据工程地质、水文地质、地震烈度、环境条件、结构形式、施工工艺及材料来源等因素进行，并应遵循“以防为主、刚柔结合、多道防线、因地制宜、综合治理”的原则。以结构自防水为主，附加外防水为辅。

⑮ 区间隧道防水等级为二级。顶部不允许渗水，结构不允许漏水，结构表面可有少量湿渍，总湿渍面积不应大于防水面积的6/1000，任意$100m^2$防水面积上湿渍不超过4处，单个湿渍的最大面积不大于$0.2m^2$。

⑯ 地下结构按设计使用年限100年的要求进行耐久性设计，并应满足现行的混凝土结构设计规范和地铁设计规范的有关规定。

1.6.3 特色设计点介绍

1）土压平衡矩形顶管法通道设计

六号线广泛分布含水砂层，受老城区交通疏解、管线密布和道路狭窄的限制，工程实施异常困难。出入口通道可采用的工法一般有明挖法、顶管法、冻结法、暗挖法，由于地质条件较差，埋深太浅，冻结法及暗挖法风险均不适宜采用，因此可行的方案仅有明挖法和顶管法。以东湖站IIb出入口过街通道横穿东湖路为例，此通道长度约64.5m。过街通道顶板覆土约4m，隧道洞身全部位于淤泥质土<2-1B>及饱和含水砂层<3-1>中，地质条件极差。结合交通疏解、管线迁改、施工风险以及工程经济等多方面对两种工法进行综合比选。

明挖法与顶管法综合比较　　表3-17

序号	项目	明挖法	顶管法
1	对交通的影响	需进行4期交通疏解，对交通干扰较大	不需交通疏解，对东湖路交通无影响
2	管线影响	除110kV高压电缆外，其余管线均需临迁	无迁改
3	施工场地	需分期交通疏解占用东湖路进行施工	不需占道，工作井占用出入口临时用地
4	施工周期	需分期交通疏解、管迁，施工周期约8～10个月	约6个月
5	可实施性	管迁及交通疏解困难，止水要求高，可实施性差	施工可控性较好，不受管线、交通等制约，实施难度相对较小
6	工程投资	约1100万元（其中管迁及交通疏解改约800万元）	比明挖略高，约1250万元

通过上表对比可以看出，在交通疏解、管线迁改、施工场地等问题难以解决，地质条件不适合暗挖或者风险很大的情况下，顶管法无疑具有明显的优势。经反复论证后，广州地铁首次引进上海隧道工程股份有限公司设计制造的全新4.3m×6m矩形土压平衡式顶管机进行施工。

结合本工程过街通道的使用功能要求（客流、通风、防灾、装修等），考虑设备制造、施工难度及同类工程的通用性，最终确定过街通道截面为4.3m×6.0m，管片厚度500mm。其截面设计如图所示。

管片采用工厂预制高精度钢筋混凝土管片，管片混凝土

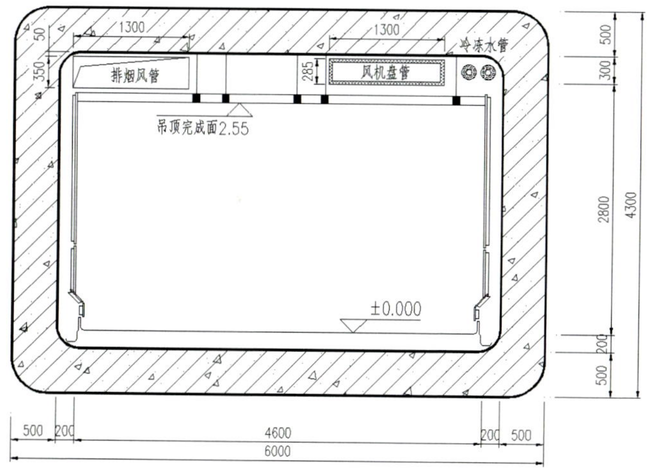

左图：过街通道截面设计（尺寸单位：mm）

上左图：预制管片现场吊装

上右图：管片接口详图（尺寸单位：mm）

中左图：管片防水构造图

中右图：弹性密封止水圈详图（尺寸单位：mm）

下左图：始发端头加固方案（尺寸单位：mm）

下右图：顶管机后靠端头加固方案（尺寸单位：mm）

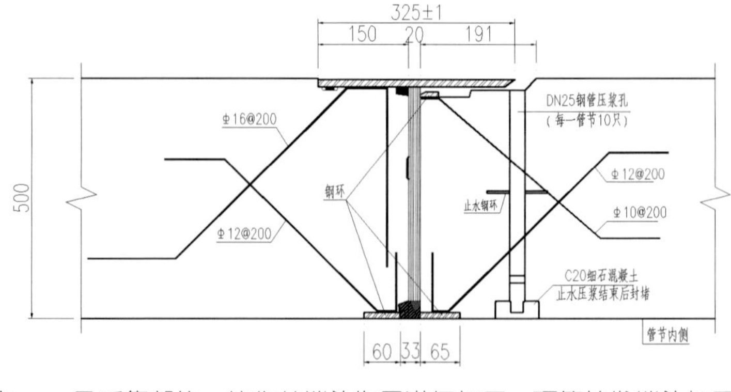

强度等级C50，抗渗等级P10；考虑结构受力、吊装及防水的需要，管片长度采用1.5m，厚度采用500mm。

管片接口采用“F”形承插式，接缝防水装置采用锯齿型止水圈和双组分聚硫密封膏嵌缝。由于顶管管片吊装及拼装止退需要，每环管片沿环向设置有预留孔洞，每边设置两个（见上左图）；为了管片顶进过程中减摩注浆及顶进施工完毕后置换双液浆需要，每环管片沿环向布置10个注浆孔（见上右图）。管片防水构造设计及弹性密封止水圈详图如图所示。

为保证顶进施工及进出洞施工安全，对顶进始发井端头及后靠部位、接收井端头均需进行加固。顶管始发端头加固采用密排旋喷桩结合拉森钢板桩方案，加固长度2.1m；顶管后靠端头加固及顶管接收端头均采用密排咬合旋喷桩加固方案，加固长度分别为3m和1.1m。端头加固各主要施工参数具体如下：

① 旋喷桩采用ϕ600mm双管旋喷，桩间距500mm，咬合100mm，桩长进入通道结构底板以下不小于2m。

② 旋喷桩采用42.5级普通硅酸盐水泥，水灰比1：1，空气压力0.6MPa，水泥浆压力20～25MPa，提升速度10～15cm/min，加固体强度宜控制在0.8～1.0MPa，不宜过

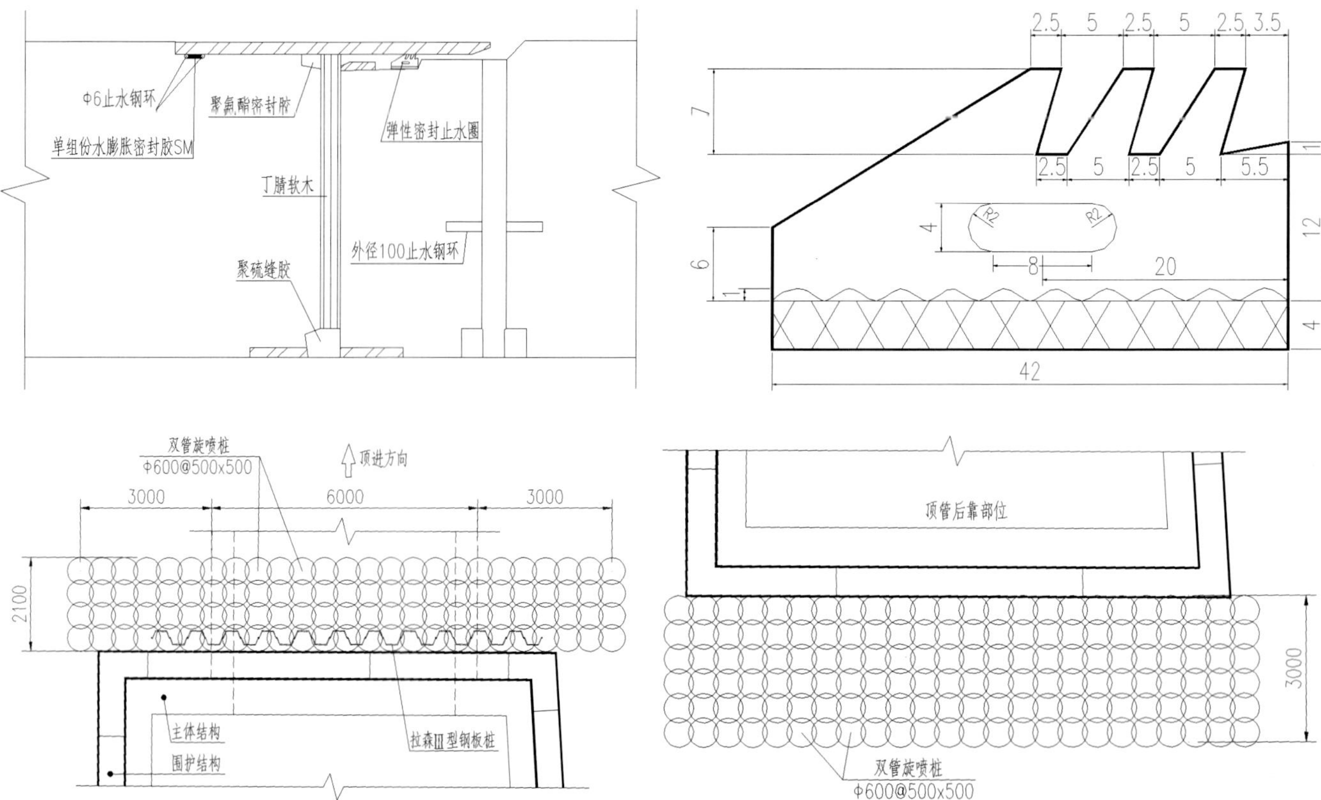

高，否则顶进过程中切削困难。

③ 拉森钢板桩采用拉森Ⅲ型钢板桩，桩底进入强风化岩层不小于1m，在顶管机就位靠上洞门后拔除即可。

工程完工后，路面沉降、管线沉降均在设计控制范围以内，未对路面交通及管线造成不良影响。同时本工程在设计之初考虑了截面形式的通用性，为延长顶管设备使用寿命、降低工程造价及推广也起到了良好的促进作用。

2）超浅埋暗挖隧道下穿内环路

广州市轨道交通六号线黄花岗站—沙河顶站矿山法区间下穿内环路段区间地处广州动物园北门东侧、内环路与先烈路交界处，周边主要建（构）筑物有先烈路跨内环路桥、粤海凯旋大厦，周边环境较为复杂。内环路为广州市主干道，交通极为繁忙。

由于下穿内环路段隧道埋深较浅（3.25～4.10m），属超浅埋隧道，同时根据详勘资料及施工单位的洞内水平超前钻孔（右线）显示（如图所示），下穿内环路段区间隧道部分地段穿越<3-1>、<3-2>砂层，地质条件较差，因此施工难度及风险非常大。

（1）方案主要控制因素分析

内环路为广州市交通大动脉，交通极为繁忙，下穿隧道

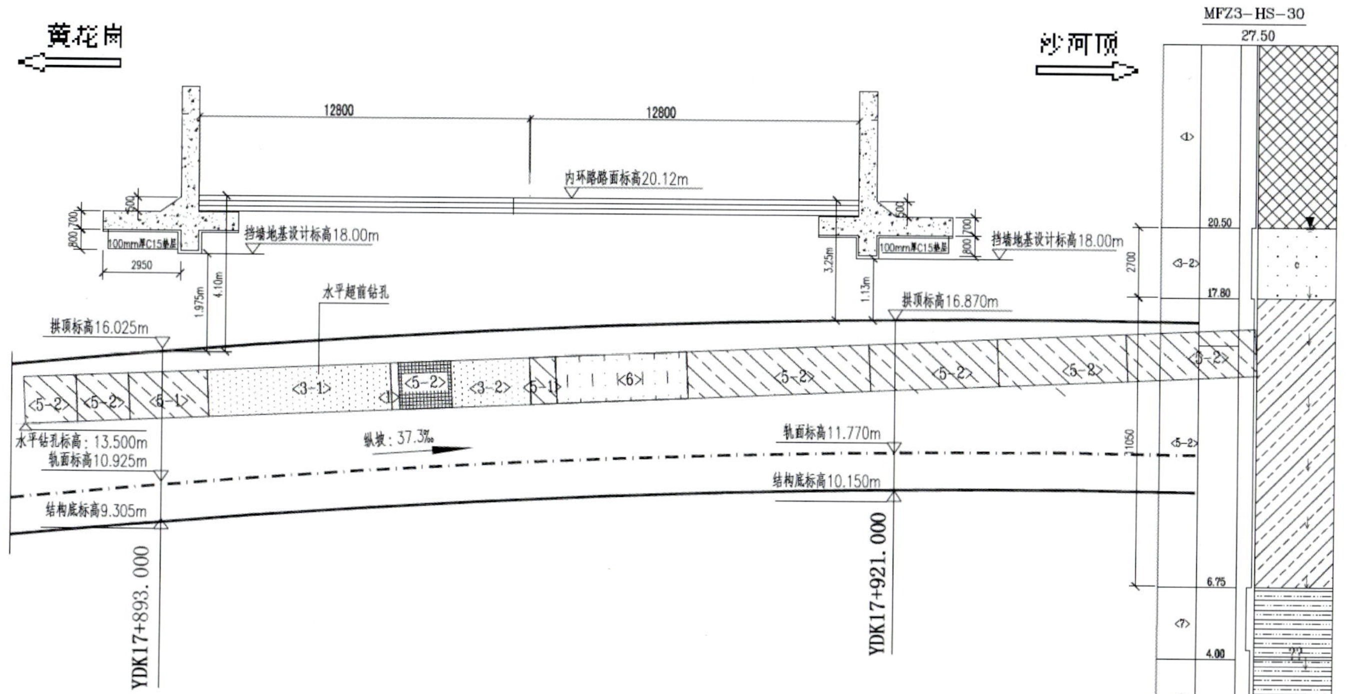

上左图：区间下穿内环路段现状

上右图：粤海凯旋大厦

下　图：区间超浅埋下穿内环路段地质纵剖面图（尺寸单位：mm）

下图：全断面洞内WSS注浆加固设计

覆土非常浅，隧道采用足够的洞内措施保证隧道的安全是必要的。为此隧道开挖前，在内环路上采取相应措施，保证隧道的开挖安全及内环路的行车安全，也是必要的。由于对内环的长期交通管制势必对内环路交通造成较大影响，因此在地面措施方面需要既将对内环路交通造成的影响控制在最小范围，同时又能保证隧道的安全开挖。

结合下穿内环路段地质条件及国内类似工程经验，对隧道进行加固后开挖是必要的，对隧道进行加固的方法有很多，有地面旋喷桩加固、冻结法、洞内水平旋喷桩帷幕注浆、洞内全断面注浆加固（WSS工法、TSS工法、袖阀管注浆、普通深孔注浆）等；由于受到地面限制条件较多，地面加固方式显然不可行，洞内水平旋喷桩帷幕注浆也难以实施，采用最常规的洞内注浆加固后进行开挖是必要的，对应注浆方式而言，结合类似工程经验，WSS注浆工法能够有效地对砂层地质进行较好的固结，注浆效果相对而言是比较可靠的；同时由于覆土浅，隧道断面采用超前支护也很有必要。

（2）设计方案

① 洞内措施：全断面WSS注浆+大管棚+短台阶CD法开挖（保留核心土）。

a. 隧道开挖施工前对隧道采用全断面注浆加固，注浆采用WSS注浆（二重管无收缩双液注浆），加固范围为隧道开挖轮廓外2m及隧道开挖掌子面范围；加固长度为每10m一个循环，止浆墙厚度为2m。

b. 隧道拱部采用ϕ108超前长管棚+ϕ42小导管超前支护，管棚及小导管间隔布置，环向间距300mm；边墙采用R25中空注浆锚杆，锚杆间距800×500（环×纵）；

c. 初期支护采用350mm厚网喷格栅拱架，间距0.5m/榀，格栅主筋采用4肢ϕ25。

d. 隧道开挖采用CD法开挖，上台阶开挖保留核心土，台阶长度控制在4榀即2m以内。

e. 隧道开挖前需对全断面注浆效果采取水平超前钻孔进行探查，同时利用拱部超前小导管钻孔检查加固效果，同时补充注浆，以确保在拱部和掌子面稳定的情况下进行开挖。

f. 隧道开挖过程中，应根据边墙稳定性，及时利用注浆锚杆进行压浆，以保证开挖安全。

g. 为最大限度控制地面沉降，在隧道初支封闭后，需向隧道背后压注水泥浆，但需控制好注浆压力，以防止压力过大造成地面隆起。

h. 初支成环封闭后在初支背后应及时压注水泥浆，下穿内环路段隧道初支贯通后应及时施做二衬并进行二衬背后注浆。

i. 隧道全断面注浆、开挖支护、二衬施工全过程需实行信息化施工，洞内断面及地面沉降监测应贯穿始终，通过监控量测及时反馈信息，不断优化调整施工参数。

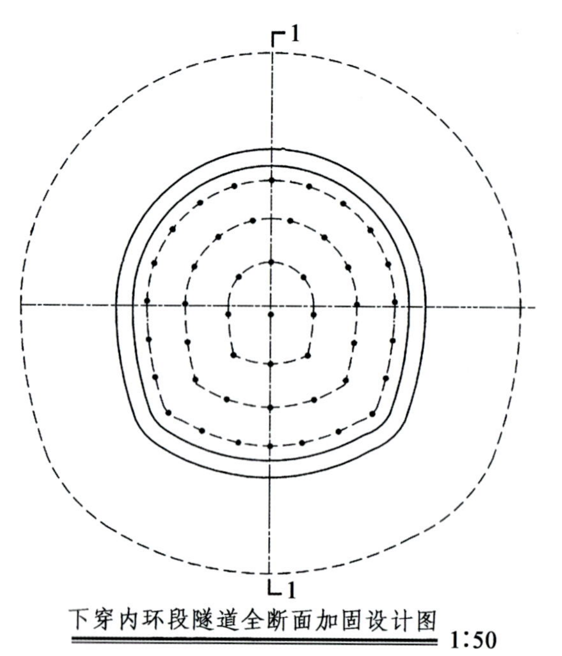

下穿内环段隧道全断面加固设计图 1:50

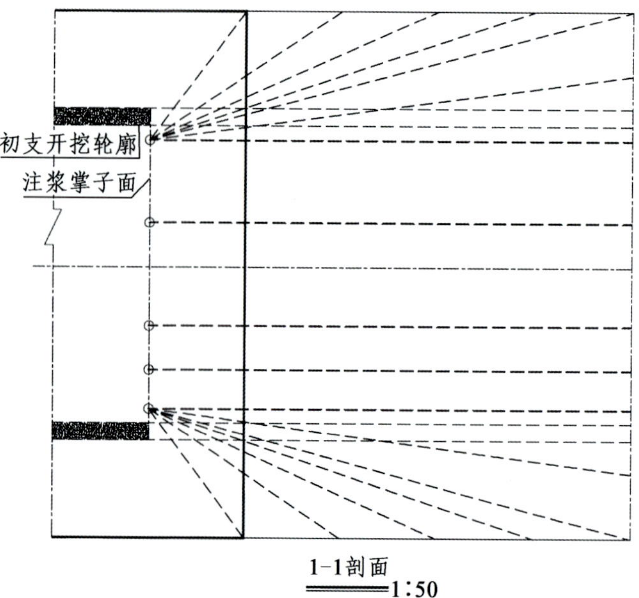

1-1剖面 1:50

② 地面措施：架设临时钢便桥保护

a. 为进一步确保内环路行车安全，采取路面架设临时钢便桥，便桥采用分期交通疏解进行架设（每期交通疏解占用两个机动车道），同时设置限速标志（建议控制在40km/h）。

b. 内环路挡墙保护措施：由于内环路两侧挡墙为带脚趾的混凝土挡墙，具备一定的抗倾覆能力，因此不提前进行预处理，当倾斜或沉降超标后再通过地面补偿注浆进行纠偏；施工期间对挡墙实时监测，保证挡墙在安全稳定的状态。

3）黄花岗深孔帷幕注浆止水设计

黄花岗站暗挖站台隧道在开挖过程

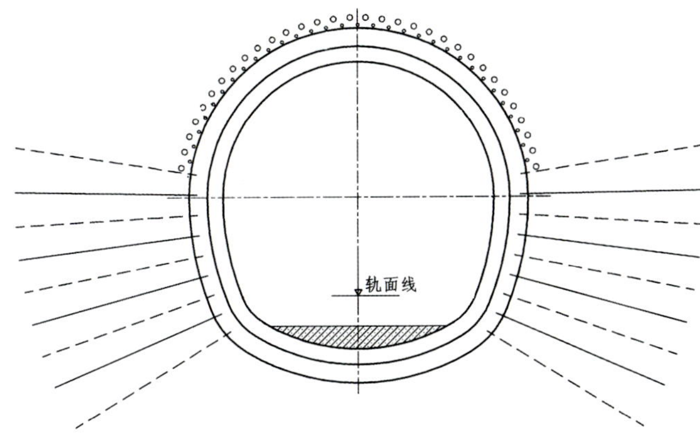

中发现掌子面存在软弱夹层，根据地质勘察单位分析，该层主要为海陆交互相沉积岩经风化后形成的软硬交错、岩土互层严重、夹砂夹砾的复杂地层。隧道开挖过程中日渗水量约800m^3，采用常规注浆止水措施难以封堵隧道大面积渗漏水，掌子面经常出现坍塌现象。为防止隧道开挖过程中掌子面坍塌、确保施工安全，对左右线暗挖站台隧道及站台横通道采取超前预注浆支护的施工措施。

超前预注浆支护的施工措施,具体方案如下：

① 超前预注浆支护采用钻注一体化的深孔帷幕注浆，方式采用前进式注浆。

② 注浆浆液采用水泥单液浆，水灰比1∶1～0.5∶1，注浆压力0.5～1.5MPa（孔口压力）；当局部水量较大，单液浆注浆难以封堵的情况下再采用双液浆进行局部封堵。

③ 注浆每15m一个注浆循环，同时预留2m加固地层作为下一个注浆循环的止浆墙。

④ 在注浆前掌子面需施做30cm厚临时封堵墙，封堵墙采用双层网喷混凝土，钢筋网采用ϕ 14@150×150钢筋网片，同时网片边缘需与隧道格栅进行焊接连接；临时封堵墙需进行分层喷射施工，以确保封堵墙密封效果。

⑤ 掌子面在帷幕注浆施工完成后隧道开挖前施工超前钻孔，当渗漏水量较大，且围岩稳定性较差时再行补充注浆。

中深孔双液注浆在传统双液注浆基础上增加了钻孔深度，采用了更加轻便灵活的钻入工具，实际投入与普通双液注浆工艺相近，但注浆加固效果更好。

中深孔双液注浆在传统双液注浆一次注浆段长15m，采用此注浆工艺后，开挖长度10m，月成洞15m，隧道施工未发生掌子面突水突泥及隧道初期支护开裂变形等安全质量事故，与采用此注浆工艺前相比大大加快了施工进度。

固结止水帷幕厚度达4~5m，堵水率达90%~100%，围岩固结强度高，施工安全可控，采用此注浆工艺后未发生过大的涌水及塌方事故；改善了施工作业环境，减轻了工人劳动强度，工效高，质量好；确保了初期支护的安全，地面沉降及隧道变形测量均控制在设计允许范围内。

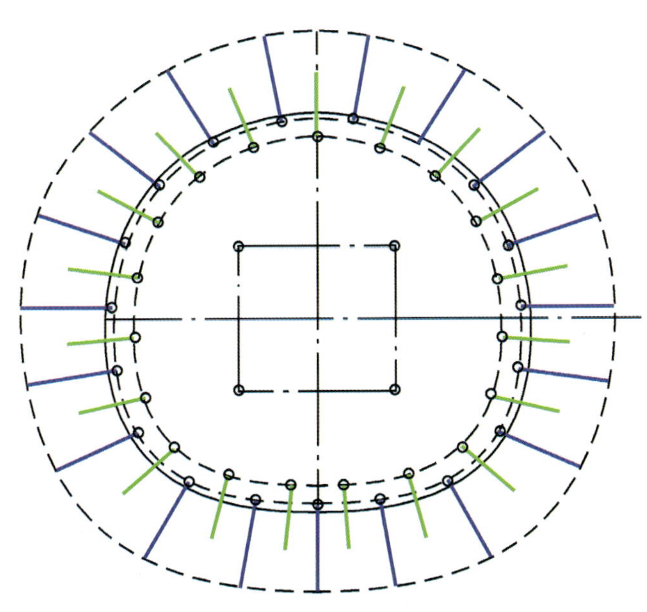

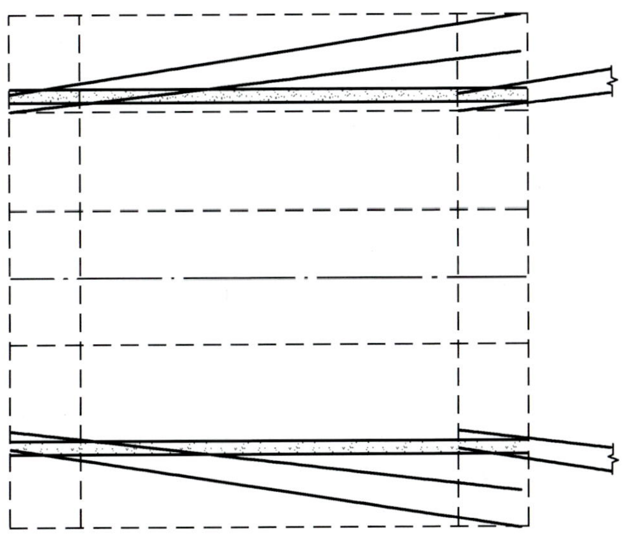

上　图：下穿内环路隧道断面支护设计

下左图：隧道超前预注浆加固横剖面图

下右图：隧道超前预注浆加固平面图

下图：控制中心

1.7 各系统

1.7.1 控制中心

1）原广州市轨道交通2010年线网控制中心的总体规划

广州市轨道交通2010年线网控制中心的总体规划如下：

① 公园前控制中心。设在公园前，实现对广州市地铁一、二和八号线的控制和指挥功能。

② 大石控制指挥中心。设在大石，实现对广州市轨道交通三、七号线的控制和指挥功能以及广州市轨道交通一号线至八号线的线网（应急）指挥功能。

③ 区庄控制中心。设在区庄，实现对广州市轨道交通四、五、六、十四号线的控制和指挥功能。

2）功能定位

区庄控制中心功能定位为广州市轨道交通四、五、六、十四号线共用的区域控制中心，对四条线进行集中调度指挥，包括列车运行的指挥监控和各系统（信号、通信、综合监控、自动售检票等）设备运行的监控。设有800余平方米的中央控制室和相应的管理用房。

中央控制室设值班主任和各调度值班员，负责以上各线行调、电调、环调的组织协调以及设备故障和事件的处理工作。值班主任同时负责各换乘站和枢纽站的客运调度和组织突发大客流的疏散工作，兼负指挥处理车站运营旅客事务的责任。中央控制室配置有综合监控系统监控终端、信号系统监控终端、有线调度电话和无线行车调度电话总机、大屏幕监视系统等设备。

后在五号线建设过程中由于征地拆迁原因，区庄控制中心无法建成。六号线控制中心改为单线的控制中心，设置在浔峰岗停车场。预留接入远期区域控制中心的条件，应急指挥设置在大石控制中心。

六号线对控制中心功能需求定位如下：

（1）对列车运行的指挥监控

① 运营时间内对列车运行情况进行指挥监控。设行车调度台。配备的监控设备有信号控制终端、有线调度电话总机、无线列车调度电话总机、CCTV和中央广播系统、接触轨带电状态显示和运行信息终端各一套等。值班员通过通信、信号系统实现列车进路联锁、控制指挥列车正线运行和列车出入车厂。

② 非运营时间内，安排设备检修施工计划的实施。指挥工程列车的运行，确保系统设备的正常运行。

（2）对系统设备运行的监控

① 对供电系统设备运行监控。

a. 设置供电系统电力调度台（电调），负责指挥控制供电系统工作。电力调度员监控的范围为大坦沙主变电所（六号线供电部分）、燕塘主变电所、全线各牵引变电所、降压变电所、直流牵引供电系统和降压供电系统。

b. 供电系统正常运行时，电力调度员对全线供电系统设备运行情况进行监视，并根据旅客列车运营需要调整供电系统运行方式。

c. 当供电系统发生故障时，电力调度员根据故障情况及时调整供电系统的运营方式，保证旅客列车的运行，并尽快通知有关部门组织对故障的抢修。

② 对通风空调系统设备运行监控。

a. 设置一个环控调度台（环调）。负责全线环控、FAS、BAS、PSD、FG、ACS等系统的监控。

b. 正常运行时，主要负责生成各车站环控系统的运行模式，并向各车站下发环控运行模式指令，同时负责监视

FAS、BAS、PSD、FG、ACS等系统的运行状况。

c. 当设备出现故障时，接受设备故障信息，并负责尽快通知有关部门组织对故障的抢修。

d. 当列车在区间中阻塞或其他紧急情况时，负责按预定的灾害运行模式向相关车站下达模式控制指令，并监督运行模式的正确性，组织有关部门进行救援、救灾工作。

e. 作为火灾自动报警系统的中央级监控主体，负责监视工程设计范围内的火灾灾情，接受FAS的火灾报警信息，组织指挥全线的消防救灾。

（3）设备维修管理

中央控制室设维修调度台，并设维修调度员1名，配备有线和无线维修调度电话各1套、中央广播终端、运营信息管理系统终端。负责各系统设备故障信息的收集，组织抢修和制定设备维修计划，组织指挥大型故障的抢修和抢险工作。

（4）应急指挥中心

根据广州市轨道交通路网规划，六号线应急指挥中心设在三号线大石控制中心。三号线大石控制中心同时作为一至八号线的应急指挥中心，设置有可调看各条线、各个车站信息的综合监控系统、可视电话和市公安110联动专线电话，与各值班主任及总调度长联系的对讲电话，供应急时使用。

上图：六号线控制中心

上　图：中央系统设备房

下左图：中央控制室

下右图：车站控制室

1.7.2 综合监控系统

1）概述

广州市轨道交通六号线综合监控系统是为了实现地铁信息互通、资源共享，提升自动化水平，提高地铁运营的安全性、可靠性和响应性，最终达到减员增效的目的。

六号线综合监控系统由中央级综合监控系统、车站级综合监控系统、浔峰岗停车场综合监控系统、萝岗车辆段综合监控系统和其他辅助功能子系统（例如培训管理系统、集中告警系统、仿真测试平台和网管系统等）等多个部分组成。通过综合监控骨干传输网将以上各部分连接起来，形成一个有机整体。

综合监控系统（ISCS）集成是指综合监控系统与各子系统之间存在紧密的耦合关系，子系统的数据处理、监控功能、人机界面均通过ISCS完成，正常情况下集成的相关系统依赖ISCS实现正常操作功能。

综合监控系统（ISCS）互联是指综合监控系统与各子系统是采用松耦合的结构，子系统是与ISCS有数据交换但其数据处理相对独立，综合监控系统与互联子系统交换必要的信息，实现联动等功能。

2）系统构成

（1）硬件构成

ISCS的硬件分为两层：

第一层，中央级综合监控系统。包括冗余的实时服务器、冗余的历史服务器、外部磁盘阵列、磁带库、中央前端处理器（FEP）、各种调度员工作站（如电调、环调、行

调、值班调度和值班主任助理）、网管服务器、网管工作站、软件测试平台服务器、事件打印机、报表打印机、彩色图形打印机、冗余的带路由功能的网络交换机、大屏幕系统（OPS）、不间断电源（UPS）等。

第二层，车站级综合监控系统。包括冗余的车站级服务器、外部磁盘阵列、值班站长工作站、事件打印机、报表打印机、冗余的带路由功能的网络交换机、车站前端处理器（FEP）、综合后备盘（IBP）和UPS等。

停车场\车辆段综合监控系统（DISCS）和车站综合监控系统（SISCS）一样，都属于第二层，只是配置有所不同。

（2）软件构成

ISCS软件分为三层：

第一层，数据接口层。专门用于数据采集和协议转换，主要由综合监控系统前端处理器（FEP）构成。通过FEP的数据采集、协议转换、数据隔离等功能实现与相关系统的数据通信。

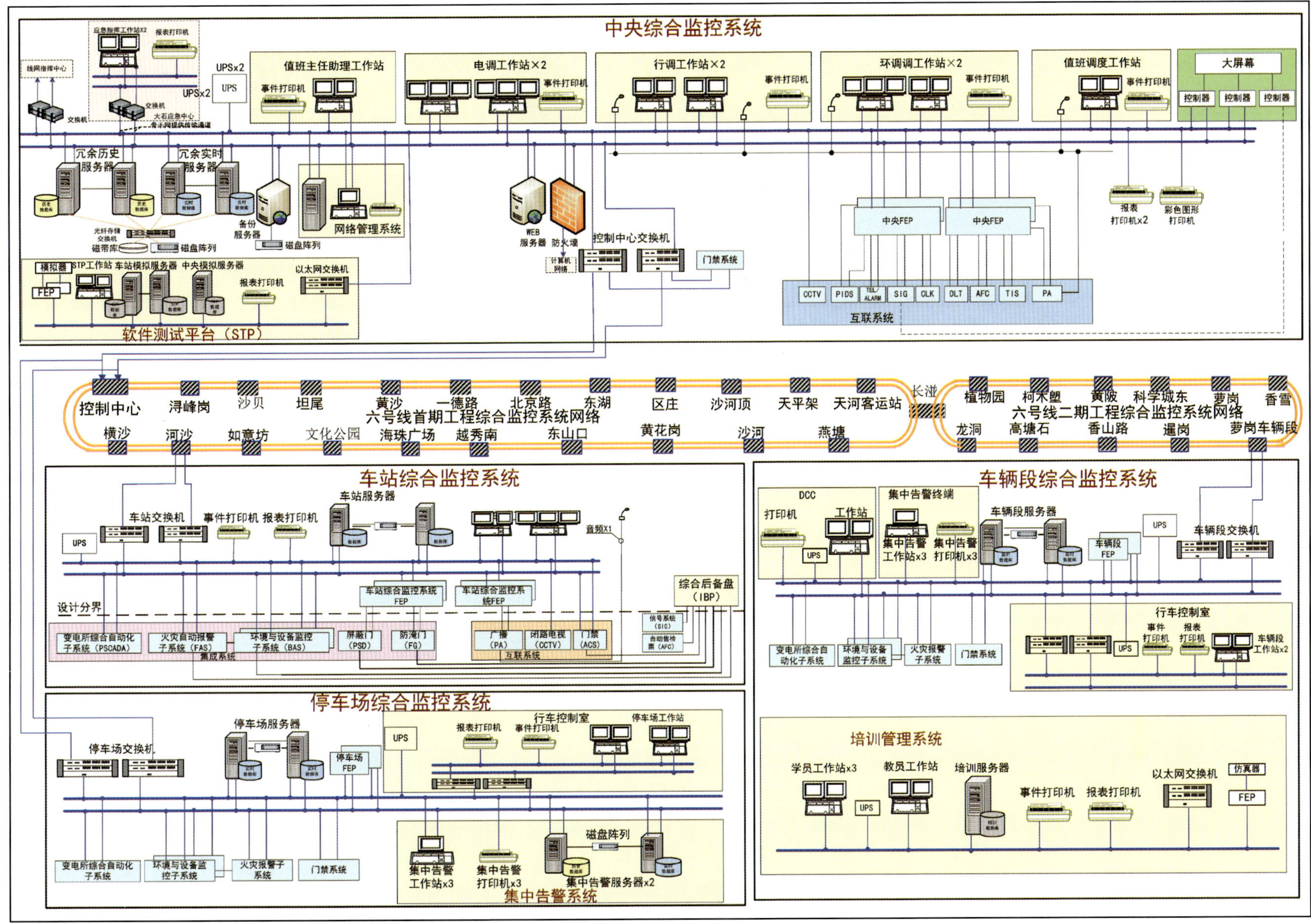

第二层，数据处理层。专门用于数据处理，主要由车站服务器和中央服务器构成，通过实时数据库和关系型数据库提供ISCS的应用功能。

第三层，人机接口层。专门用于处理人机接口，主要由操作员工作站构成，通过网络从车站和中央服务器获取数据，在工作站上显示人机界面。

六号线综合监控系统控制中心、车站及车辆段的系统构成见上图。

3）技术创新

（1）综合监控系统CCTV数字视频显示功能

为了使中央控制室和车站控制室的工作人员获得更加清晰的视频画面以及更加强大的视频管理能力，六号线综合监控系统与视频监控系统（CCTV）采用了数字视频技术，从而更有利于高清视频的传输和显示。

（2）综合监控系统扶梯监控视频功能

综合监控系统扶梯监控视频功能是指控制室工作人员可以通过综合监控系统的操作界面对扶梯进行远程的启、停操

上图：六号线综合监控系统图

上　图：主要操作画面

下左图：计划时刻表

下右图：扶梯监控

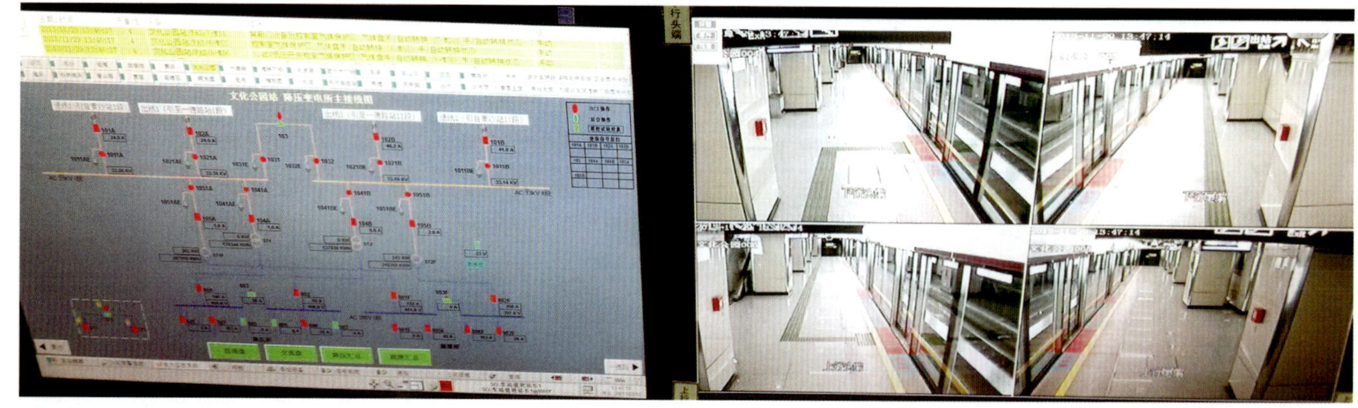

作，为了避免误操作，工作人员远程控制扶梯时，系统会自动弹出对应扶梯的监控视频，并且可以对该扶梯附近的多个摄像头进行切换查看，当工作人员判断现场条件允许后，便可以对该扶梯进行远程启、停操作。综合监控系统扶梯视频显示同样采用SDK包方式实现，在综合监控系统扶梯设备的控制面板一旁依附显示实时视频、扶梯视频的自动显示和灵活切换是该功能的难点、亮点和创新点，也是广州地铁对该项功能技术的首次使用。

（3）综合监控系统列车实时时刻表图显示功能

以往线路综合监控系统提供的列车时刻表采用excel的格式进行显示，因此无法直观显示列车计划时刻表和实际时刻表的对比图。六号线综合监控系统突破常规系统设计，首次使用列车实时时刻表图显示功能，通过接收SIG提供的计划时刻信息和实际时刻信息，存储、计算，并将对比结果通过图形的方式显示在列车时刻表的界面上，该曲线图以车站站点为横坐标、时间为纵坐标，通过计划时间表和实际时间表的线条对比，工作人员不仅可以及时了解当前列车运行的准点、计划情况，还可以查询并显示历史的时刻表信息。

（4）综合监控系统PIDS车载视频功能

广州地铁首次通过综合监控系统和乘客信息显示系统接口调取并显示列车车载视频，客观了车载视频功能。为了方便控制室工作人员观察、监控和记录列车各车厢的内部情况，六号线首期列车的每个车厢里均安装有两个球形摄像头，可以实现车厢内视频监控，摄像头监控的信息一方面通过有线网络传送到地铁司机室里，另一方面通过无线网络传送到浔峰岗控制中心。控制中心的工作人员只需要通过操作综合监控系统便可以及时掌握列车各车厢内部情况，为行车调度提供重要的决策依据，同时也为列车突发事情的调查取证提供有效证据。

（5）视频分析功能

随着广州地铁摄像头的安装数量越来越多，监控人员每天都要处理海量的视频信息，为了提高突发事件的及时响应能力和摄像头图像异常的处理效率，广州地铁六号线首次增加了综合监控视频分析功能。

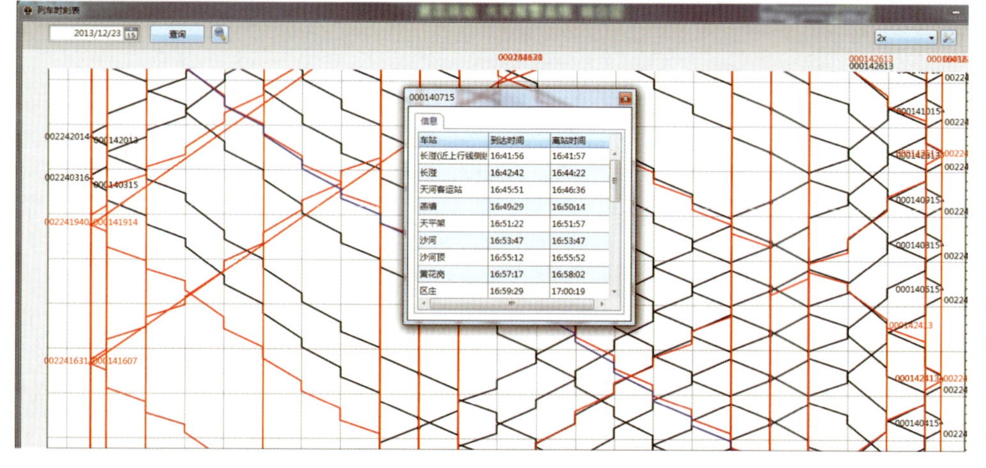

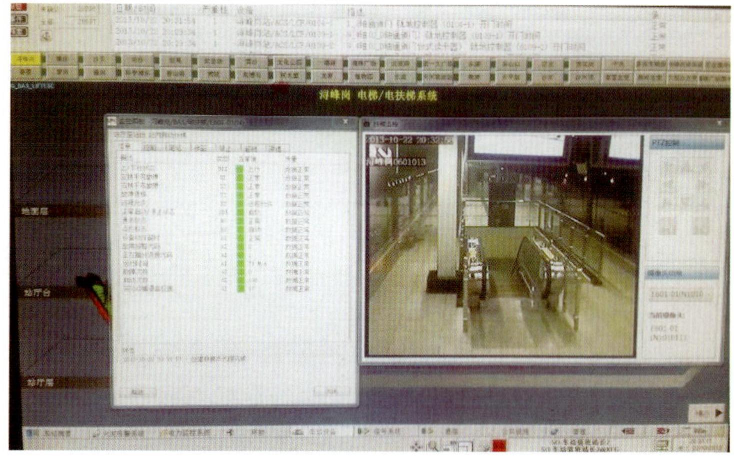

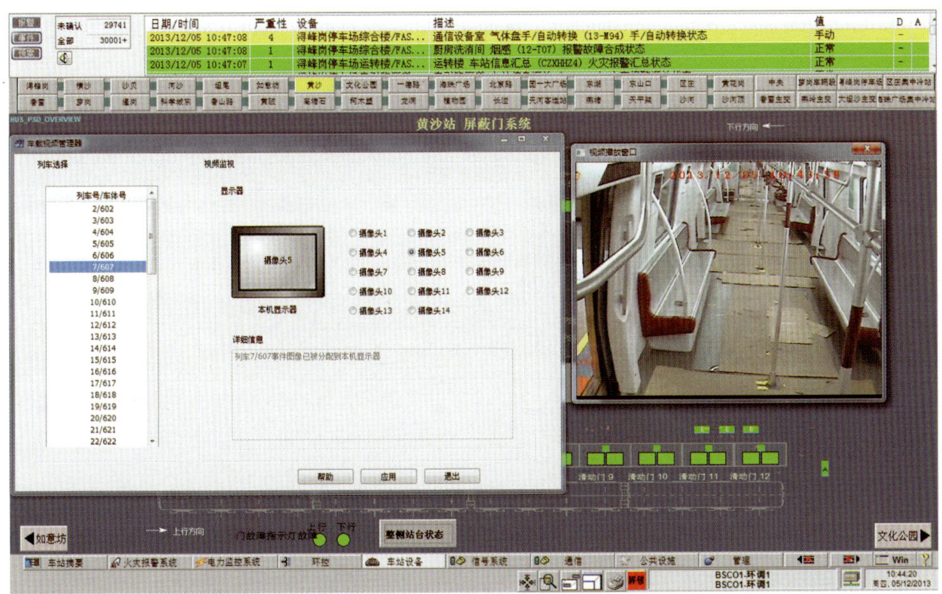

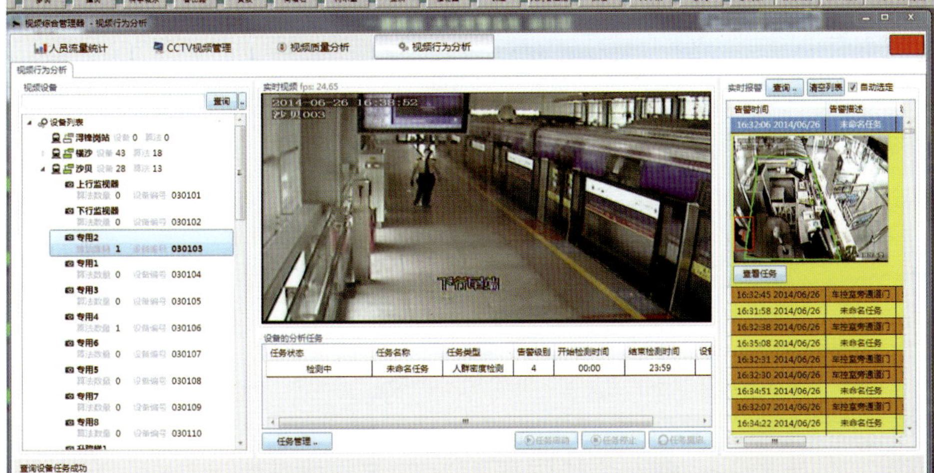

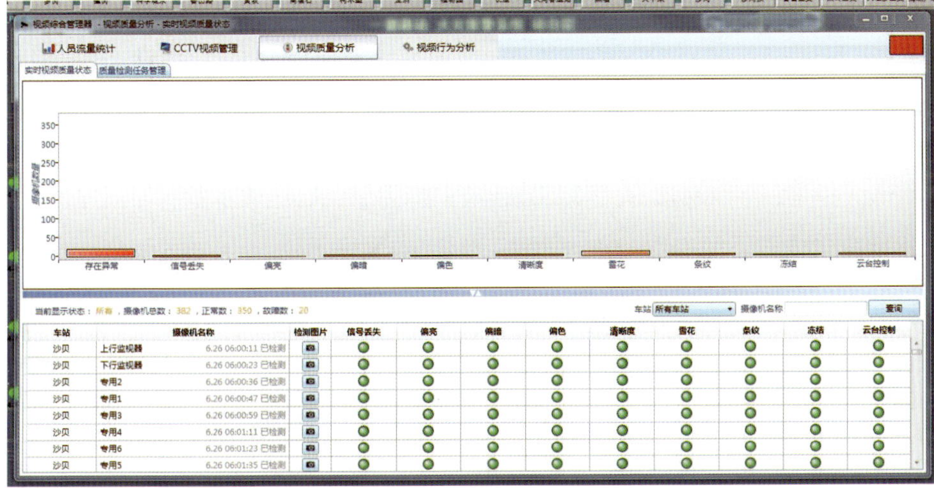

上图：车载视频集成画面

中图：监控软件界面一

下图：监控软件界面二

六号线每座车站均配置1套视频智能分析服务器，同时接入车站CCTV数字化视频网络，采集车站CCTV数字化视频图像，并将视频分析结果报送综合监控系统，同时接受综合监控系统网络管理，具有视频分析报警功能、客流量突变告警功能、出入人数统计功能、图像异常功能等。

4）总结

综合监控系统实施过程中，技术重点是确保功能需求明确和设计点表稳定。

① 综合监控系统的功能主要面向调度岗位和车站值班人员，功能最终需求稳定越晚，越不利于系统软件开发，特别是一些系统因技术进度导致功能实现方式发生改变，如广播系统的界面开发遇到多次返工。

② 在设计联络过程中，由于设计、施工、厂商等多方面原因，致使点表修改多次。如设计图纸错误、施工安装位置调整、厂商软件链接错误等。

③ 点表版本过多问题。建议今后规范编码规则，各车站工点设计单位应仔细核实平面、工艺图点表，施工单位按图施工，厂家严格按图纸进行软件开发和点表制作。当发现问题时应做好记录，定期清理核查，不可随意更改。

1.7.3　大坦沙地下主变

广州市轨道交通六号线110kV大坦沙主变电站工程位于荔湾区大坦沙岛双桥公园内东端，南面是双桥路及广佛放射线高架桥，北面是广茂铁路。现场地形场地地面为斜缓坡、开阔，地貌属于珠江江心洲冲积平原，两面临江，地面高程为9.05～10.37m，平均地面标高为9.53m。

110kV大坦沙主变电站工程，是一栋地下三层、地上一层的钢筋混凝土框架结构建筑，结构平面形状为矩形，结构外包尺寸为44.4m×27.8m（不包含围护结构），围护结构采用800mm地下连续墙，基础类型采用抗拔桩基础，本工程绝对标高11.45m（广州城建绝对标高）。新建主变压器20MVA 2台，110kV进线 2回，33kV馈线6回；远期预留扩容条件。远期规模按主变压器63MVA 2台， 33kV馈线16回，站用低压配电屏4面；直流屏4面；测控、保护、通信、计量等屏柜14面设计。

110kV采用线变接线，33kV为单母线分段接线，33kV

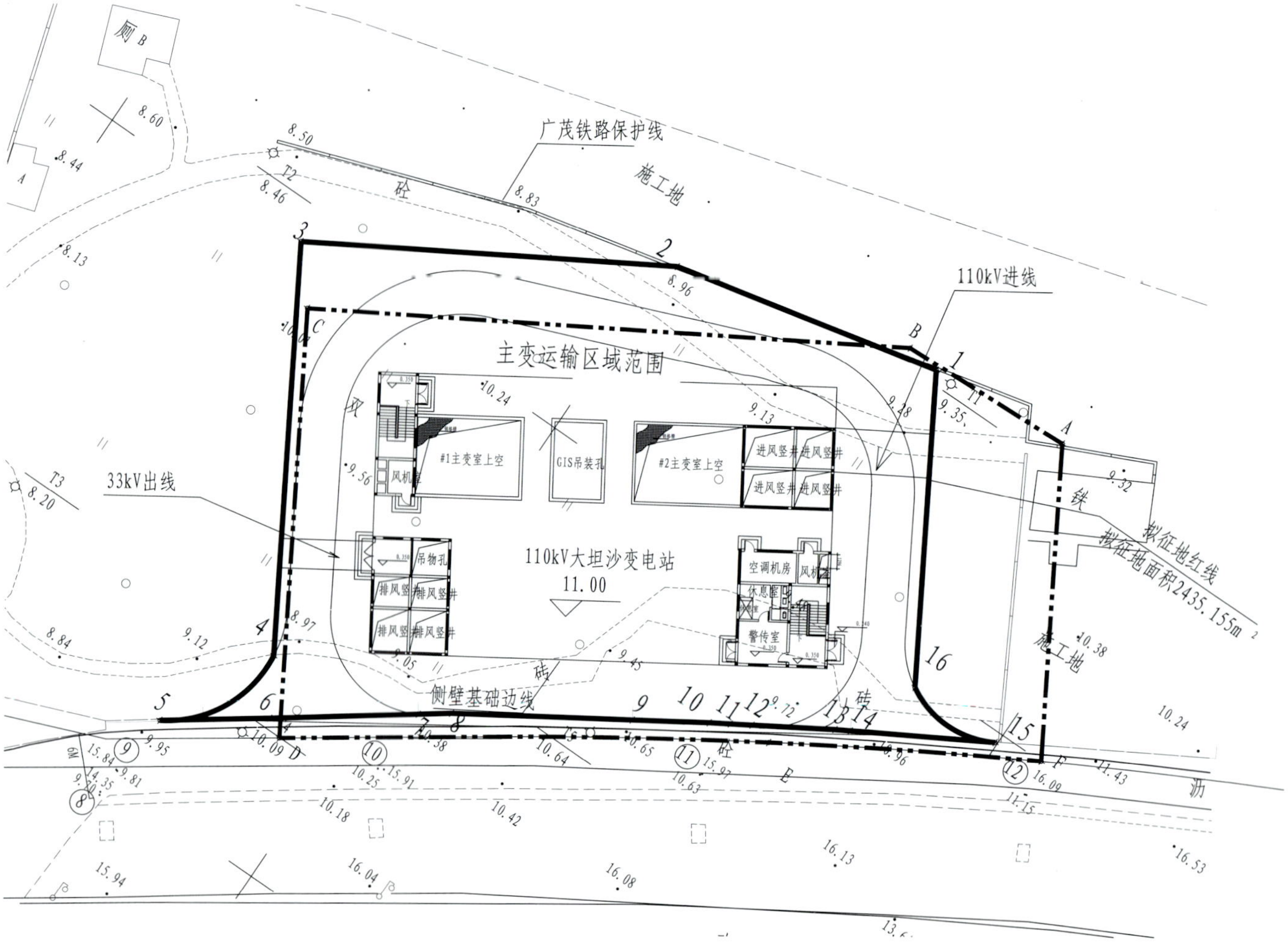

上图：2012年5月2日，我司首个全地下主变电站——110kV大坦沙主变电站土建结构顺利封顶

下图：大坦沙主变电站总平面图

上图：2012年11月2日凌晨3：30，广茂铁路改建工程完成右线封锁拨接施工

下图：2012年11月9日，大坦沙主变电站正式移交运营总部，标志着第一座全地下主变电站正式带电运行。至此，用电建设任务正式完成

设置动态无功补偿SVG装置2套。110kV电缆线路电源T接自110kV涌洋横线，长度约1.5km，分3小段，制作2组中间电缆头，2组终端头；另外一路专用电源接入220kV洋塘站。

主变电站工程于2012年2月13日完成了围护结构、地基与基础分部工程验收；2012年7月6日完成了主体结构分部工程验收；2012年9月7日完成了防水、屋面分部工程验收；2012年9月24日完成了建筑电气、通风与空调分部工程验收；2012年9月25日完成了给排水及消防、智能建筑分部工程验收；2012年10月10日完成了装修装饰分部工程验收；2012年10月18日完成了室外附属分部工程验收；2012年10月19日完成了建筑安装子单位工程验前检查工作。

1.7.4 供电系统

1）概述

（1）概况

六号线供电系统采用110/33kV两级电压制的集中供电方式，新建的主变电站分别由电力系统引入两路独立可靠的110kV电源。每个车站根据用电负荷的大小设置1～2个降压变电所，正线的地下区段及高架线路牵引供电系统采用直流1500V三轨供电，停车场采用柔性架空接触网，六号线车辆采用直线电机牵引系统，最高运行速度90km/h。首期采用四辆编组。

正线接触网采用DC1500V三轨，悬挂组成为钢铝复合轨+地线（接地扁铝）。

（2）主要技术性能指标

① 中压环网标称电压33kV。

② 直流系统标称电压1500V。

③ 整流机组容量 2×2200kW。

④ 接触轨标称截面 4400mm^2。

2）技术重难点及解决措施

（1）系统设计及施工中的技术难点

施工设计供电系统设计最重要的工作是落实初步设计审查意见，并根据设计输入条件的变化修改和优化供电系统方案。初步设计审查后，各专业的设计输入条件都发生了较多变化，因此重点控制环节如下：首先，对输入资料评审，对输入资料随时清理、更新，保证内、外接口资料的准确性、时效性、有效性，使设计输出满足设计输入的要求；第二，对外接口配合过程中，注意输出资料的完整性和准确性；第三，各专业应对三、四、五号线施工配合中暴露的设计问题进行认真总结，在六号线设计中加以克服，同样的问题或错误不能重复出现，这也是六号线本设计重点控制点之一。

① 供电。在初步设计阶段本工程采用的是小环网分区供电方案。初步设计审查后，根据设备技术的进步和应用的逐渐成熟，对六号线环网设计进行了优化设计，改为了大环网分区供电，因此施工设计时要根据这个变化重新设计供电系统方案，并对环网电缆负荷和截面重新校核。

② 变电。土建配合与施工图设计和工程的实施关系密切。施工图是在土建配合已经完成的条件下开展设计的，因此考虑土建配合阶段的问题时要全面周到。重点控制电缆通道、变电所平面布置、电缆夹层的设置、设备运输等环节。

根据工点低压配电设计单位提供的低压负荷，计算动力变压器容量，应特别注意冷站和区间风机房动力变压器容量计算原则与车站应有的区别，应根据负荷特点选取同时系数。

广州轨道交通四号线个别车站的制动电阻柜室设置在地面，未与车站主体建筑构成一体，电缆需要穿电缆管进入其下方的电缆夹层。此部分的电缆路径需要详细配合，埋深应

两图：敞开段洞口处环网电缆过轨道处理

左图：长洴站站后折返线失电区刚性接触网

尽量低，同时要求建筑专业考虑排水措施。在广州轨道交通六号线中，同样应重视该问题。

坦尾站、燕塘站是33kV环网电缆的两个“咽喉区”，且车站均已建成通车运营，现场管线和当时设计预留有较大变化，因此六号线设计需根据既有条件设计。

停车场内综合管线复杂，变电一次专业应与二次专业、接触网专业、杂散电流专业密切协作，以防管线设计遗漏。另外，在招标概算编制中，应注意与车辆段站场专业沟通落实，电缆沟、电缆井、预埋管等工程开项，以免遗漏。

停车场出入场线及高架桥上的33kV环网电缆、控制电缆、1500V上网电缆应考虑采取防紫外线遮阳措施。

在电缆敷设路径上，注意各车站下轨道楼梯、人防门、防淹门、区间联络通道、区间岔线等处的处理。

继电保护整定计算。应注意冷站、区间跟随所/风机房动力变33kV侧过电流的整定，最大负荷电流要根据负荷特性选取，以免风机启动时保护误动。

③ 接触网。

a．三轨系统的安全、结构及绝缘设计。针对DC1500V三轨的特点，在设计过程中，重点要考虑DC1500V三轨系统的安全性设计、结构设计并加强其绝缘水平的设计。

对于DC1500V三轨系统的安全性设计方面，考虑采取以下措施：首先，全线接触轨安装防护罩，以免维护人员无意识中碰触到带电的接触轨及其附属设备，加强自身的防护等级，尽可能地减少带电体的裸露范围。其次，在车站采用接触轨远离站台的布置方式。再次，DC1500V三轨全线接触轨设置贯通的接地铝排，并与牵引变电所的接地母排相连接。最后，设置标识牌，便于定位和安全指示。

为保证DC1500V三轨系统的良好受流，提高结构设计水平，考虑采取以下措施：首先，在道岔、电分段等靴网受流关键部位，根据集电靴的动态特性，合理控制端部弯头的坡度要求、安装位置等设计要素，减小凸变硬点，降低离线率，保障良好受流。其次，采用合理的跨距布置，减小接触轨的最大挠度，保证接触轨弛度曲线的均匀变化。最后，重点控制钢铝复合轨不锈钢接触面的光滑度、表面不平整度等工艺技术参数，保证集电靴与钢铝复合轨之间的良好接触及取流。

在加强DC1500V三轨系统的绝缘性能方面，考虑采取以下措施：首先，优化绝缘支架、防护罩等构件的结构及材料设计，提高绝缘元件的结构绝缘特性参数、耐污闪性能、承受过电压的技术水平。其次，在设备选材方面重点考虑承受过电压的水平，采用工程技术要求与经济性相结合的设计方针，在安装条件允许的情况下尽量加大绝缘耐压水平，在设备电气参数的选配方面，适度提高等级。

土建配合与施工图设计和工程的实施关系密切。施工图是在土建配合已经完成的条件下开展设计的，因此土建配合阶段问题考虑要全面周到。以下几个土建配合需重点控制：第一，采用DC1500V三轨供电，由于三轨布置、安装的特殊性，会有大量的电缆过轨连接，需要与轨道等专业密切配合，预留电缆过轨通道。同时需要与轨道等专业密切配合，预留三轨绝缘支架的安装孔位。第二，隔离开关的位置也需要与土建配合进行预留，同时需要和通信、信号等其他专业管线配合，避免相互干扰。在高架区段的隔离开关需要单独设置隔离开关室。第三，地下车站的均流电缆穿越站台时，需要预埋电缆穿管，这也需要和各车站密切配合。第四，根据供电专业要求，六号线在上、下行联络通道处加了上下行联络电缆。第五，与人防门、防淹门配合，预留电缆穿越孔洞。

b. 接触轨失电区的解决方案。按照六号线的车辆、线路及转辙机位置情况分析，接触轨布置后，在折返线道岔区接触轨断口处车辆存在整车失电情况，与广州市轨道交通四号线黄村站折返线情况相同，四号线在运营过程中已发生多次车辆误停在整车失电区内进行车辆救援的情况，为保证正常的运营秩序，相应的解决方案为：在六号线长湴站（地下车站）折返线接触轨整车失电区增加架设刚性接触网270m，在浔峰岗站（高架站）折返线接触轨整车失电区增加架设架空柔性接触网490m。

当车辆停在接触轨系统失电区内时，车辆从接触轨取流转换为从刚性或柔性接触网取流，运行到接触轨系统正常位置时，再转换到接触轨取流。在最短时间内保证车辆正常运营。

通过架设架空接触网，解决了由于接触轨系统受条件限制存在的缺陷，为今后相同条件下的施工设计提供了解决方案。

④ 电力监控。电力监控与其他系统间的接口，包括与主控制系统接口、与通信系统接口、与主变电站专业的接口、与供电局地区调度系统的接口、与车站低压配电专业等的接口设计是重点控制环节。

变电所综合自动化系统及控制中心电力调度子系统的功能设计、远动对象信息点表设计也是电力监控系统施工设计的重点控制环节。

⑤ 杂散电流防护。广州轨道交通六号线首期工程共设22座车站，除浔峰岗站、横沙站和沙贝站为高架站，其余全为地下站，停车场设在浔峰岗。在施工设计阶段，应根据六号线的牵引供电、土建结构特点，与相关的土建、轨道、给排水、环控、供电、信号、通信等专业配合，落实杂散电流防护对各专业的要求，具体控制环节如下：

a. 设计杂散电流防护监测系统，并配合施工单位落实。

b. 对土建施工图进行会签，落实杂散电流对各专业的要求。

c. 进行设计交底，帮助施工单位理解和落实设计意图。

3）重大设计施工问题

一德路站环网电缆原设计方案利用地下排风井敷设电缆。由于土建不能按电通工期完成，现场根据实际情况，调整了环网电缆敷设路径，改用站台层顶板上送风井敷设。

六号线盾构区间小曲线半径处的环网电缆支架部分托臂超过限界要求，现场根据实际进行，将部分超出限界要求的托臂整改处理。

六号线浔峰岗站牵引变电所制动电阻室内制动电阻在调试期间发热量过大，室内温度积累过高，导致制动电阻室内烟感融化，正式运营后，暂未发生该现象。

4）总结

广州轨道交通六号线为国内第一条在33kV中压系统中全部采用“数字通信过电流保护（选跳保护）”，实现保护功能的地铁线路。广州轨道交通六号线采用的环网保护方案为差动保护＋数字通信电流保护，两种保护互为补充。环网进出线采用的保护装置是GE公司的F35，利用F35的直接通信功能实现所间的选择性跳闸。另外，所内的数字通信

左图：六号线浔峰岗停车场

右图：高架段限界检查

上左图：供电系统与综合监控系统综合联调试验

上右图：供电系统短路试验

下　图：36kV GIS开关柜

电流保护功能是通过综合自动化的交换机实现的。母联保护、馈线保护装置均采用GE公司的F650。F35、F650均支持IEC61850的GOOSE通信协议。

广州轨道交通六号线供电系统为110/33kV集中供电方式，采用大环网结构，在正常运行时多达6～8级供电方式，非正常运行时可达12～15级供电方式。如果发生区间电缆故障或馈线故障时断路器拒动，传统的差动保护、过电流后备保护方案无法解决隔离故障点选择性与快速性的矛盾，无法满足灵敏度上下级配合的要求，可靠供电存在隐患。数字通信电流保护解决了供电系统在大环串的供电方式下的保护难题，提高保护的选择性，使系统在正常运行状态和非正常状态下能够保证保护的选择性，能够实现故障的快速隔离及系统供电恢复，保证了地铁供电的稳定可靠。

六号线的顺利开通，为地铁供电系统全面推进建设基于IEC 61850通信协议的数字变电站奠定了基础。

六号线工程首期高架段为克服土建施工瓶颈，同时为尽早使车辆段电通，提前为车辆调试创造有利条件，采用五号线供电系统支援六号线供电系统供电方案。该种供电方案运行下，高架区间率先满足车辆调试要求，为车辆及相关专业的先行调试提供充足的时间，缩短了线路开通的时间周期。

在今后的供电系统的设计中应特别注意以下几个问题：

① 环网电缆在盾构区间敷设过程中，未与疏散平台积极配合，造成小曲线半径的盾构区间内环网电缆支架的托臂超过限界。应在二期工程中，对电缆支架形式、疏散平台螺栓安装高度、土建施工误差等多方面考虑，避免发生同样的问题。

② 六号线一期工程，未对道床的结构钢筋纵向导通情况进行验证，同时轨道的过渡电阻未通过试验验证其监测装置的准确性。二期施工过程中应加强相关方面的测试。

③ 干式变压器与400V开关柜接口已经多次在各条线路的施工中出现问题。基本上每条线路施工均有接不上或者尺寸偏差的问题。在今后的施工设计中应在设计联络中重点核实该部位的接口尺寸，防止出现同样的问题。

④ 对于车辆的失电问题，尤其是折返线地段，按照六号线的经验，通过在接触轨上方架设架空接触网来满足车辆用电需求，避免车辆救援。

六号线首期的供电系统设计及施工满足线路及运营的需求。在六号线二期工程以及在其他线路的实施过程中，应当吸取教训，避免已经发生的问题，将新工程的建设更加顺利的完成。

1.7.5 通信系统

1）概况

通信系统设计包括全线范围内的专用通信（含PIDS、OA）、公安通信和民用通信三个子系统。

专用通信系统是为地铁运营、管理服务的，为了确保地铁的正常运营，通信系统必须能够迅速、准确、可靠地传送地铁运营、管理所需的各种信息，这些信息包括普通话音、宽带广播、文字、数据及图像信息等。它由以下几种子系统组成：传输系统、无线通信系统、公务通信系统、调度及专用电话系统、闭路电视监视系统、乘客信息显示系统、广播系统、时钟分配系统、集中告警系统、通信电源及接地系统、计算机网络系统。

公安通信系统能够为地铁公安人员开展日常工作，并当突发事件发生时，能够及时发现、快速合理地调动警力，提供一个安全、可靠、灵活的现代化通信手段。还能够维护地铁正常运营管理秩序，提高地铁治安水平，保证地铁列车安全正点运送旅客。

民用通信系统将现有的广州市移动运营商的GSM、CDMA及DCS1800、3G等网络信号引入地铁内，隧道内弱场区采用光纤直放站、RRU和漏泄同轴电缆来实现场强覆盖。

2）工程主要技术特点、难点以及技术创新

六号线专用传输系统采用西门子传输系统最新产品OTN-X3M，OTN-X3M节点间的通信是基于时分多路复用（TDM），允许多个用户共享环形上的传输媒介。通过OTN-X3M建立点到点、多点下载、点到多点、多点总线和多点LAN结构。同时，不同的服务共享设备和光纤，采用透明连接，使网络不受较高层各种协议的变化的影响，通信接线更简单、容易，因而更易于管理和维护。

视频监控是由车站本地监视和中心远端监视两部分组成，车站本地监视系统主要由摄像机、编码器组、IP-SAN视频存储设备、车站CCTV服务器、票务监控终端、后备操作键盘、液晶监视器、以太网交换机、均衡器、合成器、分配器、维修监视器等设备组成，中心视频监控系统主要由CCTV服务器、后备操作键盘、维修监视器、解码器组、以太网交换机、网管服务器等设备组成。

设置在车站本地的综控操作台，通过网线接入视频监控系统机柜，车站值班人员通过对综控操作台的控制访问车站CCTV服务器，可以实现对车站本地图像的实时监控。为实现主控操作台故障时的后备功能，在车站值班员操作台上设置后备操作键盘，该操作键盘通过网线与视频监控系统机柜连接，通过操作控制键盘，实现综控操作台的后备监视功能。

设置在中心的调度人员操作台通过网线接入中心视频监控系统机柜，实现对车站实时的选站、选区监视，可以根据需要显示在大屏幕系统（他人提供）或本地操作台的显示器上。为实现综控操作台故障时的后备功能，为各调度员配置1台后备操作键盘，该操作键盘通过网线接入中心视频监控系统机柜，通过对操作键盘的控制，实现图像在操作键盘以及综控操作台显示器上的显示。

六号线通信系统公务子系统在广州地铁首次使用了软交换方案，不仅完全具备程控交换的功能，还具备多种增值功能，如视频会议、统一通信等。本系统配置了1套西门子OpenScape统一通信系统，包括OpenScape视频会议软交换平台、OpenScape统一通信应用平台及集中计费、网管以及录音等维护、管理、控制系统。

在停车场及控制中心，配置了1套HiPath4000交换系统（OpenScape综合接入设备），均为冗余热备处理器（实际3套主控处理控制器）和双热备电源，在车站配置了22套HiPath3800交换系统（OpenScape综合接入设备），均具备独立存活处理器，双电源单元配置。整个交换系统实现了地铁内部的联网，任意两个自动电话用户间能进行相互呼叫，并能与一、二、三、四号线等公务通信系统及广州市公用电话网联网，实现广州市轨道交通用户之间及与公网用户间的通信，并具有话费立即通知性能。

站内通信系统是车站（停车场）内、站间及轨旁电话系统，由HiPath3800构成，是供车站值班员（停车场值班）与站（段）内重要部门有关人员，隧道区间工作人员与相邻站车站值班员、相邻联锁站值班员之间进行直接联系的通信工具。

电话分机（含轨旁话机）可以设置成自动电话和直通电话，直通电话机呼叫值班员采用热线工作方式，摘机即通。具有自动、直通功能的电话摘机后直接拨号，可成自动电话，延迟一定时间（5s可调）后能直接与车站值班员通话。在满足各项功能的前提下，尽量减少话机数量及相关配线电缆数量。

专用无线通信系统初步设计阶段，对技术体制（GSM-R、

TETRA数字集群及MPT1327模拟集群通信体制）、系统新建与扩容方式、系统结构（小区制、中区制、大区制）、隧道内场强覆盖方式、长大区间射频信号放大方式分别进行了比较，最终专用无线通信系统采用TETRA数字集群通信设备并以全基站的小区制系统结构进行组网，采用漏泄电缆解决隧道内的场强覆盖，并采用在隧道内增加光纤直放站的方式来延伸覆盖。系统在停车场控制中心通信设备室设TETRA中心交换控制设备和网管设备，在控制中心的OCC室设行车、环控、维修等调度台，在DCC室设运转值班员调度台。各车站设两载频基站。各基站通过2M传输通道与中心交换控制设备以星形结构相连。基站与中心交换控制设备之间的话音、数据及网管信息在同一个2M通道中传输。各车站值班员处设固定电台，流动工作的运营人员、维修人员等配备便携电台，机车配备车载电台（列车两端均配备语音、数据车载电台各一部），隧道区间设置漏泄同轴电缆，停车场内设置基站并在综合楼屋面设置基站天线，以空间波的形式覆盖停车场地面区域和邻近停车场的正线地面线路以及与之衔接的部分高架线路。设置在列车两端的车载数据电台为运行列车车辆状态信息向控制中心的上传及列车显示信息由控制中心向运行列车的下传提供传输通道。

六号线首期工程采用数据线槽和电源线槽分开敷设，避免电源线对数据、音频线的干扰。

3）通信系统主要功能、构成方案

（1）传输系统

① 系统主要功能。传输系统应能传输各类系统的语音、数据及图像信息，具体传输的信息主要有以下内容：各种调度电话、站间行车电话、公务电话、无线系统信息、有线广播信息、闭路电视图像信息、时钟信息、OA信息、ATS信息、ISCS信息、自动售检票信息、通信系统本身的维护管理、监控信息、其他运营维护数据或信息等。

② 系统构成方案。六号线首期通信工程传输系统OTN-X3M利用分设于两条隧道光缆中的2芯光纤连接不同的网络节点，其结构为自愈环网络结构。这种结构使OTN设备在光纤断或节点失效的情况下可实现自愈保护，保护倒换时间小于50ms。

（2）专用无线通信系统

① 系统主要功能。无线数字集群系统主要提供运营控制中心的列车调度员、防灾调度员、维修调度员对诸如列车司机、运营人员维护人员和现场人员等无线用户分别实施无线通信调度，停车场值班员对段内无线用户实施无线通信调度，以及相应的无线用户之间必要的无线通信。同时还具有相应的呼叫、广播、显示、检测和优先权等功能。以满足地铁无线各子系统如行车调度、环控（防灾）调度、维修调度、停车场值班等的相互独立性，使其在各自的通话组内的通信操作互不妨碍，同时又可以传递列车状态信息和车载乘客信息，并实现设备和频率资源的共享。

② 系统构成方案。六号线首期通信工程专用无线通信系统是由MOTOROLA公司提供的800MHz Tetra数字集群系统加光纤直放站组成的一个无线、有线相结合的星形网络。其主要设备是由中心控制设备、基站、基地台、车载台、便携电台、光纤直放站（或有）、漏泄同轴电缆及天线等组成。中心控制设备到基站之间采用有线传输系统所提供的通道连接，基站到移动台之间采用无线连接，无线电波通过漏泄同轴电缆和天线辐射传播。

（3）公务通信及调度电话系统

① 系统主要功能。六号线大学城专线段公务通信系统主要用于六号线运营管理部门、维修单位之间的一般公务联络，如实现电话交换、非话业务交换，实现新业务功能等。并能与既有轨道交通线公务通信系统及广州市公用电话网联网，实现广州市轨道交通用户之间及与公网用户间的通信。

站内通信系统是车站（停车场）站内、站间及轨旁电话系统，是供车站值班员（停车场值）与站（段）内重要部门有关人员,隧道区间工作人员与相邻站车站值班员、相邻联锁站值班员之间进行直接联系的通信工具。

地铁调度电话是为列车运营、电力供应、日常维护、防灾救护提供指挥手段的专用通信系统。地铁调度电话主要包括行车调度、环控调度、电力调度、维修调度、总调度等，这些调度与其下属分机分别构成各自调度电话子系统。

② 系统构成方案。六号线通信系统公务子系统在广州地铁首次使用了软交换方案，不仅完全具备程控交换的功能，还具备多种增值功能，如视频会议、统一通信等。本系统配置了1套西门子OpenScape统一通信系统，包括OpenScape视频会议软交换平台、OpenScape统一通信应用平台及集中计费、网管以及录音等维护、管理、控制系统。

在停车场及控制中心，配置了1套HiPath4000交换系统（OpenScape综合接入设备），均为冗余热备处理器（实际3套主控处理控制器）和双热备电源，在车站配置了22套HiPath3800交换系统（OpenScape综合接入设备），均具备独立存活处理器，双电源单元配置。整个交换系统实现了地铁内部的联网，任意两个自动电话用户间能进行相互呼叫，并能与一、二、三、四号线等公务通信系统及广州市公用电话网联网，实现了广州市轨道交通用户之间及与公网用户间的通信，并具有话费立即通知性能。

站内通信系统是车站（停车场）内、站间及轨旁电话系统，由HiPath3800构成，是供车站值班员（停车场值班）与站（段）内重要部门有关人员，隧道区间工作人员与相邻站车站值班员、相邻联锁站值班员之间进行直接联系的通信工具。

（4）专用闭路电视监视系统

① 系统主要功能。专用闭路电视系统（CCTV）是地铁运营、管理的现代化配套设备，是供运营、管理人员实时监视车站客流、列车出入站及旅客上下车情况，以加强运行组织管理，提高效率，确保安全正点地运送旅客的重要手段。

② 系统构成方案。视频监控是由车站本地监视和中心远端监视两部分组成，车站本地监视系统主要由摄像机、编码器组、IP-SAN视频存储设备、车站CCTV服务器、票务监控终端、后备操作键盘、液晶监视器、以太网交换机、均衡器、合成器、分配器、维修监视器等设备组成，中心视频监控系统主要由CCTV服务器、后备操作键盘、维修监视器、解码器组、以太网交换机、网管服务器等设备组成。

设置在车站本地的综控操作台，通过网线接入视频监控系统机柜，车站值班人员通过对综控操作台的控制访问车站CCTV服务器，可以实现对车站本地图像的实时监控。为实现主控操作台故障时的后备功能，在车站值班员操作台上设置后备操作键盘，该操作键盘通过网线与视频监控系统机柜连接，通过操作控制键盘，实现综控操作台的后备监视功能。

设置在中心的调度人员操作台通过网线接入中心视频监控系统机柜，实现对车站实时的选站、选区监视，可以根据需要显示在大屏幕系统（他人提供）或本地操作台的显示器上。为实现综控操作台故障时的后备功能，为各调度员配置1台后备操作键盘，该操作键盘通过网线接入中心视频监控系统机柜，通过对操作键盘的控制，实现图像在操作键盘以及综控操作台显示器上的显示（行调台1后备键盘还能切换控制大屏幕的图像）。

（5）广播系统

① 系统主要功能。地铁有线广播系统主要用于地铁运营时对乘客进行公告信息广播，发生灾害时兼做救灾广播，以及运营维护广播之用。

地铁有线广播系统由运营广播、停车场广播这两个相互独立的子系统组成。

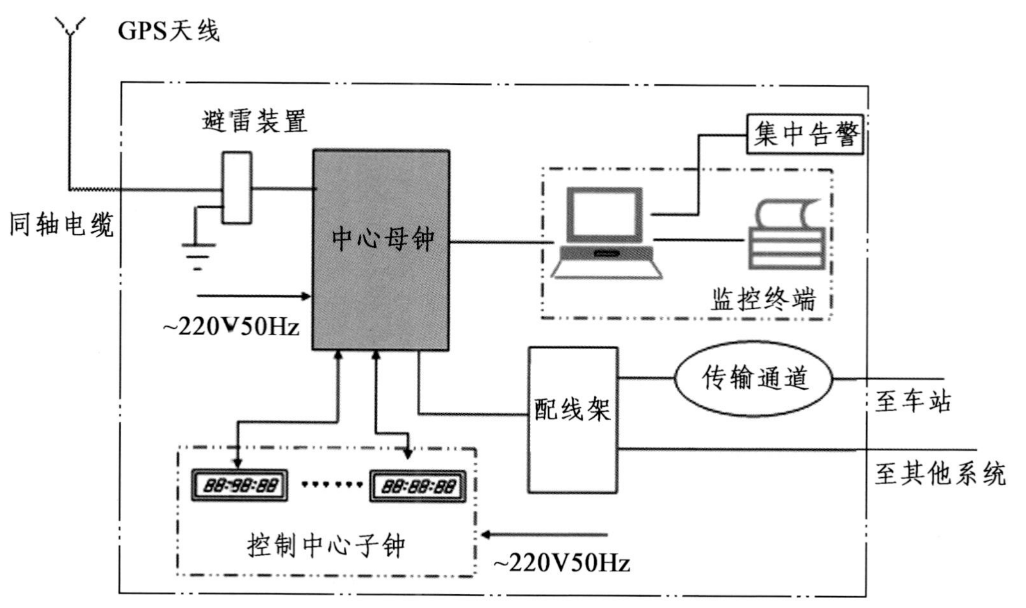

右图：控制中心时钟系统图

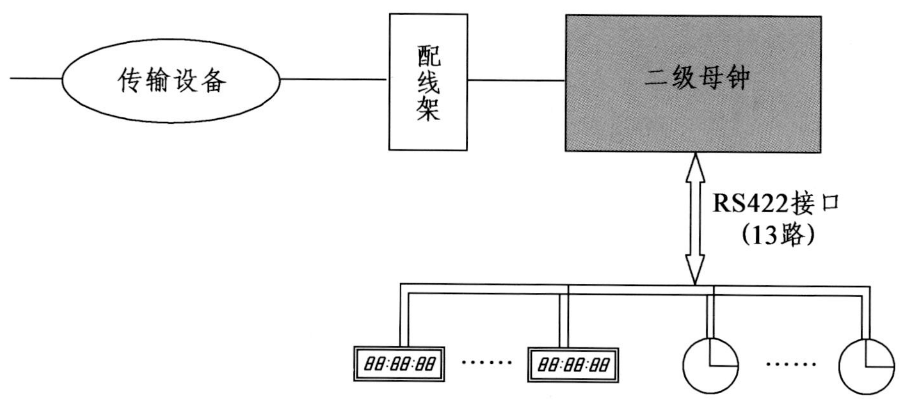

左图：车站时钟系统图

② 系统构成方案。中心级广播主要由中心调度员备用广播操作台、控制设备、网络管理设备、大楼扬声器、广播电缆等组成。浔峰岗控制中心控制室内的中心行调、中心环调和维调的播音控制功能，由综控系统实现。系统广播时由控制中心综控系统输出的数据信号经有线传输至各个车站。

在各车站，通过车站内的网络控制器接收来自控制中心的指令，根据中心发来的指令，控制启动车站广播装置，语音经放大均衡后播送到指定的广播区域。同时车站广播控制设备亦将本站执行的状态反馈传送到控制中心，并在控制中心综控系统有关调度员控制台和中心调度员备用广播操作台上显示，完成中心调度对车站的选路、选站、选区等操作和指挥。

当控制中心不操作时，各车站广播均能独立自主地实现自控操作。

（6）时钟系统

① 系统主要功能。地铁时钟系统为地铁工作人员和乘客提供统一的标准时间，并为其他各有关系统提供统一的标准时间信号，使各系统的定时设备与本系统同步，从而实现地铁全线统一的时间标准。

② 系统构成方案。时钟系统主要由中心母钟、二级母钟、子钟、网管设备（维护管理终端）及传输通道构成。

控制中心的时钟设备包括设于通信设备房的中心母钟、网管设备及设于OCC大楼的数显式子钟，在室外设置GPS接收天线。

车站设备构成：在每个车站设置1台二级母钟。车站在站厅区设ϕ600mm双面指针式钟4个，按“时：分”格式进行显示。在车站办公区的各主要管理用房内设630mm×200mm的单面数显式子钟10个，按“时：分：秒”的格式进行显示。

（7）电源系统

① 系统主要功能。六号线首期工程通信系统电源子系统主要为各车站、六号线控制中心和停车场通信设备提供高质量、高可靠的电源，保证在市电故障或发生超限时，通信设备仍能在规定的时间内正常工作。

② 系统构成方案。控制中心的设备包括一台MASTERYS IP型号的UPS，容量为40kVA的UPS，德国阳光A412/100电池，一个低压输出配电盘，一台工控机，一台打印机以及UPS管理软件。

各车站设备包括一台MASTERYS IP型号的UPS，沙贝站容量为20kVA的UPS，其余车站容量为15kVA，德国阳光A412/100电池，一个低压输出配电盘。

市电故障后，通信电源设备应能连续工作一段时间，在此期间，通信电源设备应能为传输系统、公务通信系统、无线通信系统、调度电话系统、站内及轨旁电话系统、控制中心时钟系统、集中告警系统提供4h以上的电源供应，为其他通信系统设备（广播、电视监视、车站时钟等）提供1h电源供应。

传输网络为电源设备集中监控系统提供10Mb/s总线型以太网,以传输各种监控信息。在各车站、停车场及控制中心传输网络的接口采用标准的10Mb/s以太网接口。

（8）通信集中告警系统

通信集中告警系统是利用计算机网络技术和计算机本身

的数据处理能力，将通信系统中各子系统的有关故障告警信息集中在告警系统终端上进行显示，能及时收集全线通信设备故障告警信息，实现不同等级故障的分级显示,并具有声光告警显示、记录和打印功能，以期迅速组织力量进行维修，确保通信畅通和功能恢复正常，满足列车运行对通信的需求。

（9）公安通信系统

① 治安闭路电视监控系统。

a. 系统主要功能。治安闭路电视监控系统是广州市公安局地铁分局维护六号线正常运营管理秩序的重要设备，是为各级公安人员实时监视、提高地铁治安水平、保证地铁列车安全正点运送旅客的有效工具。

b. 系统构成方案。六号线治安监控通信系统工程传输系统按地铁公安分局、派出所和警务站三级管理模式组网。

六号线治安监控通信系统传输子系统由两个光纤自愈环组成，具体如下：

●分局指挥中心、黄沙站派出所、越秀公园站派出所节点设备与黄沙派出所、越秀派出所管辖的六号线警务站节点设备通过光缆组成第一个自愈环。

●分局指挥中心、天河客运站派出所、萝岗站派出所节点设备与天河客运站派出所、萝岗派出所管辖的六号线警务站节点设备通过光缆组成第二个自愈环。

两环在分局指挥中心相切，各传输节点设备速率按2.5Gb/s配置。

视频监控网络系统从应用上应满足警务站级、派出所级和广州地铁分局中心级的三级视频传输要求，同时满足警务站级上行传送视频图像信号和数据信号进入派出所。

② 传输系统。

a. 系统主要功能。六号线治安监控通信系统工程传输系统应能迅速、准确、可靠地传送六号线的公安管理所需要的各种信息。该系统应采用技术先进、安全可靠、经济实用、便于维护的光纤数字传输设备组网，构成具有承载语音、数据及图像的多业务传输平台，并具有自愈环保护功能。

该系统的网络构成应符合广州市公安局的管理模式的要求，按地铁公安分局、派出所和警务站三级管理模式组网。

b. 系统构成方案。根据地铁治安监控的组织机构，六号线治安监控计算机网络按三级构成，即警务站、派出所及分局指挥中心。采用弹性分组环（RPR 含以太网交换机）传输组网技术。

六号线治安监控通信系统传输子系统采用美国ADTRAN公司具有RPR 功能的传输设备进行组网，占用一对光纤组建环型网络，实现50ms自愈环保护，各传输节点设备速率按2.5Gb/s 配置，传输节点设备提供有线E1信道与接口，并同时提供10/100/1000Mb/s以太网接口（光口或电口），连接现有设计的计算机网络中的交换机设备。

根据广州地铁公安的组织架构及信息的流向，六号线治安监控通信系统传输子系统由以下两个光纤自愈环组成。

环路1：由分局指挥中心→黄沙站派出所→文化公园站→如意坊站→河沙站→横沙站→浔峰岗站→沙贝站→坦尾站→黄沙站→一德路站→越秀公园站派出所→北京路站→东湖站→区庄站→东山口站→越秀南站→海珠广场站→分局指挥中心，共18个2.5G RPR节点设备通过光缆组成第一个自愈环，其中分局指挥中心配置美国ADTRAN公司M2500 2.5G RPR设备及其扩展子架，其他站点均配置ADTRAN E520 2.5G RPR设备。

环路2：由分局指挥中心→天河客运站派出所→长湴→沙河→黄花岗→沙河顶→天平架→柯木塱→黄陂→科学城东→萝岗→萝岗站派出所→香雪→暹岗→香山路→高塘石→龙洞→植物园→天河客运站→分局指挥中心，共19个2.5G RPR节点设备通过光缆组成第二个自愈环，其中分局指挥中心配置美国ADTRAN公司M2500 2.5G RPR设备及其扩展子架，其他站点均配置ADTRAN E520 2.5G RPR设备。

根据对六号线治安监控通信系统计算机网络的技术要求，采用美国Adtran公司Packetwave系列RPR设备完全可以满足系统组网需要。

③ 计算机网络系统。

a. 系统主要功能。地铁公安计算机网络就是为了便于地铁公安民警收集、掌握有关信息，提高整体作战水平和快速反应能力而建立的计算机网络。通过计算机联网，在一线办公点的公安人员可以通过网络访问公安计算机网，查阅“网上追逃”、“网上打拐”等有关信息，迅速判断、查核犯罪嫌疑人、车辆的确切身份及相关资料，并能收发电子邮件，实时登录“如实立案系统”、“严打报表系统”，浏览《每日警情》、《公安简报》等信息。

b. 系统构成方案。根据地铁治安监控的组织机构，六号线治安监控计算机网络按三级构成，即警务站、派出所及

两图：通信设备在隧道内的布置

分局指挥中心。

根据六号线计算机网络系统的业务需求和计算机网络构成的规定，我方提供如下解决方案。

分局指挥中心：新增加的一台核心交换机与既有核心交换机CISCO6513做双机热备。并增加一套网闸，隔离计算机办公网络和视频网络，保证公安网的安全，另外还配置一台一体化打印机、一套IDB数字交互平台以及台式机等。

派出所：六号线在二期工程配置一套48口三层交换机，实现与广州地铁公安网络的互通，另外还配置一台一体化打印机和台式机等。

警务站：六号线首期工程和二期工程共32个站配置一套24口接入层交换机实现与广州地铁公安网络的互通，另外还配置激光打印机和台式机等。

④ 公安无线集群通信系统。

a. 系统主要功能。系统操作简单，维护方便，可提供完整的系统软件和专用软件，主要的控制及监测功能的实现均可通过编程进行灵活的编辑、修改。

系统满足市治安监控无线通信系统技术要求,能保证地铁治安监控的各种需要,服务质量高、接续时间短、信令系统先进，具有自动监视、报警及故障弱化等功能。系统支持指挥中心或现场任意一台基地台、手持台的全呼、组呼、单呼的功能，以及在紧急情况下的强拆、强插等功能。

系统采用各项新技术，达到通信及管理的高水平。具有强大的扩展功能，扩展时要求不影响既有设备的使用，增加的设备较少，软件基本不变，可以覆盖地铁全网。

标准MPT1327公开信令，符合公安部《公安移动通信网警用自动级规范》（GA 176—1998）要求，可兼容任何公安部许可销售的集群移动台。

b. 系统构成方案。六号线公安无线通信系统是由设置在地铁公安分局指挥中心的多媒体调度台、网管设备、中心汇接交换平台（既有）、保安同播服务器，设置在沿线每个地铁公安地面派出所的固定电台、车载电台、偏远地区应急无线链路覆盖设备，设置在每个地铁车站警务室的分基站集群设备和固定电台，设置在地下区间隧道内的延伸覆盖设备，流动工作的公安干警便携台（已有）、保安人员便携台等设备组成，是一个以地面市公安局无线集群通信系统为基础，统一规划、统一指挥调度、统一管理的地铁公安无线通信网络。

各车站分基站与市公安局主基站，采用有线链路与无线链路并存的方式联接。

采用有线链路联接时，各车站分基站通过有线联网基站控制器首先接入地铁公安分局指挥中心既有的中心汇接交换平台，再由中心汇接交换平台转接至市局中心汇接交换平台。本工程将对地铁公安分局既有中心汇接交换平台进行扩容，与各车站分基站的有线传输通道应采用点对点E1通道。

采用无线链路连接时，各车站分基站直接通过设于各车站出入口处的室外链路天线接入市局主基站。

当系统内终端需要与市局主基站发生通信联系时，系统优先通过有线链路建立与市局主基站的链接，在有线链路无法正常工作时采用无线链路建立链接。地铁公安无线网络内的呼叫通过地铁公安分局的中心汇接交换平台完成，不占用地面通信资源。

高架区间线路的场强覆盖由市局地面既有系统覆盖，高架车站建筑物的室内覆盖由本工程负责解决。

六号线新建公安无线系统的所有设备（基站、固定台、车载台、便携台）都能够方便、可靠的纳入既有地铁公安无线调度系统中，实现与市局的联网。

系统中所有设备具有先进性、可靠性、通用性、可扩展性、兼容性、标准性。

（10）民用通信系统

a. 系统主要功能：

●它是用户移动电话到基站的传输链路台的空中链路接口。

●系统支持GSM900、CDMA、3G移动通信业务，系统设计时已充分考虑到4G业务的扩展需要。

●系统保证沿地铁线路的地下链状基站小区间的可靠切换条件，及地铁各站与站外基站小区之间的切换条件。

●为保证各工作频段之间的隔离，本系统采用收、发链路分开的方式。

●系统提供各站合路平台（POI）功能，对各运营商上行及下行射频信号分别进行合路及分路，并滤除各频带间的干扰成分。

●系统满足在隧道和站厅等公共区域的射频信号可靠覆盖。隧道使用宽带漏泄同轴电缆（LCX）加光纤直放站、RRU方式，站厅等处采用宽带同轴电缆（DCX）加宽带天线分布方式。

●对各站POI下行信号功率、驻波比、光纤直放站的各项参数、民用机房环境温度、湿度等参数系统提供监测功能。所有各站的监测信息，通过有线传输通道传送至OCC监测中心。

b. 系统构成方案。本系统为保证运行稳定性及多频段集成的需要，各运营商将其基站（BTS）接引至各个地铁站民用通信机房，各运营商基站信号（不同制式、不同频段的信号）经该无线射频分配系统将能量发射出去，完成对每个车站的公共区域及全部隧道的覆盖。其中，隧道内采用泄漏电缆加光纤直放站方式覆盖，站厅、商场及通道等公共区域采用全向天线覆盖。

为保证多频段系统之间的隔离，本系统采用收、发链路分开的方式。

本系统主要由宽带合路平台（POI）、光纤直放站、RRU、漏泄同轴电缆（LCX）、站厅天线分布系统及网管监控系统等构成。

宽带合路平台（POI）由上行POI和下行POI构成，安装于19in机架上，置于各站民用通信机房，通过上走线架接引各运营商输入/输出。隧道区间由LCX进行场强覆盖，每隧道平行架设两条LCX，分上行、下行链路，根据各隧道区间的不同距离，在隧道区间设置1～2台光纤直放站、RRU（六号线民用通信系统将采用低频段采用直放站覆盖、高频段采用主设备RRU覆盖的方式）。站厅及通道由天线分布系统覆盖，站厅天线分为下行发射天线及上行接收天线。网管监控系统对系统各主要设备的重要参数进行监控，将各设备数据进行采集处理送到控制中心网管终端，对各站监测信息进行分析，对故障信息存储、记录、打印并告警。

4）安装调试中发现的主要问题及解决方案

通信系统安装调试于2012年5月25日开始，于2013年12月28日完成。主要问题如下：

（1）案例1：地铁公共区卫生间无广播

现象：公共区卫生间未安装广播，在验收阶段运营部门提出为了安全疏散，需要在公共区卫生间加装广播。

原因分析：在前期设计阶段，六号线首期各车站公共区均未设置卫生间，在后期审查阶段，为了方便乘客，全线车站在公共区均增加了卫生间，但没有对卫生间提出加装广播的需求，相关规范也没有明确规定卫生间必须加装广播。

处理方式：由运营部门向设计总体发出卫生间加装广播的正式需求，在公共区卫生间加装广播，接入就近广播分区。

经验总结：当车站增加新的功能用房时，需要结合规范考虑通信设施的配套设置问题，不管有没有通信需求，均需要在正式的会议纪要中有记录，并按照会议纪要落实通信设计，否则后期验收出现问题时没有相关依据。

（2）案例2：地铁出入口通道、换乘通道未设置广播

现象：在地铁各出入口通道、换乘通道内未设置广播，在验收阶段运营部门提出为了安全疏散大客流，需要在地铁各出入口通道、换乘通道内加装广播。

原因分析：地铁设计规范未明确规定地铁出入口通道、换乘通道内要加装广播，广州地铁先期开通的线路在这些位置也未设置广播，在设计阶段，按照规范和广州惯例，也未在上述位置设置广播。

处理方式：以“原因分析”中的理由回复运营，且由于六号线已在验收阶段，不再在上述位置加装广播。建议在地铁各出入口通道、换乘通道内设置广播的需求需经正式流程后在新线设计中落实。

经验总结：所有的功能需求，尤其是规范外的功能需求要有一个正式输入文件。我们依据规范和经过审定的用户需求文件进行系统设计。

（3）案例3：区间光缆长度不够

现象：在施工中发现，一德路—海珠广场、东山口—区庄，区庄—黄花岗、沙河顶—沙河四区间通信光缆盘长不足，无法满足现场实际施工需求。

原因分析：在设计阶段，区间光缆两端引入车站设备室部分估计不足，导致区间光缆长度不够。

处理方式：将未施工区间的光缆与备盘光缆统一进行调配，尽量减少在区间接续光缆。最后，一德路—海珠广场区间、东山口—区庄区间进行了光缆接续，其他区间通过调配解决。

经验总结：在施工图设计阶段，车站范围内区间电缆引入口至设备房的距离要充分估计缆线敷设的复杂性，预留足够的引入长度，避免出现区间缆长度不足的问题。

（4）案例4：计算机机柜位置调整

现象：在设计阶段，计算机系统机柜安装在站长室，在验收中，运营人员提出站长室面积较小，需要对计算机安装位置进行调整。

原因分析：广州地铁通信和计算机网络分属不同的部门管理，也是由不同的部门维护，因为这个原因，计算机网络机柜没有放在通信设备室，按惯例放在站长室。在设计阶段，与综合监控专业进行了沟通，其也同意将计算机机柜放在站长室。但没有正式的工作联系单。

处理方式：与运营、建设、监理等单位到现场查勘，在征得运营部门同意的前提下，将计算机机柜调整到附近的车控室、安全办公室等房间。

经验总结：

① 与相关专业的沟通结果必须有正式的工作联系单确认，验收阶段，如果没有工联单，在相关专业换人或者在业主的影响下，之前的沟通会变成“口说无凭”。

② 当地的设计惯例也需要通过工作联系单向总体确认，然后在有总体工联单同意的情况下，依惯例进行设计。

③ 计算机机柜尽量放在通信设备室，或者在向建筑提资阶段提出设置计算机网络设备室，尽量不与其他专业发生交叉，避免出现问题。

（5）案例5：坦尾站2号、7号出入口未安装公安摄像机

现象：在验收阶段，发现坦尾站2号、7号出入口未安装公安摄像机，公安部门提出为了满足治安监控的需要，此处需安装公安摄像机。

原因分析：在建筑图纸中，2号、7号出入口标注为战时人员出入口，设计人员认为此处在开通运营时是不开通的，未设置摄像机。

处理方式：按照公安要求，统一加装摄像机。

经验总结：

① 在设计阶段，要向建筑设计了解车站所有出入口的情况，确定哪些出入口是同期开通的，哪些出入口是远期预留的，并有工联单确认。

② 将出入口设置情况向业主、总体汇报，以会议纪要形式确认出入口各通信系统终端设备安装的原则。

③ 设计人员在遇到不清楚或者不确定的问题时，需要与复核、专册沟通，共同确认设计原则。

1.7.6 信号系统

1）工程概况

广州市轨道交通六号线工程（浔峰岗—长湴段）线路长约24.41km，其中地下线长约21.3km，高架线长约2.81km，过渡段长约0.3km。共设22座车站，其中19座地下站，3座高架站。在浔峰岗设停车场1座，在浔峰岗停车场设置控制中心1座，在大石设有应急指挥中心。配属27列车车载设备。六号线最高运行速度为90km/h，初、近、远期均采用4辆编组。

广州市轨道交通六号线在浔峰岗停车场设1条试车线（长800m）、1条洗车线、12条停车线、2条日检线、2条定临修线以及1条不落轮镟线、月检线、静调线、牵出线、调机线、工程车线、材料线等，共计30组道岔。停车场内设综合楼、综合库、材料棚、洗车机棚及污水处理泵房等建筑。停车场信号设备房和部分维/检修用房设于综合楼内。

2）系统描述

本工程正线采用卡斯柯信号有限公司的具备成熟运营经验并基于移动闭塞的CBTC系统—URBALIS系统。该系统由自动列车控制子系统（ATC），ILOCK型计算机联锁子系统（CBI），自动列车监控子系统（ATS），维护支持子系统（MSS），通信子系统（DCS）构成。ATC系统是一个安全、可靠、先进、完整的有效集成系统，可以满足高速度、高密度和不间断运行的运营需求。通过ATS、ATC、CBI、MSS及DCS子系统间的相互协作，实现对全线列车的运行安全控制以及各种管理工作。

本工程停车场采用卡斯柯信号有限公司的VPI型计算机联锁系统，负责完成所辖停车场区域内的联锁逻辑处理及信号设备的监控。分别与正线联锁、停车场ATS、试车线联锁系统接口，实现信息交换。

（1）ATC系统构成

① ATS子系统结构概述。列车自动监控系统（ATS）是监控系统的核心，它实时收集分析和管理来自轨旁、车站和车载设备的所有运营信息，分为中央和本地两级，具备集中和本地操作能力。

ATS提供人机接口，采用图形化的界面。它还提供一套完整的告警管理系统，以便为在线分析和事后调查建立相关的历史记录。

② ATP/ATO子系统结构概述。ATP/ATO主要设备为LC（线路控制器）、ZC（区域控制器）、CC（车载计算机）等。

ZC/LC：全线集中控制，位于控制中心设备室，实现轨旁ATP/ATO功能。

CC：每列车首尾各一套，首尾热备冗余，实现车载ATP/ATO功能。

③ CBI子系统结构概述。CBI设备设置于全线6个设备集中站，联锁计算机采用2乘2取2结构，CBI系统与轨旁信号设备的接口采用安全型继电器。

④ MSS子系统结构概述。MSS子系统设备主要包括维护服务器和维护终端等。维护服务器位于维修中心，维修终端位于维修中心和控制中心。

⑤ 数据通信子系统结构概述。数据通信子系统主要包括：骨干传输网（采用SDH环网结构）和无线传输网（以802.11a/g标准作为协议，采用裂缝波导管进行无线传输）。

（2）系统功能

各个子系统主要功能如下：

① ATS子系统的主要功能：系统监视（显示）、进路操作、临时限速、列车描述、列车运行调整、时刻表/运行图编辑和管理、列车运用计划及管理、车站发车指示、维护和报警、运营记录和统计报表、系统管理、回放。

② CBI子系统的主要功能：进路控制、自动闭塞控制、紧急关闭、扣车、进路的自动功能、信号机控制、轨道空闲处理、道岔控制、本地监控、信号设备的监督报警及故障诊断。

③ ATP子系统的主要功能：列车定位、列车位移和速度测量、超速防护和防护点防护、临时限速、运行方向和倒溜监督、退行监督、停稳监督、车门监督及释放、紧急制动、站台屏蔽门/安全门监控、紧急停车按钮监控、防淹门、列车完整性监督、子系统维修功能。

④ ATO子系统的主要功能：自动驾驶、精确停车、列车调整、主动列车识别。

⑤ MSS子系统的主要功能：设备管理、设备运行状态检测、维护管理、外部接口管理、系统配置。

⑥ DCS子系统的主要功能：为整个系统提供通信，并具备网络配置及管理功能。

3）裂缝波导管技术的应用

基于无线通信的CBTC信号系统为了满足车地双向通信的需要，必须在线路沿线进行无线场强覆盖，按信息传输媒介的不同，通常有三种传输方式，即轨旁无线电台（天线）、漏泄同轴电缆和裂缝波导管。

本工程信号系统采用的是裂缝波导管传输方式，为广州市轨道交通工程中首次应用。裂缝波导管为中空铝质矩形管，顶部朝车辆天线方向等间隔开有窄缝，使得无线载频信息沿波导管裂缝向外均匀辐射。在波导管附近适当位置的无线接收器，可以接收波导管裂缝辐射的信号，并通过处理得到有用的数据。

裂缝波导管安装精度要求也比较高，与列车车载天线的安装位置要求对应。裂缝波导管的安装位置受到现场制约，可以根据现场条件安装在隧道底部钢轨旁（适用于地下、地面、高架或混合线路及本工程所选安装位置）或隧道侧墙（仅适用于全地下线路）或隧道顶部（仅适用于全地下线路，且三轨供电）。

裂缝波导管作为一种车一地双向数据传输的无线信号传输媒介，具有传输频带宽、传输损耗小、可靠性高、抗干扰能力强等特点。且传输距离要优于漏泄同轴电缆，减少了列车在各个无线接入点之间的漫游和切换，大大提高了无线传输的连续性和可靠性。

在这方面应用比较成熟的系统即为本工程所用信号系统——法国ALSTOM公司的URBALIS信号系统。裂缝波导管技术的应用降低了无线信号的传输损耗，增强了无线信号抗干扰能力，提高了可靠性。

下图：波导管方式的切换

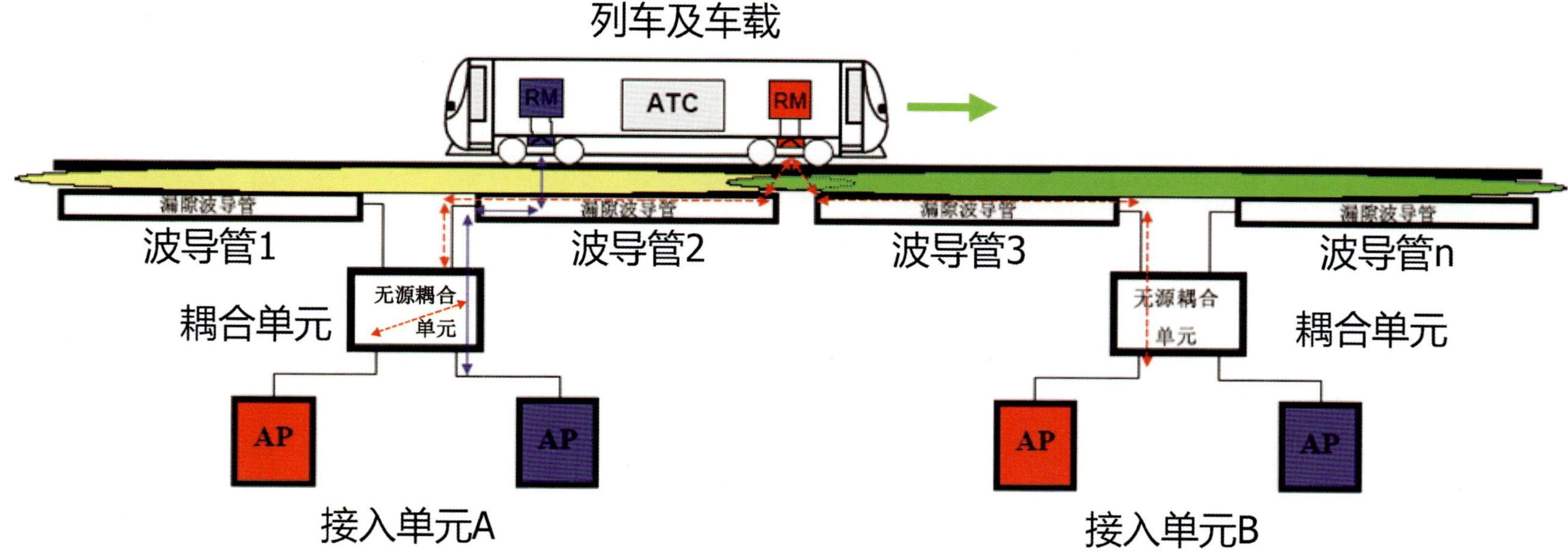

1.7.7 动力与照明

1）概述

（1）概况

动力与照明系统作为供电系统的一个重要部分，实现的是地铁供电网络中全方位的服务功能，承担了除给电动车组供电以外给所有低压负荷提供电能的重要任务，起着为各种低压电气设备如动力设备、照明设备、控制设备等，提供电能、分配电能以及为人们操作用电设备提供人身和设备安全的保护作用。动力与照明系统始终贯彻以人为本的设计理念，确保事故状态下能够提供必需的可靠电源、应急照明电源，保证乘客、工作人员安全疏散。

（2）主要性能技术指标

① 电气设备供电电压偏差范围。正常情况下，电气设备端子处供电电压偏差允许值为+5%～-5%，特殊情况下，电气设备端子处供电电压偏差允许值为+5%～-10%。

② 车站的照度标准值和功率密度值见表3-18。

照度标准值及功率密度值表　　表3-18

序号	场　所	平均照度（Lx）	应急照明（Lx）	功率密度（W/m^2）	统一眩光限值 UGRL
1	出入口门厅/楼梯/自动扶梯	150	15	9	22
2	通道	150	15	9	22
3	站内楼梯/自动扶梯	150	15	9	22
4	售票室/自动售票机	300	30	11	19
5	站厅（高架）	150	15	9	22
6	站台（高架）	100	10	7	22
7	站厅（地下）	200	20	10	22
8	站台（地下）	150	15	9	22
9	办公室	300	30	11	19
10	会议室	300	30	11	19
11	休息室	150	15	9	19
12	盥洗室、卫生间	100	10	6	22
13	车控室	300	150	11	19
14	站长室	300	150	11	19
15	变电所、环控电控室	200	100	9	19
16	民用通信机房	200	100	9	19
17	通信机房	200	100	9	19
18	信号机房	200	100	9	19
19	公安通信机房	200	100	9	19
20	蓄电池间	200	100	9	19
21	弱电综合电源室	200	100	9	19
22	屏蔽门（安全门）控制室	200	100	9	19
23	环控机房	150	15	7	22
24	冷水机房	150	15	7	22

续上表

序号	场　所	平均照度（Lx）	应急照明（Lx）	功率密度（W/m²）	统一眩光限值 UGRL
25	消防泵房	100	50	6	22
26	污水泵房	100	10	6	22
27	风道	10	5	–	22
28	隧道轨平面	10	5	–	22
29	道岔区	20	10	–	–

③控制中心和车辆段的照度标准值和功率密度值见表3-19。

照度标准值及功率密度值表　　表3-19

序号	场　所	平均照度（Lx）	应急照明（Lx）	功率密度（W/m²）	统一眩光限值 UGRL
1	计算机房	500	250	18	19
2	中央控制室	300	150	11	19
3	会议室	300	30	11	19
4	办公室	300	30	11	19
5	档案\资料室	200	20	8	19
6	设备间	150	15	8	22
7	盥洗室、卫生间	100	10	7	22
8	停车列检库	100	10	5	–
9	静调库、临检库、检修库	200	20	8	–
10	调机库、工程车库	100	10	5	–
11	洗车库	100	10	5	–
12	信号控制室	300	150	11	19
13	一般件检修间	200	20	8	22
14	精密检修间	300	30	12	19
15	试验室	300	30	11	19
16	压缩空气站	150	15	8	22

④ 综合接地的接地电阻$R\leqslant 0.5\Omega$，高土壤电阻率时可放大至$R\leqslant 1\Omega$，需满足接触电压和跨步电压的要求。

2）系统组成、功能与运行

（1）系统组成

本工程主要由变电所、环控电控、照明配电、应急照明及防雷接地系统组成。

（2）系统功能及运行

① 变电所。

a. 变电所设置。根据本线的特点，在每个车站设置一个变电所，车辆段设置一个变电所及一个跟随所，停车场设置一个变电所及一个跟随所，控制中心设置一个跟随所，每个所内设35kV、0.4kV配电装置及两台配电变压器。

b. 变电所系统接线。每个变电所均由两路高压供电，变电所低压侧采用单母线断路器分段，并设三级负荷分母线。

c. 变电所运行方式：

●正常运行方式：正常时母线分段断路器断开，两电源同时运行。变电所低压母线上馈出的开关均合上，给车站及区间所有其他用电负荷供电。单台变压器正常负载率为55%～70%。

●故障运行方式：当一路电源失电后，切除三级负荷，母线分段断路器闭合，由一台变压器供本所的一、二级负荷。当电源恢复时，自动复位为正常运行方式。一台变压器供应本所的一、二级负荷时负载率一般为100%左右。

●灾害运行方式：低压配电系统内部发生短路等电气故障时，系统自动将事故部分停电及隔离，以免造成事故扩大，减小事故影响范围。车站发生火灾时，可根据火灾地点的情况，尽快将灾害现场与消防无关的配电回路切断，自动切换到事故状态下的配电运行模式。

d. 变电所电源的供给。采用集中供电方式，中压供电网络与牵引供电系统共用，电压等级为35kV，两路电源由地铁主变电所供给，经车站变压器降压成380/220V，给车站及区间的动力照明设备配电。动力与照明供电系统容量按远期最大负荷设计，并考虑一定的裕量。

e. 变电所接地方式。动力与照明配电系统采用TN-S型接地保护系统（三相四线制）。

f. 无功补偿及谐波治理。在车站变电所设置有源无功补偿滤波装置，使功率因数达到0.9，并实现对谐波的抑制，无功补偿装置采用静止无功发生器，可动态、快速、连续调节无功输出，最大限度满足功率因数补偿要求，任意时刻的功率因数达到0.92～1，可完全滤除13次及以下谐波，响应速度快，具备超强无功补偿与谐波滤除作用。滤波器采用并联型三相四线制有源滤波器，为封闭式户内成套设备，不仅能补偿各次谐波，还可抑制闪变，补偿无功，有一机多能的特点，滤波特性不受系统阻抗等的影响，可消除与系统阻抗发生谐振的危险，具有自适应功能，可自动跟踪补偿变化着的谐波，即具有高度可控性和快速响应性等特点。

g. 保护、测量。

●0.4kV进线断路器。保护：瞬时短路保护、短延时短路保护、过载保护、接地保护。测量：设电流、电压、有功功率、有功电能、无功电能、谐波监测等测量表计。

●0.4kV母联断路器。保护：瞬时短路保护、短延时短路保护，失压自投、来电自复。测量：设电流电压测量。

●0.4kV馈线断路器。保护：瞬时短路保护、短延时短路保护、过载保护。配电线路超过500m的需增设接地保护。测量：设电流、电压、有功功率、有功电能、无功电能等测量表计。

●三级负荷总断路器。保护：瞬时短路保护、短延时短路保护、过载保护。测量：设电流、电压、有功功率、有功电能、无功电能等测量表计。

●馈出至环控电控室馈线。保护：瞬时短路保护、短延时短路保护、过载保护。测量：设电流、电压、有功功率、有功电能、无功电能、谐波监测等测量表计。

●馈线回路的能量统计。对馈线回路的能量进行统计，统计点设置在配电柜馈线处。

② 环控电控。

a. 环控电控室设置。在车站靠近环控机房附近各设置一个环控电控室，作为通风、空调设备的集中配电控制中心，冷水机房电控室可与之合设。

下图：环控电控室照片

b. 供电及接线方式。配电宜采用单母线分段接线方式，进线电源由变电所低压开关柜室两段母线各引入一路电源。车站水系统采用单电缆配电的方式，进线电源由变电所低压开关柜室三级负荷总开关各引入一路电源。

c. 控制方式与信号。环控设备采用智能环控系统，由柜内智能元件、现场总线、通信管理机等设备组成，并与BAS系统控制器连接。

对于三相电动机回路，如各类风机、空调器、空调水系统的各类水泵，智能元件分为变频器、电机保护控制模块。对于单相电机回路，如电动风阀、电动蝶阀，智能元件采用不具备保护功能的小型PLC或智能I/O。主要实现对通风空调设备（主要包括各类风机、空调器、电动风阀、电动蝶阀、冷水机组的冷冻水泵、冷却水泵、冷却塔风机）的测量、控制、保护等功能。

环控设备采用三级控制方式，即车控室控制、环控电控室控制和现场就地控制。监视信号包括设备状态信号和事故信号。与消防有关的电机过载故障只动作于信号不动作于跳闸，消防风机可在车控室按照模式执行手动控制。

d. 环控电控室开关柜的保护及测量。

●进线开关。保护：瞬时短路保护、短延时短路保护、过载保护、接地保护。测量：设电流、电压、有功功率、有功电能、无功电能、谐波监测等测量表计。

●母联开关。保护：瞬时短路保护、短延时短路保护、失压自投、来电自复。测量：设电流电压测量。

●馈线回路。保护：瞬时短路保护、过载保护、接地故障保护、堵转（过电流）保护、电流不平衡（不对称）保护、失速保护。测量：电压、电流、有功功率、无功功率、有功电能、无功电能。

③ 照明配电。

a. 照明配电室设置。车站公共区照明的配电和控制中心，可兼做设备管理用房照明、区间维修插座箱以及二、三级小动力的配电中心，一般设在车站站厅、站台的两端，每个房间的面积大约为10m^2。

b. 照明设计。车站照明设计以简洁、实用、便于安装和维修为原则，并与车站建筑风格相协调，车站照度的均匀系数不小于0.7，公用区按要求设置工作照明、节电照明、应急照明及疏散诱导照明，设备管理房的照明按照度要求进行布置，重要的房间采用一路工作电源、一路应急照明电源供电。

区间照明等设备的配电电源的设计，要求以区间中心里程为界，半区间照明电源各引自蓄电池，照明每隔10m左右布置一盏40W荧光灯。

c. 照明控制。站台、站厅、物业及通道公用区的节电照明和一般照明，在照明配电室集中控制。并通过BAS系统进行集中控制。设备管理房的工作照明，主要是采用分散就地控制，亦可采用在照明配电室集中控制。广告照明，在照明配电室集中控制，并通过BAS系统进行集中控制。电缆通道和通道内扶梯下三角间的安全照明，在安全照明变压器开关箱就地控制。通道出口地面的装饰照明及广告照明，在出口装饰照明配电箱集中控制，并通过BAS直系统进行集中控制。

④ 应急照明。

a. 应急照明电源室设置。内设车站应急照明电源装置，负责提供车站及相邻区间的应急照明电源，其数量和面积按照设备要求确定。一般设在变电所侧，面积大约为21m^2。

b. 运行方式。应急照明采用全交流系统。正常情况下，由变电所提供的交流380/220V电源承担应急照明用电，蓄电池处于浮充状态，在两路电源均失去的情况下，蓄电池组投入工作，通过逆变器承担应急照明用电。

c. 接线方式。应急照明电源设备正常电源由降压变电所两段不同低压母线以双回路供电。车站照明配电室内设置的应急照明配电箱，由应急照明电源的低压母线以单回路供电。

d. 应急照明电源容量。车站应急照明直流电源按保证应急照明负荷90min的用电需求考虑，同时要保证战时应急负荷3h的用电要求。

e. 应急照明控制。车站公共区及区间应急照明、设备区疏散照明为常明灯，不设现场就地控制。设备区的备用照明设置就地控制，在火灾模式下强制开启。

f. 应急照明的设置。

●变电所、配电室、环控电控室、通信机房、信号机房、消防泵房、事故风机房、防排烟机房、车站控制室、站长室以及在发生火灾时仍需坚持工作的其他房间，应设置备用照明。

●站台、站厅公共区、楼扶梯处、疏散通道、避难走道（含前室）、安全出口、长度超过20m的内走道、长度超过

10m的袋形通道、消防楼梯间、防烟楼梯间（含前室）、地下区间、联络通道应设置疏散照明。

g．疏散指示的设置。

●站台和站厅公共区、人行楼梯及其转角处、自动扶梯、疏散通道及其转角处、防烟楼梯间、消防专用通道、避难走道、设备管理区内走道、变电所的疏散通道和安全出口等，均应设置电光源型疏散指示标志。

●站台、站厅公共区内的疏散指示标志应设置在柱面或墙面上。标志上边缘距地面为0.5m，间距不应大于15m或不应超过二跨柱间距。

●在疏散通道转角区内设置的疏散指示标志，其间距不应大于1m。设置在设备管理区走道内的疏散指示标志，其间距不应大于10m。标志上边缘距地面为0.5m。

●疏散通道出口处的疏散指示标志应设置在门洞边缘或门洞的上部，其上边缘距吊顶面不应小于0.5m，下边缘距地面不应小于2m。

⑤ 防雷接地。

a．高架车站。高架车站设综合接地网实现设备的安全接地。车站综合接地网接地电阻不大1欧姆。

有条件时可在高架车站底或周边地块做人工接地网。车站（站厅在地面的车站）可利用结构钢筋网做接地网，同时做好防迷流措施。

高架桥上金属管线需与贯穿全线的接地扁钢相连。

车站强、弱电系统应分别设接地引出线。每组接地引出线不得少于两条，强、弱电接地引出线之间距离不小于20m。高架车站用结构钢筋网做接地网时，如强、弱电接地引出线距离达不到要求，可适当放宽。

高架车站应按设置防雷措施，钢结构为第二道防雷，同时可采用主动式预放电避雷针的形式为第一道防雷。防雷和接地可共用接地网。

对重要设备的配电箱应加电涌保护器，防止直击雷和感应雷对低压系统的侵害。

高架车站变电所低压柜进线需设置避雷装置。

b．高架区间。在高架桥桥翼二边缘及中间的疏散平台上设置避雷带或避雷线，用于直击雷的防护，保护高架桥建筑及桥上各系统设备。

各系统分别采取相应防雷措施，进行感应雷的防护。车辆专业自行设置防雷保护。

利用高架桥桥墩作为防雷保护接地极，在桥墩上做接地引下线并引出接地端子，同时在高架桥桥梁上顶、底板上预留防雷接地引下线的孔洞，桥墩接地极的电阻不大于10欧姆。桥墩里的钢筋应形成一个网状结构，垂直方向上的钢筋与水平方向上的钢筋交叉焊接。

高架桥间隔200m做一处接地引下线，间隔40m将桥护拦顶上的避雷带用镀锌扁钢连接，镀锌扁钢的规格与避雷带的规格相同。

c．地下车站。六号线工程地下车站设置综合接地装置，做人工接地网，接地网接地电阻不大于1欧姆。

车站强弱电系统分设接地引出线，每组接地引出线不得少于2条。

区间牵引降压混合变电所、跟随降压变电所做人工接地网，接地电阻不大于4欧姆。

六号线工程每个车站或独立的辅助建筑内，所有带电设备的金属外壳、地下金属管线均与接地网相连。

3）技术创新

（1）LED照明运用

广州轨道交通六号线首期工程首次在公用区大面积使用LED灯具作为主要照明设备，主要用作装修A区的灯盘和屏蔽门光带两部分。

LED是冷光源半导体照明，自身对环境没有任何污染，安全可靠性高。LED照明灯具的有效发光效率一般为100lm/W，与荧光灯相比耗电量少，节电效率可以达到30%以上。LED灯具使用寿命长，一般为30000h，与荧光灯相比寿命达到其2倍。LED灯具价格大约在700元一套，与荧光灯相比价格约为1.8倍。投资回收期大约为3年。

公用区LED灯具的技术指标：长度的允许偏差为±10mm。宽度的允许偏差为±5mm；色差&E值应小于1.5，在色温在4500K±500时，显色指数Ra＞75～2.25。尺寸的灯具输入功率不大于30W，灯具的有效效率不小于801m/W，有效的总光通量不小于2400Lm。LED光源的全寿命周期不小于40000h，维修率不大于5%。LED光源的驱动模块全寿命周期不小于40000h，维修率不大于5%。LED灯具的眩光值URG<22。

（2）现场智能手操箱运用

广州轨道交通六号线首期工程首次使用智能手操箱对环控风机水泵等设备做现场控制和显示单元。

左图：公共区应用LED照明效果照片一

智能手操箱有就地/环控转换功能。当转换开关在就地位置时，通过远程手操箱面板按钮能实现风机的启动、停止等功能，用于环控设备的现场控制和调试；当转换开关在环控位置时，风机的启动、停止等功能在环控电控室马达控制柜内实现。

智能手操箱的使用节省了安装空间,实现了全面的智能化、网络化,能通过自带的网络连接进行现场总线连接，可以大大节省环控电控柜到现场手操箱单元硬线连接的工程量。其防护等级为IP65以上,有耐腐蚀能力，箱体外部美观。

（3）能源监管系统运用

广州轨道交通六号线低压柜能源监管系统监管的内容包括：每个车站变电所0.4kV开关柜设置多功能电力监控终端，每个车站环控电控柜风机馈线回路。

低压柜能源监管系统以实时监测能源消耗数据为依据，为能源利用诊断、能源质量监测、能源账单核对、节能控制、节能潜力分析、节能效果验证、能源调度、保障健康、舒适的环境、提高全民节能意识等提供有效手段，实现有效节能，并提高了广州轨道交通六号线的自动化管理水平。

① 系统总体目标。

a. 用电设备的自动化监控：设备状态监测、故障报警、节能控制。

b. 能耗实时在线计量：全线每个站点及沿线建筑能耗的实时在线分类、分项与分户计量。

c. 能源质量监测：实时监测电压、电流、功率、频率、功率因数等参数。

d. 商业用电的收费计量。

e. 能耗数据的统计分析及查询。

f. 作为地铁管理层的分析、决策使用的工具，也能作为各用电单位的考核工具。

g. 能源审计。

h. 向上一级能源管理中心上传能耗数据。

② 系统功能。

a. 数据库管理系统。数据库提供数据查询手段，可以方便地查询各个厂站、各种设备、各个时间段的历史数据，数据的显示以表格方式提供。可按类型、设备对历史数据分类统计。提供用户对历史数据备份的工具。数据库中的事件采

右图：公共区应用LED照明效果照片二

用事件驱动方式，当事件产生后立即处理。

b．用户管理系统。为使实时系统能够安全稳定运行，整个系统提供可靠的安全保护措施，所有的操作员能够根据权限大小赋予某特性，这些特性规定了各个操作员对系统及各个活动的选用范围，如用户名、口令字、操作权限及操作范围等。对重要的控制使用口令、密码确认方式以及操作员的重要操作给予记录。

c．人机接口系统。显示整个系统网络图，动态刷新显示电力系统和各主接线图、各开关运行状态和在线运行参数等。

操作人员通过调看画面，可以形象直观地观察各种实时采集的数据，以及系统和各运行设备的实际运行情况，并可以了解历史以及当前观察对象的变化趋势，还可直接在画面上实现遥控、遥调以及人工封锁变化参数等操作。

d．功能子画面系统。系统为各设备、各回路提供了详细的功能子画面，通过此画面，操作员可以清楚、详细地查看相关数据，方便地进行设备的控制操作，包括远程控制、遥测数据、回路状态、报警和故障信号的查看、谐波数据分析等。

e．数据浏览及处理子系统。工程中所用数据均由数据维护工具来管理。数据维护工具提供友好的用户界面、方便的列表格式，用于系统数据库的描述。

f．数据曲线功能。系统根据用户需求，提供实时曲线和历史曲线，可方便用户直观地查看回路的电压、电流、有功功率、无功功率、频率、有功电度和无功电度等电力参数的趋势。

g．事件告警与记录查询系统。遥信变位、遥测越限、遥控操作、保护事件、SOE、系统状态等告警发生时，系统会自动弹出实时告警画面，显示告警类型、厂站名、回路名、告警信息、日期和时间等，同时会有相应语音提示。所有告警信息均可记录到历史数据库中，永不丢失。

历史事件查询涵盖了几乎所有的系统运行事件的查询，

包括遥信变位记录、遥测越限记录、遥控操作记录、保护事件记录、事件顺序记录、RTU状态信息、节点登录信息等。

h. 报表管理系统。系统实时采集电力系统中重要的遥测数据，对其进行统计、分析后实时保存在数据库中。电力参数数据以报表形式进行分类查询和打印输出。

i. 保护信息管理系统。保护信息管理系统主要用于对保护装置的信息浏览和操作维护，保护设备信息初始化。可供查询的保护装置信息包括装置描述、装置参数、保护定值、定值区号、保护模拟量、保护状态、软压板、硬压板、故障记录、信号复归等。

j. 故障录波分析模块。故障录波分析模块兼容COMTRADE 91/99标准，可以对相应的故障文件进行正确的读取、分析，对故障数据进行图形化展示、操作。对故障录波数据进行专业和直观的分析、计算。

k. 谐波及平衡分析模块。谐波分析模块以1s为采样周期定时采集该线路的谐波数据，并计算出每个时刻各个周波的谐波数据，从而实现该线路谐波数据的线形展示。

提供母线不平衡率监测和数据统计分析、计算功能。

l. 电量计量模块。电量计量模块完成对不同线路电能数据的采集，并通过灵活设置不同时间段的复费率，计算出各类电量小时、日、月、年度以及峰谷平电量，并提供整个建筑的用能系统和能耗分析，并可据此进行节能潜力分析，且可提出节能建议指导。

该软件还提供查询功能，通过输入检索条件，可以查询到历史日统计电量、历史月统计电量、历史年统计电量。

m. 事故追忆功能。事故追忆功能在电力系统发生事故后启动，通过对SCADA数据库全部或部分实时信息进行分析和显示，为用户分析事故原因提供了必要的信息。

软件通过对事故发生时保存在数据库中的历史数据进行分析，以曲线、表格等形式展现出来，供用户分析，以便采取相应措施。软件可显示某一事故时间的前后帧数据。

n. WEB查询模块。系统提供Web查询功能，管理者可远程浏览电力系统的实时运行状况，如实时图表、实时数据、开关状态和告警事件等。可实现数据的远程管理。

o. 与第三方通信功能。通信管理单元提供多种现场总线、以太网接口，支持各种部颁标准规约、工业标准规约（和BAS通讯）。可方便地与微机保护测控装置、智能电力监测装置、直流屏、智能开关等智能设备直接通信。

p. 扩展功能。系统具有方便的网络扩展功能，根据客户特殊需求可扩展新功能，同时不影响原有系统正常运行。系统还提供与其他系统进行数据交换的功能，如BAS系统。

（4）工程实施情况

① 系统设计及施工中的技术重难点。

a. 接口设计难点。某些车站的低压柜的平面布置图与供电系统的平面布置不一致，主要是供电系统设计的基础槽钢不能满足低压开关柜的安装要求，原因是低压专业提供的资料不准确。

某些区间所的环控电控柜没有设置集中的低压网关柜，造成与BAS专业的接口存在问题。

b. 施工重难点。某些车站的照明配电室的面积过小，造成照明配电室内的配电箱及BA、FA箱无法安装到位。

系统设计的配电箱及接地箱的位置与低压配电专业不一致，造成配电箱现场移动。

c. 厂商配合难点。某些厂家到货的产品与设计的意图有些差别，主要是低压柜，设计要求背对背对齐，而厂家生产的面对面对齐，造成变电所的Ⅰ和Ⅱ号变压器的接线必须现场对调，以免引起开关的误动作。

② 重大设计施工问题。河沙到坦尾区间，坦尾到如意坊区间由于高压环网支架在疏散平台上方安装，造成低压照明灯具与低压支架无法安装，从而采取低压照明灯具下调，低压支架借用高压环网支架的一层的方案，以致低压的管线比较紧张且检修不便。

4）总结

① 设计中应充分与各专业相互协调，尽量了解各系统专业的运行模式。

② 配合施工中应充分了解现场的点点滴滴，力争施工的返工量最小化，力求在现场及时消除设计中的差、错、碰、漏等情况。

③ 由于公用区的装修设计与机电设计的不同步，造成了公用区的照明设计返工比较严重，甚至两专业的图纸不相吻合。

④ 建议在施工图阶段，动力照明应该介入到装修设计当中，核定公用区的照度，协调照明灯具与风口的关系。

⑤ 建议在综合管线的设计之前，动力照明应该参与讨论电缆桥架母线槽的安装位置，避免在配合施工中产生较大的空间位置冲突。

下图：区间消防水管布置照片

1.7.8 给排水及消防系统

1）概述

（1）工程概况

六号线首期工程共设22座车站，其中地下站19座，高架站3座。在浔峰岗设停车场1座，在大坦沙和燕塘设主变电站2座，在海珠广场和区庄设集中冷站2座。在河沙入洞口设有雨水泵房。

（2）主要技术性能指标

① 给水系统。

a. 工作人员生活用水量按50L/班・人计，时变化系数为2.5。

b. 冲洗用水量按$2L/m^2$・次计。

c. 生产设备用水量按所选设备、生产工艺的要求确定。

② 水消防系统。

a. 地下车站的消火栓用水量按20L/s计。

b. 地下人行通道消火栓用水量按10L/s计。

c. 消防按同一时间发生一次火灾计，火灾延续时间消火栓为2h。

③ 排水系统。

a. 工作人员生活排水量按50L/班・人计，小时变化系数为2.5。

b. 冲洗水排水量为$2L/m^2$・次。

c. 结构渗漏水量为$1L/m^2$・d。

d. 地下站雨水排水量按设计暴雨重现期50年、集流时间5min计算。

e. 生产设备排水量按所选设备，生产工艺的情况确定。

f. 消防废水量与消防用水量相同。

④ IG541自动灭火系统。

a. 设计温度范围0～54℃。

b. 设计浓度为37.5%～52%。

c. 灭火剂储存压力为15～20 MPa。

d. 喷射时间≤60s。

e. 浸渍时间10min。

2）系统构成、功能与运行

（1）系统构成

区间给排水及消防系统包括区间排水、区间水消防、市政接驳、自动灭火系统。

（2）系统功能

① 区间排水。应及时排除地下区间的结构渗漏水、冲洗水及消防废水，并排除地下区间隧道出洞口敞开段、高架区间的雨水。

② 区间水消防。水消防系统应满足地下区间的消火栓用水的水量、水质和水压的要求。

③ 市政接驳。从市政给水管引入沿线车站和附属建筑给水管道，沿线车站和附属建筑的排水接入市政排水管道。

④ 自动灭火系统。在地下车站、控制中心、主变电站等附属建筑内，重要的电气设备用房设置自动灭火系统，平时由火灾探测系统监视防护区的状态，在火灾时能自动报警，并通过控制系统按预先设定的控制方式启动灭火装置向防护区释放灭火剂，能及时控制火势或扑灭火灾，以保证地铁正常运行。本系统同时具有自动控制，手动控制和机械应急操作三种控制方式，并有故障报警功能。

左图：区间排水管路照片

（3）系统选型

① 给排水及水消防系统的主要设备均可采用国产设备，性能稳定可靠，维护保证也比较好。给排水及消防设备可达100%国产化的要求。

② 潜污泵厂家为宁波巨神泵业有限公司，自动灭火系统厂家为杭州新纪元消防有限公司。

3）工程实施的重难点

① 系统设计中较难的是排水市政接驳设计，车站主体建筑、周边市政管网及周边用地、规划等的经常变动，导致接驳后期有大量变更。

② 由于地铁在施工中对部分市政设施带来损坏，功能受到影响，市政部门对受理的案件比较敏感，审查较严，需结合审批意见进行多次图纸修改。

4）总结

（1）亮点

区间消防管上，由并联安装手动、电动蝶阀改为串联安装手动、电动蝶阀，原并联安装的电动蝶阀平常关闭98%，与消防规范要求阀门常开有些矛盾，而串联安装则满足消防要求。

（2）改进

① 个别区间废水泵房水泵扬程选型较大，造成水泵电机电流过载，对电机有损害的可能。主要原因是设计太保守，担心运营时间较长后，水泵扬水管可能因结垢造成水头损失增大而将水泵扬程增加得过大。 建议施工图阶段应详细计算。

② 由于地铁设计涉及专业较多，专业之间的协调配合出现差、错、漏、碰的局部现象未能全面避免，如管路的调整、辅助材料的替换和增减等。这类变更对于设计人员而言，应当尽量减少和力图避免，在今后设计工作中尚待加强和提高。

1.7.9 通风空调系统设计总结

1）项目概况

六号线线路首期工程浔峰岗—长湴段，线路长24.51km，其中，地下线长21.31km，高架线长2.9km，过渡段长0.3km。共设22座车站，其中19座地下站，3座高架站。共有9座车站分别与其他轨道交通线路换乘。在浔峰岗设停车场1座，设控制中心一处位于停车场内。在大坦沙和燕塘设主变电站2座，在海珠广场和区庄设集中冷站2座。六号线首期工程开通时，沙河站和一德路站均过站处理。

为满足广州地铁出行乘客的舒适性、安全性要求，满足运营人员工作环境、安全性要求，满足车站、区间系统设备正常运转的工作环境需要，提高服务水平，设置了通风空调系统。

2）系统方案

（1）地下站隧道通风系统

① 车站隧道通风系统。根据六号线首期工程的特点，从简化系统、节约土建面积及减少风亭个数等因素考虑，车站只在一端设置活塞风井，另一端仅设置机械风井，其系统图见下图。

② 长区间隧道通风系统主要由可逆反式隧道通风机、推力风机装置、射流风机装置、风阀、消声器、风室和风道组

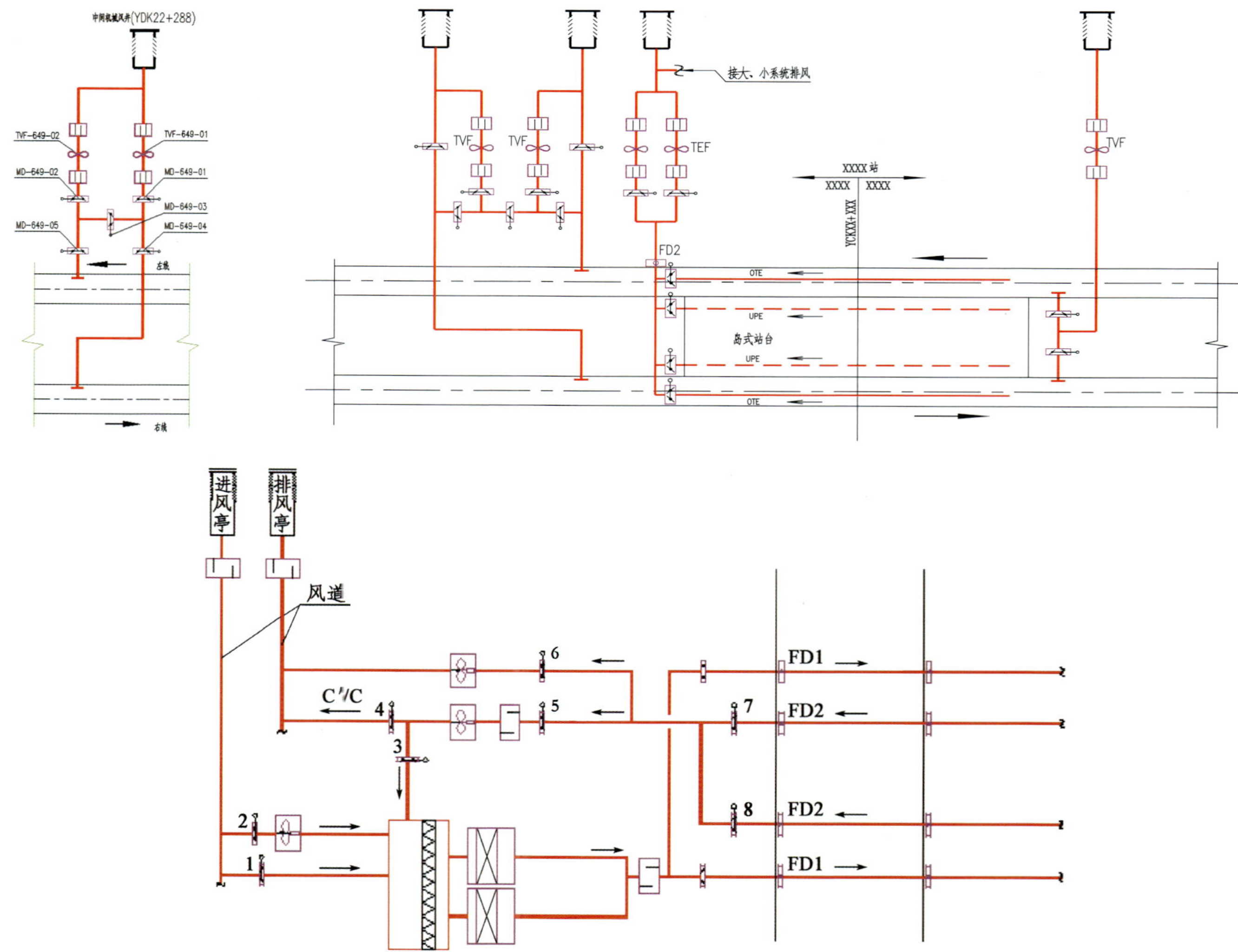

上图：隧道通风系统图

下图：车站空调大系统全空气系统配置图

左图：立式安装风机

成。根据隧道通风系统计算及防灾的要求，需在燕塘—长湴长区间设置中间隧道风机房，中间风井隧道通风系统见右图。该系统没有设置活塞风井，仅供区间发生火灾事故时使用。

（2）地下车站大系统

方案一：鉴于六号线各站公共区送风量较小，经初步计算，为60000m^3/h～80000m^3/h，推荐各站大系统均只设两台立式空调机，单端送风。

方案二：采用空气—水交换系统。车站公共区设置分散的吊式空调器，在车站设备用房区设置排风、排烟及新风机房。六号线多个车站为明暗挖结合车站，站台一般为暗挖。黄花岗站采用此方案。

（3）地下车站水系统

为解决在城市繁华闹市区设置冷却塔及征地拆迁的困难，全线在海珠广场、区庄设有两座集中冷站。海珠广场冷站供冷范围为六号线的文化公园站、八号线的文化公园站、一德路站、海珠广场站、北京路站、越秀南站共六个车站的空调大、小系统，海珠广场冷站采用珠江直流冷却系统。区庄集中冷站供应六号线的区庄站、黄花岗站、沙河顶站的空调大、小系统，区庄冷站已由五号线实施，六号线水系统二次管路接口已预留，六号线只需实施二次泵系统。东山口站、黄沙站利用一号线加装屏蔽门后的剩余冷量供冷。其余车站采用分站供冷系统，冷水机组采用螺杆冷水机组。

采用分站供冷的车站，大、小系统的空调冷源设备合用，采用集中供冷的车站，集中冷站向各站大系统、小系统同时供冷。

（4）高架站

六号线有三个高架站，站厅设置多联式空调系统，站台自然通风。

3）工程实施难点

（1）深埋车站公共区排烟、疏散

六号线横穿老城区，穿越了大片房屋桩基，地质条件复杂，施工条件困难，同时与多条线路换乘（共9座），因此六号线出现9个深埋车站，均为四层或五层车站。

深埋车站公共区排烟、疏散存在以下难点：深埋车站层数多，风压损失较大，楼梯开口处是否可以形成一定的向下流速，阻止烟气向上方站层蔓延；疏散距离大，人员安全疏散时间较长，是否可以保证人员在烟气达到危险时刻之前疏散到安全区；较深的竖直井道如疏散楼梯间在火灾时容易形成烟囱效应，加大对烟气的抽吸，如何确保深埋站点疏散楼梯间的正压性和无烟气进入。我院专门联合中国安全生产科学研究通过火灾烟气数值模拟研究表明，在配置隧道通风系统风机参数下，深埋车站公共区排烟量需加大到25m^3/s（需说明六号线车站规模小，公共区排烟量一半在60000m^3/h左右）。各深埋车站公共区防排烟设计采纳这一结论后，根据目前已验收深埋车站的放烟效果来看，站台、转换层、站厅的排烟效果均较好。

（2）大系统采用单端排风，采用立式空调柜，缩减土建规模

鉴于六号线各站公共区送风量较小，初步设计阶段经计算，为60000m～80000m^3/h，推荐各站大系统均设两台立式空调器，单端送风。采用立式空调机组比传统的组合式空调机组减少了机房面积，缩减了土建规模。为了满足公共区环境的卫生要求，需设置消毒净化段，这也带来了设备的检修及清洗问题，因此大系统立式空调器在设备招标时对设备功能段做了特别处理，要求消毒净化段与表冷段增加检修段600mm要求，同时在两台立式空调器前侧设置混合风室，从

混合风室维修清洗初效过滤段。

（3）深埋车站空间利用

六号线横穿老城区，穿越了大片房屋桩基，地质条件复杂，施工条件困难，同时与多条线路换乘（共9座），因此六号线出现9个深埋车站，均为四层或五层车站。为利用深埋空间，压缩车站规模，因此深埋车站的风机均为垂直布置。垂直布置的风机要重点考虑好各层设备的检修、安装及固定问题。六号线垂直布置的风机均避开在轨行区上方安装，避免了风机运行中因故障产生的安全隐患。

4）总结

（1）设计亮点

① 六号线穿越老城区、周边敏感建筑多，为减少景观和噪声影响，采取下列措施：

a. 对早晚通风模式进行优化，关闭周边有敏感建筑的车站早晚通风模式，通过开启相邻车站隧道通风系统达到隧道通风换气要求，避免了早晚通风模式开启风机对车站周边敏感建筑的噪声影响。

b. 车站冷却塔美观围蔽，不满足噪声要求时设置消声降噪措施。

② 高架站站厅出入口设置风幕机。六号线有三个高架站，高架站站厅设置了多联空调。当站厅夏季开空调时，出入口直接与外界连通，冷量泄漏加大，设置风幕机主要是为了阻挡空调季节冷量的泄漏。

空调季节浔峰岗站开风幕机前后站厅温度对比表 **表3-20**

车　站	日　期	时 间 段	室内温度（℃）	室外温度（℃）	备　注
浔峰岗站	7月30日	14:00～15:00	26	35	开启风幕机
		15:00～16:00	24	35	开启风幕机
		16:00～17:00	24	34	开启风幕机
		17:00～18:00	25	33	开启风幕机
	7月31日	14:00～15:00	29	35	不开启风幕机
		15:00～16:00	28	34	不开启风幕机
		16:00～17:00	27	33	不开启风幕机
		17:00～18:00	27	33	不开启风幕机

左图：东湖站风亭

右图：河沙站风亭

从表3-20看出，开启风幕机前后站厅室内温度相差2～3℃，风幕机有效阻止了站厅出入口冷量泄漏，节能效果良好，并且为后续新线高架站积累了实践经验。

③ 高架站站台设置喷雾风扇。

根据高架车站工程特点，广州已开通的高架车站站台均采用自然通风。由于广州为亚热带海洋气候，气温高，降水多，日照多，风速小，相对湿度大，年平均气温为21.9℃，6～9月份月平均相对湿度高达84.5%，因此夏季温度高，且比较闷热。高架站由于采用轻型屋面或钢结构大棚，遮阳隔热能力较差，在夏季炎热的中午和下午，站台温度较高，站台工作人员的工作环境较为恶劣。因此广州新线设计标准中运营提出需改善高架站站台乘客乘车和工作人员工作环境，尽量考虑设置通风降温设施。因此运营要求六号线三个高架站增设喷雾风扇。

由于六号线高架车站已经施工完毕，运营已经接收，根据现场条件，三个高架站均采用壁挂式自带水箱方案，由给排水专业增设补水管自动补水。

设置喷雾风扇重点是解决好喷雾风扇安装位置，以及自动给水管、电缆管线的设置及与装修配合等问题。

④ 试点车站公共区和设备区走道采用综合支吊架。六号线首期工程河沙站、海珠广场站作为试点，在公共区和设备区走道设置了综合支吊架系统。

海珠广场站和河沙站采用综合支吊架，从施工现场情况来看，优势主要体现在以下几个方面：

a. 解决了各系统管线乱打支吊架及吊架无法生根问题，由于综合支吊架统一考虑了所有的受力构件，同时提供节点

上左图：高架站出入口风幕机

上中图：沙贝站站台喷雾风扇图一

上右图：沙贝站站台喷雾风扇图二

下左图：海珠广场走道综合吊架

下右图：海珠广场公共区综合支吊架图

下图：冷却水直流取水工艺图

力学计算报告书，比传统的支吊架受力更可靠、稳定。

b. 各专业可共用支吊架，充分利用空间，可使各专业的管束得以良好的协调，使空间和资源共享，提高了有限空间利用率。

c. 由于广州走道无吊顶，综合支吊架采用组合式配件，装配式施工，可以让走道管线及吊架系统更整齐美观，同时后期维护方便。

d. 安装速度快，施工工期短。

e. 施工无需电焊和明火，无需传统吊架防腐（刷漆或镀锌）的工艺处理。

⑤ 海珠广场冷站采用珠江水直流冷却，三级过滤工艺。海珠广场冷站利用珠江水直流冷却，直流冷却主要功能是从珠江引江水，进行三级过滤处理后，依靠水泵机械循环送至冷水机组，将升温后的冷却水再排回珠江。直流冷却方案在江边设置菱形取水头部，海珠广场东广场绿地下设置取水泵房，建筑为地下一层。从珠江边到取水泵房设置两根DN450取水管，一根DN500排水管，均为顶管敷设。

考虑珠江水直流方案，为净化水质，冷却水系统采用了自动除渣机、自动清洗过滤器、冷凝器在线清洗机三级过滤设备来实现逐级过滤和防垢，同时为防止水质对冷凝器的损害，冷水机组的换热管采用了钛管。

⑥ 海珠广场冷站机房内采用泡沫玻璃保温材料。以往地下车站使用的保温材料主要为泡沫玻璃和玻璃棉，玻璃棉主要用于车站冷冻水管保温，泡沫玻璃主要用于区间冷冻水管保温。

a. 以往车站保温材料存在问题。由于地铁环境相对湿度大，离心玻璃棉施工工艺仅靠绑扎胶带就行缠绕，难免在部分位置进入空气而产生冷凝水，且绑扎胶带随着时间容易老化，进而产生保温棉开裂、积水变形的现象，或在检修过程中因维修人员或维修工具碰撞产生保温棉变形破损的现象，目前在已运行车站中发现不少冷冻水管表面出现冷凝水析出现象。

针对上述问题，六号线在海珠广场冷站机房内首次采用泡沫玻璃保温。泡沫玻璃为闭孔结构，透湿系数非常小，为玻璃棉的千万之一，因此当保护层破损后也基本不会影响到它的保温性能。

b. 实施效果。左图为海珠广场冷站机房保温效果图，海珠广场集中冷站机房内冷冻水管采用泡沫玻璃，优势主要体现在以下几个方面：

●保温效果好。施工完毕后，泡沫玻璃结构稳定，硬度高，不易破损，抗透湿能力强，在湿度较大的地下车站中比较适用。

●泡沫玻璃在现场施工中实际损耗比玻璃棉小，主要是因为离心玻璃棉材料虽不易损害，但现场施工过程极易受潮，一旦受潮或水浸后将不可使用。泡沫玻璃为憎水材料，脆性，现场施工容易断裂，但断裂的材料可以重新切割利用

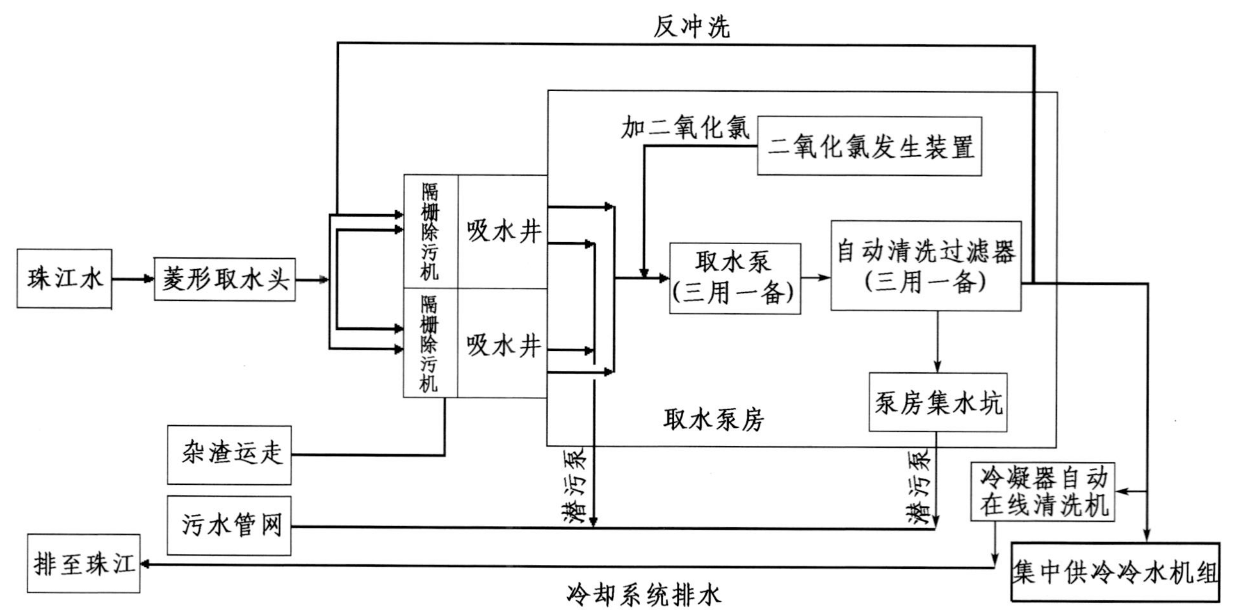

上图：泡沫玻璃棉在海珠广场冷站机房保温效果图

（用于管件、弯头的保温）。

c. 存在问题及建议。

●施工工艺较复杂，需要对施工人员进行培训，同时需要严格控制施工流程和工艺，确保材料的保温效果。

●在冷水机房中，Y形过滤器需要定期清洗，而泡沫玻璃棉保温结构外表层较硬，一旦安装后Y形过滤器无法拆卸。故此处的泡沫玻璃如何进行保温需要进行研究。

●因泡沫玻璃棉厂家出厂提供为定型产品，管道管壳或者卡箍、法兰、阀门等部位均有相应尺寸材料供应，但水泵叶轮壳体、压力传感器、温度传感器等均无此类特定材料，故此细节部位的保温材料也需厂家进行考虑。

（2）改进

① 前期需注意处理好风亭及冷却塔的设置位置。在工程实施的前期，在征地、拆迁及土建设计阶段，重点考虑的是工程实施及规划的要求。对于消防、环保及卫生的要求考虑强度不够，在工程实施的后期，当风亭、冷却塔的位置确定以后，如再发现不满足消防、环保及卫生要求，此时整体和调整的余地较少，付出的代价较大，后期容易产生投诉隐患。

因此，在工程实施的初期，应重点加强落实消防、环评及卫生要求，特别是风亭、冷却塔的位置。主要的经验有以下几点：

a. 重视冷却塔的设置位置的选择，尽量避开敏感点，当无法避免时，至少距敏感建筑大于15m，同时与建筑装修等专业协调，设置消声降噪措施，并考虑消声降噪措施对冷却塔换热性能的影响。

上左图：左端室外机布置图

上右图：右端室外机改造图

下　图：越秀南站消声器优化设计图（尺寸单位：mm）

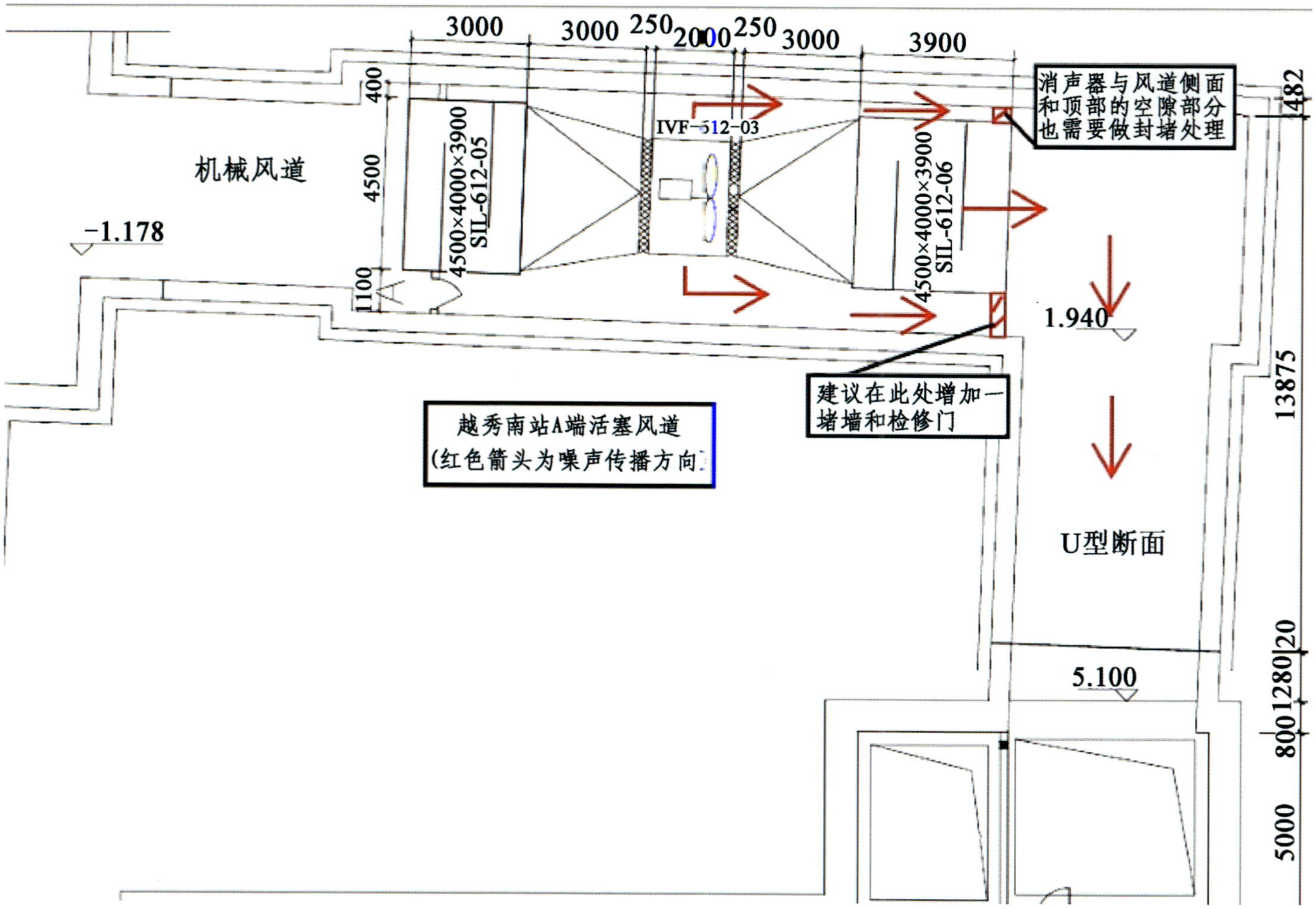

3000 3000 250 2000 250 3000 3900

400 4500 1100

机械风道

-1.178

4500×4000×3900 SIL-612-05

IVF-612-03

4500×4000×3900 SIL-612-06

消声器与风道侧面和顶部的空隙部分也需要做封堵处理

482

1.940

建议在此处增加一堵墙和检修门

越秀南站A端活塞风道
(红色箭头为噪声传播方向)

13875

U型断面

5.100

20 1280 800 5000

b. 在用户需求书的编制、设计联络、测试验收中，采用超低噪声横流塔，并严格控制冷却塔的噪声要求。

c. 冷却塔四周设置建筑围蔽，应考虑建筑围蔽对冷却塔的换热性能影响。

d. 为满足景观要求，采用下沉布置时，冷却塔的选型参数应适当放大，冷却塔距下沉坑外壁的距离应严格控制。

e. 排风亭与活塞风亭的朝向应避开敏感建筑。

② 高架站多联空调室外机的布置需充分考虑机组散热。高架站室外机布置没有充分考虑室外机的散热及对周边环境影响，导致施工

配合阶段室外机安装后，发现问题，重新进行改造。以后设计中应关注室外机的布置问题，至少考虑设置两面外墙自然进风，必要时应设置排风导风筒。注意当室外机设置排风导风筒时，应对室外机的风压参数提出要求。

a. 浔峰岗站室外机布置。浔峰岗站左端室外机设置在夹层内，只有一个散热面，设备布置紧凑，不能满足散热要求。经总体组和业主现场巡检后，提出左端室外机移出两台室外机到右端室外机安装平台上。右端室外机放置平台虽然空间大，但也只有一面外墙，左端室外机移到右端后，通风散热难以满足要求，均在室外机出风口设置排风筒。

b. 沙贝站室外机布置。沙贝站室外机布置在正对公共区出口处，对公共区热环境影响较大。改造方案为室外机与公共区出口处设置一面玻璃，阻挡室外机的排风进入公共区。

③ 消声器布置仍需优化。消声器厂家深化设计时，发现部分车站隧道风机直接布置在风道内，导致风机本体噪声传至室外，进而导致风亭噪声超标。

④ 加强与相关专业的接口。在六号线首期的通风空调的实施阶段，出现了不少问题，把这些问题进行总结分析得出，其中大部分是接口问题。

a. 土建与机电专业的接口。经常出现土建修改图纸后，忘记提资给机电专业。以天平架站为例，土建施工设计阶段，为满足新规范要求，把东端风亭的封闭楼梯间改为防烟楼梯间，却未提资给机电专业。后期消防检测时，发现防烟楼梯间未设置加压送风系统，由于土建未考虑设置加压风机及加压风口的土建条件，导致土建和机电变更均较大。

b. 装修与机电专业的接口。公共区装修图纸出图较晚，滞后于通风空调图纸，导致风口被公共区装修遮挡，部分风口出风直接打在装修板或龙骨上，导致出现凝露。

c. 机电专业之间的接口。机电专业之间的接口，出现接口不符的情况，最多的是下面几种情况。

●工点未按照隧道通风系统下发的系统图执行，工点图纸隧道通风系统设备编码与系统的设备编码不一致，继而影响低压、BAS两个专业，导致系统调试时，模式启动的设备与现场设备对不上。

●排烟风机的防火阀与风机连锁提资遗漏。备用空调的维修电源低压专业未落实。

●给排水未落实室外设备的清洗水源。

●空调甲供设备招标后，工点未及时反馈给低压设备配电参数。

地铁工程是一个系统的复杂工程，专业众多，设计、咨询、施工、监理、供货商、运营、政府主管部门、业主之间的关系错综复杂，设计总体必须与业主一道做好工程的统筹工作，协调各方关系，应重点处理好接口关系，在各方出现矛盾时，应站在工程功能的角度和为乘客服务的角度决策和处理问题。

下两图：天花板遮挡风口照片

1.7.10 六号线首期工程火灾自动报警系统设计总结

1）系统基本概况

火灾自动报警系统是由触发装置、火灾报警装置、火灾警报装置以及具有其他辅助功能的装置组成的，它具有能在火灾初期，将燃烧产生的烟雾、热量、火焰等物理量，通过火灾探测器变成电信号，传输到火灾报警控制器，并同时显示出火灾发生的部位、时间等，使人们能够及时发现火灾，并及时采取有效措施，扑灭初期火灾，最大限度的减少因火灾造成的生命和财产的损失。

FAS按中央、车站两级调度管理，中央、车站、就地三级监控的方式设置，对地铁全线及各相关建筑进行火灾探测、报警和控制。FAS负责实现火灾探测、向车站控制室及线路控制中心发出火灾警报、报告火灾区域，与环境与设备监控系统、综合监控系统配合或独立实现消防设备的联动控制。

2）设计方案及联动控制

（1）设计方案

① 车站FAS方案。车站级FAS由火灾自动报警控制盘（FACP）、图形工作站、探测器（如感烟探测器、感温探测器等）、手动报警按钮、监视模块和控制模块等组成。车站级FAS网络采用环形总线网络方案，对于典型两层地下车站而言，全站FAS设置环形总线网，各类探测器均采用总线方式接入相应环路。

FACP通过RS-485接口接入车站FAS图形工作站。车站FAS在底层FACP盘和BAS通过RS485接口直接相连，火灾时，FAS通过该接口将火灾模式指令直接下达给BAS，BAS作为FAS的联动控制子系统实现对底层消防排烟设备的联动控制。

区间变电所及区间风机房设区域火灾报警控制盘，区域火灾报警控制盘通过光纤接入相近车站的集中火灾报警控制盘。

② 主变FAS方案。主变电站的FACP通过探测总线与管辖内火灾自动报警探测器（如感烟探测器、感温探测器）、手动报警按钮、监视模块和控制模块等各种现场报警、监控设备联网，组成分控级系统。主变电站火灾报警控制盘通过光纤接入邻近车站的火灾自动报警控制盘。

③ 停车场FAS方案。停车场集中设置一处消防控制室，按区域范围设置消防设备室。停车场火灾报警主控制器、专用消防电话主机设置在停车场消防控制室室内，在各重要库房、办公区域等处设区域报警控制盘，连接现场的火灾探测器、手动火灾报警按钮、消火栓起泵按钮、电话插孔、输入输出模块等设备。各区域报警控制盘通过光纤组成一个完整的停车场火灾自动报警控制网络，负责监视停车场内的火灾自动报警系统设备的运行状态，接收火灾报警信息。

（2）火灾报警确认

火灾自动报警系统的控制盘逻辑编程软件具有火灾报警自动确认的功能,火灾报警的确认有两种方式，即自动确认和人工确认。

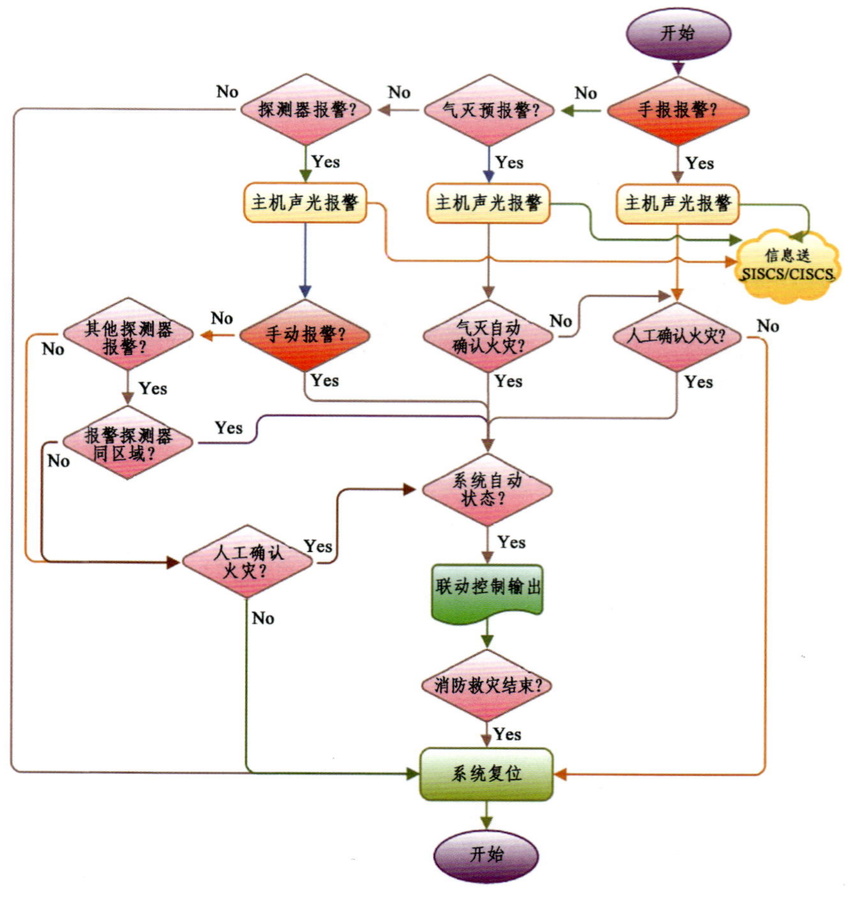

右图：火灾报警流程图

（3）消防联动控制系统及其控制模式

重要的消防设备如排烟风机、风阀的模式控制以及消防水泵的监控等除由BAS、FAS实现自动控制外，还需由消防联动控制盘通过硬线直接监控。由于各车站已由综合监控系统设置了紧急后备盘（IBP），因此，各车站不再单独设置消防联动控制盘而是由综合监控系统设置的紧急后备盘统一考虑。主变电站、停车场由FAS统一设置消防联动控制盘。

① 地下车站消防联动控制及其控制模式。地下车站消防联动控制系统应由火灾自动报警系统、环境与设备监控系统、综合监控系统及其他相应互联系统组成。

当火灾发生时，FAS发送火灾模式指令给BAS，控制车站相关消防设备启动火灾模式运行，同时发送火灾信息给综合监控系统，由综合监控系统联动消防广播、CCTV及乘客显示系统等系统。除此之外，FAS还需联动消防水泵、防火卷帘AFC闸机等设备。在车站级计算机设备失效的情况下，可由车站控制室的综合后备盘（IBP盘）实现设备应急操作功能。

地下车站火灾自动报警系统监控对象一览表　表3-21

监控对象	监视	控制
防火卷帘	√	√
防火阀	√	—
自动灭火系统	√	—
消火栓泵	√	√
消防水池水位	√	—
AFC	√	√

注：√ 表示对该设备进行监视或控制。

地下车站火灾时，系统实现的联动控制功能有自动控制、半自动控制（包括动控制中心手动模式控制、车站手动模式控制、车站综合后备盘手动模式控制三种方式）和环控电控室就地点动控制。

② 高架车站消防联动控制。高架车站消防联动控制系统应由火灾自动报警系统、环境与设备监控系统、综合监控系统及其他相应互联系统组成。

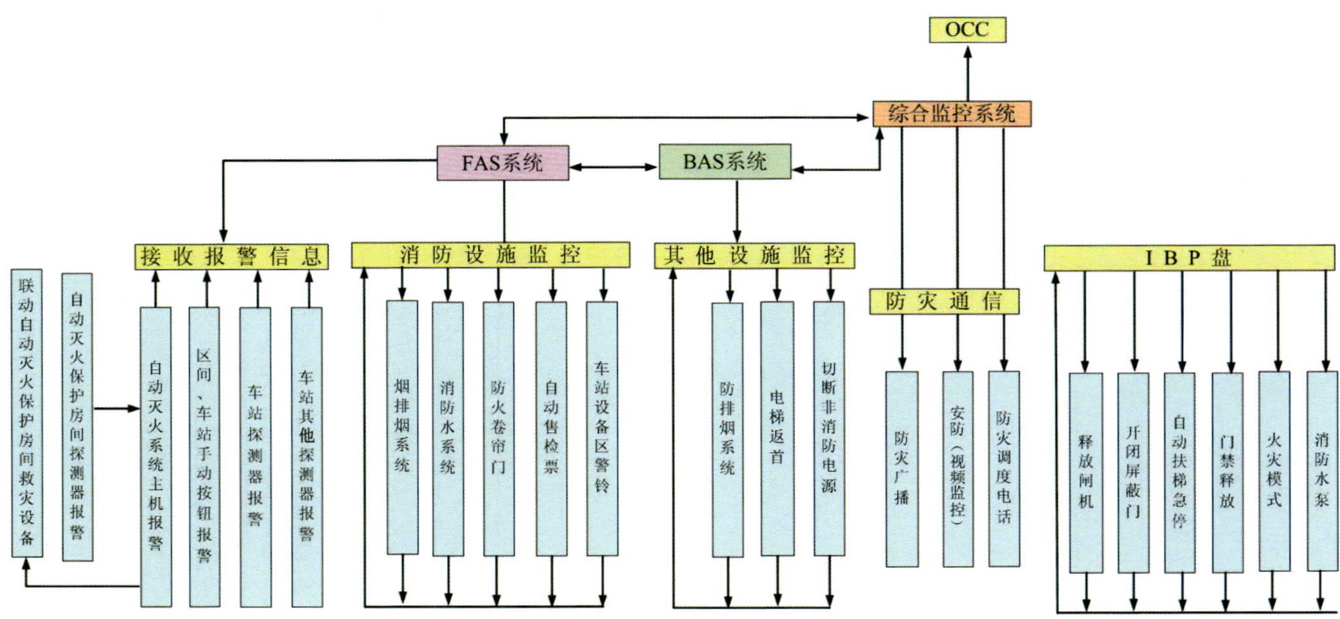

左图：地下车站消防联动图

当火灾发生时，FAS发送火灾模式指令给BAS，控制车站相关消防设备启动火灾模式运行，同时发送火灾信息给综合监控系统，由综合监控系统联动消防广播、CCTV及乘客显示系统等系统。除此之外，FAS还需联动消防水泵、防火卷帘、AFC闸机等设备。紧急情况下，由车站控制室的综合后备盘（IBP盘）实现设备应急操作功能。

高架车站火灾自动报警系统监控对象一览表　　表3-22

监控对象	监视	控制
防火卷帘	√	√
防火阀	√	—
消火栓泵	√	√
消防水池水位	√	—
AFC	√	√

注：√ 表示对该设备进行监视或控制。

高架车站火灾时，系统实现的联动控制功能有自动控制、半自动控制（包括动控制中心手动模式控制、车站手动模式控制、车站综合后备盘手动模式控制三种方式）和环控电控室就地点动控制。

③ 停车场消防联动控制。停车场消防联动控制系统应由火灾自动报警系统组成。

当火灾发生时，FAS联动消防水泵、防火卷帘、电梯、消防广播、非消防电源、专用排烟风机、防火阀等相关设备。紧急情况下，由消防控制室的消防联动控制盘实现设备应急操作功能。

停车场火灾自动报警系统监控对象一览表　　表3-23

监控对象	监视	控制
消火栓泵	√	√
消防水池水位	√	—
防火阀	√	—
排烟风机	√	√
应急照明	√	√
非消防电源	√	√
自动灭火系统	√	—
喷淋泵	√	√
信号阀（水喷淋系统）	√	—
水流开关（水喷淋系统）	√	—
报警阀（水喷淋系统）	√	—

注：√ 表示对该设备进行监视或控制。

停车场火灾时，系统实现的联动控制功能有自动控制、半自动控制（包括手动模式控制、消防联动盘手动模式控制两种方式）和控制箱就地点动控制。

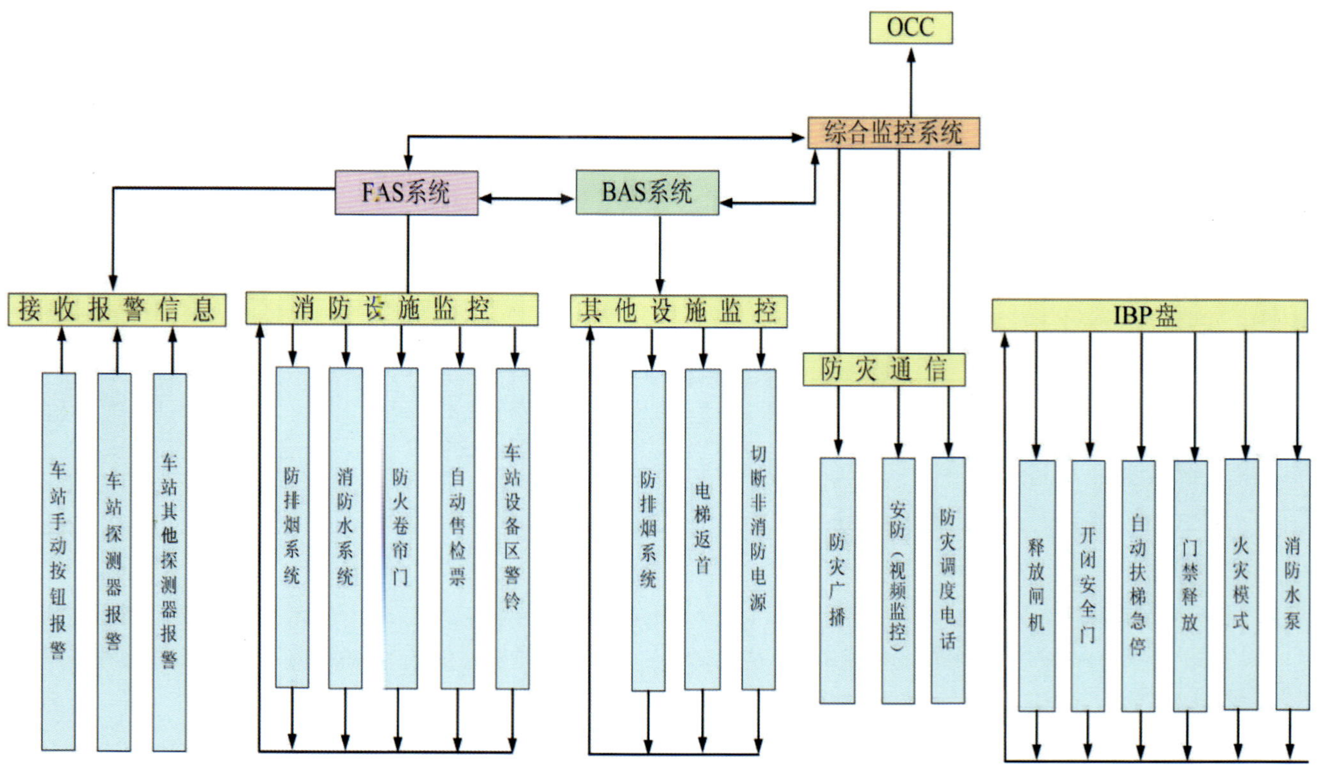

右图：高架车站消防联动图

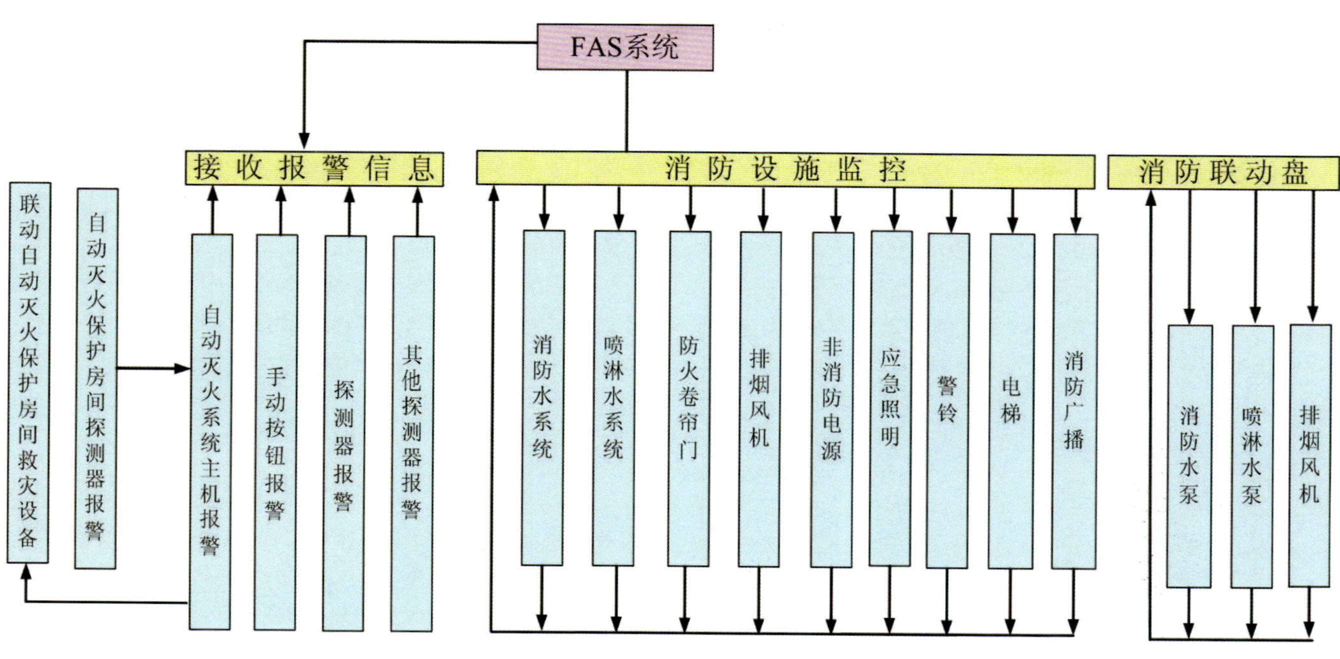

上图：停车场消防联动图

下图：主变电站消防联动图

④ 主变电站消防联动控制。主变电站消防联动控制系统应由火灾自动报警系统组成。

当火灾发生时，FAS联动消防水泵、非消防电源等相关设备。紧急情况下，由消防控制室的消防联动控制盘实现设备应急操作功能。

火灾自动报警系统监控对象一览表　　表3-24

监控对象	监视	控制
消防火栓泵	√	√
消防水池水位	√	—
防火阀	√	—
排烟风机	√	√
应急照明	√	√
非消防电源		√

注：√ 表示对该设备进行监视或控制。

主变电站火灾时，系统实现的联动控制功能有自动控制、半自动控制（包括手动模式控制、消防联动盘手动模式控制两种方式）和控制箱就地点动控制。

3）系统设计重难点

（1）严守规范

火灾自动报警系统属于行业管理非常严格的消防系统，因此必须严格按照规范设计，还应密切关注《火灾自动报警系统设计规范》、《地铁设计防火规范》、《地铁设计规范》的相关新的要求。

（2）合理选型

无论火灾自动报警系统的规模大小及功能需求是否相

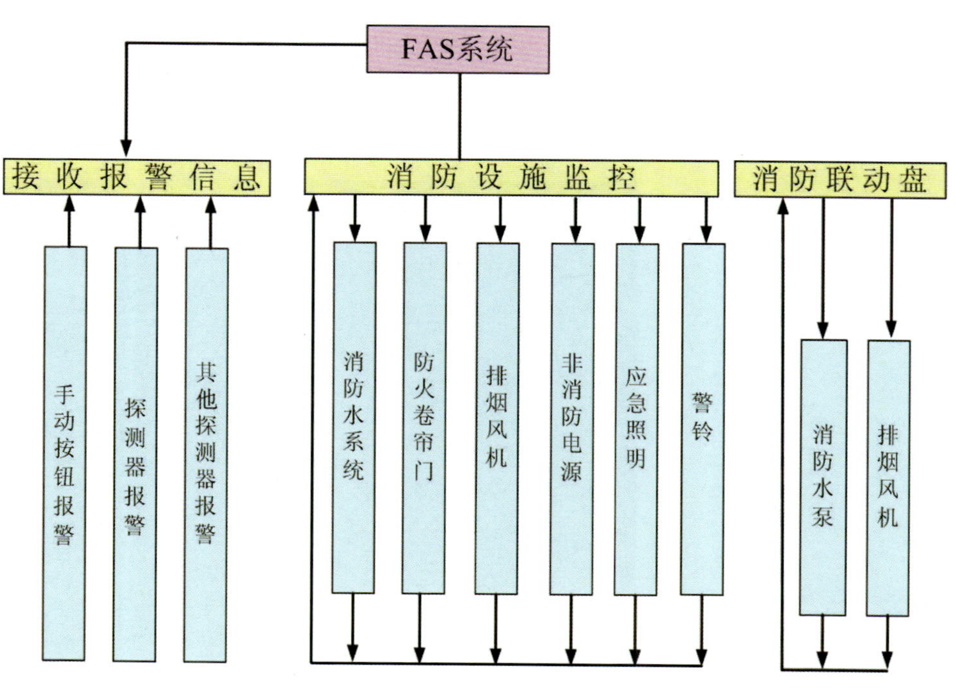

同，系统可靠性与误报率都是设备选型的两大基本要素。在满足性能价格比高的前提下，要求尽可能高的系统可靠性和尽可能低的误报率是各方追求的共同目标。从理想角度出发，应优化设计、选用最先进设备产品，优化施工、使用和维护。但从节省资源的现实角度出发，不妨适当降低追求十分完善的目标期望，选用较佳的设备，但不可放松和降低对于系统可靠性和误报率的基本要求。火灾自动报警系统可靠性是真实的测量。换言之，一个火灾报警系统在其使用期限内，对各种条件须做出适当的响应。尤其是对地铁地下区间隧道、车站设备区走廊、车辆段大型车库高大空间设置点型探测器、外光束感烟探测器、缆式线形定温探测器还是设置空气管采样式探测器等进行分析。

（3）精心布点

地铁属于地下结构，空间狭小是地铁车站最大的特点。但是麻雀虽小，五脏俱全。地铁车站内机电专业如通风空调、给水排水及消防给水、动力照明、FAS、BAS、通信、信号、导向等的设备管线众多且布局复杂。地铁车站中机电设备管线分布最多的区域当属设备机房（如空调机房、冷冻机房等）及设备区走廊。在有限的空间内，要保证地铁运行时机电设备的正常使用功能和维修空间。

地铁车站吊顶主要用于站厅、站台上部的吊顶，是车站建筑艺术、照明、通风、吸声等方面的系统工程，是地铁车站建筑装修的重点。但是车站吊顶形式多种多样，有U形锤片、穿孔板、NAFC板等。

以上种种因素均影响探测器的布点，应该在充分掌握相关资料的情况下进行。

（4）严控误报

误报分为危险性误报和安全性误报。所谓危险性误报是指火灾发生时，生产大量的烟、热不能使系统发生报警信号者，又称不报。所谓安全线误报是指无火灾的情况下报警，又称虚报。

发生误报的原因比较复杂，有的是探测器和报警系统配件自身的质量、功能引起的误报问题，有的是在设计过程中设计人员选用探测器不当或者安装位置不妥引起的，也有的是施工不按规范，偷工减料，更有甚者是系统操作不当等原因引起的。

为防止误报的产生，在设备选型、设计、施工和维护管理等方面，各道工序均应严格控制。另外，为了控制影响应采用“1+1”的确认报警模式，即两个探测器或一个探测器加一个手动报警按钮才能自动确认火警。

（5）方便维护

FAS是地铁先进的消防设施，对灾害的反应极灵敏，并确保了整个消防系统正常运行。但在运营过程中，系统不可避免会出现设备及线路的老化或其他故障，如不及时对系统进行维护，一旦发生火灾,消防系统又不能正常运转，将会造成不可估量的损失。

4）总结

（1）设计亮点

① 火灾探测自动确认的改进方案。地铁范围内有部分面积很小的房间，根据规范只需设置1个探测器，但是根据2点

左图：文化公园站公共区照片

右图：火灾报警控制盘

上左图：物质总库货架照片
下右图：站厅空间照片
下　图：吸气式感烟火灾探测

确认火灾的原则无法做到自动确认火灾。

针对火灾报警自动确认的原则，在六号线无论多小的房间至少设置2个探测器，使得2点报警自动确认火灾的原则适用于任何房间。

② 停车场集中设置一个消防控制室。广州地铁原有车辆段内各消防控制室设置非常分散，而且远离现有护卫值班的地点，目前车辆段内的消防控制室没有安排人员值班。若安排人员24h值班，每班不少于2人，每年的人力成本较高，且是长期发生，从经济角度考虑成本较高。

浔峰岗停车场由于在地理位置上较为分散，且单体建筑较多，在停车场综合楼设置1个消防控制室对整个停车场进行监控管理，在综合库、运转楼、牵引降压所设置区域控制盘，对靠近综合库、运转楼、牵引降压所的单体建筑进行监控管理。只在集中消防控制室设置消防联动控制盘、消防电话主机。防排烟风机、消防水泵通过多线接入集中消防控制室消防联动控制盘，整个停车场的消防电话分机、消防电话插孔接入集中消防控制室消防电话主机。

根据以上FAS优化设置，只需在集中消防控制室设置24h消防值班人员，大大节省了人力和物力，并且可在集中消防控制室对整个停车场进行统一管理，方便了运营管理。

（2）改进

① 由于物质总库货架的安装原因，现场没有红外光束感烟探测器安装的位置。红外光束感烟探测器安装时需要保证发射器与反光板之间有条清晰、无阻碍的光线，且在光线需要直径大于2m的圆柱形范围内不能有阻挡物，否则会引起该设备误报警。施工图阶段采用吸气式感烟火灾探测器来取代红外光束线形火灾探测器，此探测器采用管道采样的布管方式进行主动的空气探测，完全不会受货架阻碍的影响。吸气式感烟火灾探测器主机安装在距地1.4m的高度，高空中仅安装采样管道，可在不影响运营的情况下方便的对系统进行维护。

② 地铁站厅设备区走廊由于受空间狭长、各专业管线繁多、未设吊顶等各种条件的制约，当采用点式火灾探测器时，若吸顶安装，由于顶棚下管线种类多样、尺寸不均，在后续的探测器更换和清洗、线路检测时给运营维护人员带来不便，维护工作量大，若探测器安装在管线最下方，则不宜聚烟，且无法对顶棚下管线密集区域进行监控。施工图阶段将探测器移至风管下安装，并加装挡烟板。结构板下不设置探测器。建议对新线车站设备区走廊的火灾探测器方案进行优化，采用吸气式感烟火灾探测系统。

③ 综合库等大空间建筑FAS系统设置红外光束感烟探测器，但由于红外光束感烟探测器的原理是基于探测空间内的烟雾颗粒浓度，在雨天、雾天空气湿度非常大或者刮风时灰尘浓度非常大的情况下，容易发生误报。加入人工确认联动火灾模式，防止消防设备误动作。建议新线在车辆段、停车场的高大空间采用吸气式感烟火灾探测系统。

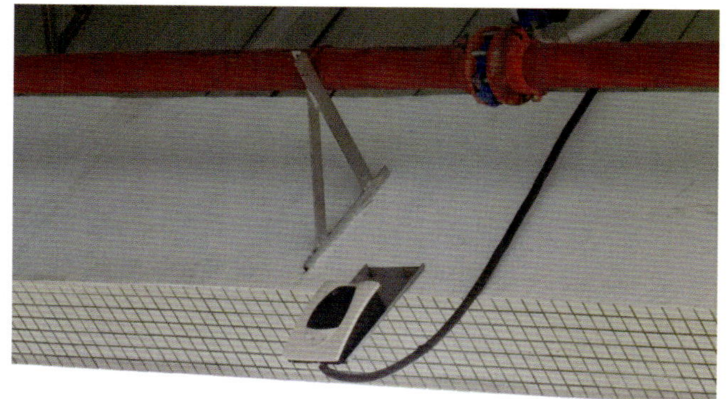

1.7.11 环境与设备监控系统

1）概述

BAS系统在地铁中被称为环境与设备监控系统。环境与设备监控系统（BAS）是为六号线全线车站、区间设备及车辆段、停车场（含控制中心）监控而设的自动监控系统。被监控的设备包括隧道通风系统设备、车站通风空调大系统、通风空调小系统、空调水系统设备、给排水设备、自动扶梯、电梯、乘客导向系统、照明系统、事故电源、区间给排水等设备的运行状态和系统参数以及车站公共区和设备房环境温湿度的参数等。

2）系统构成与运行

（1）系统构成

六号线的BAS由车站、停车场、车辆段、集中冷站的监控系统构成。BAS不单独组建全线网络，在车站与综合监控系统集成，由综合监控系统组建全线监控网络。

a. 中央级监控系统。

b. 车站级BAS。车站级又分车站BAS网络设备、车站BAS维修工作站、IBP综合后备盘。

c. 现场控制级设备：包括控制器（冗余PLC）、现场RI/O、车站控制网络、各类通信接口、各类传感器、调节阀及UPS等。传感器和调节阀安装在监测现场和有关的管道设备上，RI/O控制柜/箱根据车站布置适当集中设置在车控室、照明配电室、环控机房等位置。

（2）系统运行方式

环境与设备监控系统目前已具备单体设备点动控制、模式控制、时间表控制功能。

3）工程实施难点与重点

环境与设备监控系统实施过程中，技术重点是监控对象表的确定和点表的稳定。建议今后环境与设备监控系统的监控对象分阶段稳定，减少由于不断修改监控对象造成BAS监控点表的不断修改，不断修改会影响综合监控系统的设计进度。

4）总结

（1）亮点

① BAS与综合监控系统通信内容进一步细化，增加重要设备的模拟量参数，如主要环控设备、给排水设备累计运行时间、累计故障次数、能耗统计等。

② BAS与自动扶梯采用了通信接口，同时保留了硬线接口。BAS通过远程I/O控制柜以硬接线接口方式来监视扶梯主要的运行状态及上传扶梯关键故障信息并实现对扶梯的远程控制，通过通信接口方式上传扶梯的各种故障报警信息、运行时间、故障次数、启动次数、语音内容信息，控制下发停梯语音点播、清零命令。

③ 跟水泵的接口增加了一些信息。例如车站水泵增加电源故障、浮球故障信息。区间水泵增加危险水位、控制回路电源故障、主回路电源故障、浮球故障信息。

④ 增加了EPS设备区照明回路强启的功能。

（2）改进

对于二通阀等阀门的安装，应加强现场督导，避免再出现安装错误的问题。

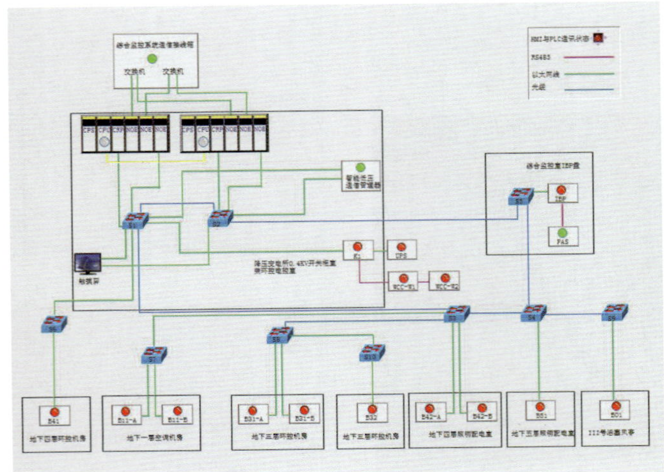

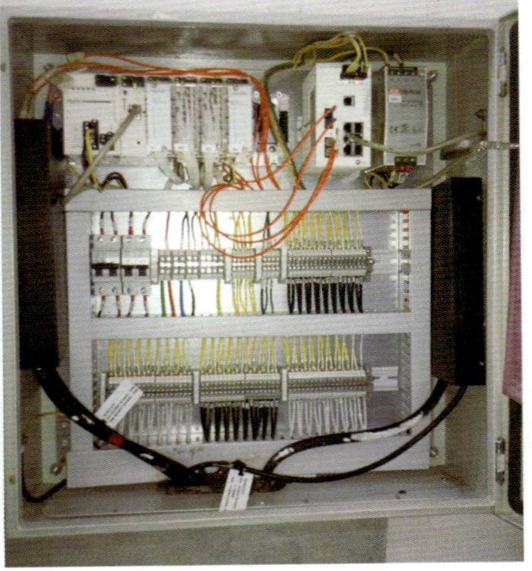

下左图：BAS系统构成示意图

下中图：被控对象——自动扶梯

下右图：现场设备箱照片

1.7.12 门禁系统

1）工程概况

六号线门禁系统（以下简称ACS）是实现员工进出管理的自动化系统。通过ACS可实现自动识别员工身份、自动根据系统设定开启门锁、自动记录交易、自动采集数据、自动统计、产生报表，还可通过系统设定实现人员权限、区域管理和时间控制，并可实现员工考勤管理等功能。

2）系统构成、功能与运行

（1）系统构成

① 系统网络构成。门禁系统总体上采用分布式网络结构，二级控制管理模式。

门禁系统传输网络由控制中心中央局域网、车站局域网、控制中心至各车站（含车辆段、停车场）通信传输网（由综合监控专业负责提供）组成。

② 中央级系统构成。中央级系统主要由门禁中央服务器、存储设备、中央授权管理工作站、台式读卡器、UPS、激光打印机、网络设备、便携式PC等组成。

③ 车站级系统构成。车站级系统设置在各车站、车辆段和停车场。

车站级系统由车站工作站、主控制器、UPS（车站、车辆段、停车场UPS与环境与设备监控系统合用，由环境与设备监控系统实现）等组成。

④ 就地级设备。就地级设备主要由就地控制器、读卡器、电子锁、紧急开门按钮、出门按钮等组成。为具体动作执行单元，安装在限制区域的门内、门外及门上。

⑤ 门禁卡。ACS使用地铁员工票作为进入授权区域的门禁卡。ACS可识别的门禁卡包括地铁专用员工票。

（2）系统运行方式

门禁系统的运营方式分在线运行、离线运行和灾害运行三种模式。

3）工程实施难点

门禁系统的技术重点在于门禁的设置点位。

在设计前期，应确定好门禁的设置原则，在工程实施过程中，尽量听取运营部门的意见。

4）总结

（1）亮点

① 在站长室增加了门禁。

② 在警务用房增加了门禁。

（2）改进

由于目前门禁系统的门锁均为乙供招标，因此，门锁的采购与安装必须与门禁系统承包商的要求相匹配，以减少后期修改的工作量。

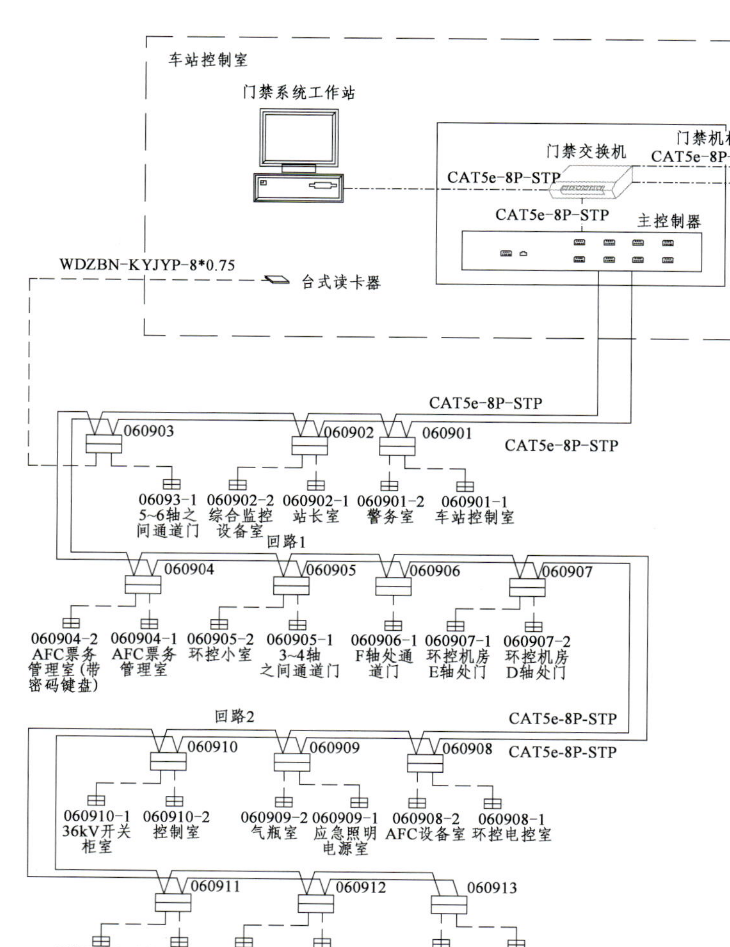

左下图：门禁系统示意图

1.7.13　屏蔽门系统

1）概述

（1）概况

屏蔽门设置在站台边缘，主要具有保护乘客安全、在运营过程中节约通风空调系统能耗的功能，体现“以人为本”的设计理念。浔峰岗、沙贝及横沙3座高架站设至半高安全门，共7侧半高安全门（其中，浔峰岗为3侧，沙贝和横沙站均为2侧），其他19座地下站共设置屏蔽门38侧，每站2侧。

（2）主要技术性能指标

① 屏蔽门主要结构参数。

屏蔽门主要结构参数　　表3–25

序号	项　目	规格或数量	备　注
1	屏蔽门纵向组合总长度	67.72m	
2	屏蔽门总高度	3.0m	
3	开门高度	2.15m	
4	每侧站台滑动门（ASD）	12道	每道2扇，共24扇
5	滑动门净开度	2m	标准单元
6	滑动门净开度	1.6m	端头非标准单元
7	每侧站台应急门（EED）	2道	每道3扇，共6扇
8	每侧站台端门	2套	每端各1套，共2套
9	端门活动门净开度	1.1m	
10	端门活动门高度	2.15m	

续上表

② 安全门主要结构参数。

安全门主要结构参数　　表3–26

序号	项　目	规格或数量	备　注
1	安全门纵向组合总长度	67.72m	
2	安全门总高度	1.6m	
3	滑动门（ASD）净高度	1.5m	
4	滑动门净开度	2m	标准单元
5	每侧站台滑动门（ASD）	12道	每道2扇，共24扇
6	每侧站台应急门（EED）	2道	每道2扇，共4扇
7	应急门每扇净开度	1.2m	
8	每侧站台固定侧盒	24个	
9	标准固定侧盒宽度	600mm	
10	每侧站台端门	2套	每端各1套，共2套
11	端门活动门净开度	1.1m	
12	端门活动门高度	1.5m	

右图：顶箱面板兼做车站导向牌

2）屏蔽门系统人性化的细节设计

（1）提示与导向人性化设计

屏蔽门设置在站台边缘不仅仅起隔离、保护的作用，屏蔽门顶箱图案配合车站语音系统的导向功能也十分重要。六号线线路行车的方向、车站的站名、线路的起终点站等信息都可在屏蔽门顶箱的图案上体现。

① 屏蔽门（安全门）关门动作前，系统会发出短促的提示音，提示尽快登车或禁止通行。

② 屏蔽门顶箱面板兼做车站导向牌，面板上标明本站站名、下一站站名、本线路的起终点站以及本车的前进方向，线路信息一目了然。

③ 滑动门玻璃边缘设有装饰边框图案，用以遮挡门框结构，在门玻璃上设置有指示标识，方便乘客识别。

④ 应急门单独设置门状态指示灯，用以辩识闭锁与解锁状态。

⑤ 端门开启时间超过2min（0～3min可调）时报警，以方便车站控制室对故障的识别。

⑥ 屏蔽门门体贴有醒目的标志，防止候车乘客不小心撞到门体。

（2）屏蔽门与车门之间缝隙防夹措施人性化设计

国内地铁多次出现屏蔽门与车体之间的缝隙夹人事故，因此防夹人措施的设计显得尤为重要。防夹人措施如果不够全面，屏蔽门不仅不能起保护作用，反而是安全隐患。

① 在六号线首期工程设计过程中将轨道侧的门槛超出滑动门部分的宽度减到最小，以避免列车门与屏蔽门关闭时乘客停留在门槛上的情况发生。

② 屏蔽门（安全门）的滑动门底部设计有斜面防站人挡板，防止滑动门和车门关闭后，人站在滑动门与车体之间。

③ 设置瞭望软灯带。为方便司机在关闭屏蔽门后的瞭望，限界允许的情况下，在每侧站台的列车进站端设置红色的橡胶软管灯带，固定在屏蔽门的1号门单元的立柱的设备区侧，沿立柱从上至下安装一条，固定灯带的支架应有特殊设

左图：屏蔽门端门照片

右图：屏蔽门防夹人辅助灯带

计。屏蔽门设计时需在相应位置预留安装孔位及相关电源。

3）系统设计及施工中的技术重难点

系统设计中主要技术重难点有以下几点。

（1）屏蔽门安装方案

① 门体安装方案。

由屏蔽门门体在运行过程中所受到的各种荷载进行分析，包括静风压、活塞风压、门体自重、地震荷载、乘客挤压力及乘客冲击力、滑动门滑动过程的推力。各种荷载在门体上的作用方向共分为三种，详见表3-27。

屏蔽门门体受力表　　表3-27

序号	受力方向	位 置	内 容
1	X轴方向	平行车站站台边缘	滑动门滑动过程的推力
2	Y轴方向	竖直方向	门体机构自重产生的重力、地震荷载
3	Z轴方向	垂直车站站台边缘	静风压、活塞风压、乘客挤压力及乘客冲击力

以上各种方向的荷载中，X轴方向的荷载较小，Y轴及Z轴方向的荷载较大，而屏蔽门门体结构固定在站台边缘，其顶部与站台顶梁、底部与站台板相连接；Y轴方向的荷载即主要依靠顶梁与站台板直接承担，Z轴方向的荷载也是通过门体结构传递到顶梁与站台板。因此，站台顶梁与站台板是屏蔽门系统门体结构最主要的荷载承受部位。

屏蔽门的安装是通过土建上下部预埋件来接口的，不同的土建预埋形式可以形成不同的屏蔽门安装方式。按照屏蔽门结构的受力形式划分，可以将屏蔽门的安装方案归结为两种，即底部支承方案和顶部悬挂方案。

a. 上部支承结构形式（顶部悬挂方式）：这是一种将门体重量支承在车站站台边缘顶梁上的结构形式。顶梁承受垂直力（Y轴方向/竖直方向，门体结构重量产生的重力）、轴向力（X轴方向/平行车站站台边缘，滑动门门扇滑动过程的推力）、径向力（Z轴方向/垂直于车站站台边缘，活塞风压力和乘客挤压力及冲击力）。

屏蔽门门体结构可不设立柱。车站站台板边缘仅承受轴向力（X轴方向）、径向力（Z轴方向），门体结构底部在Y轴方向为自由伸缩端（不加约束）。

b. 下部支承结构形式（底部支承方案）：这是一种将门体结构重量支承在车站站台板边缘（或车站站台底板）的结构形式。车站站台边缘承受垂直力（Y轴方向）、轴向力（X轴方向）、径向力（Z轴方向）。车站站台边缘顶梁仅承受轴向力（X轴方向）、径向力（Z轴方向）。

屏蔽门系统的门体结构中需设置立柱，并将其固定在车站站台板边缘（或底板）上，一经调整后门体结构在车站站台板边缘上X、Y、Z轴方向是固定的，而在车站站台边缘顶

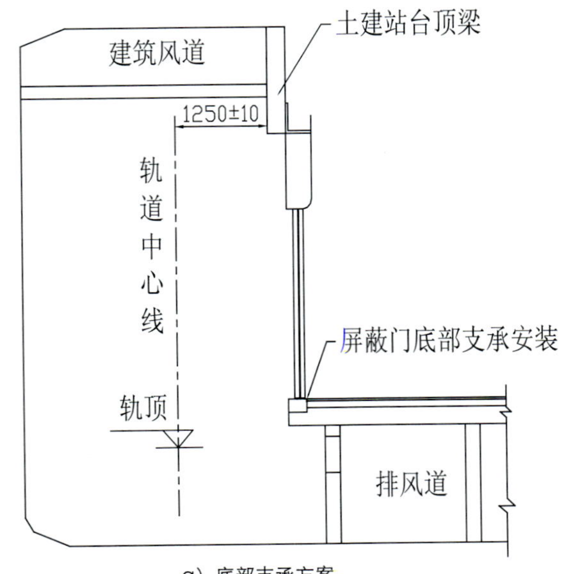

a）底部支承方案

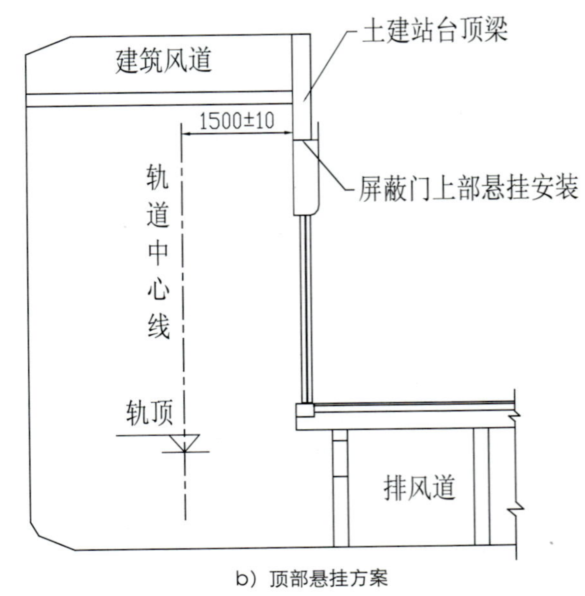

b）顶部悬挂方案

右图：屏蔽门门体安装方案
（尺寸单位：mm）

梁上，经调整后X、Z轴方向是固定的，Y轴方向为自由伸缩端（不加约束）。

支承方式优缺点比较表 表3-28

序号	项 目	顶部悬挂结构	底部支承结构
1	立柱	无承重立柱	有承重立柱
2	土建沉降要求	滑动门门体底部与站台板间应预留一定的间隙	门立柱顶部轴套的伸缩结构上可预留≥30mm的伸缩量；滑动门底部与站台板的安装间隙可控制在5mm
3	材料用量	为保证强度和刚度，不锈钢门体多选用4～6mm的型材	不锈钢门体多选用2～2.5mm的型材
4	维修	维修重点工作面在顶部，门结构的变形检查、调节均需在顶箱内进行	承重工作面在站台板，方便检修

在广州市轨道交通号线一期工程屏蔽门门体安装方案上选择底部支承方式，可以在相同的结构载荷下减少材料厚度，从而减少门体材料的用量，适当降低门体的成本。

② 屏蔽门顶部安装方案。

屏蔽门顶部与站台顶梁结合部位的安装形式有顶梁底面安装和顶梁侧面安装两种方案。

底部安装方式与顶梁侧面安装方式均已有应用，顶梁侧面因对土建要求不高，可解决上下、左右、前后三个方向上产生偏差、不易进水等缺点，从国内工程实际出发，广州六号线一期工程应采用顶梁侧面安装的形式。

③ 端门安装方案。

屏蔽门端门是车站站台公共区与区间隧道的联络通道。端门上方的结构也需承受列车行驶的活塞风压、车站环控系统静压等负载。若不隔断，则将与隧道空间相连。屏蔽门端门处设计有端门结构梁及结构柱，用以固定端门。在风管、电缆等管线穿过后，端门结构梁上方的空间，需要用防火材料进行封堵，结构梁及结构柱主要具备以下功能：

a. 每侧站台上的两个屏蔽门端门结构梁及柱是屏蔽门的安装起始点和终点。

b. 结构柱、结构梁的设计可以使屏蔽门系统结构只局限于端门结构梁以下、结构柱以内的范围，减少了屏蔽门系统的影响范围。

c. 明确了车站内其他专业管线穿越端门的空间范围。

d. 结构柱、结构梁为屏蔽门端门的安装提供了固定基础。

e. 通过对屏蔽门端门结构梁及结构柱的规格进行统一，可以使屏蔽门端门规格统一，减少屏蔽门与车站结构专业的配合工作量。

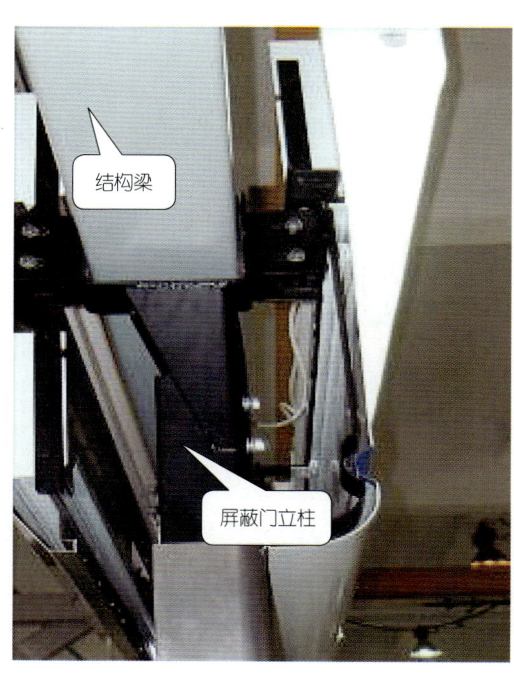

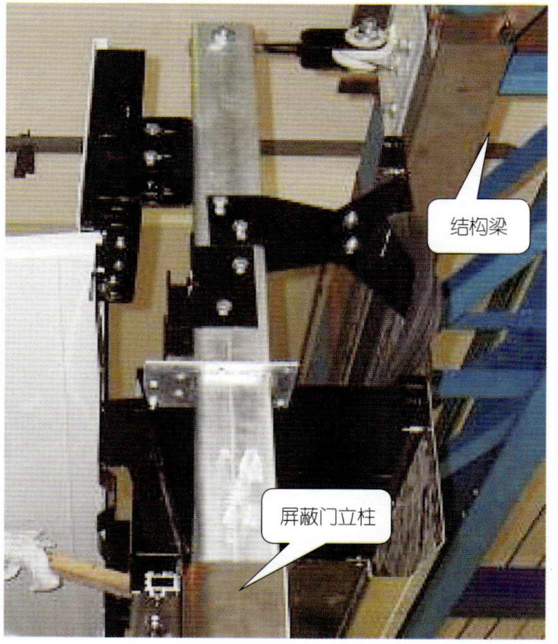

左图：顶梁底面安装方案

右图：顶梁侧面安装方案

1.7.14 电扶梯系统

1）概述

（1）概况

六号线首期工程共设22座车站，其中19座地下站，3座高架站。全线共设自动扶梯170台，垂直电梯28台，楼梯升降机23台。

（2）主要技术性能指标

① 自动扶梯主要技术参数。

a. 梯级宽度：1000mm。

b. 倾斜角度：30°。

c. 水平梯级数量：上、下各四块（水平长度不小于1.6m）。

d. 额定运行速度：0.65m/s。

e. 节能速度：0.13m/s。

f. 维修速度：与节能速度相同。

② 电梯主要技术参数。

a. 额定载重量：1000kg（13人）。

b. 额定速度：1.0m/s。

c. 轿厢内净尺寸：轿厢尺寸为1600mm（宽）×1400mm（深）×2300mm（高）。

d. 层门及轿厢门：中分两扇密封自动门。

e. 开门尺寸：1000mm（宽）×2100mm（高）。

f. 驱动方式：交流无齿永磁曳引机驱动，曳引机安装在井道顶部。

③ 楼梯升降机主要技术参数。

a. 使用对象：一名使用带电动或手动轮椅的乘客。

b. 速度：0.15m/s。

c. 额定载重量：≥250kg。

d. 升降平台尺寸：800mm（宽）×1000mm（长），不使用时折叠放置。

2）自动扶梯、电梯人性化设计

（1）自动扶梯的人性化设计

由于自动扶梯快捷、舒适的特点，在地铁中的使用非常广泛，因此自动扶梯的人性化设计对于保护乘客安全、方便乘客出行、提高地铁服务水平具有重要意义。在六号线一期工程中，自动扶梯的人性化设计主要体现在以下方面：

① 设置智能语音播报，每台扶梯可根据各自不同运行工况智能播报语音。

每台扶梯的智能语音播报可达到的效果如下：

a. 正常乘搭扶梯时，语音播报可对乘搭扶梯的乘客给予相关安全注意事项的提醒，如紧握扶手带、小心梯级间隙等。

b. 当扶梯故障时，语音播报可让乘客清楚知道该台扶梯处于故障状态而不去乘搭。

c. 在特殊情况，需紧急停止扶梯时，通过语音播报可给扶梯上的乘客警示和提醒作用，避免事故进一步扩大。

② 设置梳齿照明，提高乘客进出扶梯的安全性。

上、下部设置梳齿照明，增加上下扶梯梳齿位置的亮度，避免乘客上下梯时因看不清而摔倒。照明装置采用LED发光源，照度不小于50Lux。室外型扶梯的LED照明装置IP防护等级应不小于IP54。

③ 设置醒目的固定式三角牌，乘客乘搭扶梯时更为安全。

根据规范要求，扶梯扶手带外缘与障碍物之间的距离小于400mm时，如扶梯与步行楼梯交叉，扶梯与立柱交叉，交叉配置的扶梯，扶梯与步行楼梯交叉等，应在扶手带上方设

左图：梳齿照明及智能语音播报系统

右图：垂直防护挡板

置一个无锐利边缘的垂直防护挡板，其高度不应小于0.3m，且至少延伸至扶手带下缘25mm处，避免乘客乘坐扶梯穿越楼板等夹角位置碰头。固定式三角牌可采用醒目的条纹形状，更好地提示乘客头、手等勿升入此区域。

④ 设置检修警示带。

扶梯如遇突发状况停梯时，站务人员可立即拉上检修警示带，更方便快速地疏导乘客。具体如上图。

⑤ 判断有无乘客的传感器。

在扶梯上、下水平端设置判断有无乘客的光电感应开关，如下左图所示。当扶梯上无乘客时，扶梯能自动转入节能状态，慢速运行；当有乘客进入光电感应开关检测区域时，扶梯自动转换加速至正常运转速度；若扶梯处于节能速度运行时，当有乘客逆向进入扶梯时扶梯会发出声音报警。

⑥ 梯级人性化设计。

不锈钢梯级凹部涂黑，梯级的三边提供黄色树脂警界线，在左右两侧和前侧边缘，如下右图所示。

（2）电梯的人性化设计

为了乘客在乘坐地铁的过程中能更方便、快捷地使用电梯，电梯的人性化设计也至关重要。主要体现在以下几点。

① 应急照明。

当电梯行驶过程中，发生故障，电源被切断或中途停电时，应急照明将能够自动启动，采用LED光源方式，照明时间不小于2h。应急照明可起到对乘客的安抚作用。

② 安全停靠。

当电梯发生故障停止在非停靠位置时，自动进行故障诊断，以慢速运动至最近站层，开门疏散乘客。

③ 超载保护和满载直驶。

轿箱超载时电梯不能起动，并在轿箱操纵箱上以声光信号警示；当轿箱以满载运行时，处于直驶状态，不应答层门信号。

④ 警铃。

按下轿箱内的警铃开关，安装在井道的警铃鸣响。

⑤ 电梯终端限位保护设计。

提供在上下端站越位时强迫减速、上下极限（切断动力电源、迫使电梯停止）的保护开关。

⑥ 电梯撞底保护设计。

电梯井道底部安装轿厢和对重缓冲器，以提供电梯失控时的撞底保护。缓冲器是电梯最后一道安全保护装置。当电梯失控撞向底坑时，巨大的冲击能将造成严重后果，因此，必须吸收和消耗电梯的能量，使其以安全减速停止在底坑。

⑦ 电梯门保护装置。

电梯正常运行时，无法打开层门，如果有层门处于打开状态，电梯将不能够启动或继续运行。

每个厅门装设强迫关门重锤，当轿厢在开锁区域以外时，该装置可以确保厅门的自动关闭。

门光幕保护装置可有效地实现免接触式门保护功能。多重红外线在电梯门口形成一个覆盖整个门高度的安全光屏，对进入探测区的任何物体进行探测，以防止有人穿过门口被撞击，从而保证乘客的安全。

⑧ 开门受阻保护。

当电梯由于机械卡阻等原因不能开门到位超过预定时间时，内外呼信号会自动取消，驶向相邻层楼开门并释放乘客。

⑨ 当有灾害情况发生时，电梯能够接受车站（FAS或

上　图：检修警示带

下左图：光电感应开关

下右图：梯级人性化设计

BAS）指令，并取消所有已登记指令，自动行驶至疏散层（站内电梯站厅层设为疏散层，出入口电梯地面设为疏散层），开门放人后停运。

⑩ 透明电梯轿厢壁板和电梯门、厅门均采用夹胶安全玻璃，如玻璃破碎也不会伤及乘客。

⑪ 玻璃井道周边应设金属护栏，高度约 200mm，防止拥挤造成乘客冲撞玻璃井道，从而产生危险。

⑫ 自动返回基站。

闲梯一定时间后，电梯将自动驶至基站，关门待客。

⑬ 外呼再开门。

按下厅门呼梯箱同方向按钮，能使正在关闭的电梯门再次打开。

⑭ 关门时间保护。

当电梯不能在规定的时间内正常关闭时，再尝试三次，电梯门仍然不能正常关闭时，将能够自动熄灭方向指示灯，清除轿厢内停梯及厅门呼梯的全部记录，门保持打开状态。

⑮ 语音报站。

轿厢到站时，在开门前能够对层站和轿厢内发出中、英文语音报站。

⑯ 五方通话。

电梯底坑、轿内、轿顶、顶层厅门召唤箱和车站控制室之间可以直接通话。

⑰ 盲文按钮。

层门召唤按钮为带光环的不锈钢按钮，并带有盲文。召唤按钮高度要方便轮椅乘客使用。

⑱ 扶手栏杆。

在车站的残疾人电梯内，安装高度宜距地面0.8～0.85m三面设置，占用较小空间。考虑到使用者的手感，扁带形的扶手不易把握，推荐使用圆管型扶手。

⑲ 操纵箱。

上左图：不锈钢扶手栏杆

上右图：副控制箱

下左图：轿厢内显示屏

下右图：电梯盲文按钮

电梯轿门两侧各设1个操纵箱，分主副控制箱。副控制箱供轮椅者使用，离地高度较低，操纵箱上设有的各种按钮和盲文，均适应残疾人（包括坐轮椅的乘客和盲人）使用。

3）系统设计及施工中的技术重难点

六号线一期工程电扶梯系统设计和实施过程中的重难点主要有以下三点。

（1）电扶梯数量、提升高度要时时更新

电扶梯数量及规格的稳定对于本系统工程质量及工程进度起着至关重要的作用，但由于地铁工程的复杂性，建筑专业提供的电扶梯数量及规格往往存在不可预知的变数，主要表现在以下两个方面：

① 建设过程中，外部条件或是相关的物业开发等配套工程方案仍不稳定，造成了电扶梯设备数量的反复。

② 前期设计采用的出入口地面标高由市政相关部门提供，但实际还建或新建的市政道路标高可能与之不符，导致出入口电扶梯规格发生变化。

电扶梯专业需要加强与建筑专业在以上几个方面的沟通，实时了解最新情况，及时对本系统工程作出调整，以免影响工程进度或造成工程废弃。

（2）运输、吊装困难

施工过程中最大的难点是工期紧、设备安装时间短。短时间内完成设备安装的关键就是设备运输通道和吊装。鉴于广州市轨道交通六号线首期工程车站绝大部分采用地下敷设方式，于是车站的扶梯运输通道和吊装设计成为了整个系统设计中一个非常重要的组成部分，甚至对整个车站方案都有可能产生重大影响。这是因为：

① 地铁站出入口往往处于繁华地段，地面建筑物密集，周边环境复杂，施工场地狭小，给使用汽车吊或设置吊装机具造成一定困难。

② 出入口和部分暗挖车站连接上下层之间的为一圆形斜通道，空间高度和宽度受到限制。在临界站厅层处，出入口地下通道地面与扶梯基础面受顶部高度影响，成为运输的咽喉区。

③ 地下站内管线众多，上下层之间往往还设有电缆夹层，扶梯吊装要穿过夹层。

④ 地下站受各种因素影响，有时埋设很深，为合理利用这个空间，在站厅至站台层间往往还有设备层，扶梯提升高度一般都会超过10m。

⑤ 重荷载公共交通型扶梯的重量和尺寸大于普通商业型扶梯。

为此，主要采取了以下措施：

① 考虑多种运输通道方式。

鉴于六号线工期紧，电梯、扶梯设备通过轨道运输可能会满足不了工期需要。因此设计时需要考虑多种运输通道条件，一是从出入口地面运输，二是通过轨道运输。

a. 轨道运输方案。

扶梯从轨道运输的线路是：轨道车运至站内→卸车至站台→站台向上层转移至站厅层→站厅层向出入口转移。

b. 地面运输方案。

地面运输包括从出入口运输、风井（兼作设备吊装井）运输，部分相邻区间采用盾构工艺施工的车站也可从盾构始发井运输。施工图阶段本系统对土建提资中已明确要求出入口考虑扶梯桁架的运输条件。

扶梯从地面出入口运输的线路是：大型平板车运至出入口→卸车至地面→出入口向站厅层转移→站厅向下层转移至站台层。

② 自动扶梯桁架分段设置。

自动扶梯属于重大设备，设备总长度一般在10m以上，设备质量也在10t以上。因此，结合现场情况，对自动扶梯桁架进行合理分段非常必要。设备招标时，用户需求书中明确要求桁架分段应充分考虑运输和现场吊装空间，合理分段，保证能顺利运输和吊装到安装位置，并提供投标产品的标准桁架分段表；在施工阶段，必须按照现场的运输条件进行调整。

（3）海珠广场换乘处扶梯的运输

海珠广场站遇到了自动扶梯运输吊装的困难。该站为了方便乘客快速从六号线站台换乘至二号线站台，对二号线站台进行改造，但二号线站台板能开孔的宽度只有4m，而要在这4m宽的转弯通道中设置2台扶梯，且不能影响二号线的正常运营。这在以往线路从未遇到过。转弯通道为扶梯的运输和吊装带来了很大困难。因此在CAD图中多次对运输路径进行了模拟，结合现场踏勘情况，得出较为完善的运输吊装方案，最终得以安全顺利实施。如意坊站、一德路站、黄花岗站以及高架站等都遇到各种运输吊装的困难，通过业主、设计、监理、厂家等多方面配合协调，最终都得以安全完成。可以说六号线是广州以往线路中自动扶梯运输吊装最困难的一条线路。

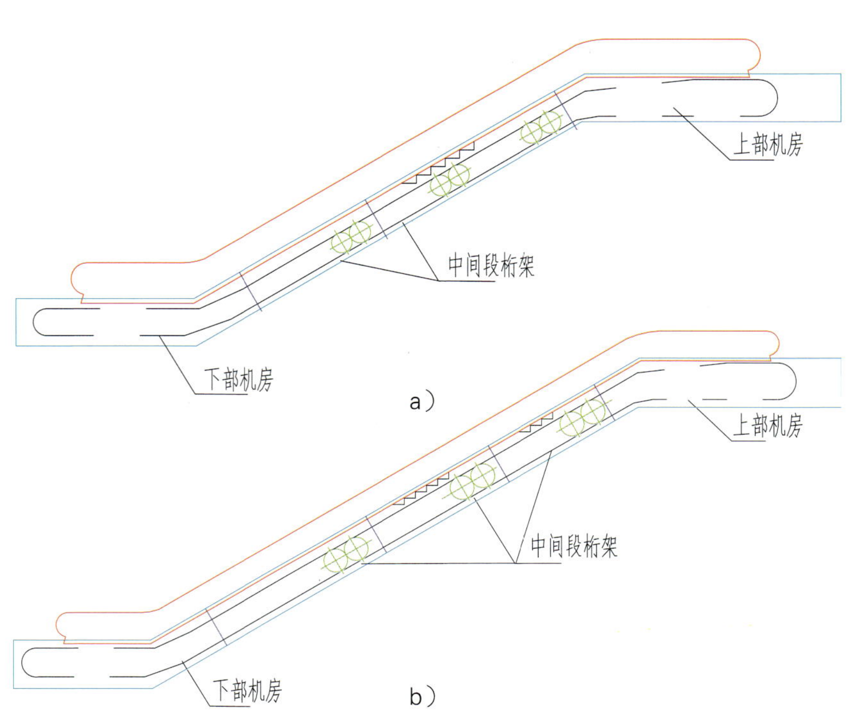

上左图：团一大广场站自动扶梯桁架轨道运输

上右图：沙贝站自动扶梯桁架地面运输

下　图：

a）提升高度4.5～6m扶梯分段图；

b）提升高度6～9m扶梯分段图

1.7.15　自动售检票系统

1）概述

根据设计需求六号线AFC系统满足了计程计时票价制以及全封闭式的自动收费，系统车票采用非接触IC卡，轨道交通各线路间实现无障碍换乘，与广州市、佛山市其他公交系统实现一卡通用。

已运营的广州轨道交通一、二、三（含三北）、四、五、八号线以及六号线AFC系统单程票采用代币式非接触IC卡，储值票采用非接触IC卡（羊城通）。

广州市轨道交通六号线AFC系统系统运行良好，使用方便快捷，满足设计时提出的系统功能和各项技术指标。

2）系统方案设计

（1）综合中央计算机系统方案

由于广州市轨道交通ICCS按满足广州市轨道交通9条线、200个车站、日客流300万人次、日交易量1000万的要求进行设计，为实现全线互联网收费，在六号线初步设计初期明确提出了，六号线需接入综合中央计算机系统进行清分，且已建的清分二期满足六号线AFC系统的接入要求，六号线AFC系统可接入ICCS进行清分。

（2）控制中心计算机系统方案

本次工程实施的为一期工程中的22座车站。为避免不必要的浪费，在进行控制中心中央计算机系统方案设计时，通过对该工程的调研及论证，采用了集群型中心计算机系统模式，系统处理能力仅需满足本次工程需求。

（3）车站级网络组网方案

根据地铁AFC系统车站设备成组布置的特点，为提高网络抗干扰能力及简化管线，六号线车站采用的是环网结构的组网方案。

（4）关于换乘站的车站计算机系统设置方案

由于六号线首期有9座车站与其他线路进行换乘，在设置换乘车站计算机系统时，对于两条线路同期建设的换乘站推荐采用合设方案，对于两条线路工程建设时间间隔较长的换乘站推荐采用分设方案。

右图：六号线自动售票机

左图：六号线自动检票机
右图：六号线槽、配电箱及分线盒

3）主要技术创新

（1）系统组网

在设计过程中我们摒弃了传统的星形组网，将工业级的网络交换机放置在自动售票机及自动检票机内，构建了最先进的光纤环形组网。该方案的优点是管线简单、缆线数量少、适于光缆传输、故障定位容易、节点故障影响范围小、无差错传输、备用链路转换时间短、抗干扰能力强、便于维修维护。

（2）设备选型

① 自动售票机。六号线自动售票机外观呈流线形，富有金属质感。其主要用于发售币式非接触IC卡单程票、储值卡充值，提供硬币、纸币和两者混合购票功能；首次在售票机上提供纸币找零和硬币图像识别功能，性能与售票速度以及乘客服务质量，相较其他线路的设备有大幅度提高，发售一张票所用时间比以前要快30%～50%，节省排队买票的时间，减少客流压力。出票口内设照明指示灯，方便用户看清出票和找零情况；投币口和出币口设有排水孔，投币口设电动闸门，有效防止水和异物进入。

② 自动检票机。六号线自动检票机采用不锈钢机身，其进票口、退票口、乘客显示器、方向指示器的位置鲜明，标识明确，方便乘客使用。结合人体工程学，LCD位置与水平成一定角度，乘客能够清晰地看到显示器的内容；在设备功能上采用了乘客通行监控、担任通行逻辑控制的GCU模块，及采用读/写器进行票卡业务逻辑处理。单程票回收通道在以往线路的设计基础上进行了改进，并有效防止了在回收通道内卡票现象的发生，使乘客可以快速地通过自动检票机。

③ 边门验票机。六号线首次采用边门检票机，以方便在客流拥挤或紧急情况下对乘客快速放行并回收车票。边门验票机能够读写储值票及单程票的车票信息，根据车票的进站码及类型自动扣除相应的车费，并写入出站码。每产生一笔交易，边门验票机都会对其进行记录。

（3）为广州地铁自动售检票系统建立了新的建设标准

六号线自动售检票系统从设计到施工均采用国内、国际最新的技术标准，系统功能、与其他系统间的接口以及设备的外观、性能均有了很大的提升，也为广州地铁后续线路的设计标准（4种票亭的标准安装方式、站厅线槽的标准化及加工标准等）以及相关的验收测试制定了标准。

1.7.16 防淹门系统

1）概述

（1）概况

六号线首期工程共设22座车站，其中19座地下站，3座高架站。根据六号线线路敷设特点，在路线如意坊至坦尾区间左右线共4扇防淹门，具体设置的相关参数见表3-29。

防淹门主要结构参数　　表3-29

序号	位 置	里 程	孔口尺寸（宽×高）	轨面标高(m)	备 注
1	坦尾站南端左线	ZDK5+182.459	4.46 m×4.40 m	-3.19	下落式
2	坦尾站南端右线	YDK5+183.249	4.46 m×4.40 m	-3.21	下落式
3	如意坊站北端左线	ZDK6+829.852	5.20 m×4.25 m	-22.767	平开式
4	如意坊站北端右线	YDK6+836.129	4.46 m×4.40 m	-22.767	下落式

（2）主要技术性能指标

① 当"允许关门"信号发出后，闸门能够在隧道里水深高出防淹门底槛不大于3.0m时，1.5min内紧急关闭；隧道检修完毕，闸门在隧道内无水状态时开启。

② 防淹门的泄漏量不大于225L/min。

2）系统设计及施工中的技术重难点

系统设计的重难点主要有以下几点。

（1）防淹门形式方案选择

防淹门的形式种类较多，按开门形式分为：

① 平开式防淹门（人字门）。

平开式防淹门，也称人字门，门绕门轴旋转。这种门的优点是：闸门平时只需放在平行于行车运行方向、隧道两侧的小洞室即可，启闭机机房亦可设在隧道两侧的空间位置，不受隧道高度的限制；门槽结构简单。缺点是：隧道尺寸相对较大；门体重，需要用大型启闭机构，若选用油缸开闭，油缸会有漏油现象；门体结构比较复杂，周边止水差，操作设备要求防水性能好，工程造价高，设备的检修和维护成本高。

② 平开式防淹门（一字门）。

一字形平开式防淹门也是平开式防淹门的一种，其结构类似于人字门。这种门的优点是：闸门平时只需放在平行于行车运行方向，且只设置一侧洞室，并且不受隧道高度的限制；门槽结构简单。其缺点同人字门。

③ 下落式闸门。

下落式闸门的开启和闭合是通过启闭设备将闸门上提或放下。其优点是：结构较简单，仅由一扇滑动门、门槛、一套启闭装置及两个锁定装置组成；控制系统较人字门简单；与轨道之间的密封，可在防淹门上直接装密封橡胶达到密封效果；下落式闸门布置紧凑，方便维修和管理。缺点是：在门洞上方需要设置一个大于门洞尺寸的大洞室，以放置防淹门的闸门及启闭装置。

④ 横拉式闸门。

横拉式闸门的开启和闭合是靠闸门左右移动完成。这种门结构简单，主要设备布置在隧道一侧，不受隧道高度限制；但其必须在隧道一侧设置一个大于闸门尺寸的洞室，用于放置闸门和启闭设备，而且闸门启闭时横向移动，与电缆、消防管道等设备的布置有冲突，故在越江隧道中不予采用。

综上所述，根据地铁隧道的特点，结合广州地铁一号线（人字门）、二号线（下落式闸门）实际运用的经验，推荐在进、出珠江主航道处的合适位置采用用于拦截隧道方向水流的下落式防淹门。

防淹闸门平时停放在洞口上方的设备房内，依靠电动锁闭装置锁定，以确保行车安全。

在如意坊站右线防淹门的方案比选中，采纳了上述的结论，选用下落式防淹闸门；但如意坊左线防淹门设置里程处存在折返线道岔，由于道岔岔件是活动部件，在此处设置防淹门无法实现密封要求，因此，如意坊左线防淹门设置里程移至道岔导曲线区域，此处为隧道暗挖区间，无法设置下落式防淹门的上置式机房。综合比选，推荐采用一字形平开式防淹门。

（2）困难条件下的防淹门设计方案

由于线路条件和土建条件限制，坦尾站防淹门设置在曲线上，如意坊站防淹门设置在道岔区，这些限制条件对门体结构及防淹门密封造成很大困难。针对曲线上的防淹门，因线路有超高，且左右线超高不一样，因此，两扇下落式防淹门下部倾斜角度需与线路角度完全一致，在施工图设计过程中，本专业加强了与线路、轨道专业的沟通，多次以工作联系单的形式确认互提资料，保障了防淹门的顺利实施。针对道岔区的防淹门（如意坊左线），经过多次方案比选，最后确定采用了一字形平开式防淹门，对平开式防淹门进行了多处特殊设计。一是启闭装置选用液压驱动的液压启闭机，动作平稳、可靠；二是门体下部水封进行了改进，下落式防淹门底水封为固定式，通过门体重力压紧底槛，而平开式防淹门需保证平稳开启关闭，底水封与底槛必然不是压紧状态，这对密封效果有很大影响，因此，将底水封改为活动式、关门到位式，采用了同步驱动油缸将底水封推向底槛压紧，达到二次密封的效果。

另外，针对六号线不同形式的防淹门，设计不同的止水方案。

下落式防淹门采用的是上游止水。下落式防淹门的止水包括门体的四个边——顶边、底边及两个侧边。门体底边上安装有底水封（水封橡胶采用SF6674），下落至轨道后通过门体重力（门体约重10t）可与轨道之间实现封闭。顶边和两个侧边则采用P形水封安装在门体迎水面，以实现止水，即是上游止水。之所以采用上游止水，是因为门体通过预留槽口实现上下运动；下游止水时，门体被区间的高压水压向车站侧，高压水必然通过预留槽口间隙不断喷射进防淹门室，而地铁防淹门室难以实现蓄水，水会蔓延至车站其他设备室及站台等处，难以实现止水效果。参照水利闸门的经验［《闸门与启闭机》（第二版），中国水利水电出版社］，顶止水和侧止水采用上游止水的方案。

由侧水封布置的局部放大图和侧水封放大图可知，当江水涌向防淹门时，由于水封与门槽为接触状态，水压将迫使P形水封头向门槽压紧，从而实现止水，与顶水封原理一致。为防止漏水，顶水封与侧水封之间设有转角水封，底水封与侧水封垫也需搭接，所有橡皮接头处应采用压合热胶，热胶后接头处不得有错位、凹凸不平和疏松现象。

平开式防淹门采用的是下游止水，即通过水头压力将门体压向门槽，通过门体背水面的水封压紧门槽实现止水。

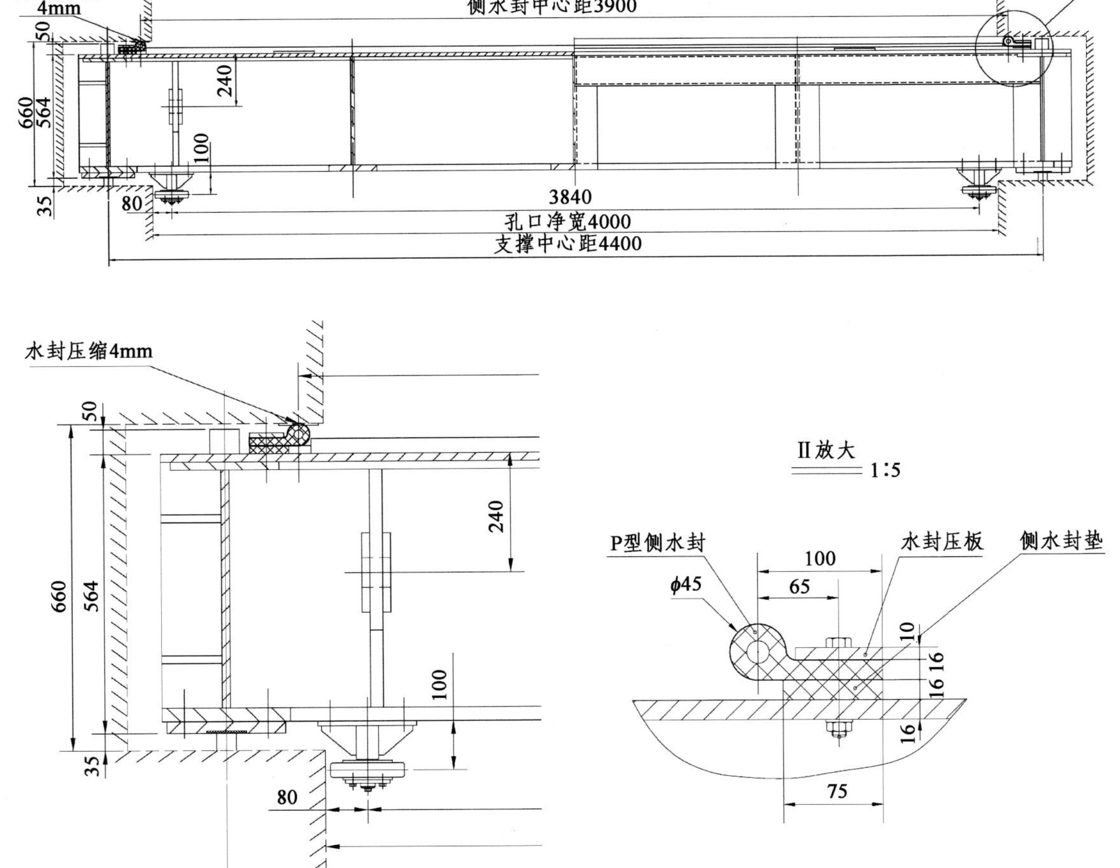

上　图：闸门侧水封布置俯视图（尺寸单位：mm）

下左图：俯视图局部放大图（尺寸单位：mm）

下右图：侧水封放大图（尺寸单位：mm）

1.7.17 轨道

1）概述

首期工程浔峰岗至长湴段，线路长24.51km， 其中地下线长21.31km，高架线长2.9km，过渡段长0.3km，共设22座车站，其中19座地下站，3座高架站。首期工程在沙河区间、大坦沙、东湖、盾构6标始发井和长湴设置5个轨排基地，在沙河区间的高架铺轨基地中设道床板预制场地。

2）轨道主要结构形式

轨道是由钢轨（包括联结零件）、扣件、道床、道岔以及轨道附属设备等组成，它直接承受列车荷载，并引导列车运行。轨道应严格控制其变形与轨道几何调整(轨向、高低、轨距和水平等)，保证稳定性和耐久性，确保运营安全。

（1）钢轨及扣件

正线及辅助线：采用高碳微钒J75V（原PD3）60kg/m钢轨，直线地段标准轨长25m，曲线地段内轨采用厂制缩短轨，对于长度小于200m的曲线地段钢轨接头应错接，错接接头距离不应小于3m。

一般地段整体道床地段采用60kg/m钢轨单趾弹簧扣件；曲线半径R≤400m或坡道i≥20%时，采用60kg/m钢轨弹条Ⅲ型分开式扣件；在60kg/m钢轨碎石道床地段，采用弹条Ⅲ型分开式扣件；道岔及调节器、小半径等地段采用合成枕木用弹条Ⅲ型分开式扣件；根据无缝线路的设计，在高架桥上采用小阻力弹性扣件。在道岔和道岔间不足50m地段不设轨底坡地段，垫板采用平坡垫板。

（2）整体道床埋入式轨枕及合成轨枕

轨枕枕长2.1m，断面为等截面，混凝土等级为C60，枕上设有钢轨扣件预埋套管，轨枕预留5个ϕ40穿纵向钢筋的圆孔。

轨枕静载强度按《预应力混凝土枕静载抗裂试验方法》（TB/T 1879—2002）进行检验：轨下截面为81kN，枕中截面为68kN。轨枕疲劳强度按《预应力混凝土枕疲劳试验方

上两图：单趾弹簧扣件组装图

下两图：混凝土长枕和合成轨枕

左图：岔区及感应板

右图：浮轨扣件与声屏障

法》（TB/T 1878–2002）进行检验：轨下截面为85kN，枕中截面为71kN。

为加快各新线道岔施工进度，在正线和辅助线上采用合成长轨枕。合成轨枕是用玻璃长纤维强化的发泡聚氨脂成型的枕木，在日本已广泛应用，属于成熟技术。正线及辅助线道岔用合成枕木，截面尺寸为230mm×140mm，枕木长度根据道岔设计要求确定。

（3）道岔

正线及辅助线共8组9号单开道岔，1组9号4.6m交叉渡线组合道岔，2组9号4.2m单渡线，1组9号4.3m单渡线，3组9号4.4m单渡线，3组9号4.6m单渡线，1组9号5.0m单渡线，3组12号单开道岔。

（4）地下线整体道床设计

地下线采用长轨枕埋入式整体道床，其轨下道床低于轨枕面30～40mm，道床采用两侧排水沟，沿排水沟方向设3%的横坡。道床及水沟均采用C30混凝土，道床内采用双层布筋，并与排流筋结合，枕木间距按1600根/km布置。

由于河沙—黄沙区间有过珠江的区段，考虑到珠江隧道的重要性，将该供电区间的收集网截面积设置为3000mm^2，该范围内的纵向钢筋采用ϕ16。

（5）高架段道床

高架桥道床结构主要采用预制混凝土道床板，通过抗剪销定位螺栓孔，直接用ZH砂浆在混凝土梁上固定（无基础底座）；在浔峰岗车站道岔区范围内及出入段线铺设有缝线路，板上扣件根据无缝线路设计采用小阻力扣件，扣件的纵向爬行阻力为7～10kN/m，每公里扣件节点数为1600对。轨道结构高度：直线地段为450mm，曲线地段为450+h（h为曲线超高值）。

曲线地段超高采用全超高，即内轨不变，外轨抬高超高值h的方法设置。

（6）减振轨道

① GJ–Ⅲ减振扣件。

根据2012年1月“穗铁建总系统会〔2012〕62号轨道交通六号线首期工程轨道减振方案第二次审查会议纪要”，增加省贸易学校附近220m范围为振动敏感点，采用中等减振；全线振动敏感点带和换乘站使用GJ–Ⅲ减振扣件。

GJ–Ⅲ减振扣件的设计理念是基于底板型扣件系统（标准型或特制型），并通过设计双层非线性弹性垫板系统以降低系统刚度和提高结构阻尼来控制二次噪声与振动。该扣件的技术关键是上垫板与下垫板的锁定装置，锁定装置下铁垫板对下是通过锚固螺栓将整个扣件固定在钢轨上，对上通过锁定机构将上铁垫板位置锁定，限制铁垫板前后、左右及向上方向的运动，只允许其向下在中间橡胶垫上做弹性运动；缓冲尼龙套既是上下铁垫板间水平方向运动的缓冲垫，又起锁定上垫板位置的作用。

② 谐振式浮轨扣件。

根据2012年1月“穗铁建总系统会〔2012〕62号轨道交通六号线首期工程轨道减振方案第二次审查会议纪要”，在浔峰岗、横沙、沙贝三个高架车站及原设计的100m（河沙村2号）Vanguard扣件范围内采用谐振式浮轨扣件作为试验段，作为9～12dB减振的技术储备。

谐振式浮轨扣件是一种无（金属）弹条可分离式高等减

振扣件，相对普通减振扣件，其减振量提高15分贝以上，同时能显著降低钢轨振动及由此引发的钢轨噪声辐射，并大大减轻钢轨波浪度的加剧，提高钢轨使用寿命和乘坐舒适性。

③ 钢弹簧浮置板道床。

中科院微生物研究所实验楼（A11）所处位置线路埋深约27m，与右线线路中心线最近距离为17m，位于黄花岗站的东南侧。鉴于微生物研究所主要从事生命科学、微生物分析检测工作，拥有多种对环境稳定性要求十分严格的大型精密仪器，对环境的稳定性要求十分严格；为防止地铁运营期间，列车进出站对各类精密仪器的正常使用产生影响，将黄花岗站右线YDK17+038～YDK17+238里程范围内的200m普通道床改为钢弹簧浮置板道床（包含一组9号单开减振道岔）。

（7）无缝线路

① 轨条及扣件布置。

依据线路资料，采用区间无缝线路，进行轨条布置。高架桥一般地段的扣件采用单趾弹簧小阻力扣件,轨下采用复合垫板，大坡道（$i \geqslant 2\%$）或小半径曲线（$R \leqslant 400m$）地段采用弹条Ⅲ型分开式扣件；缓冲区及插入轨采用单趾弹簧分开式扣件，轨下为普通垫板，道岔扣件进行特殊设计。

地下线正线一般整体道床地段采用单趾弹簧分开式扣件，轨下为普通垫板，大坡道（$i \geqslant 2\%$）或小半径曲线（$R \leqslant 400m$）地段采用弹条Ⅲ型分开式扣件。

② 缓冲轨设置。

地下线在道岔区前后各设1根25m 60kg/m钢轨，预留8mm轨缝；高架桥在道岔区前后为有缝线路，预留8mm轨缝。

缓冲区设计接头夹板扭矩不小于900N·m，相应接头阻力不小于510kN。

③ 高架桥纵向力。

根据林同琰提供的桥梁截面特性等资料，进行无缝线路钢轨附加力计算。由于YCK0+0.0～YCK3+250间高架桥梁型均为双线连续刚构、列车竖向荷载较小、采用不锈钢复合胶垫的小阻力扣件，因此，竖向荷载产生的车前挠曲力T_2较小。与伸缩力和断轨力相比，伸缩力T_1或断轨力T_3起控制设计作用。

④ 高架桥中和温度。

根据当地最高轨温t_{max}、最低轨温t_{min}和中和温度的修正值（主要考虑高架桥无砟轨道的运营条件，为降低桥上无缝线路断轨断缝，$\Delta t_k = -5℃$），计算求得中和温度t_e=24℃。

确定六号线首期工程（浔峰岗至长湴段）设计锁定轨温上限$t_上$ = 29℃，设计锁定轨温下限$t_下$=19℃。

温度力峰检查如下：

$$t_{max} - t_{下} = 39.7℃ < \Delta t_s = 44.2℃$$

$$t_{上} - t_{min} = 29.3℃ < \Delta t_j = 73.8℃$$

通过上述分析，均能满足稳定力峰检查。建议在高架桥半径小于300m地段做无缝线路的施工控制点，应在设计的锁定轨温范围取上限值。

（8）车辆段轨道设计

① 钢轨。

出入段线：采用60kg/m钢轨，不设无缝线路。曲线地段采用错接形式，错接距离应不小于3m。钢轨材质为U75V。

试车线：采用60kg/m钢轨，不设无缝线路。钢轨材质为U75V。

车场线（段内部分）：采用50kg/m钢轨，标准长度25m，材质U71Mn。曲线地段采用错接形式，错接距离应不小于3m。

钢轨应符合《43～75kg/m热轧钢轨订货技术条件》（TB/T 2344—2012）的规定。

② 轨枕。

停车线、联络线及试车线、牵出线洞外部分等采用碎石道床、混凝土枕。

混凝土枕采用特制混凝土轨枕（枕中带感应板安装位置，枕端根据供电要求设有三轨接触轨预留孔），三轨安装地段采用带三轨接触轨预留孔的轨枕，在R<110m的小半径地段，采用小半径混凝土轨枕。

道岔及道岔间长度小于13.14m的车场线路采用合成枕木。

枕木间距均按1600根/km配置。

③ 扣件。

试车线隧道外采用碎石道床弹条Ⅲ型分开式扣件。车场线、库内线均采用Ⅰ型弹条扣压件。

试车线隧道内、出入段线桥隧连接段及隧道内整体道床曲线地段采用弹条Ⅲ型扣件，直线段采用单趾弹簧扣件。

试车线用9号道岔采用弹条Ⅲ型分开式扣件，车场线用7号及5号道岔采用弹条Ⅰ型分开式扣件。

④ 道床。

a. 整体道床。

库内线均为整体道床。一般地段采用短枕式整体道床，安装感应板处采用长枕式整体道床，库内线检查坑道床采用直联式整体道床。支柱式检查坑采用支柱内直接预埋塑料套管，支柱及道床的形式尺寸由结构确定。洗车机棚整体道床采用长枕式，洗车机整体道床由结构专业设计并施工。

整体道床及过渡段根据相关专业预留过轨槽。

整体道床在结构变形缝处和每隔6.25m应设道床伸缩缝，若短枕或长枕位于伸缩缝时，应避开布置；伸缩缝内塞1～2cm厚、经防腐处理的木板，顶面用沥青做防水处理。

b. 碎石道床。

库外线、停车线、试车线采用碎石道床。道砟可采用广州地铁统一适用的道砟，粒径标准为25～45mm，硬度需满足《铁路碎石道砟》（TB/T 2140—2008）一级道砟的要求。

⑤ 道岔。

车场线内采用5号单开道岔和7号单开道岔，固定型辙叉。

试车线采用9号单开道岔，固定型辙叉。钢轨件、辙叉、道岔转换方式与正线道岔一致。

道岔均采用合成岔枕。

道岔区内的道床应按信号专业要求和车辆专业要求预留电务设备及感应板的安装条件。

⑥ 车挡、线路及信号标志。

a. 车挡。

试车线端头采用滑移式液压缓冲挡车器。

库外线的其他线采用固定车挡。

库内线采用月牙车挡。

b. 线路、信号标志。

线路标志主要有百米标、坡度标、曲线要素标、曲线始终点标。信号标志（与工务有关）主要有限速标、停车标、一类停车标、制动标、接触网终点标、转换供电模式标、警冲标等。

⑦ 平过道。

平过道均采用整体道床。库内平过道仅包括轨行区范围，库外平过道范围与库边平齐，包括轨行区及以外部分。

库外线平过道采用混凝土长枕式整体道床，铺设橡胶轮缘槽。轨行区以外部分采用混凝土硬化路面。

⑧ 轨道加强设备。

在$R \leq 100$m曲线地段，应设轨距杆，轨距杆间距为2.5m，为满足轨道电路要求，应采用绝缘轨距杆，技术要求符合《绝缘轨距杆技术条件》（TB/T 2492—2004）。

⑨ 道床排水。

出入段线及试车线、牵出线整体道床采用两侧排水沟，道床表面向排水沟方向设3%的横坡，水沟宽200mm，轨道排水侧沟沟底至轨顶面高差为460mm。排水沟纵向坡度与线路坡度一致，汇入洞口废水泵站。

3）系统设计重难点

（1）钢弹簧浮置板设计与施工

中科院微生物研究所实验楼（A11）所处位置线路埋深约27m，与右线线路中心线最近距离为17m，位于黄花岗站的东南侧。鉴于微生物研究所主要从事生命科学、微生物分

上图：平过道与截水沟

上图：车辆段轨道与感应板

析检测工作，拥有多种对环境稳定性要求十分严格的大型精密仪器，对环境的稳定性要求十分严格。为防止地铁运营期间，列车进出站对其各类精密仪器的正常使用产生影响，将黄花岗站右线YDK17+038～YDK17+238里程范围内的200m普通道床改为钢弹簧浮置板道床（包含一组9号单开减振道岔）。

减振地段包含道岔，因此排水方案是重点接口问题。采用局部增加钢弹簧浮置板的水沟深度，约有37m的钢弹簧浮置板道床水沟要加深，最大加深147mm，轨顶面到水沟底距离为967mm。本方案影响最小，并经土建单位及排水专业确认可行。采用本方案后，水沟深度已经超过道床厚度，部分水沟在道床下的回填层，并且反坡排水部分位于道岔区，水沟设置比较复杂，因此这部分回填由轨道施工单位完成。

（2）桥面标高超限地段轨道结构设计

出入段线、浔峰岗车站和U形槽附近部分桥梁施工后，梁面标高误差超标，导致部分地段轨道结构高度无法满足设计要求，不能按原设计的道床板结构施工。因此在梁面标高误差超标地段，道床结构由预制道床板改为现浇钢筋混凝土预埋扣件及感应板安装套管的结构形式或长枕埋入式整体道床形式。

六号线高架桥段轨道采用板式道床，板式道床由钢轨、扣件、道床板和ZH砂浆组成，轨道高度为450mm。ZH砂浆正常厚度为32mm，厚度范围为15～110mm。土建单位桥梁施工完成后，局部桥面标高无法满足设计要求，导致不能铺设板式道床；对于超标地段，土建施工单位凿除桥面保护层、线路调坡后，还有局部地段超标，最大为39mm。

桥面实际标高比设计标高高出17mm以上地段，在原来道床板的位置采用现浇道床的方式。现浇道床块与桥梁通过ϕ14预埋筋连接；当桥面结构钢筋裸露时，也可把预埋筋焊接在桥梁结构钢筋上；这种结构与《高架线道床结构》（06300-S-GD-02-300）中梁端道床块结构一致，其技术上是合理可行的。

桥面实际标高比设计标高低110mm以上地段，原设计的5块A形道床板、7块C形道床板需废弃，在原来道床板的位置采用长枕埋入式整体道床的方式。轨道高度在560mm以上，满足枕下道床厚度要求，经桥梁专业核实增加荷载在桥梁承受范围内，道床块间隙为100mm，预埋钢筋布置同现浇道床块，施工要求与地下线相同，技术上也是合理的。

（3）高架谐振式浮轨扣件实验段

谐振式浮轨扣件减振效果根据铁科院的落锤测试，在12.5～63Hz频带内，减振效果为15.35dB，厂内在线模拟减振试验测试，4～200Hz以内减振效果为14.17dB，能满足河沙村2号超标9.17dB的要求，并且扣件钉孔距和高度与普通扣件相同，不增加道床板及轨枕类型。

谐振式浮轨扣件的两翼增加了谐振器，能有效转移和吸收钢轨振动对环境的噪声辐射，预计达3～5dB（A），接近环保限值要求。有望进一步改善乘客和工作人员工作的环境。

从谐振式浮轨扣件实验结果可知，夹紧力在5～30kN内（对应每个扣件的爬行阻力在3～22kN）可任意调节得到要求的爬行阻力，爬行阻力大约是夹紧力的315，即等效摩擦系数是0.6。但垂向刚度和横向刚度不变，确保系统的安全性及减振效果。对高架桥无缝线路需要小于7kN/m的爬行阻力，对应的夹紧力大约是7kN。夹紧力的控制由谐振式浮轨扣件厂家提供的专用安装工具安装保证，夹紧力的误差范围可控制在±0.5kN。

对于谐振式浮轨扣件在高架桥上的应用，可以在不增加零部件或专用小阻力弹条的情况下，满足高架桥线路爬行阻力要求。

由于浔峰岗车站为有缝线路，钢轨接头处夹板安装位置采用弹条Ⅲ型扣件，轨下胶垫更换为刚度为30～35kN/mm的胶垫，经设计计算校核，车辆运行时浮轨扣件与改进型弹条Ⅲ型扣件垂向位移差小于0.2mm，符合挠度变化率一般不大于0.3mm/m的规定，满足设计要求。

试验段运营状况良好，目前周围居民无振动投诉现象。

4）总结

（1）亮点

① 杂散电流埋入式端子的应用。

杂散电流道床间的连接端子和测量端子原采用铜排，经现场施工方反映，铜排在现场安装后容易被盗，且被盗后修补困难。

为确保道床杂散电流收集网的质量，防止连接端子铜排被盗情况，将六号线首期黄花岗—沙河顶—沙河区间左线ZDK17+200～ZDK19+000里程范围的1.8km道床作为试验段，采用新型的埋入式端子。

埋入式端子与扁铜、扁钢端子应用对比，具有以下优点：

a. 具有防盗功能，确保杂散电流系统完整性。

b. 放热焊在工厂完成，现场施工方便。

c. 排流性能更佳，安装前后接触电阻不上升。

经施工方反映，埋入式端子在现场安装方便，防盗效果显著，考虑在今后的新线建设中推广使用。

② 高架线采用板式整体道床轨道结构，工艺要求采用预制道床板，然后在桥面上与钢轨、扣件组装形成轨道板轨排。轨道板架升后在道床板与桥面间灌注ZH砂浆调整层，同时道床板与桥面联结抗剪销钉，其施工方法不同于地下普通整体道床及地下减振整体道床，与国铁和其他地铁相比，工艺较新，从板预制、板就位、安装抗剪销、精调、砂浆灌注、养护等工序来看，质量控制工序较多。

③ 地铁列车采用直线电机牵引，在轨道线路中心处设置有直线电机感应板，其施工精度要求较高，工艺较新，反复精调工作量大。

④ 黄花岗站采用钢弹簧浮置板减振，虽然增加430万元造价，但可以很好地解决微生物研究所敏感仪器的振动要求。减振设计减少了周围居民或敏感建筑的投诉，很好地为地铁建设服务。

⑤ 出入段线、浔峰岗车站和U形槽附近部分桥梁施工后，梁面标高误差超标，导致部分地段轨道结构高度无法满足设计要求，不能按原设计的道床板结构施工。因此在梁面标高误差超标地段，道床结构由预制道床板改为现浇钢筋混凝土预埋扣件及感应板安装套管的结构形式或长枕埋入式整体道床形式。技术上合理，经济上合适，较好地解决了桥面超标问题。

（2）改进

在六号线首期的施工配合过程中，我们遇到了诸多问题。但是通过我们设计人员和其他有关专业技术人员的不懈努力，使得这些问题都得到了及时有效的解决。现列举其中一些比较典型的问题，后期工程可做经验：

① 高架信号标志与声屏障冲突问题。高架段信号标志如预告标、限速标等需安装在桥梁侧墙上，与声屏障安装位置冲突，后期协调中给各方造成很多不必要的麻烦。

② 过轨管线。轨道道床属于现浇钢筋混凝土结构，一旦浇注成型后，很难再凿出。相关设计专业的过轨管线资料在其施工图完成后还未稳定，使得轨道施工进度受到影响。

相关系统过轨管线问题，在施工图阶段应在所有接口专业稳定的前提下，考虑周全，计算准确，以使轨道施工效率得以提高。

2 工程亮点

2.1 充分落实线网资源共享方案

广州市轨道交通线网规划经历了四个阶段的规划和调整，其规划成果较好地支持了地铁一号线、地铁二号线和轨道交通三号线的建设，以及轨道交通四、五号线的工程设计工作。与以往单条线路建设不同的是，在2010年前还开工建设8条线路（及延长线），总建设公里数超过200km，数倍于以往线路的建设速度。在市发改委的支持与帮助下，广州市地下铁道总公司从线网建设的宏观角度出发，充分利用线网建设与今后运营管理资源共享的优势，于2003年初提出了共12个项目的“保持线网先进性系列专题研究”，于2004年初完成了中间研究成果报告，部分成果直接应用到《广州市轨道交通建设规划调整》及轨道交通四、五号线的规划中；于2004年中完成了大部分专题的最终研究成果报告，其成果应用到了六号线的线路规划中，这不仅保证了线网系统功能的统一与匹配，真正地实现了线网的资源共享，避免了系统的重复设置、改造与返工，同时也节约了建设投入与运营成本，初步达到了预期的目的；全部专题于2005年中完成，并最终形成了一整套研究成果。

线网专题一览表　　表3-30

序号	类别	专 题 名 称	六号线专题应用情况
1	宏观控制类	建设规模和实施计划的论证	已得到落实。纳入2005—2010年的近期建设计划，终点由燕塘调整为长湴
2	基础数据类	线网客流预测及分析	客流量级按浔峰岗—高塘石线网条件预测。远期断面不大于2.9万/高峰小时，远景不超过54万人/日
3	系统制式类	车辆、车辆段及综合基地的设置	①采用A型车、B型车和L型车三种车型，六号线执行了L型车系统4节编组； ②六号线首期工程车辆大架修在五号线鱼珠综合基地； ③资源共享专题中设置沙贝车辆段和高塘石停车场，由于选址和线路延伸，其后调整为浔峰岗停车场和萝岗车辆段； ④坦尾站设置轨道交通五、六号线的联络线，为车辆大架修转线使用
4	系统制式类	主变设置及供电方式研究	一个主变电站同时向多条轨道交通线供电。完全落实专题研究内容，设置大坦沙、燕塘主变，分别与轨道交通五号线、轨道交通三号线集中供电资源共享
5	系统制式类	线路敷设方式研究	落实专题研究结论，金沙洲段采用高架敷设
6	系统制式类	票务政策及AFC系统功能研究	清分系统的扩展性在系统建设期，主要通过技术标准化的方式来实现，六号线建设遵从此技术标准
7	系统制式类	综合通信网研究（含控制中心）	对传输、无线通信、公务电话的研究结论进行落实。控制中心布局方面，由于轨道交通五号线区庄的控制中心调整，轨道交通六号线调整至浔峰岗车辆段，后接入大石应急指挥中心
8	系统制式类	隧道通风和供冷方式研究	落实研究成果，设置区庄、海珠广场两个集中冷站
9	系统制式类	信号专题研究	采用基于通信的移动闭塞系统
10	运营类	运营模式研究	采用资源共享的组织架构和管理模式
11	规划类	枢纽站点地区发展规划及交通方式衔接研究	落实了换乘方案
12	管理类	经营管理体制及相关政策研究	落实了运营与附属资源开发

2.2 先隧道后车站的暗挖设计及施工

2.2.1 工程概况

广州轨道交通六号线东山口站位于广州越秀区署前路，车站采用地下四层分离岛式明暗挖结合形式设计方案，其中左线暗挖站台隧道全长91.1m，右线局部明挖。车站隧道周边环境极为复杂，建筑物众多，其中左线隧道正上方广东省二轻集团六层综合楼为重点保护对象。该楼基础采用ϕ300锤击灌注桩，桩长6～8m，站台隧道拱顶距地面18.8～19.8m，距上部省二轻综合楼桩底净距约为7.1～9.5m。桩身主要穿过中粗砂层〈3-2〉、粉质黏土层〈4-1〉，桩底在〈4-1〉和〈5-1〉地层，属摩擦桩。桩体所处地层为软土地层，其含水率高、孔隙比大、压缩性高，隧道施工中失水或受振动，土层结构易受破坏，承载力降低易引起地面或建筑物下沉。

由于前期征地等种种原因，区间左线盾构到达车站端头时，站台隧道尚未开挖，如按照常规方案等待车站隧道贯通后再行盾构过站，根据测算，预计等待时间在9个月以上；同时盾构设备长时间停机将会带来较大的工程风险和设备风险。为尽量降低风险，经充分论证，本站左线站台隧道拟定采用“先隧后站”逆序施工方案，即盾构先行掘进过站，后在盾构隧道基础上，采用矿山法扩挖形成车站隧道的施工方案。

2.2.2 施工难点分析及建筑物保护方案比选

采用先隧后站扩挖逆序施工方案较常规方案相比，主要有以下几个难点：

① 建筑物保护与沉降控制。扩挖施工主要经历建筑物保护加固、盾构掘进、管片拆除、扩挖施工等过程，多次施工扰动容易引起围岩松动变形及地下水的流失，进而导致地面建筑物变形甚至开裂。因此制订切实可行的建筑物保护方案、最大限度控制扩挖引起的地层沉降变形是该方案成功的关键。

② 管片拆除与扩挖方案研究。地铁管片一般采用箱形混凝土管片，错缝拼装，单块最重约4t，拆除方案必须确保安全，同时尽量提高回收利用率。

③ 施工交叉问题。在盾构掘进的同时进行扩挖施工，将出现盾构掘进与扩挖交叉施工问题；如果盾构掘进至下一个车站后再进行扩挖施工，工期则需延长。

建筑物保护与扩挖方案相互制约，扩挖方案的制订需以确保建筑物安全为基础，建筑物保护方案则需为扩挖施工创

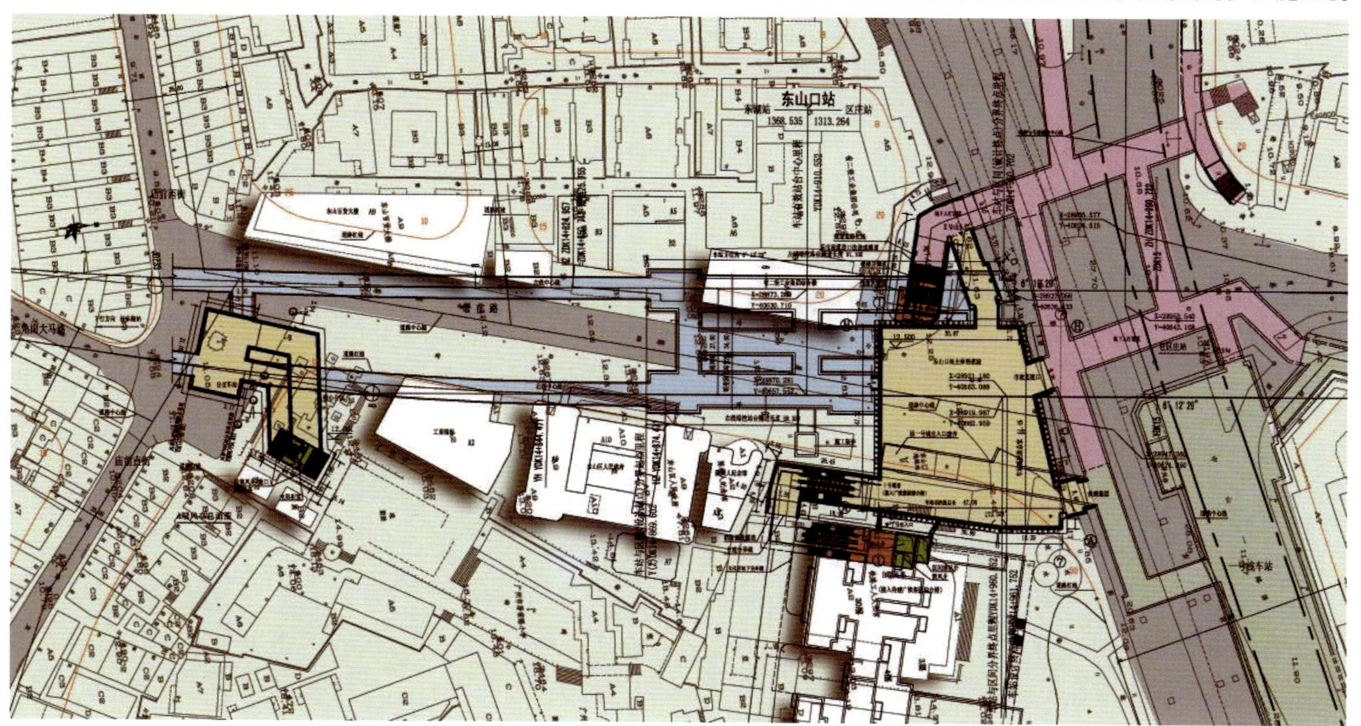

左图：东山口站总平面图

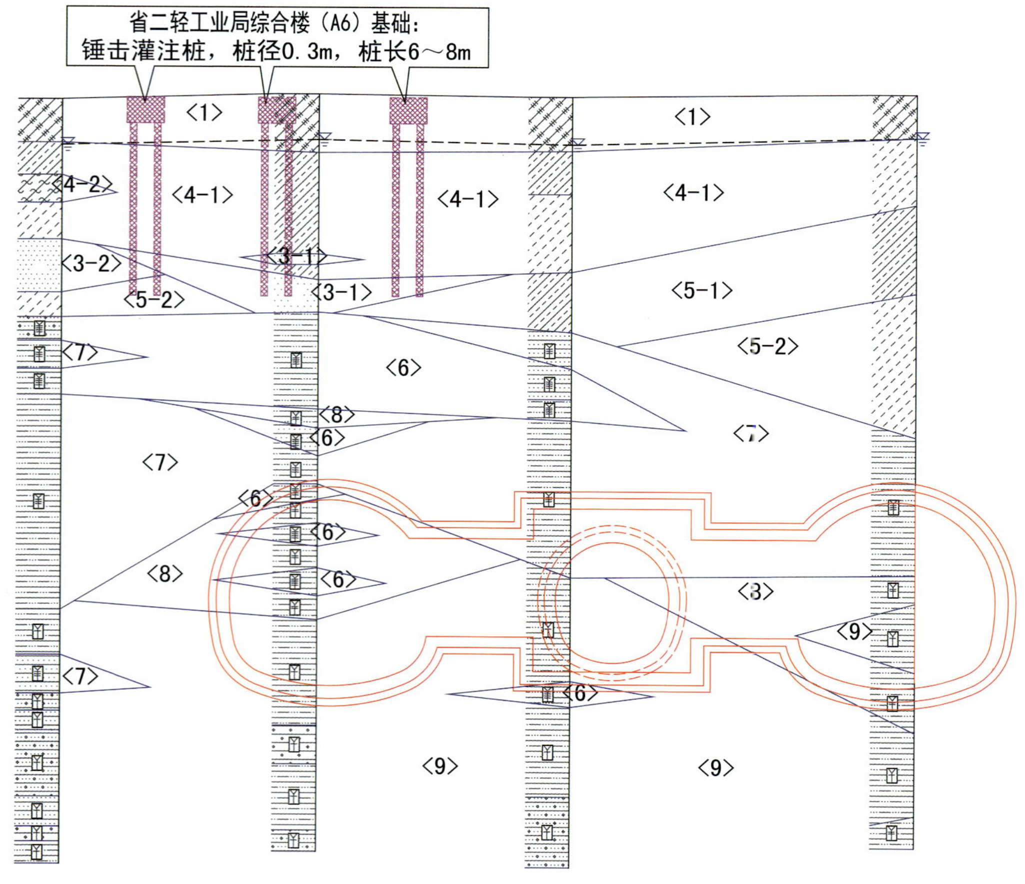

造更好的施工条件。结合本工程的地质条件、周边环境、施工场地等因素综合考虑，结合扩挖方案的研究，对重点保护建筑物省二轻集团A6楼提出三种预加固保护方案，三方案优缺点比较见表3-31。

建筑物保护加固方案对比　　表3-31

项目	加固方案1	加固方案2	加固方案3
支护措施	拱部108大管棚超前支护，长度约70m	拱部3m范围水平袖阀管注浆固结，长度约70m	超前大管棚+水平袖阀管注浆（方案1与方案2结合）
优点	为扩挖施工提供刚性支护，能够有效控制拱顶沉降变形	可对因地下水流失引起的地基沉降变形进行较好控制	既能较好控制开挖及扰动引起的地层变形，又能控制因地下水的流失引起的沉降
缺点	无法控制因地下水流失引起的地基沉降变形	对开挖及扰动引起隧顶沉降变形控制能力较差	施工周期较方案1、方案2略长
结论	比较	比较	推荐

结合本站前期右线隧道的施工情况，地下水的流失及开挖已引起该楼明显沉降，从确保建筑物及扩挖施工安全的角度考虑，最终选择方案3作为本站建筑物保护的实施方案。

2.2.3 扩挖设计施工方案

1）超前大管棚

为确保拱顶建筑物的安全，尤其是在省二轻建筑物下方的相对软弱地层段，需提前利用竖井施工长管棚超前支护，以有效控制塌方和抑制地表沉降，为后续扩挖施工及管片拆除提供有利条件。管棚主要设计参数如下：

① 采用ϕ108（δ=5mm）热轧无缝钢管，长度70m。

② 布置范围及间距：拱部150°范围内设置，环向间距450mm。

③ 外插角度：0.3°～0.5°（具体根据施工机具结合施工水平确定）。

④ 管棚分段及连接：受竖井空间限制，单节管棚长度取3m，相邻接头错开布置，内套管丝扣连接。

⑤ 管棚注浆浆液：采用42.5普通硅酸盐水泥浆，水灰比为0.5：1～1：1，扩散半径0.4m，注浆压力0.4～1.0MPa。

施工设备采用单台HTG-100型水平定向钻机，钻头采用与钻管等径的楔型钻头，楔板回转半径略大于钻管半径，钻头前端有ϕ12～15的水眼。当钻头正常回转钻进时钻管沿直

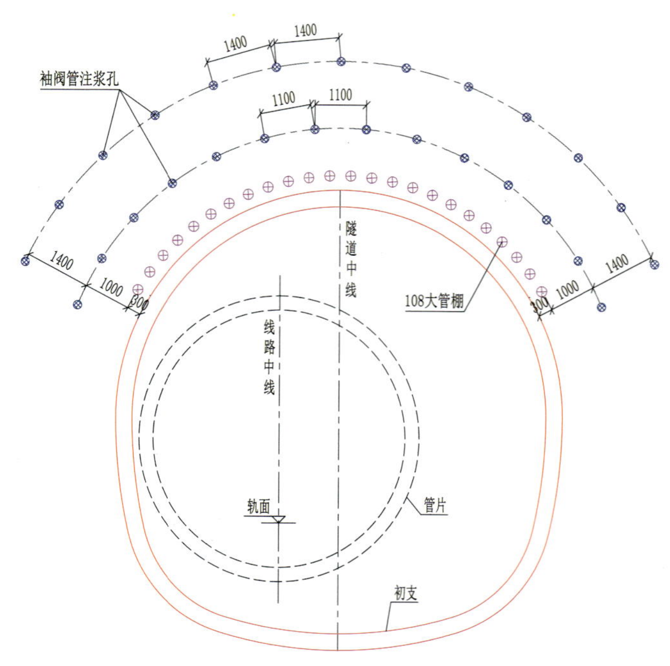

上图：省二轻楼与隧道关系图

右图：隧道超前预加固横剖面图

线前进，当钻头由于某种原因偏离预定轨迹时，进行纠偏。

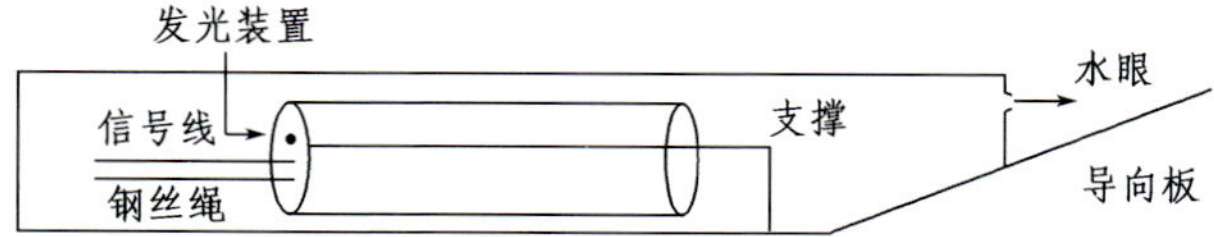

施工采用带管水平钻进，跳3～5个孔钻一孔注浆完成一孔，再开钻另一孔，单孔采取带管钻进一段注浆一段，每带管钻进2～3m（由于井内空间受限）孔口封压注浆一次。

2）水平袖阀管注浆

袖阀管注浆对裂隙水较丰富、透水性较强的地层具有良好的止水效果，利用水平袖阀管注浆对隧道拱部土层进行注浆，形成一道止水环，可最大限度减少因地下水流失引起的地层压缩沉降。袖阀管注浆主要参数如下：

① 袖阀管类型：采用ϕ48硬质PVC管，单根长度70m；注浆孔开孔间距为330mm，开孔处管外紧箍橡胶套，覆盖注浆孔。

② 布置范围：沿左线隧道拱部约120°范围内设置两排，外插角度0.3°～0.5°；环向布置两排，第一排沿开挖轮廓线外放1.3m，环向间距1.1m；第二排沿开挖轮廓线外放2.7m，环向间距1.4m；浆液扩散半径按1.0m考虑。

③ 套壳料：采用低强度水泥黏土浆，浆液配方为水泥：黏土＝1.2～1.5，干料：水＝1：1～1：1.5（质量比），塑性指数15～30（实际参数根据现场试验确定）。

④ 注浆：采用分段后退式注浆；浆液采用水泥单液浆，水泥为325号普通硅酸盐水泥，水灰比按注浆次序有一定调整，逐步减少，控制范围为1.00～0.45。为了增加可灌性，在浆液中加入水泥用量0.3%～0.5%的复合型减水早强剂。

3）扩挖步序及管片拆除方案

（1）第一环拆除

盾构通过后，由于管片的存在，必须拆除管片扩成暗挖站台，暗挖站台段宽9569mm，高9684mm，管片外边缘距暗挖隧道开挖外边缘最小空间为1070mm。第一环的管片拆除采用切割法或直接破除的办法，选择位置为回填竖井范围内，为后续的整块拆除提供条件，管片破除现场如下左图所示。

（2）扩挖主要施工步序

根据盾构管片与站台隧道的关系，考虑地质条件、工期等因素，经综合比选，最终采用台阶法扩挖施工方案，扩挖工序具体如下（下右图和下页图）。

① 开挖上台阶上部（①部）至管片顶部，随挖随即进行初期支护（Ⅱ部）。

② 开挖上台阶下部（③部）至拱腰，设置扩大拱脚，暴露出封顶块和邻接块，随挖随即进行初期支护并设置锁脚锚管（Ⅳ部）。

③ 利用上台阶开挖土石方回填至管片内部，作为管片拆除平台，首先卸除封顶块螺栓，使用千斤顶或挖掘机松动后吊拆即可；由于自重及千斤顶作用松动，封顶块吊拆后邻接块自然分离（Ⅴ部）。

④ 清除管片内浮渣，逐块拆除下部标准块所有连接螺栓，并采用挖掘机逐块吊拆标准块（A1、A2、A3），开挖

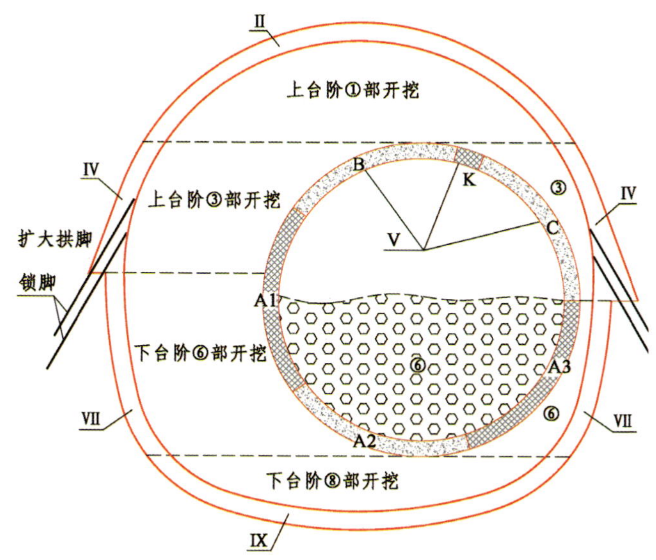

上　图：钻机导向纠偏装置示意图

下左图：竖井内破除首环管片施工

下右图：台阶法扩挖工序示意图

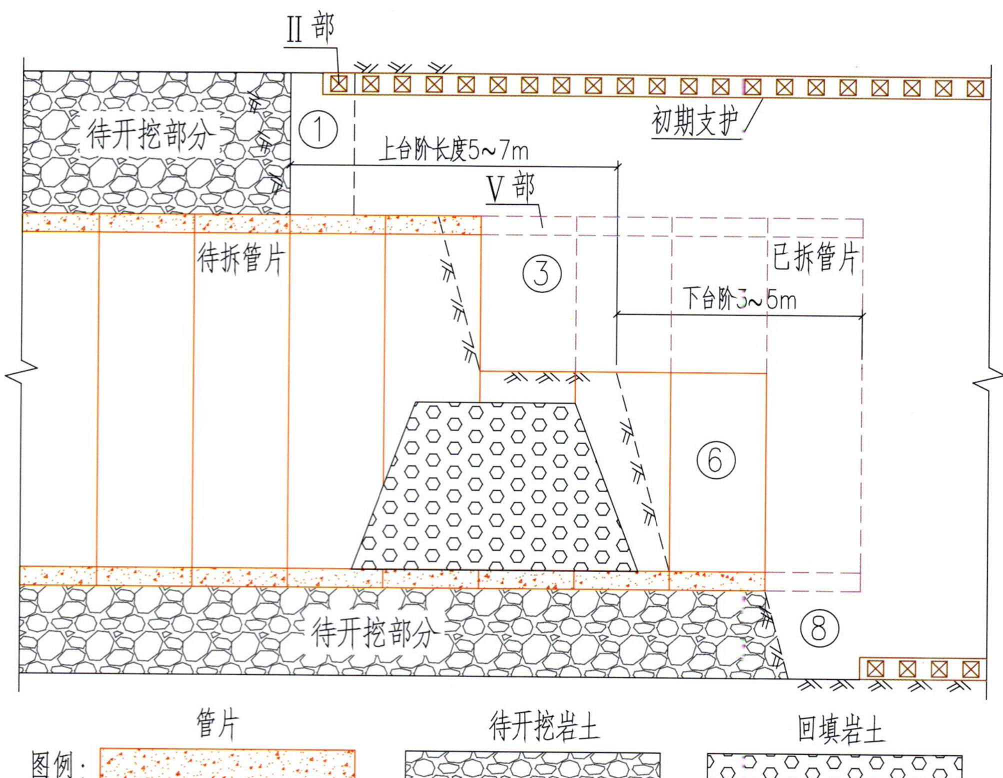

上图：扩挖纵向施工步序示意图

下台阶上部（⑥部）并进行初期支护（Ⅶ部）。

⑤ 最后开挖下台阶下部（⑧部）并封闭初期支护，进入下一循环。

4）施工应用中沉降监测情况

根据施工监测数据显示，扩挖施工阶段引起省二轻楼最大沉降值约29mm，基础不均匀沉降最大约为10mm（＜0.002×8m=16mm），满足现行相关规范要求。由于前期累积沉降较大，自车站施工以来累计最终沉降值约84mm，但不均匀沉降不大，楼房未出现开裂等影响楼房正常使用的情况。

2.2.4 矿山法扩挖工法适用性评价及关键技术

1）矿山法扩挖工法适用性评价

广州地铁东山口站在周边环境极为复杂的条件下首次应用矿山法扩挖形成地铁车站隧道的实践表明，由于车站采用逆序施工方案，工期较常规先站后隧方案要滞后约2个月，区间工期较常规方案则提前9.5个月以上，保证了全线总体工程筹划，扩挖方案工期优势及社会效益非常明显。

采用“先隧后站”方案与常规盾构过站施工方案相比，盾构掘进过站，工程直接费用增加约277万元；考虑盾构停机折旧及维护费、管片少部分回收等情况，总投资减少7.7万元，总体上持平。本站由于管片无人回收，爆破拆除后均按报废处理；左线站台隧道长度91.1m，若按80%回收，至少可节约100万元，总体上更为经济。

由于扩挖工法属于逆序施工，这增加了施工难度及风险；但同时区间施工不再受制于车站节点工期限制，因此此种工法更适宜于受征地拆迁、场地限制、工期等限制因素无法按期提供过站条件的复杂条件下的暗挖车站。

2）扩挖工法的关键技术

（1）强化超前支护

超前大管棚支护为台阶法扩挖站台隧道施工提供了刚性棚护，可有效控制由于开挖引起的围岩应力松弛产生的地层变形，同时袖阀管帷幕注浆止水最大限度减少了地下水流失造成的地层固结沉降。两种超前支护措施为扩挖方案成功实施提供了可靠保证。

（2）盾构掘进提前预留条件

由于盾构隧道中线和暗挖站台中线并不吻合，为了降低扩挖施工难度，盾构进入暗挖站台即开始有计划偏离线路中线，每米偏离4～6cm，偏离60cm后维持不变，在接近端头30m开始回归中线，准备进入下一区间。管片拼装在安全的前提下应尽量采用通缝拼装，为后期管片拆除创造有利条件。

（3）管超前、短进尺、强化锁脚、尽早封闭

台阶法扩挖施工时，支护在闭合成环后能有效提供刚度，以控制变形。由于管片须分批拆除，开挖后支护难以及时封闭。上台阶应采用管超前、短进尺、强化锁脚的加强措施，尽量提高成环封闭前的支护刚度。下台阶受管片拆除及上台阶渣土堆积的影响，循环进尺适当放大。上台阶3～4次循环进尺，下台阶1次循环进尺并紧跟支护，形成纵向流水作业，尽早成环封闭。

（4）管片拆除平台安全可靠

本站采用上台阶翻渣形成的管片拆除平台，既提供了上部管片拆除施工作业平台，渣土的反压又确保了剩余管片的稳定性，同时也形成了纵向流水作业，避免渣土清运延误支护时间，尽早实现封闭成环。

2.3 海珠广场与既有线换乘土建工程

2.3.1 概况

海珠广场站是六号线与二号线的换乘站，两条线路埋深均较大。海珠广场站左、右线站台隧道长度为84.5m，其中左线站台隧道下穿既有二号线海公区间右线隧道，两者净距仅1.8m。车站西端右线区间隧道长度为36.82m，该隧道下穿既有二号线海珠广场站明挖主体结构和围护结构，隧道顶距离二号线主体结构底板为3.251m，距离二号线连续墙底为1.4m；车站西端左线区间隧道长度为32.881m，该隧道下穿二号线海珠广场站明挖出入口及二号线海公区间左线隧道，两者净距3.806m。

为提高换乘的效率，站厅、站台分别设置换乘通道与二号线换乘。站台层换乘通道通过破除二号线明挖车站底板与二号线站台层实现换乘。换乘通道顶部与既有地铁二号线右线区间隧道底部外轮廓线的垂直距离为2.526m。

2.3.2 难点分析

① 在既有线站台上实施换乘通道，破除二号线车站局部底板而不影响二号线安全运营。

② 换乘通道在二号线站台部分设置了包含信号用房在内的多个设备用房，需要整体迁移。为保证二号线的不间断和安全运营，设备房的改造同时需要10多个专业的调整。

③ 六号线4节编组系统和二号线6节编组车辆，在运能差异较大情况下，需要保证通道换乘的有效性，防止出现客流拥堵瓶颈。

2.3.3 土建实施方案

1）方案比选

换乘通道实施时，减少对二号线车站运营安全的影响是本工程的重难点。二号线与六号线站台层换乘隧道先后分为两部分施工，一期为平直段，从一号横通道到既有二号线海珠广场站连续墙外侧，设计采用复合式衬砌结构暗挖法施工，设计长度为32.137m；二期设计范围为剩余部分，即换乘通道的扶梯段，涉及破除既有二号线站台板及结构底板，施工风险相对较大（换乘通道总平面布置图），采用部分暗挖法施工，保留二号线底板下部分基岩，通道结构断面高度显著由原来9m减小到7m。对二期施工段结构设计方案进行了优化，做了两个方案：

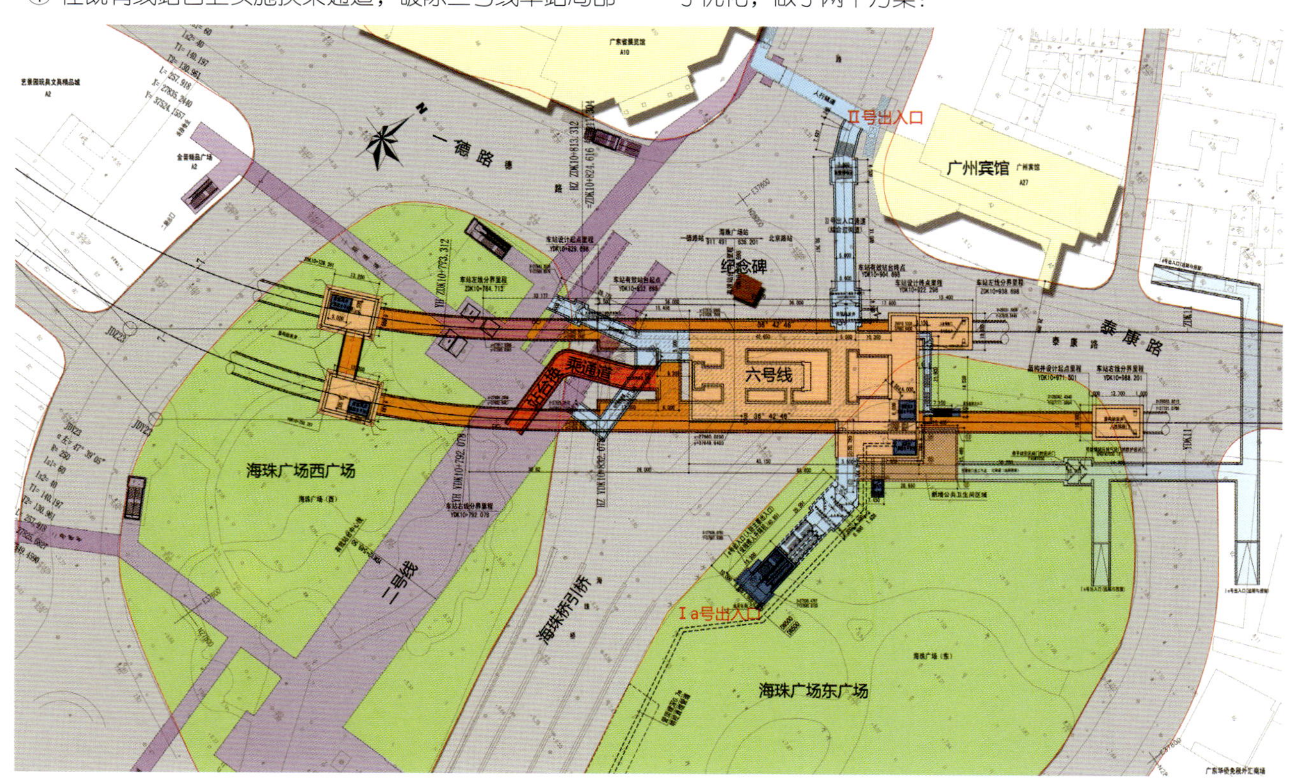

左图：海珠广场站总平面图

① 方案一：先采用暗挖法施工二号线底板以下通道，并对柱底采用千斤顶支顶，完成二次衬砌与底板连接后，再破除二号线底板结构。

② 方案二：首先破除二号线结构底板，由二号线底自上往下进行暗挖隧道的施工；暗挖施工的同时，对既有二号线结构柱进行支顶，渣土从暗挖段通过六号线站台层横通道外运。

站台层换乘通道二期设计方案对比　　表3-32

方案	施工的难易程度	工期	施工风险	造价	对运营影响
方案一	站台层换乘通道只能采用机械开挖，受机械设备影响，开挖宽度至少需要5m，方案一机械开挖操作较困难，施工时间长	4个月	风险小	高	较小
方案二	明、暗挖可同时施工，暗挖段较短，从明挖向下开挖施工功效高，施工时间较短	3个月	风险较大	较低	较大

方案一暗挖段较长，施工空间狭窄，要完成暗挖，变断面暗挖、侧挖、支顶、扩挖、施作初期支护二次衬砌后破除底板，施工工序多，无疑增加了施工质量控制的难度；但是方案一是要求先支顶完成暗挖段通道施工后再破除结构底板，虽然工期和造价相对较高，但在施工空间狭窄工序较多的情况下，如果暗挖及支顶质量能够得到保证，施工风险要小一些。同时，完成二号线底板下暗挖隧道施工之后再破除底板，对二号线运营影响较小。

方案二暗挖段较短，暗挖段可与支顶所需工作井同时施工，完成暗挖段和支顶，对开洞区可一次性破除，明挖完成剩余通道，通过暗挖段出渣，施工难度小，工期短，造价低；但是施工风险方案二相对稍大，风险主要在明挖施工竖井支顶的工序。同时，从破除底板至暗挖隧道施工完成期间需要对该部分范围进行封闭，对运营影响较大。

经过综合比较，推荐采用方案一，即先暗挖，在底板下完成托换及暗挖通道施工后再破除二号线底板。

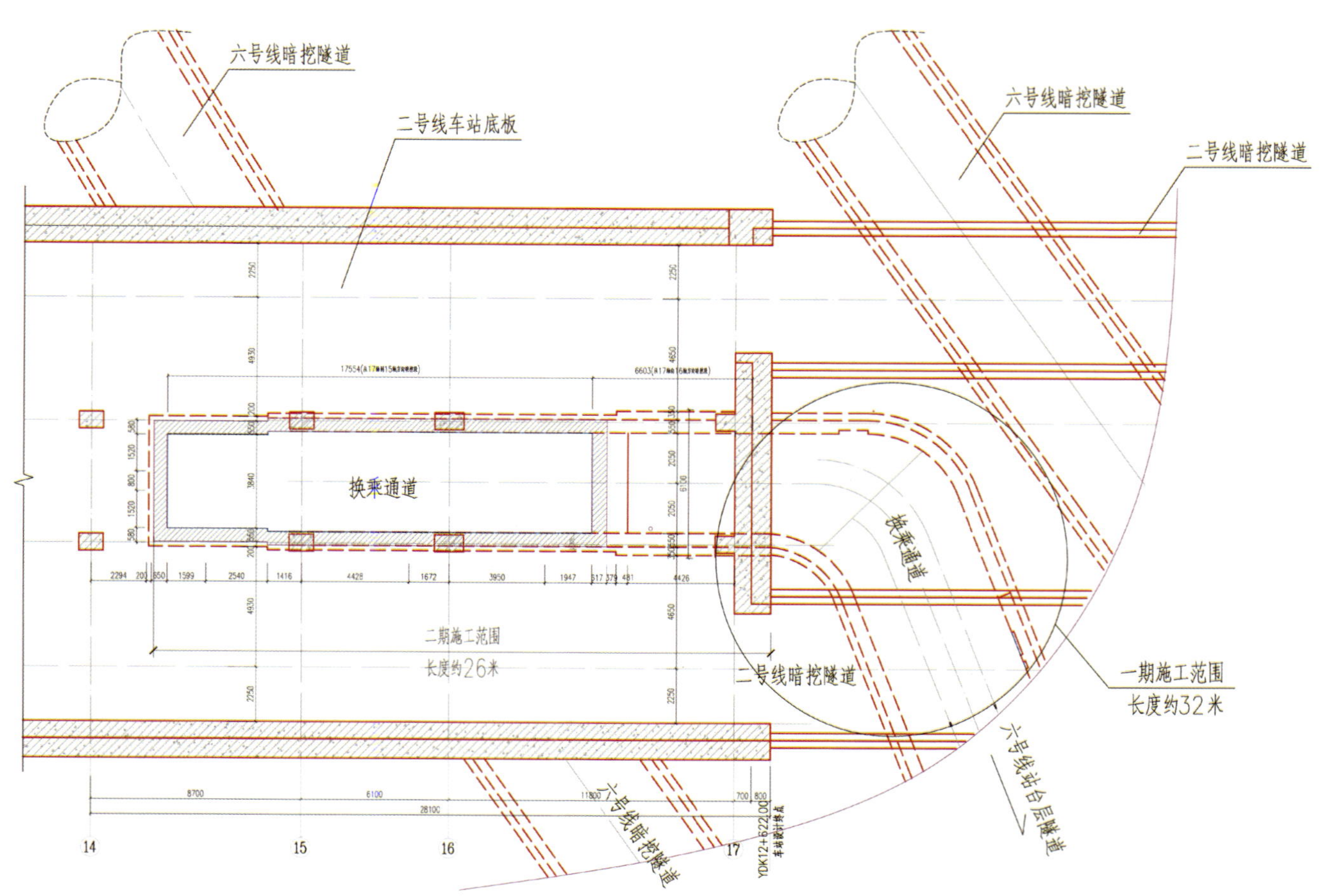

右图：换乘通道总平面布置图

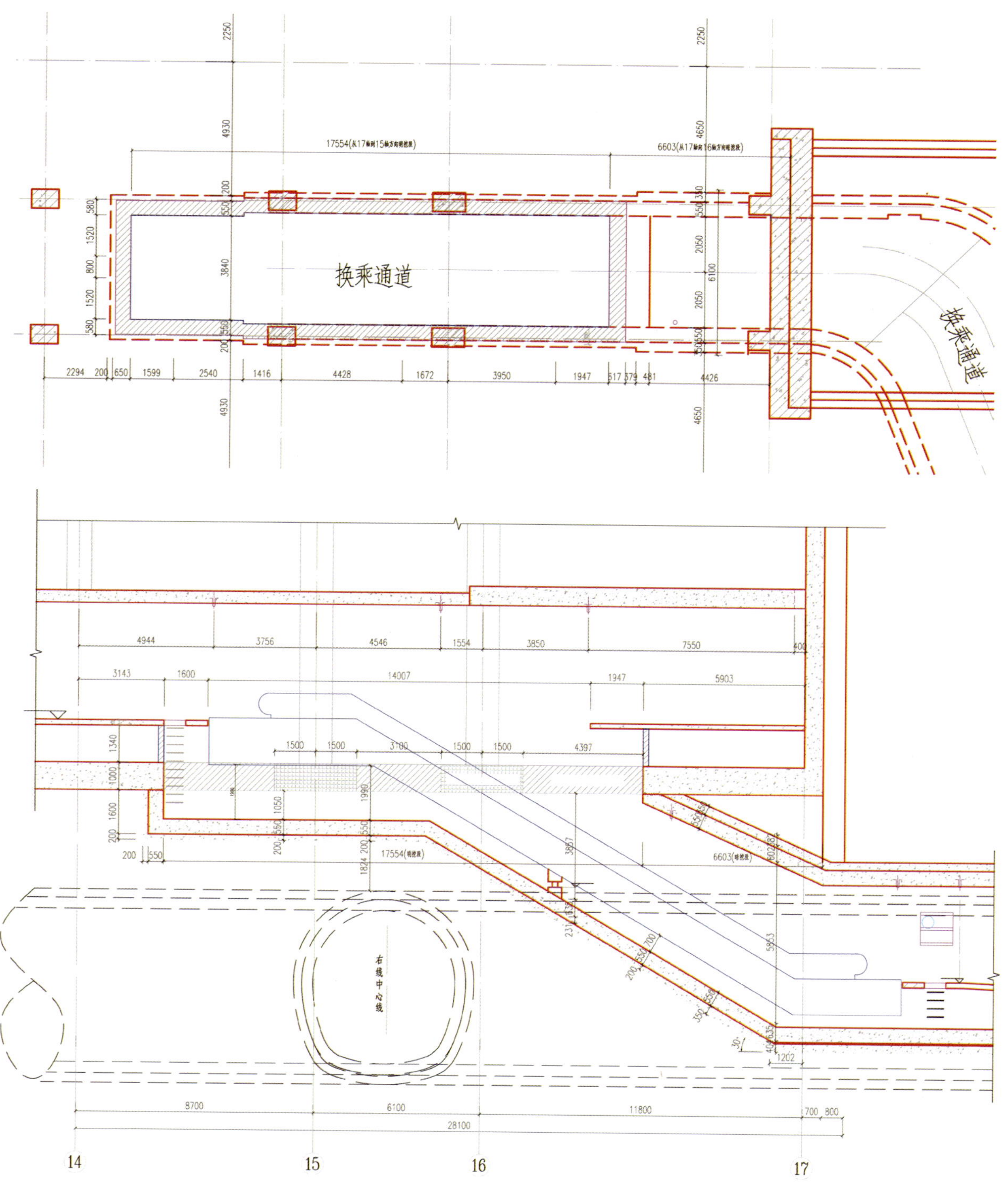

上图：换乘通道二期平面图（局部放大）（尺寸单位：mm）

下图：换乘通道纵剖面图（尺寸单位：mm）

2）具体实施方案

由六号线车站向二号线方向对换乘通道进行暗挖法施工，施工至二号线连续墙外侧时，先破除二号线海珠广场站西端墙后施工至A1施工段末端（包括初期支护二次衬砌），然后采用小断面至施工暗挖B2段末端，然后侧向施工15、16轴柱下支顶空间，采用千斤顶完成对15、16轴结构柱的支顶后，再对A2、B1、A3、B2、A4施工段进行扩挖来完成暗挖隧道支护并及时施工二次衬砌（衬砌断面及参数如下页“上

上左图：换乘通道一期横剖面图（尺寸单位：mm）

上右图：换乘通道二期横剖面图（尺寸单位：mm）

中　图：相关计算模型

下　图：相关计算结果一

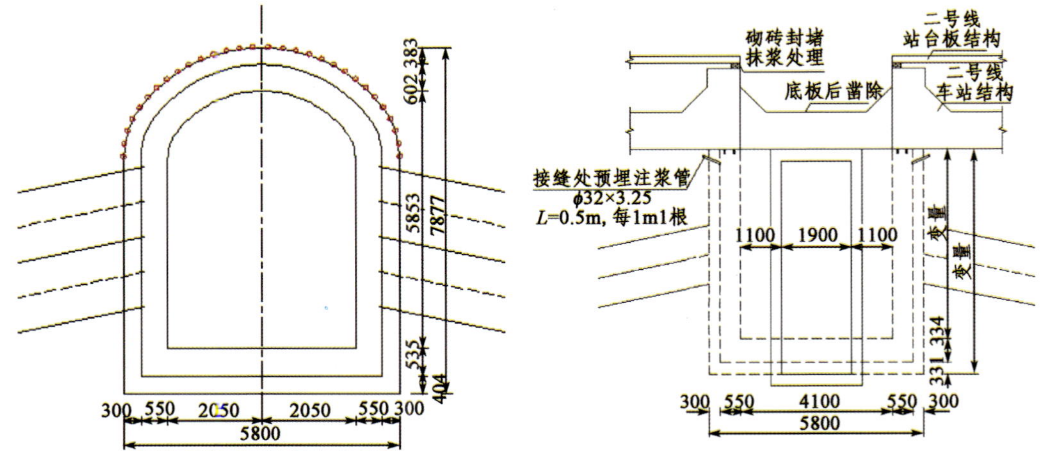

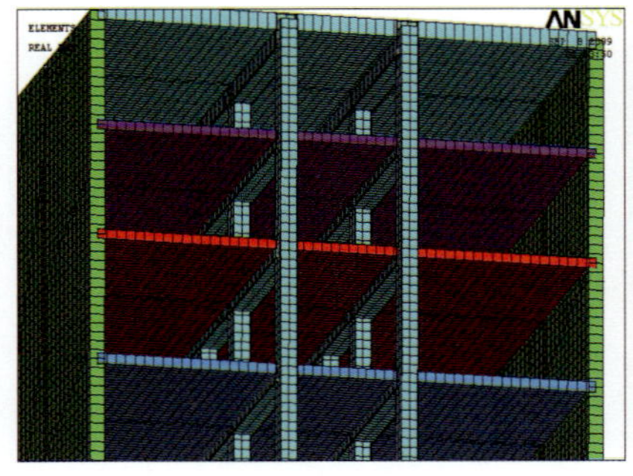

a）计算模型一（通过模型一得到车站结构柱上轴力大小）

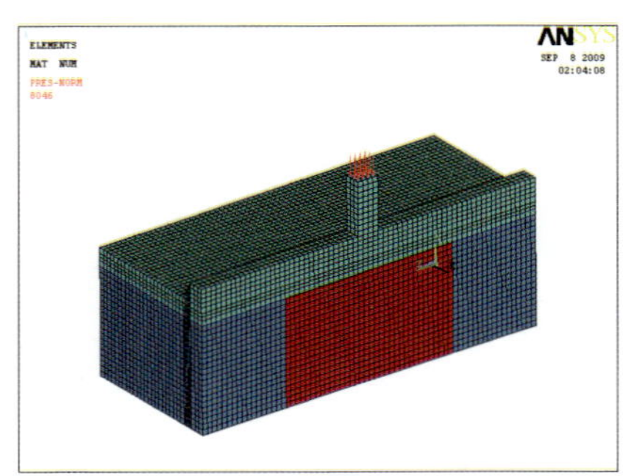

b）计算模型二（施加模型一计算得到的柱上轴力，对底纵梁进行三维应力计算分析）

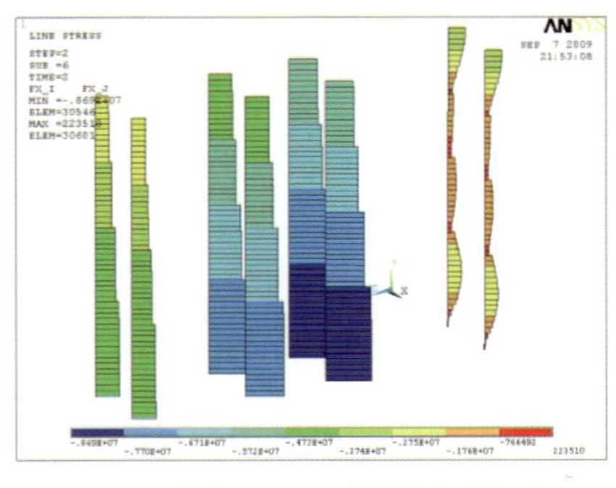

a）柱的轴力图（最大轴力为8690kN）

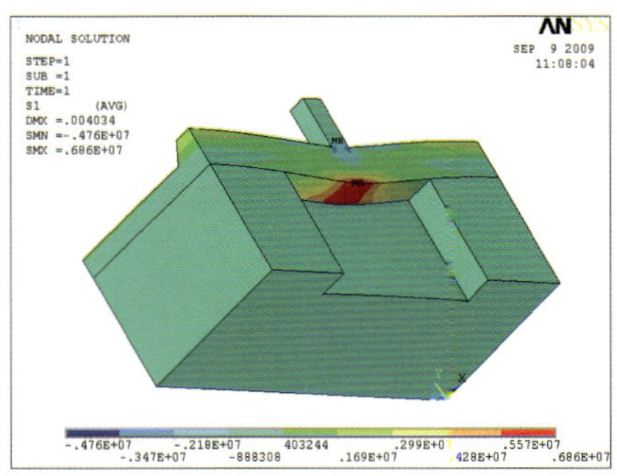

b）柱下左右各开挖5m后，底板梁拉应力云图（最大拉应力6.86MPa）

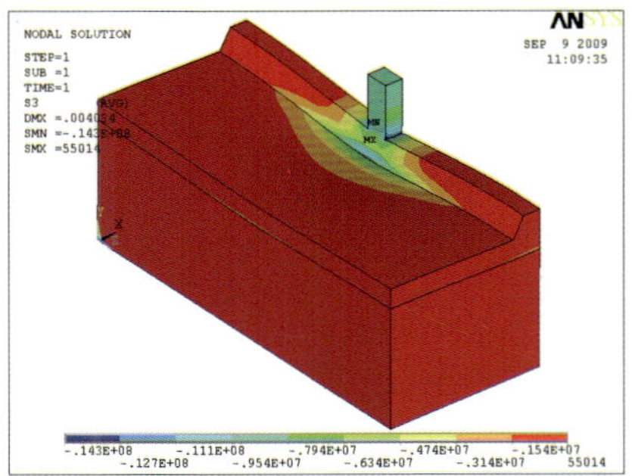

c）柱下左右各开挖5m后，底板梁压应力云图（最大压应力14.3MPa）

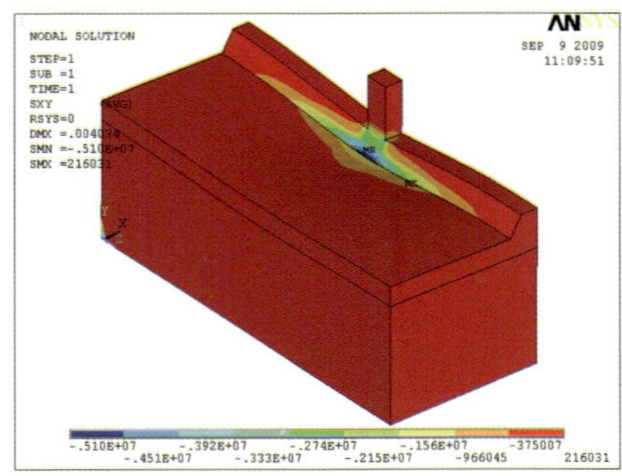

d）柱下左右各开挖5m后，底板梁剪应力云图（最大剪应力5.1MPa）

右图”所示）。完成A、B段暗挖段施工后（包括初期至次二次衬砌，二次衬砌与二号线底有效连接，千斤顶埋入暗挖隧道结构内），破除二号线结构底板。

新旧结构衔接及防水：由于二号线底板没有预留与六号线衔接条件，在破除二号线底板之前，先在二号线底板下植筋，并与换乘通道主筋有效连接，新旧结构接缝处凿毛，并预埋止水带和可重复注浆管，通道二次衬砌浇注完成并破除二号线底板结构之后，在接缝处重复注浆止水。

3）有限元计算成果

有限图计算结果见上页中有限元图和本页中有限元图。

4）分析、结论

以上计算得到的内力均为应力，为了更直观，我们单独选出底板纵梁，取其应力最大的截面，然后在截面上积分就可以得到最大应力位置截面上的弯矩，积分后得到的最大弯

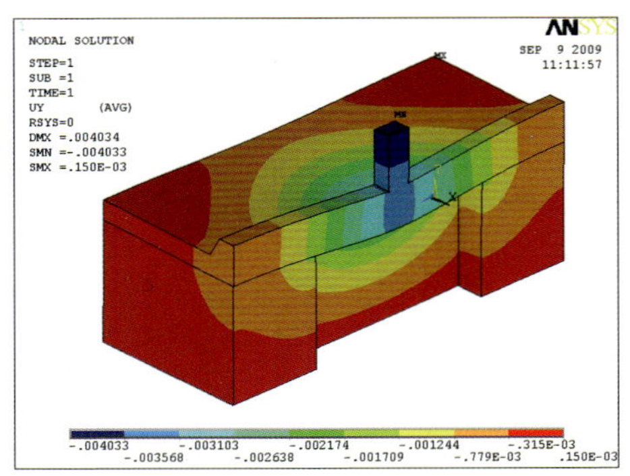

a）柱下左右各开挖5m后，底板梁竖向位移云图（最大竖向位移为3.5mm）

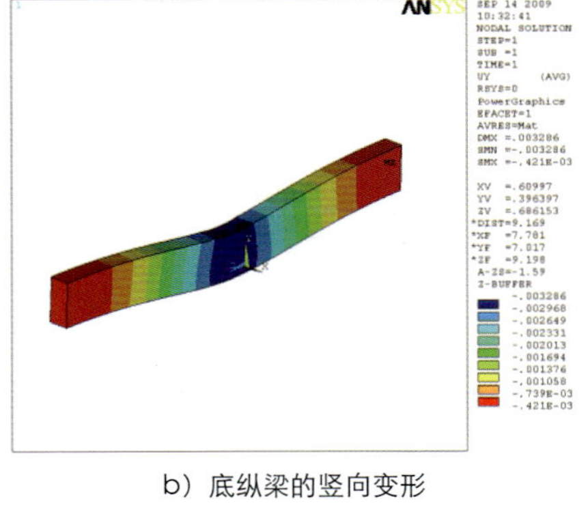

b）底纵梁的竖向变形

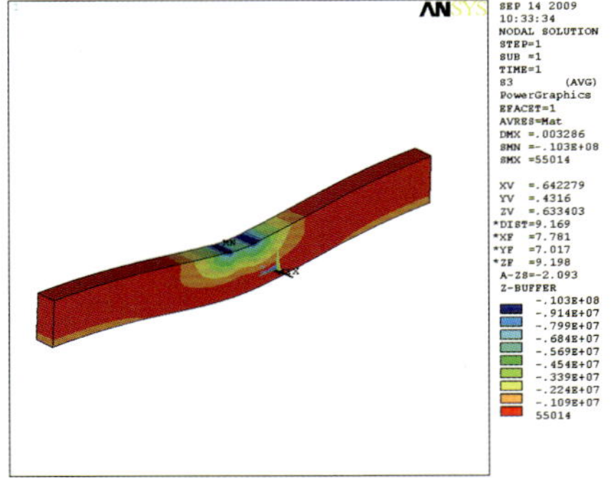

c）底板梁上的最小主应力（即最大压应力）

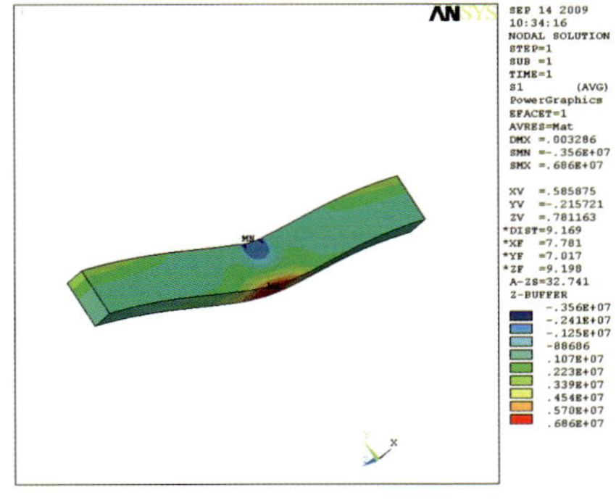

d）底板梁上的最大主应力（即最大拉应力）

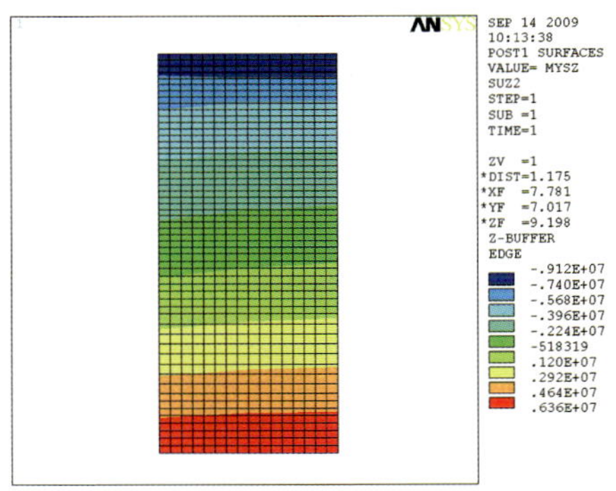

e）底板梁最大主应力位置截面上的应力分布

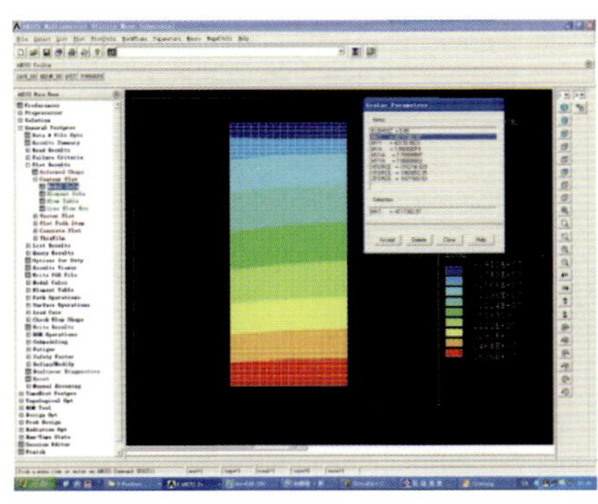

f）对截面应力进行积分后得到的截面弯矩（最大值为4117.383kN·m）

矩为4117.383kN·m，根据这一弯矩，我们对底板梁进行了核算，结果按照裂缝控制，底板纵梁需要钢筋A_s=7320mm^2，可配置20ϕ32，裂缝宽度为0.201mm。对比既有二号线底纵梁的设计配筋，结构在这一计算工况下处于安全状态，说明先采用暗挖法施工二号线底板以下通道，并对柱底采用千斤顶支顶，完成二次衬砌与底板板连接后，再破除二号线底板结构的方案是安全可行的。

5）现场实施照片

现场实施照片见本页下图。

2.3.4 设备房改迁及系统过渡方案

站台换乘通道采用暗挖法施工，通道呈“L”形，设置两台上行扶梯直达二号线站台。本站换乘流线设计为单循环客流组织，六号线换乘客流通过站台换乘通道直接到达二号线站台；二号线换乘客流则须通过楼扶梯到达二号线站厅，再从站厅换乘通道到达六号线站厅，然后乘坐楼扶梯下达六号线站台。换乘通道连接六号线地下五层站台及二号线地下四层站台，采用双扶梯单向换乘方式，更好地引导客流。

上　图：相关计算结果二

下图1：换乘通道现场施工照片一

下图2：开通运营后换乘通道现场照片一

下图3：开通运营后换乘通道现场照片二

下图4：开通运营后换乘通道现场照片三

2.4 海珠广场与既有线换乘二号线站台设备房系统改造

2.4.1 改造工程概述及范围

广州市轨道交通六号线海珠广场站与广州市地铁二号线海珠广场站采用站台换乘的方式，设计了从六号线站台至二号线站台的换乘通道。而换乘通道占用了原二号线站台上的15轴附近的照明配电室、屏蔽门设备室、通信电源室、通信设备室、信号设备室，在改造工程中需对上述设备室进行拆除，并将原二号线海珠广场站负二层的一些设备室改造为屏蔽门、信号、通信等专业设备用房。

因此，改造范围包括屏蔽门系统、通信系统、信号系统、门禁、气体灭火、EMCS、FAS等系统的改造。设备用房改造工作由车站土建专业负责完成。

2.4.2 改造方案

1）屏蔽门系统

根据车站改造的方案，二号线屏蔽门设备房移至负二层，新建的屏蔽门设备房面积约25m²，满足屏蔽门设备布置要求。为保证屏蔽门系统改造过程中不影响正常的地铁运营，考虑重新采购一套监控设备，UPS主机及蓄电池采用原设备。屏蔽门系统的改造内容主要包括：

① 在负二层新建的屏蔽门设备室内，安装新采购的监控设备。

② 重新敷设新的屏蔽门设备室至端门、远方报警盘（PSA）、就地控制盘（PSL）的电缆。

③ 重新敷设屏蔽门系统至EMCS之间的接口电缆。

④ 重新敷设屏蔽门系统与信号系统的接口电缆（由信号专业负责）。

⑤ 屏蔽门系统投入运营之前的系统设备调试、接口调试。

⑥拆除站台层原设备房内的旧设备，并把UPS主机及蓄电池柜搬运至负二层的新设备房。

2）FAS系统

原二号线海珠广场站采用美国霍尼韦尔XLS1000系列产品设备。探测器、模块等均为智能型带地址的设备，改造后的设备仍采用原有型号。

FAS改造主要包括以下内容：

① 改造后新的通信设备用房、信号设备用房、屏蔽门控制及设备用房需新增加与气体灭火系统的接口。

② 改移后的各气体保护房间门外增设消防壁挂电话。

③ 原有通信、信号设备用房、屏蔽门控制室等房间，取消与气体的接口，新房间内增设FAS智能型探测器和对防火阀的监视模块。

④ 改移后的设备接至原有就近回路，仍采用环形连接。

⑤ 新增设备应进行点对点的调试，同时修改车站级和中央级软件。

3）EMCS系统

本站EMCS系统由车站内的局域网络构成，网络内包括两个子网络：一个为ECS系统设置（主要监控车站及所辖区间通风空调及防排烟系统设备）；另一个为车站其他机电设备（BS）的自动化管理设置。ECS系统子网内有两台互为备用的ECS控制器、紧急控制盘（IBP）的远程I/O模块等设备。站内BS设备子网内有BAS（Building Automatic System）控制器，照明系统、自动扶梯、给排水系统等就地控制器，配置与FAS、屏蔽门、通信等系统的数据接口。

根据隧道院的车站改造方案，既有二号线地下四层站台层的部分设备房需要拆除改造成换乘通道，既有二号线地下二层的车站备品库需改造成通信电源及设备室、信号设备室和屏蔽门控制室。EMCS的改造内容包括：

① 在新增的三个设备房通信电源及设备室、信号设备室和屏蔽门控制室内设置温湿度传感器，并进行数据采集，增加的这三个传感器的监控纳入北端负二层照明配电室EMCS控制箱BB-21箱，若此监控箱内预留的监控点数不足，则需增加相关模块。

② 既有二号线站台层需要拆除的设备房中包含16轴处照明配电室，该房间内EMCS的控制箱移至改造后17轴处的照明配电室。

③ 由于既有二号线通信设备室需要拆除，因此将原来放置在负四层通信设备室的EMCS通信接线箱移至新增的通信电源及设备室内，其接入的通信线缆和光纤需要重新敷设并调试。

④ 由于此次改造可能会造成环控火灾模式的更改，因此EMCS相应的软件和IBP盘可能需要修改。

⑤ 对屏蔽门系统与EMCS之间的接口电缆进行重新敷设及调试。

⑥ 既有二号线站台层需要拆除的设备房中包含14轴处一个电缆井，EMCS从此电缆井穿过的电缆需要全部改由4轴处的电缆井穿过，因而所有电缆需要重新敷设。

⑦ 软件调试。

4）门禁系统

由于土建改造，新增四个房间（屏蔽门设备控制室、PIDS机房、信号设备室、通信设备室），在这四个房间新增四套门禁就地级设备及相应管线。这四套门禁就地级设备接入原二号线门禁系统地下二层M1-6回路，设备就近取电。

5）气体灭火系统

原海珠广场站IG541系统设置了两套组合分配系统，共10个防护区，统一采用IG541气体灭火系统、单区域控制盘的控制方式。本次改造工程影响范围主要涉及第二套组合分配系统。

本系统的改造涉及原组合分配系统二的通信设备及电源室、信号设备室与屏蔽门设备室，共3处防护区的迁改。

由于组合分配系统二最大防护区动力照明降压室并未调整，系统二的总气瓶数无须调整，只需调整集流管的组合分配设置，主要包括集流管单向阀设置数量和位置。经估算，原有选择阀尺寸满足调整后各防护区的容积变化，可不更换。

改造后的集流管段、新装气体输送管道（系统二未变的防护区只需到选择阀后法兰处）须按《气体灭火系统施工及验收规范》（GB 50263—2007）进行相应的强度及气密性试验；当采用水压进行强度试验时，应在试验后进行吹扫，保证管道内干燥。

6）通信系统

通信系统是一个不间断运行的系统，其改造均是在对现有业务不影响或影响最小的极短时间内完成。对于海珠广场站设备室的搬迁，通信系统各子系统均需在新设备室新设一套设备，各系统的新设备的参数调至与原设备室内各系统的参数相同，在各项工作都完成后，在地铁停止运营后进行新旧设备的倒换，即可完成。

（1）传输系统的改造

既有二号线传输系统使用的是OTN-600M的传输设备，二号线、八号线拆解后在海珠广场新设OTN-2.5G设备，但该工程要2010年6月开通。拆解后，既有三元里至万胜围站17个车站以及公园前OCC、赤沙车辆段19个点构成一个OTN自愈环网。同时在二号线全线24个车站、嘉禾车辆段、大洲停车场、公园前OCC新设一套OTN-2.5G设备，构成新的二号线OTN-2.5G环网。设备房搬迁后在新设备房各新设一套OTN-600M和OTN-2.5G传输设备；同时海珠广场站至公园前和市二宫两个区间的两条隧道均敷设一条96芯的光缆，三站光缆均成端，新设OTN-600M和OTN-2.5G传输设备的各项参数与原设备参数相同，由OTN厂商完成；同时OTN-600和OTN-2.5G的各种接口配置与原设备相同。在一切准备就绪后（新设备加电、参数设置及接口配置完成、光缆成端及光纤跳接完成），再选择合适的时间，在市二宫站，将海珠广场站方向的新设下行光缆（第1、2芯）与江南西方向的下行光缆对接；在公园前OCC，从传输设备上将海珠广场站方向的光纤跳线取下，跳接至新敷设的光缆中，这样就在短暂的时间内完成新旧设备的倒换。如海珠广场改造在二号线、八号线开通前完成，则OTN-2.5G设备可在搬迁前完成安装和调试。其中OTN-600M的传输网络的设备替换如下图所示。

（2）专用无线方案的改造

既有专用无线通信系统在海珠广场站设集群基站，由

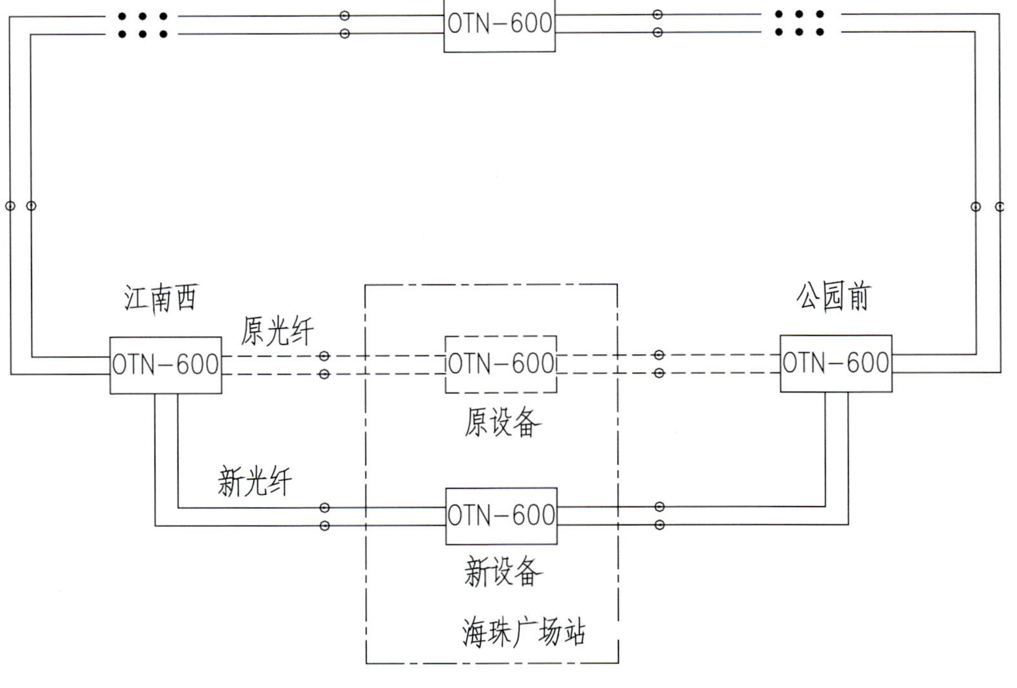

下图：传输系统改造方案图

于通信设备房搬迁，既有集群集站将无法使用。为了不影响运营，专用无线通信系统拟在搬迁后在通信设备房新设一套集群基站设备，新设集群基站设备将与中心交换机相连，在搬迁之前完成新建集群集站设备的安装与调试，完成基站与既有站厅天线、隧道漏缆之间的连接调试，最终一次性完成既有集群基站到新建基站之间的倒换，完成专用无线通信系统的搬迁改造工作。但考虑到二号线、八号线拆解时，在海珠广场新设一套无线集群基站设备以替代原来的无线设备，如该改造工程在二号线、八号线拆解前（2010年3月份）完成，则可将原已设置在既有通信设备室的新增无线基站设备搬迁至改造完成的通信设备房，无须二次采购。如工期不同步，则需要在海珠广场站新购一套新的无线基站设备。

（3）公务电话方案的改造

二号线公务电话系统在公园前OCC和赤沙车辆段设交换机，三元里至晓港站的公务电话通过OTN传输网络接入公园前交换机，中大至琶洲站的公务电话通过OTN传输网络接入赤沙车辆段交换机。二号线车站不设置公务交换机，因而海珠广场站的公务电话随传输系统便完成倒换。为保障车站公务电话的正常使用，需在新设备房新设MDF配线架，重新敷设MDF至车站原有各电话分线盒的电缆（10P、20P或50P）。在倒换时，电话分线盒处将原接入电缆拆除，接入新敷设的电缆便完成。

（4）调度电话方案的改造

二号线调度电话系统是采用集中调度的方式，在公园前OCC设调度交换机，各车站设调度分机，调度分机通过OTN传输网络接入调度交换机。因而随着传输系统的倒换，即可完成调度电话的倒换。其从MDF至调度分机的线缆在公务电话的搬迁方案中已完成。

（5）站内电话方案的改造

二号线站内电话采用在车站设站内电话总机的方式来完成站内电话的接入。因而为保障站内电话的正常使用，需在新通信设备室新设一台站内电话总机，站内电话总机至新设MDF的线缆预先连接好。MDF至站内分机的电话线缆在公务电话方案中一起得到解决。

（6）闭路电视系统（CCTV）的改造

二号线闭路电视系统采用各车站设视频矩阵，视频矩阵输出的视频信号经光端机送至公园前控制中心。在各车站通信设备室都设有一套视频设备。海珠广场设备房搬迁后，为不影响车站以及OCC对视频监控信号的需求，需在新设备房新设一套闭路电视系统设备，前端的摄像机保持不变，线缆重新敷设，既有线缆不再利用。新设备调试以及线缆与新设备连接好后，在倒换的时间内，将新敷设的线缆与摄像机进行连接。视频图像的上传则由改造后OTN-2.5G来提供，传输改造完成后即可提供。

（7）广播系统方案的改造

原通信设备室设有广播设备一套，通信设备室搬迁后须在新通信设备室新设一套广播设备，外围的扬声器保持不变。敷设部分广播线缆，主要是扬声器的主干线缆。

（8）时钟系统方案的改造

原通信设备室设有时钟设备一套，通信设备室搬迁后须在新通信设备室新设一套时钟设备，外围的子钟保持不变，并敷设部分时钟线缆。

（9）UPS电源系统方案的改造

为保障新设通信设备的正常供电，需在新设通信电源室新设一套UPS电源设备，并配蓄电池以及UPS电源输出配电箱。

下图：公务电话系统改造方案图

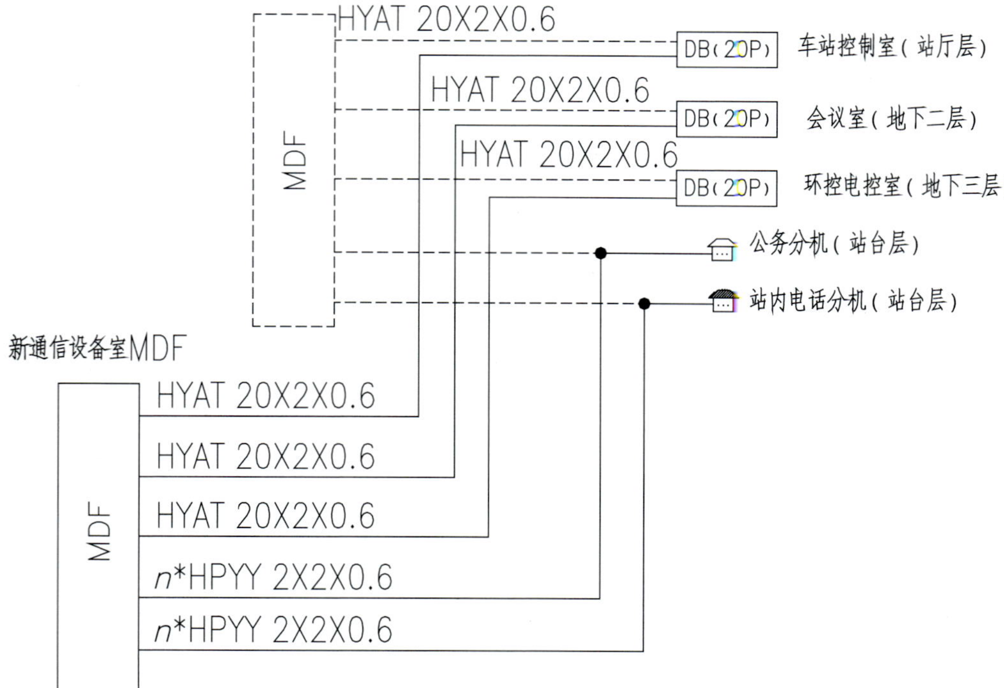

（10）PIDS系统的改造

PIDS系统集成了时钟、ATS信号、运营信息等多种信息，不能有中断。PIDS系统考虑在新通信设备室放置一套新PIDS车站设备。

PIDS系统有线部分：从新通信设备室到站厅、站台编号为站厅1、上行1和下行1的PDP屏各敷设一根视频线和数据线，并做好接头。电源线可以接续，直接从旧通信设备室接续到新通信设备室，并做好接头。线缆敷设好后，事先由集成商完成设备柜内线缆的跳接，一个晚上就可以完成线缆跳接，不影响PIDS系统正常工作。

PIDS系统无线部分：PIDS无线设备在设备房里的设备主要就是一个网络交换机，该网络交换机的作用是将设在本区间隧道里的无线AP和分中心的无线交换机相连接。新设一个网络交换机，事先和分中心连接、调试好，然后再和隧道里的无线AP相连。但由于光融接比较慢，应采取一定的措施加快融接速度。

（11）区间光电缆

由于设备房搬迁后，原有光电缆长度不够，需新敷设光电缆。在海珠广场的上下行区间双隧道新敷设96芯光缆各一条，在市二宫和公园前OCC新安装192芯ODF配线架各一架，海珠广场站新通信设备室安装384芯光缆一架，三站的96芯光缆均成端于各自的ODF配线架。

在海珠广场上下行区间双隧道新敷设20对电缆一条，用于保证区间电话以及轨旁电话的畅通。

7）信号系统

为减少对既有二号线运营影响，信号系统室内所有设备将全部重新设置一套，原信号系统室内设备拆除，新设设备与需拆除的设备完全一致。拆除的既有信号室内设备可作为备用，改造前后室外信号设备不作改动，仅更换引入信号设备室内的所有连接电缆。

在既有信号设备房拆除，进行土建改造前，新设信号设备必须完成安装和单体调试。

① 在确定的新信号设备房内安装新设信号系统室内设备。二号线海珠广场站是无岔的非联锁站，室内设备包括一个电缆终端架、一个车站接口柜、一个同步环线室内设备和一个车地通信及屏蔽门接口室内设备等。

② 同时敷设新信号设备室至海珠广场区域轨旁设备和站台设备的所有室外电缆，以及海珠广场站至公园前站的站间联系电缆、光缆，做好新、旧电缆倒替接驳的准备工作。包括轨道电路电缆、站台紧急停车按钮电缆、发车指示器电缆、PIIS电缆、车控室LCP电缆、信号系统与二号线公园前站的站间联系（光）电缆、信号系统与屏蔽门接口电缆、信号系统与防淹门接口电缆等。

③ 利用倒替前一段时间既有二号线夜间停运时段，进行海珠广场区域轨道电路、同步环线、车一地通信，站台紧急停车按钮、PIIS、DTI、车控室LCP等的单体调试，以及海珠广场站至公园前站的站间联系测试、信号新设设备与屏蔽门接口测试、与防淹门接口测试，确保倒替前所有光缆、电缆通道的正确。

④ 利用既有二号线一个夜间停运时段，完成海珠广场站信号系统新、旧设备的电缆接驳倒替，并进行公园前联锁区系统联调，以及与防淹门、屏蔽门的接口联调，第二日运营前开通新设备投入运营。

⑤ 新设备投入运营，满足正常运营需求后，可对既有设备进行完全拆除，开始土建改造。

2.4.3 改造工程关键点及工期策划

根据改造方案，信号系统、通信系统、屏蔽门系统进行改造完毕并投入运营后才能对原有设备进行改造。并且，信号系统、通信系统、屏蔽门系统的设备需要进行重新采购，且设备均为进口设备，采购周期约6~8个月。在设备采购期间，土建专业应进行新设备房的改造，在设备到货之前改造完毕，满足设备安装的要求。新设备安装完毕、调试并达到运营的要求后，方可对二号线海珠广场站站台北端的旧设备房进行拆除。因此，改造工期关键点在于信号设备、通信设备、屏蔽门设备的采购及安装、调试，是保证后续工作进行的前提条件。

本改造工程的工期策划见表3-33。

工期策划表 **表3-33**

序号	工序	工程改造内容	所需时间（d）	备　注
1	1	信号、通信、屏蔽门新设备采购	240	
2		新的设备用房改造	60	由土建专业负责
3	2	为新的设备用房配电、照明等	2	由低压专业完成
4	3	新的信号设备安装，电缆敷设	5	
5		新的通信设备安装，电缆敷设	5	
6		新的屏蔽门监控设备安装，电缆敷设	2	
7		EMCS设备改造，电缆敷设	1	
8		FAS设备改造，电缆敷设，壁挂电话安装	1	
9		新的设备用房的门禁系统设备安装	1	
10		拆除旧设备用房的自动灭火系统设备，并安装在新的设备用房内	1	
11	4	屏蔽门系统设备调试，达到运营要求	1	
12	5	信号系统设备调试（包括与屏蔽门系统的接口、与防淹门系统的接口调试），达到运营要求	3	
13		通信系统设备调试，达到运营要求	3	
14		EMCS软件修改，与屏蔽门系统的接口调试		
15		FAS软件修改，以及与自动灭火系统的接口调试	2	
16		门禁系统的软件修改	2	
17	6	旧的信号、通信、屏蔽门设备用房内的设备拆除，清理现场	2	

注：除设备采购、设备用房改造以外，同一工序内的作业均可同时进行，总工期时间大约18d。

2.4.4 改造过程中对地铁运营的影响

在海珠广场改造过程中对地铁运营的影响主要有以下几点：

① 在屏蔽门系统调试阶段，需要采用站台级控制模式，暂时无法与信号系统之间连锁。因此，在屏蔽门系统调试阶段，需配2名现场工作人员（每侧站台1人），负责屏蔽门现场的PSL操作，工作时间约15h。

② 在原屏蔽门系统的UPS拆除之前，投入运营的屏蔽门系统暂时直接使用市电，占用约15h。

③ 在改造期间，所涉及的设备用房不具有气体灭火系统的保护功能。

④ 在改造期间，EMCS暂停对所涉及的设备房内的通风空调进行监控，IBP盘无法控制屏蔽门。

2.4.5 建议

在工程改造实施过程中，专业之间的交叉作业较多，建议由一个施工单位完成本改造项目（除屏蔽门系统之外）的所有作业，以利于组织、协调。

另外，屏蔽门系统改造按照采购新设备方案进行，原二号线屏蔽门系统厂家为西屋公司。为满足改造工程的需要及工程实施的顺利进行，建议尽快落实与西屋公司进行新设备采购的事宜，并委托该公司为屏蔽门系统改造实施的实体单位。

2.5 冷冻结设计与施工

2.5.1 工程概况

广州轨道交通六号线大坦沙站至如意坊站区间暗挖段隧道冻结加固工程位于大坦沙站侧，为与车站对接段隧道，双线矩形断面。原设计采用明挖法施工，由于受已运营五号线车站影响，对接段有近10m的长度在五号线地铁车站的正下方，正上方为五号线站厅出入口及雨棚等，现阶段无法组织明挖法施工。

采用水平冻结加固土体结合垂直冻结，进行暗挖法施工。隧道结构为现浇混凝土结构，结构厚度为侧墙700mm和顶板800mm、底板900mm。需在地面及五号线坦尾车站内分别进行冻结施工，开挖及混凝土浇筑在车站内进行。

本段场地较平坦，砂层分布广泛，厚度较大，地下水丰富。根据地质资料，暗挖隧道埋深较浅，深度范围内为〈2-2〉淤泥质粉细砂层，部板下部为〈4-1〉粉质黏土层，结构上部为人工填土，具体见地质剖面图。

勘察所揭露的地下水水位埋藏较浅，稳定水位埋深为0.00～4.80m，标高为－0.09～6.39m，地下水位的变化与地下水的赋存、补给及排泄关系密切，每年5～10月为雨季，大气降雨充沛，水位会明显上升；而在冬季因降水减少，地

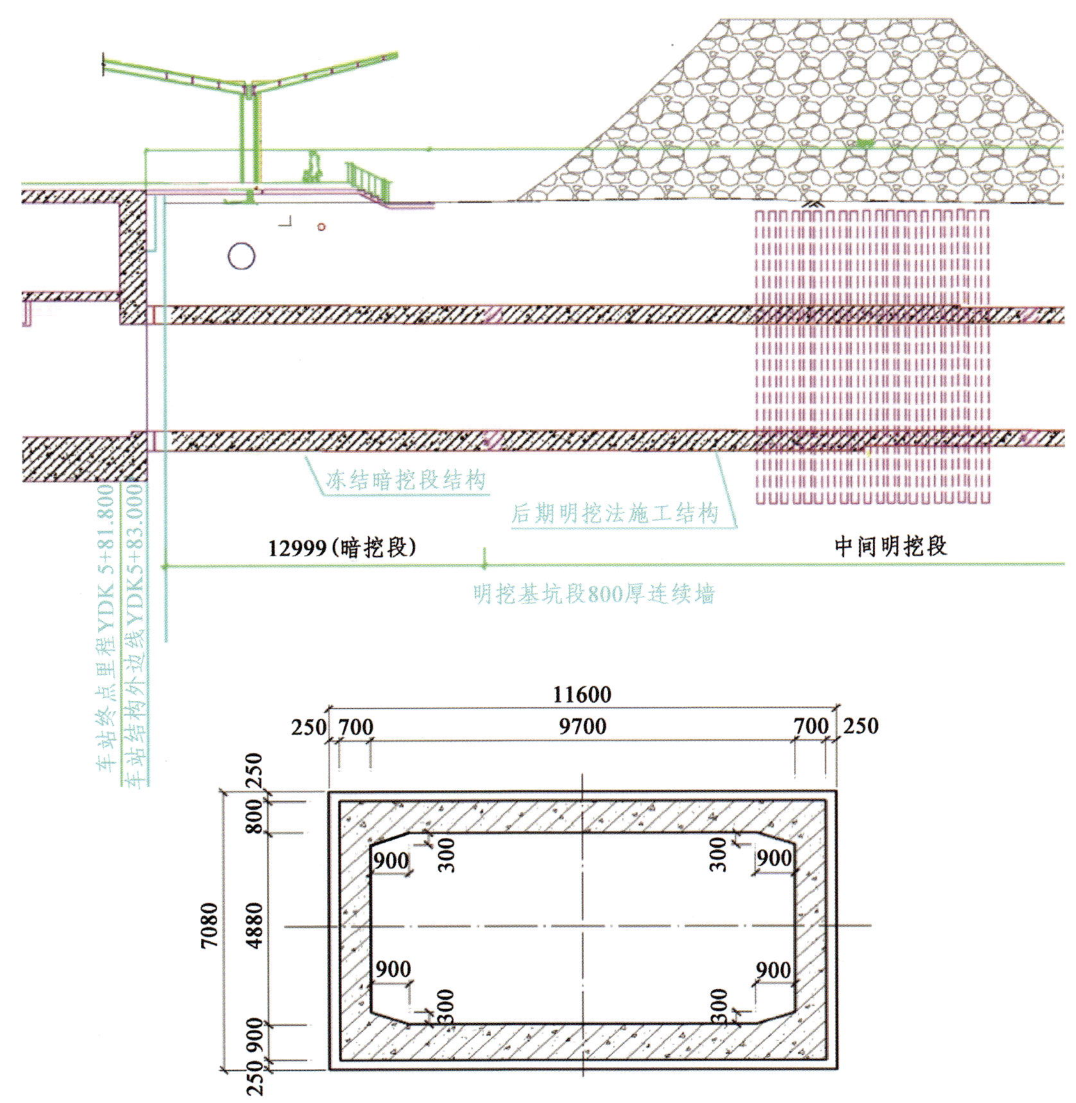

上图：对接段位置与地面关系剖面图

下图：对接段断面结构图（尺寸单位：mm）

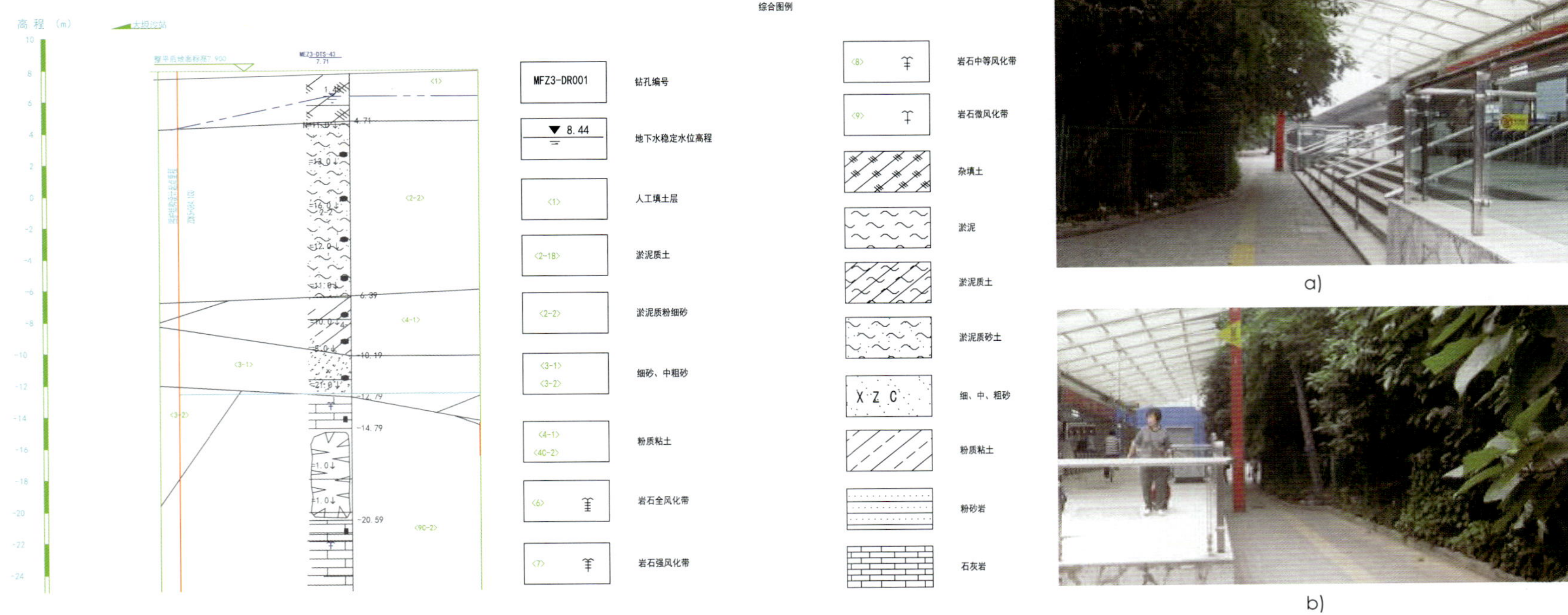

a)

b)

上左图：地质剖面图

上右图：地面施工环境

下　图：冻结法通过区段制面图（尺寸单位：mm）

下水位随之下降，年变化幅度为2.5～3.0m。区间地层结构上部为第四系地层，下部为基岩风化岩层，因此地下水有两种类型：带潜水型孔隙水，基岩强～中风化带的裂隙水。

车站内水平钻孔施工场地正上方为正在运营的轨道交通五号线车站的入口大厅及五号线高架路桥，上方设置有雨棚，周边为双桥路和桥中南路，均为主要的交通要道，人车流量较大。地面施工场地位于坦尾站 I 出口闸机及售票机平台南侧，面积约为480m^2。场地南侧为广茂铁路。

在车站雨棚正下方有1根ϕ1200供水管、1根ϕ300排水管、高压电缆线、电信光缆等，大致相对位置如本页下图所示。

2.5.2　方案设计与实施

1）冻结方案设计与实施

（1）冻结帷幕设计与实施

采用水平冻结结合垂直冻结加固土体，冻结孔施工需在地面及坦尾车站内分别进行，使其整个冻结帷幕呈口袋状；水平冻结的整个冻结帷幕又分为一、二、三区，即被冻结管分为三个区块，二、三区块又各自根据冻结管分为上下两个块，为后期土体的分部开挖及其构筑施工带来极大地安全性。

① 水平冻结帷幕的设计与实施。

水平冻结孔的布置，分为水平和倾斜两种布置，将整个开挖面分为三个部分，这样布置便于后期的分部冻结和分部开挖，整个断面的安全系数大大提高。

根据本工程条件及施工场区环境，为防止地下水钻进及泥沙大量涌出，选用孔口设密封装置。先在车站结构墙面和连续墙上开孔ϕ150，安装ϕ146孔口管，然后采用ϕ108无缝钢管一次性钻进到设计长度，完成冻结管埋设。

② 垂直冻结帷幕的设计与实施。

地面垂直冻结孔的设计所呈现的冻结帷幕如一个帽子

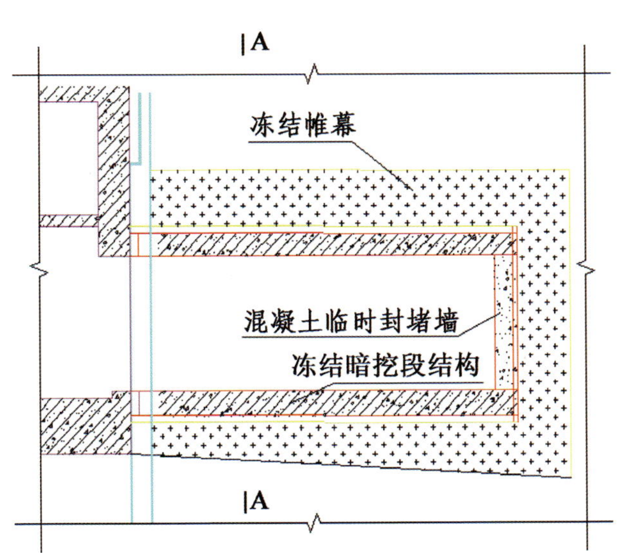

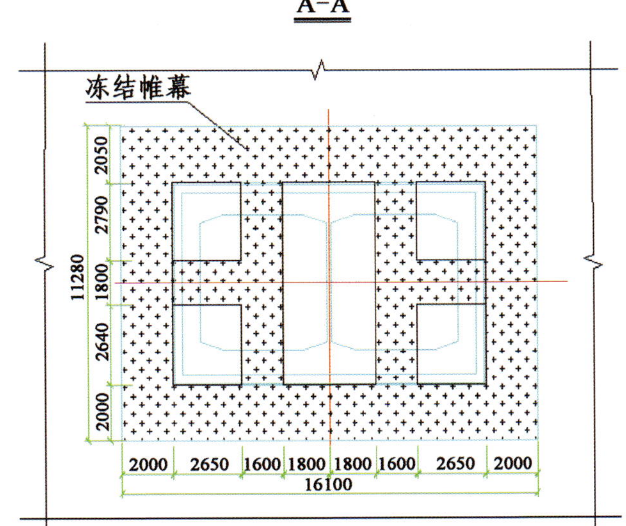

状，将水平冻结帷幕的末端给罩住，使其封闭水流和稳固土体更加有效。

冻结管选用ϕ127×5mm 20无缝钢管，采用丝扣连接，焊接加强；供液管和测温管选用ϕ45×3mm无缝钢管，直接对接焊接。

车站内冻结孔、施工水平孔及倾斜孔设计79个，实际施工81，其中包括2个补孔。

（2）冻结制冷施工与效果分析

①冻结制冷准备。

a. 制冷主要施工参数。

●冻结帷幕设计厚度：2m。

●冻结帷幕平均温度：－10℃。

●盐水温度：积极期，－28～－30℃；维护期，－22～－25℃。

●冻结孔总长度：水平冻结孔1200m，垂直冻结孔553m。

●冻结管规格：D108×8。

●总需冷量：16×104 kCal/h（1kCal/h＝1.163W）。

●积极冻结时间：45～50d。

b. 制冷设备选择。

根据冻结需冷量要求以及地区高温等情况，选择氟利昂螺杆式冷冻机组，确保冻结连续运转和快速降温。

上两图：暗挖通道冻结帷幕平、剖面图（尺寸单位：mm）

下两图：冻结孔开孔与钻进

上左图：一区3.5m处冻结帷幕效果图

上右图：一区终孔位置处冻结帷幕效果图

下　图：一区垂直孔冻结帷幕效果图

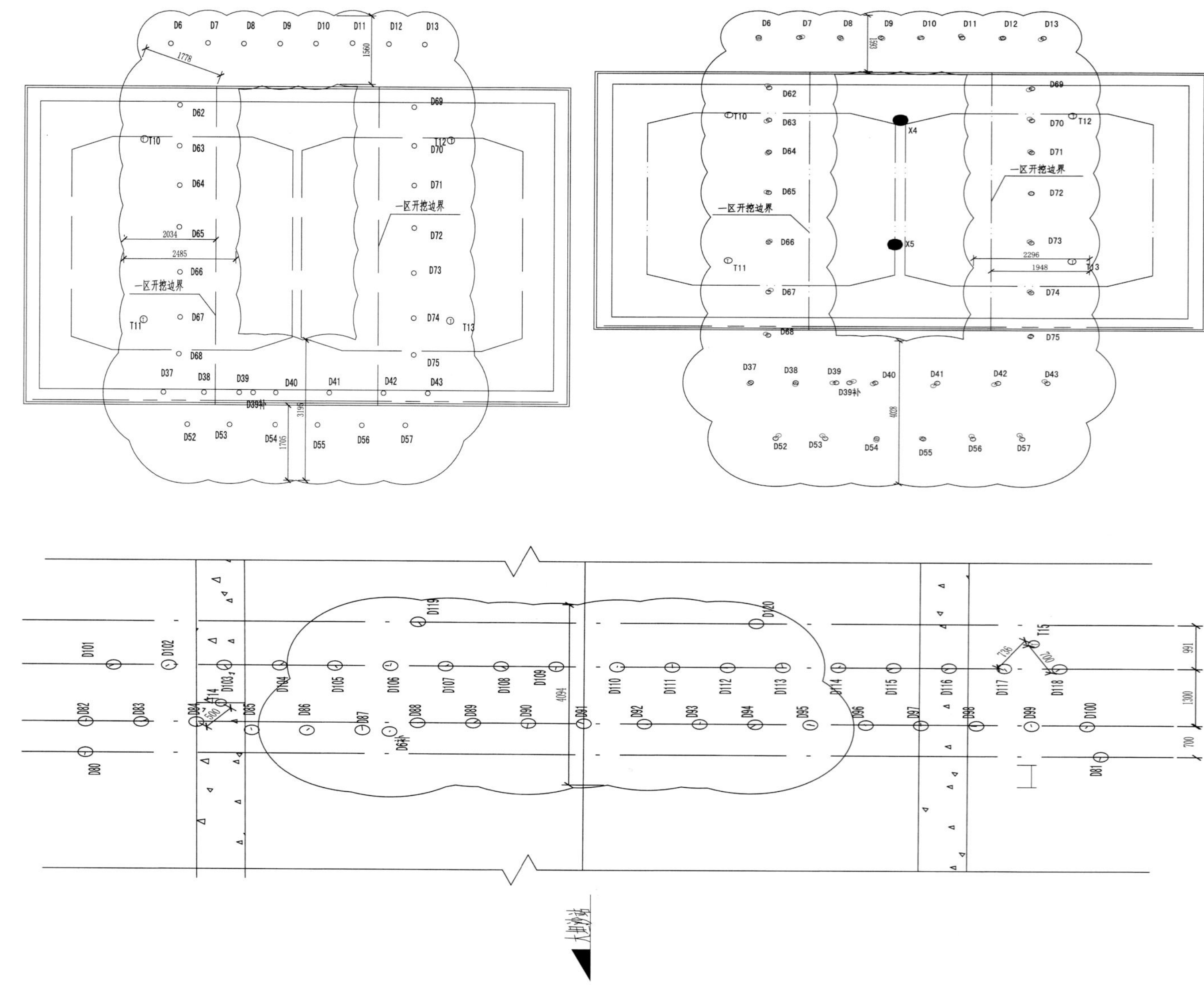

车站内设一个冻结站：选择3台低温工况冷冻机组，其中备用一台。

地面垂直冻结处设一冻结站：选择2台低温工况冷冻机组，其中备用一台。

② 冻结效果。

a. 一区冻结效果。

一区车站内布置35个冻结孔（水平孔和倾斜孔），车站内一区冷冻机于2012年3月23日开始正式运转，开机后温度迅速下降，冻结7d盐水温度去、回路温度就已达到-20℃以下，到冻结36d盐水去路温度就已达到-28.61℃，超过设计值-28℃。

地面垂直冻结孔一区于4月17日开始冻结，冻结3d盐水温度去、回路温度就已达到-20℃以下，到冻结9d盐水去路温度就已达到-28.06℃，超过设计值-28℃。此后盐水去路一直维持在-28℃以下，5月13日地面垂直孔全部开冻后，盐水去路在-30.3℃。一区于5月18日冻结帷幕交圈，截止6月5日，冻结75d。

一区冻结帷幕平均温度见表3-34～表3-35。

冻结帷幕平均温度一览表　　表3-34

3.5m处冻土				终孔位置处冻土			
部位	厚度（mm）	有效厚度(mm）	温度（℃）	部位	厚度（mm）	有效厚度(mm）	温度（℃）
上部	1560	1560	-10.5	上部	1593	1593	-10.5
中部	2485	2034	-12.1	中部	2296	1948	-12.5
下部	3195	1705	-13.1	下部	4028	4028	-15.8

注：盐水温度取-27.2℃（保守取值）。

一区垂直冻结区冻土墙参数一览　　表3-35

最小冻土墙厚度（m）	冻土墙平均温度（℃）
4.09	-17.1

注：盐水温度取-29℃。

b. 二、三区冻结效果。

二、三区车站内总共布置44个冻结孔，2012年5月5日车站内二、三区上部及两侧开始冻结，2012年5月17日车站内二、三区底部开始冻结，2012年5月13日地面垂直孔二、三区开冻。二、三区6月5日冻结帷幕交圈。

● 二、三区冻结帷幕效果图见左图。

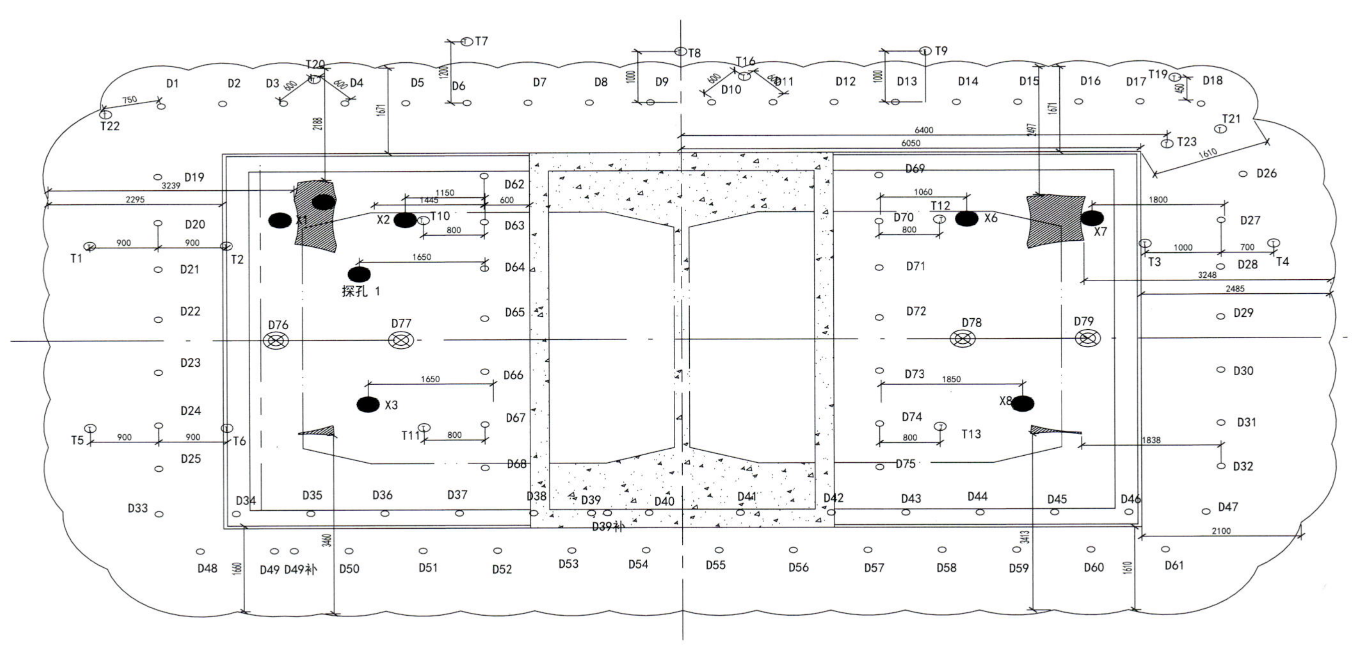

注：图中阴影区域为未冻区域。

左图：二、三区3.5m处冻结帷幕效果图

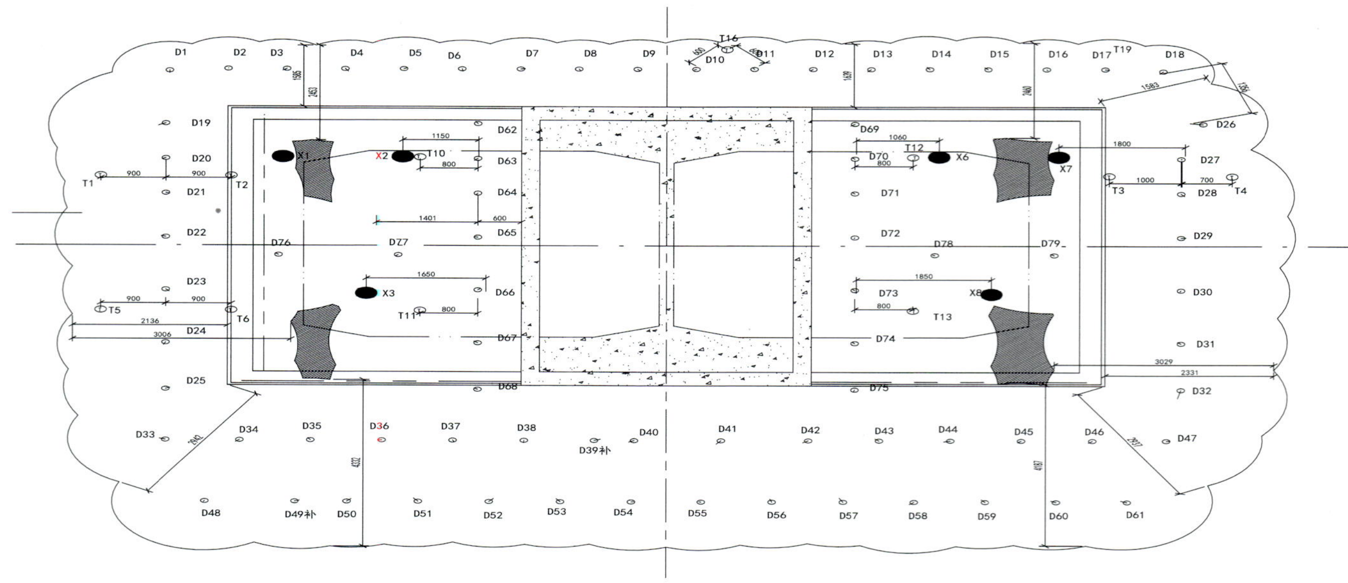

注：图中阴影区域为未冻区域。

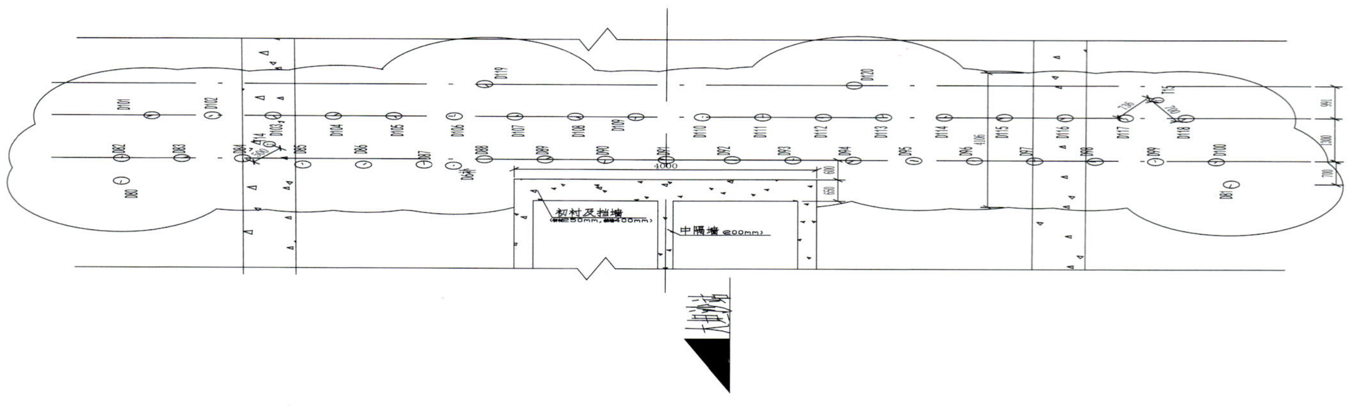

上图：二、三区终孔位置处冻结帷幕效果图

下图：二、三区垂直孔冻结帷幕效果图

● 二、三区冻结帷幕平均温度见表3-36～表3-38。

二区冻结帷幕平均温度一览表 表3-36

3.5m处冻土				终孔位置处冻土			
部位	厚度（mm）	有效厚度(mm）	温度（℃）	部位	厚度（mm）	有效厚度(mm）	温度（℃）
上部	2188	1671	-10.9	上部	2453	1585	-11.6
中部	3239	2295	-12.3	中部	3006	2136	-13.2
下部	3460	1660	-14.2	下部	4332	2942	-15.3

备注：盐水温度取-29℃。

上图：冻结法安全门现场照片一

下图：冻结法安全门现场照片二

三区冻结帷幕平均温度一览表　　表3-37

3.5m处冻土				终孔位置处冻土			
部位	厚度（mm）	有效厚度(mm）	温度（℃）	部位	厚度（mm）	有效厚度(mm）	温度（℃）
上部	2497	1671	−10.9	上部	2460	1639	−11.2
中部	3248	2485	−11.3	中部	3029	2331	−12.0
下部	3413	1610	−14.3	下部	4187	2936	−15.0
右上角	2670	1610	−10.5	右上角	2657	1583	−10.2

注：盐水温度取−29℃，右上角温度的井帮温度取T23，探孔温度−11℃。

二、三区垂直冻结区冻土墙参数一览　　表3-38

最小冻土墙厚度（m）	冻土墙平均温度（℃）
4.1	−17.2

注：盐水温度取−29℃。

2）开挖与构筑施工

（1）开挖条件

冻结帷幕厚度和平均温度均达到设计值。经过打设探孔监测温度正常，尤其是关键部位的探孔温度正常。按设计安装防护门。经打设探孔监测数据表明可以安装安全门，即可以在围护桩上做安全门基础。

（2）开挖及结构施工步骤

施工步骤示意图　　表3-39

序号	施工工序示意图	施工步骤及措施
1	下页图a）	打开防护门，防护门内第一分区向内全断面开挖2m，并安装临时支架，喷射混凝土
2	下页图b）	第一分区范围内分上下导洞开挖，上部和下之间有4（1.8m）榀的步距，每架设一榀支架填充密实一榀，每个开挖分区内每架设4～5榀支架挂网喷射1次混凝土，直至第一分区开挖完成
3	下页图c）	对一区进行混凝土浇筑施工，先浇筑底板，再浇筑中隔墙，最后浇筑顶板
4	下页图d）	开挖两侧二、三分区，同时开挖，架设临时支架，并进行喷射混凝土，开挖步骤同一区
5	下页图e）	浇筑两侧底板和侧墙的下半段
6	下页图f）	浇筑侧墙上部及顶板混凝土
7	下页图g）	结构壁后充填注浆，融沉注浆，割除中间支架

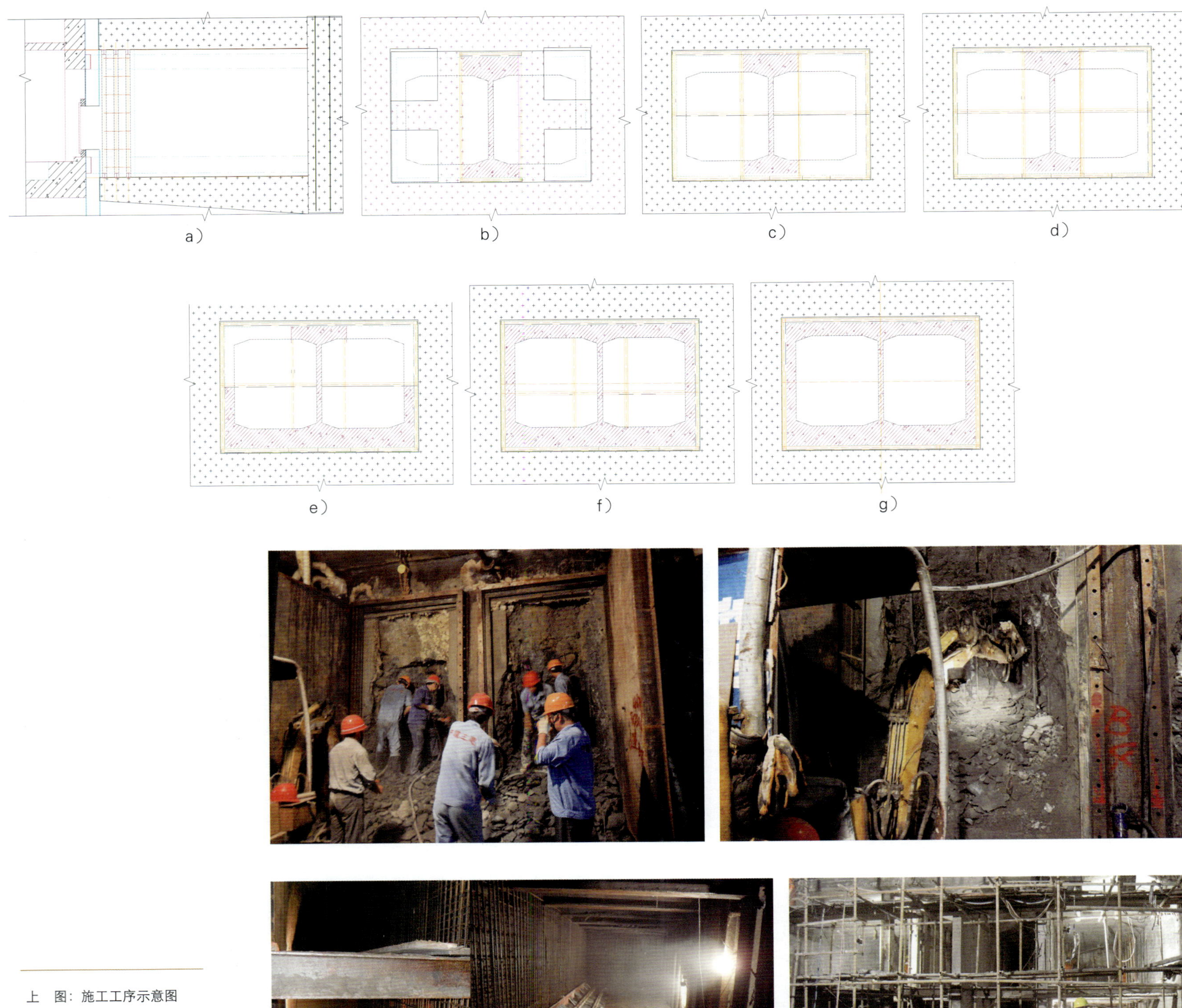

上　图：施工工序示意图

中两图：洞门破除

下左图：钢筋绑扎

下右图：混凝土浇筑结构

3）冻胀

考虑到离地面较近，冻结区上部为地铁站台，设计方设计冻结方案时同样设计了车站内13个水平泄压注浆孔，目的有三个：

① 冻结期间产生冻胀时，及时通过对这些孔泄压，避免冻胀对地面的影响。

② 当冻结时间过长时，也可通过这些孔进行热盐水循环，限制冻结壁向上发展。

③ 融沉期，通过地面沉降监测，及时通过这些孔进行注浆，控制地面不下沉。

但是在当时冻胀已经产生，这些泄压孔起不到设计的作用，原因分析如下：

水平泄压孔埋深较浅，且所处地层为杂填土、压密注浆层，泄压孔卸不出泥沙和水（含水率较少）。

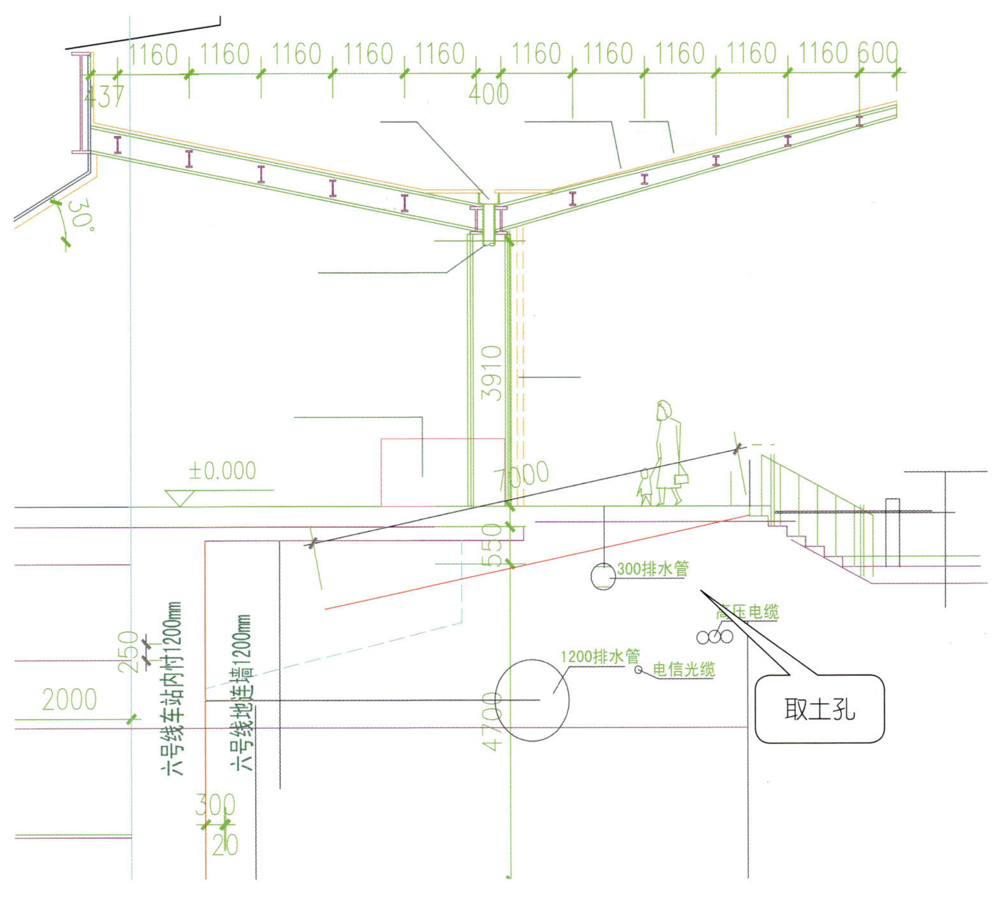

为了更好地控制冻胀，减小冻胀对地铁站台的影响，采取冻胀取土，实施以下三种方案相结合：第一种为开挖前期采取的措施；第二种为自始至终采取的工法，即从冻结到开挖构筑；第三种为在开挖构筑完一区后采用的措施。

上　图：地面钻孔剖面图

（尺寸单位：mm）

下两图：地面取土施工

2.6 小半径盾构施工

广州市轨道交通六号线黄沙站—海珠广场站盾构区间工程，由于受各种条件限制，在250m半径的小曲线线路上进行分体始发，始发难度相当大，在广州地铁历史上属于首例。

盾构始发是指盾构在安装竖井内或过站竖井内，自盾构主机开始定位，刀盘向前推进贯入围岩，沿设计线路向前掘进，直至具备拆除负环条件为止。

盾构始发技术有两种：一种为整体始发，将盾构机盾体连同后配套台车一起吊入始发端，组装后整体始发掘进。另一种为分体始发，当盾构始发条件受限制时，将盾构机盾体和一部分主要的后配套台车吊入始发端，其余台车置于地面，始发掘进；待盾构隧道掘进到足够长度后，再将其余部分台车重新组装后按整体始发的模式进行第二次始发。

两种始发模式比较，整体始发的显著优点是盾构机只需要一次性安装调试，盾构始发土建工程以外的投资和工期减少。分体始发的显著优点是始发端长度短，土建工程造价降低，土建工期缩短。在始发模式可选择的情况下，宜经比较择优选择。当场地受限不能满足整体始发的情况下，分体始发就是必然选择。

明挖始发井最小尺寸是必须满足吊入所有设备的要求。本工程采用两台全新海瑞克盾构机，(前盾重94t，尺寸6.25m×6.25m×3.2m；螺旋输送机尺寸12.06m×1.2m×1.2m)。由于地质条件好，始发段隧道穿越全断面中、微风化泥质粉砂岩。本工程采用盾构始发竖井，利用海珠广场站西端风井结构，其平面尺寸极小（结构净空仅为12m×8.288m），深度大（深达35.132m），明挖土建工程优化至极小，其余始发段采用矿山法开挖洞室。

基于本工程工期紧、矿山法大断面开挖进度慢（限制爆破）、造价高，决定采用分体始发。分体始发段洞室长度要求44m，由盾构井与海珠广场站之间矿山法隧道、盾构始发竖井以及沿盾构掘进方向矿山法隧道一起组成。盾构机与后配套台车的总长度为78m，采用分体始发技术，缩短了矿山法隧道长度。

分体始发盾构机布置顺序：1号、2号、3号台车及泡沫发生器置于暗挖隧道内；设备桥、4号台车、5号台车置于地面上，设备桥上的泡沫发生器、4号台车上高压变电站、5号台车上的电缆卷盘放置在暗挖隧道内。

盾构机管线的布置：盾体与1号台车之间连接的所有油管、信号管、泡沫管及注浆管等悬吊在始发井井壁上，有关管线均加长为80m，穿过开口负环反力架与盾体、1号台车连接。

由于本区间所通过区域地面是繁华老城区，房屋密集，选线难度很大，盾构井位于小半径曲线段是综合选择的结果。

本工程采用德国海瑞克公司生产的复合式土压平衡盾构机，中盾和盾尾之间设置铰接系统，铰接形式为被动模式，理论最小转弯半径为200m，以满足本标段250m曲线小半径的施工需要，盾构机刀盘设置仿形刀，也大大增强了盾构机的转弯能力。

盾构机的始发初期必须沿直线推进，当盾体全部进入隧道，盾尾脱出洞门导台后，才能利用铰接系统开始转弯纠偏，始发方向的合理选择是盾构小曲线始发能否成功的难点和重点。本工程盾构机始发方向与始发井成88.3887°，与设计轴线的偏差a=50mm。

从始发段（80m）的成型隧道外观观察，管片无崩角、裂边情况，最大错台为5mm，接缝处没有出现明显漏水现象，施工效果良好。

左图：加长管线在盾构始发井的布置

右图：始发80m段完成后隧道效果图

2.7 双薄壁墩连续刚构+截段拼装设计

广州轨道交通六号线首期高架桥采用节段预制连续刚构体系桥梁。该项目采用现代工业化桥梁节段预制技术，在不增加基础建设投资的前提下，实现节能、环保、快速、安全、高效、美观的建设理念，正符合国家和人民对大型基建工程的新要求。该项技术是传统工业的现代化创新，是绿色交通建设的核心技术。

无支座连续刚构体系桥梁是一套安全、高效、耐久、创新的桥梁结构体系，特别适用于轨道交通行业，可提高效率、降低成本，符合现代全寿命设计的趋势，同样是传统工业现代化创新的核心技术之一。

2.7.1 节段预制桥梁技术

在桥梁发展的历程中，随着制造技术的进步、环保意识的提高、对耐久性的重视以及众多经验教训的积累，工程师们对现代化的桥梁绿色建设进行了许多探索和实践。我们国家也正在走出“单一静态工程投资”决定一切的模式，进而走入“安全、耐久、生命周期投资、环境与景观”等综合因素决策的时代。

现代工业化桥梁节段预制技术是将桥梁按纵桥向分成若干节段进行预制，然后逐段拼装并应用预应力体系组合成桥的施工方法。该技术不仅是建设与管理理念的现代化表现，更是传统工业的现代化创新，是绿色交通建设的核心技术。

其特点包括了4+1元素，即：

“4” = 设计+制造+运输+架设；

“1” = 项目管理。

现代工业化桥梁节段预制技术是一项国际化先进技术，为我国在桥梁建设业注入了新鲜血液。该技术不但是建设与管理理念的现代化表现，更是传统工业的现代化创新，是绿色交通建设核心技术。

现代工业化桥梁节段预制技术在不增加基础建设投资的前提下，实现节能、环保、快速、安全、高效、美观的建设理念，正符合国家和人民对大型基建工程的新要求。

节段预制桥梁技术的优势：

（1）安全、质量、耐久、经济

桥梁节段的制造过程实际上是“将天上的浇筑工作请到了车间”，实现了绿色化建设的基础，使得桥梁混凝土的质量和稳定性得到了保证。同时，提高了桥梁的使用寿命，减少业主的后期维护及运营费用。

（2）速度快

由于该项技术可以将巨大的永久结构合理分块，现场作业量小，对于大型工程可以多点施工组装架设，其速度之快

上左图：节段预制成桥前

上右图：节段预制成桥后

下　图：桥梁节段预制技术4要素：设计、制造、运输、架设

是其他施工工法无法比拟的。

（3）施工工法适应性强

预制节段现场拼装的方法可以多种多样，其中典型就有：①简支单跨架设法；②悬臂平衡架设法；③推顶架设法；④支架架设法；⑤整孔架设法等。对于不同的工点情况可以灵活处理。

（4）对自然与社会环境冲击小

该绿色建设技术的实施大大缓解了由于现场施工给周边自然环境（工业尘土、噪声、废水、废气等）与社会环境（交通堵塞、人力时间资源浪费、破坏城市景观等）带来的冲击，同时可以做到资源合理重复利用。真正做到“以人为本、文明生产、和谐社会”。

（5）相对经济优势

当同一建设业主的节段预制桥梁建设达到一定规模时（总长2.5km以上），该工业化技术的经济优势开始凸显。桥梁工程的规模越大，用该项技术进行桥梁建设的经济效益就越高。

像其他发达与中等发达国家一样，我们国家正在走出“单一静态工程投资”决定一切的模式，进而走入“安全、耐久、生命周期投资、环境与景观”等综合因素决策的时代。从负责当代，到造福后代。

2.7.2 无支座连续刚构体系桥梁

无支座连续刚构体系是结合全寿命周期设计技术的一种创新型桥梁结构。该类桥梁不采用支座作为传力构件，而是利用了结构构件本身的能力，最大限度提高结构效率，从而实现“高效节能”的创新建设理念。

目前，“无支座连续刚构体系桥梁”在国外高速铁路、地铁项目中的应用非常广泛。

无支座连续刚构体系桥梁因受力性能高效率、耐久性好、经济有优势等特点，受到越来越多的重视，在欧美等发达国家掀起了一股研究和建设的热潮。典型例子包括德国高铁、香港地铁等。

国内对于无支座连续刚构体系桥梁的研究还处于起步阶段，公开发表的研究成果不多。

我国目前该类桥梁的唯一的应用是广州轨道交通六号线首期高架桥。

随着广州轨道交通六号线桥梁这一示范性工程的顺利完工，无支座体系桥梁在我国的应用将会越来越广泛。

“无支座连续刚构体系桥梁”技术优势明显，具体如下：

上左图：节段预制架设拱桥

上右图：山岭区间架设桥梁

下三图：连续刚构体系（香港地铁南岛线）

（1）高效率的结构受力性能，减少材料用量，降低建设成本

无支座连续刚构体系桥墩全部与主梁固接，上、下部结构协同作用，结构各部分的抗力得到均匀而充分的发挥。实现了主梁的顺桥向抗弯刚度增大、跨越能力增强、材料得到充分利用，从而节省了大量建筑材料。

（2）不需更换支座，降低桥梁维养成本，免除因更换支座而带来的社会影响

“无支座体系桥梁”的设计概念，彻底免除了支座检测及维养的大量工作，节约了支座安装与桥梁维养费用，延长桥梁整体维养周期达50%。同时，免除因为更换支座导致桥梁区域性停运而带来的社会影响，做到“以人为本”。

（3）抗震性能优越

我国是世界上的多地震国家之一，地震分布广、频度高、强度大，强烈地震发生时给人类生命财产安全都带来了极大的灾难。近20年的地震灾害一再显示了桥梁工程破坏的严重后果，也显示了采用抗震性能优良的桥型的重要性。

无支座连续钢构体系桥梁常采用柔性的薄壁墩，结构一阶振型为以桥墩面内振动为主的模态，薄壁双墩沿顺桥向侧倾，类似体系纵飘。由于顺桥向抗推刚度小，地震时产生的地震力也会小。桥梁作为整体承受地震力，各柔性墩按刚度比分配水平力，地震力通过多个途径传递，大大改善了在地震荷载作用下的受力性能。

（4）桥型多样，景观性好

在有支座的桥梁体系中，墩梁连接处往往是景观设计当中的弱点，稍不注意就会影响到整体的景观效果。而无支座的桥梁体系中，墩梁直接相连，线条连续明朗，视觉上非常自然，毫无繁杂之感。满足“整体连续性、空间透视性、局部雕刻性”的设计目标。与现代化的城市设计融为一体，并能成为城市的标志性景观工程，提升城市魅力。

广州地铁首次在我国创新性的将绿色建设核心内容——节段预制与无支座连续刚构体系有机结合在一起，达到了最初“现代物质技术与经典精神追求在结构形式的自然合一”的建设目的。

上两图：无支座体系桥梁示意图

中　图：六号线无支座体系桥梁照片一

下　图：六号线无支座体系桥梁照片二

2.8 白沙河150m跨大桥设计

白沙河大桥设计理念：

实现“物质性功能”和“文化性功能”统一的桥梁则是“现代经典”的设计理念，即现代物质技术与经典精神追求在结构形式的自然合一。

而对于白沙河大桥而言，“物质”功能性设计系统性原则是：

结构安全合理性、实施工法的系统性、造价合理性。

“文化”功能性设计系统性原则是：

整个高架结构美的“意”、“韵”的系统性（纵向连续性），与周边环境合一（意）性。

大桥结构体系可分为下列子结构：

① SH13、SH14、SH17及SH18桥墩。

② SH15和SH16桥墩，Y形预应力混凝土刚构。

③ 主跨及边跨系杆索，主跨吊杆索及主跨节段预制主梁。

④ 次边跨现浇主梁。

⑤ 主拱结构。

⑥ 其他附属结构。

2.8.1 边墩、次边墩

边墩（SH14、SH17）主要功能为：在满足支撑主梁的

上图：白沙河大桥效果图

下图：白沙河大桥照片

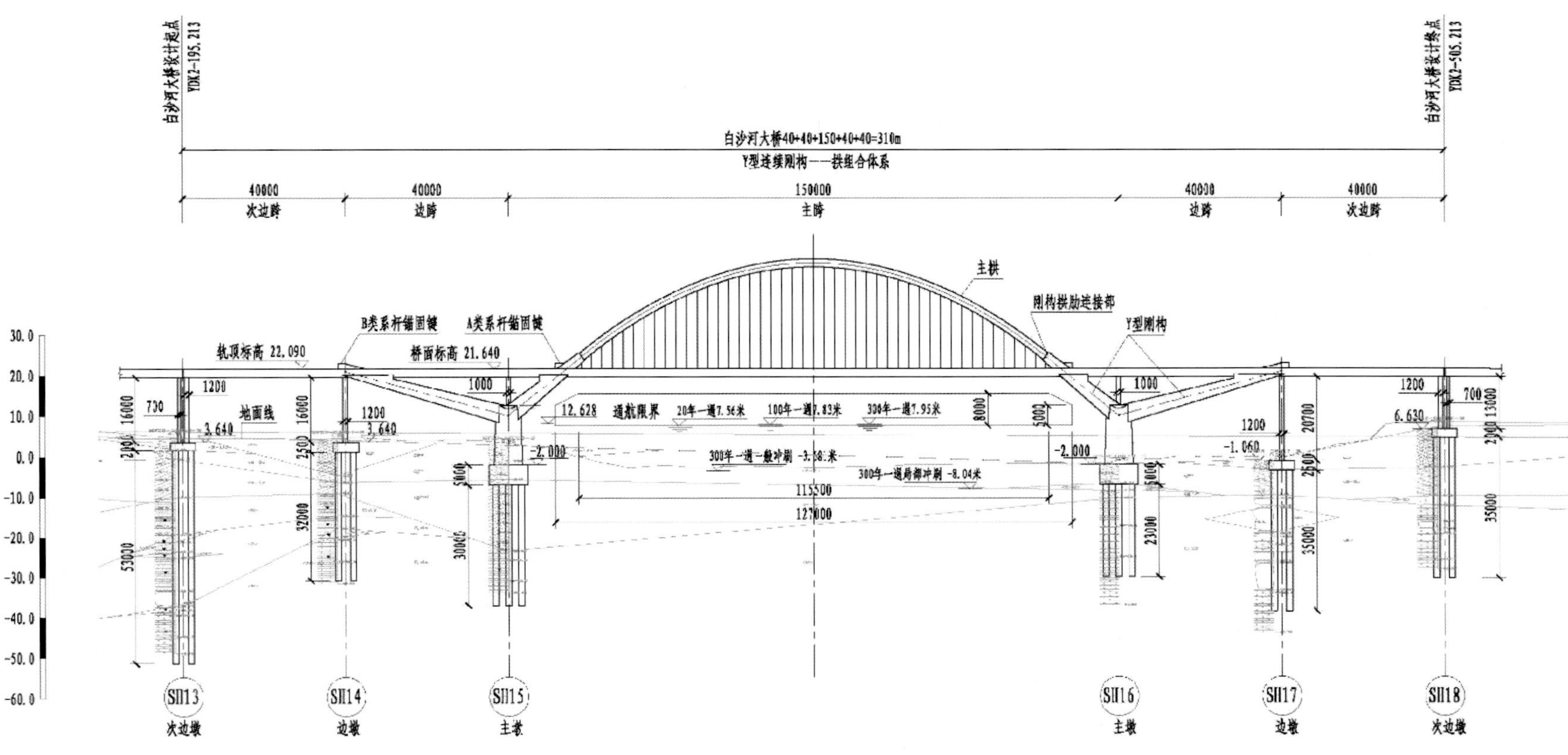

同时，与刚构形成超静定结构。SH14墩高度为16m，SH17墩高度为20.7m。桥墩截面均采用圆端形，壁厚为1.2m，宽度为2.6m。

次边墩（SH13、SH18）与次边跨主梁固结。SH13墩高度为16m，SH18墩高度为13m。桥墩采用与区间典型高架相似的薄壁墩。壁厚采用1.2m，墩顶尺寸为2.6m×1.2m，在墩顶下4m处按1/20坡度收缩成2.2m×1.2m尺寸，然后坡度壁厚保持不变，长度方向按照1/30坡度放大。桥墩截面形状近似为矩形，长边采用R=15m内收圆弧，短边采用R=3.5m内收圆弧，四周采用直线倒角。次边墩内设置9-ϕs15.2钢绞线。

2.8.2 Y形预应力混凝土刚构

主墩（SH15、SH16）采用圆形截面，截面直径由墩顶6m渐变为墩底7m。

Y形刚构由前悬臂、后悬臂、边跨现浇主梁等结构组成。在主墩顶部设置一立柱与边跨主梁固结。

Y形刚构前悬臂纵桥向倾角为39.06°，刚构后悬臂纵桥向倾角为15.32°。

刚构后悬臂为4.6m×4.2m～2.0m×3.6m的变截面空心薄壁结构。从后悬臂顶（与边跨主梁相接处）沿中心向下约12m长为实心构造；中间约25.7m长为空心薄壁构造，标准段顶、底及腹板壁厚均为80cm；悬臂根部（与主墩相接处）4m长为实心构造。

刚构前悬臂为4.6m×4.2m～2.2m×2.4m的变截面空心薄壁结构。从前悬臂顶（与边跨主梁相接处）沿中心向下约11m长为实心构造；中间约8.2m长为空心薄壁构造，标准段顶、底及腹板壁厚均为90cm；悬臂根部（与主墩相接处）4m长为实心构造。

主墩顶Y形刚构立柱高约7m，采用矩形截面，壁厚为1.0m，宽度为2.4m。

刚构顶现浇主梁外轮廓尺寸与主跨及次边跨主梁相同，

上图：白沙河大桥通航图

（尺寸单位：mm）

三图：次边墩构造图（尺寸单位：mm）

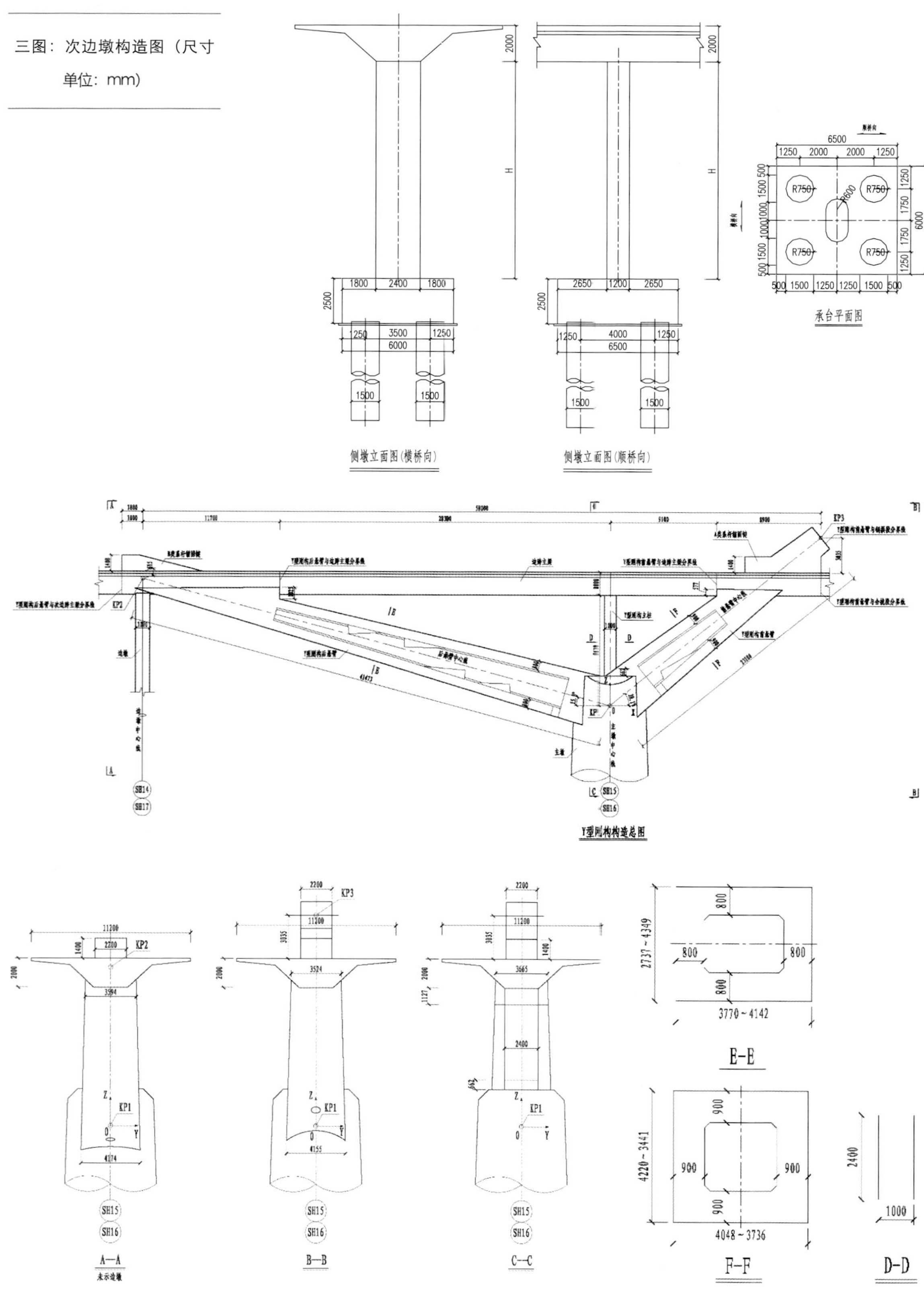

前后两端与刚构前后悬臂顶固结，固结段为实心构造，中间段采用箱形断面，断面顶宽11.2m，底宽2.4m，梁高2m，顶板、底板及腹板标准段厚度均为30cm。中间段与刚构前悬臂固结段之间设后浇合拢段。

2.8.3 主跨节段主梁

主跨主梁采用预应力混凝土节段预制构件，两端通过现浇合拢段与边跨现浇主梁后期固结连接。

节段主梁分为TA、TB及TC三类构造。TA类节段为标准节段，长度为2.6m，顶宽11.2m，底宽2.4m，顶板厚度为25cm，底板及腹板厚度为30cm。TB类与TC类节段为端头过渡段，长度为2.6m，顶宽11.2m，底宽2.4m；TB类节段顶板、底板及腹板厚度均为30cm，TC类节段顶板、底板及腹板厚度均为40cm。所有节段主梁内部均设置40cm厚横隔板，作为吊杆在主梁内锚固横梁。

2.8.4 主拱结构

本桥主拱结构为钢箱拱，跨度为114m，矢高为23.145m。拱肋箱形截面尺寸为1.8m×2m。板厚为40mm。拱肋共分为13个节段。拱肋最重节段重量为41.8t。

标准段在桥轴立面内水平线上的投影长度为10.4m，一段内共设置4根吊杆。节段内拱轴线采用二次抛物线。标准节段内设4道横隔板。纵向加劲肋在吊杆隔板处与其焊接连接，在普通隔板处则穿过所设的“V”形口不与隔板连接。锚垫板通过承压板座在内径为224mm的锚管上，管与隔板间为半熔透等强焊接。

在节段间主拱箱板的连接为熔透焊接，纵向加劲肋的连接为等高强度螺栓栓接。

2.8.5 吊杆索及系杆索

本设计将吊杆索、系杆索作为永久构件

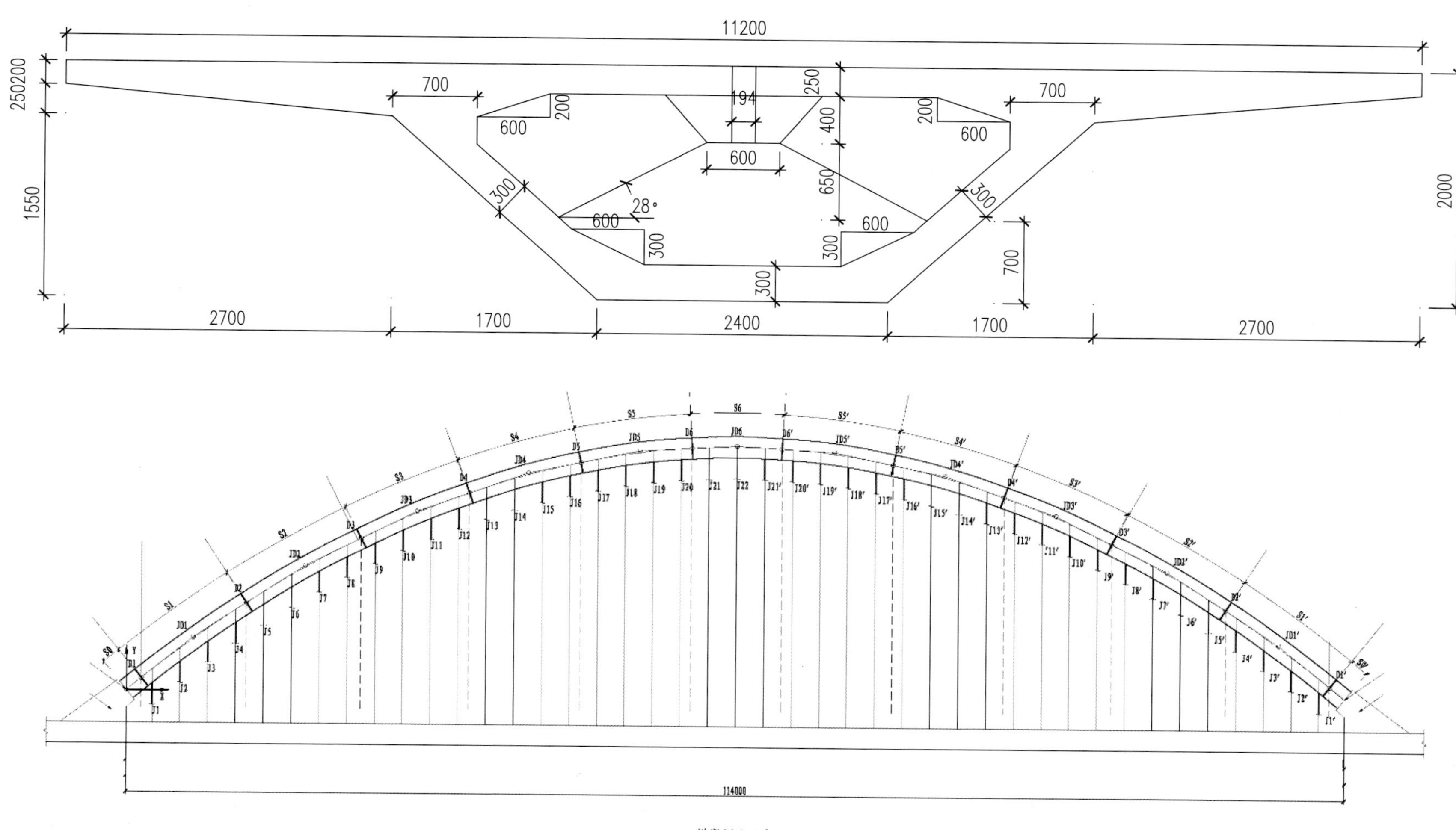

设计的同时要求吊杆索、系杆索均具有可更换性。

2.8.6 吊杆索设计

吊杆索直接承受来自主梁的恒载及轨道等活载。白沙河大桥沿桥轴水平向吊点标准中心距为2.6m。吊杆索采用HDPE护套平行钢丝索，上下端均为冷铸锚头，钢箱拱内张拉。

2.8.7 系杆索设计

主跨及边跨系杆索由高强度低松弛镀锌预应力钢绞线制成，外包HDPE保护套。主跨系杆共4根，边跨系杆共8根，均设在桥面之上，边跨系杆索的“主跨端”与主跨系杆索都交叉锚定在刚构前悬臂的锚固键内，其另一端锚定在刚构后悬臂端部的锚固键内。钢绞线系杆索安全系数为2.5。

2.8.8 次边跨现浇主梁

次边跨跨度为40m，采用箱形断面，断面顶宽11.2m，底宽2.4m，梁高2m，顶板、底板及腹板标准段厚度均为30cm。

2.8.9 剪力键

主跨主梁预制节段设置剪力键，为减少应力集中，设计采用多键形式。

上图：节段主梁标准段（尺寸单位：mm）

下图：拱段划分示意图

2.9 车站增设卫生间设计

造就世界最干净的地铁是广州地铁的宗旨，但由于种种原因广州地铁以往建设的线路都未设置乘客卫生间。多基于卫生、环境及安全因素考虑，将此功能的实现交付给站点附近的公共卫生间。但随着线网规模的扩大，乘客平均乘坐的距离越来越长，设置公共卫生间的需求越来越强烈。

香港地铁站点由于各种原因也没有设公共洗手间，目前各个未有公共卫生间的车站到附近最近的公共卫生间的步行路程一般是200m，即约4min步程。港铁通过不同渠道让乘客得知最近公共卫生间的位置，包括站内的街道图已标示车站邻近商场、商厦及政府提供的公共洗手间的位置，港铁公司网站也提供相关资料。

六号线首期工程设计之初是没有乘客公共卫生间的，亚运线路在2010年开通后，普遍反映设置乘客卫生间是必须。在完成的施工图基础上，各车站开始了增加首期公共卫生间的设计。由于是后增加的，基本上是从有限空间内“挤出”的空间增加而成。分别位于车站站厅层、出入口通道、站台。条件限制，男女厕位数量偏少，卫生间面积小，虽然条件不良，但运营后体现了其作用，收到肯定评价。

六号线首期公共卫生间设置情况 **表3-40**

序号	站名	卫生间面积（m^2）	卫生间设置			具体设置位置	设 置 标 准	
			男/女卫生间大便器	小便器（个）	残疾人卫生间设置情况（有、无/单独、合设）		男女厕位是否满足1:1.5比例要求	是否满足新线标准
1	浔峰岗	46.4	3/4	3	有/单独	站厅层	不满足	满足
2	横沙	34.7	2/2	2	有/单独	站厅层	不满足	不满足
3	沙贝	40.58	2/3	2	有/单独	站厅层	满足	不满足
4	河沙	12.42	1/2	2	无	站台层右端楼梯底	满足	不满足
5	坦尾	40.26	4/4	2	有/单独	地面东侧设备房区域	不满足	满足
6	如意坊	33.5	2/3	2	有/单独	站台层2～3轴	满足	不满足
7	黄沙	52.1	2/3	2	有/单独	Ⅰ号通道	满足	不满足
8	文化公园	27.55	2/3	2	有/单独	八号线站台层	满足	不满足
		50.6	2/6	3	有/单独	站厅层	满足	满足
9	一德路	44.8	2/4	3	有/单独	Ⅰa号出入口通道	满足	满足
10	海珠广场	58.2	2/4	3	有/单独	Ⅰa号出入口通道	满足	满足
11	北京路	32.22	2/4	2	有/单独	Ⅰ号出入口通道	满足	满足
12	越秀南	18.38	1/2	2	有/单独	站台层	不满足	不满足
13	东湖	22.61	1/2	2	有/合设	Ⅱa号出入口	不满足	不满足
14	东山口	20.64	1/3	2	有/合设	站台层	满足	不满足
15	黄花岗	38.8	3/4	2	有/单独	南站厅地下四层地铁通道内	不满足	满足
16	区庄站	地面公共卫生间						
17	沙河顶	16.32	1/2	1	有/合设	站台层	满足	不满足
18	沙河	暂按过站考虑						
19	天平架	53.6	2/3	3	有/单独	Ia号通道	满足	不满足

续上表

序号	站名	卫生间面积（m²）	卫生间设置			具体设置位置	设 置 标 准	
			男/女卫生间大便器	小便器（个）	残疾人卫生间设置情况（有、无/单独、合设）		男女厕位是否满足1:1.5比例要求	是否满足新线标准
20	燕塘	11.5	1/2	2	有/合设	站台层	满足	不满足
21	天河客运站	44.1	3/3	3	有/单独	Ⅰ号通道	不满足	不满足
22	长湴	20.55	1/2	1	有/合设	站台层	满足	不满足

上左图：通道内卫生间设置（尺寸单位：mm）
上右图：河沙站站台加卫生间（尺寸单位：mm）
下左图：河沙站站台卫生间（尺寸单位：mm）（扶梯下部三角房）设置
下右图：卫生间现场照片

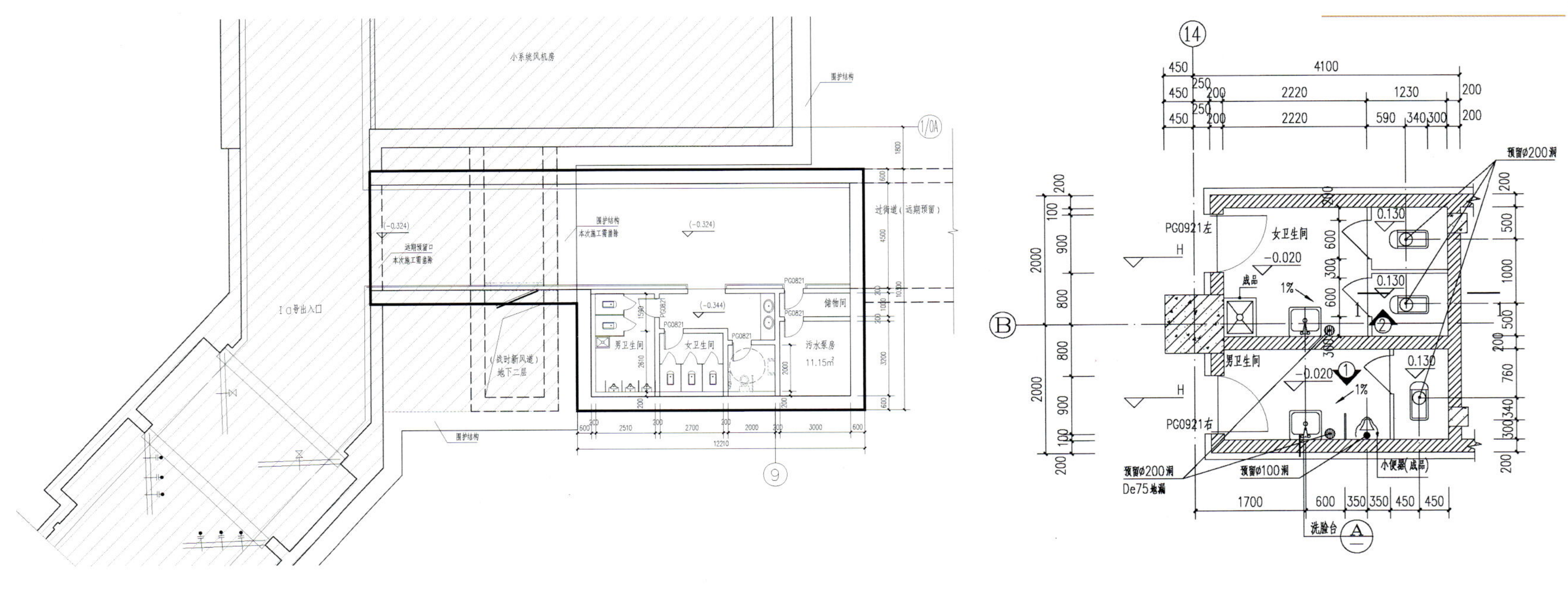

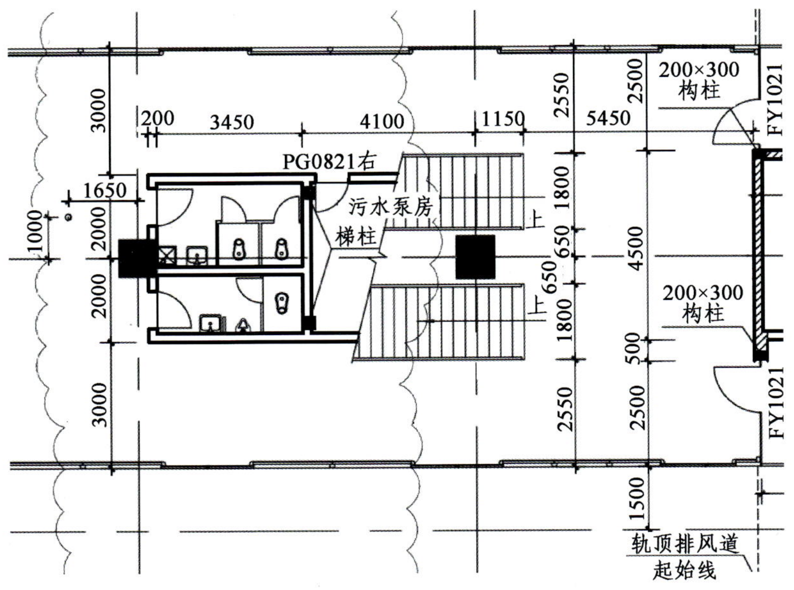

2.10 换乘功能优化设计

六号线首期工程有10座换乘站，一开通就有7座车站与已运营线路换乘。由于六号线穿越老城区、地质条件差、车站敷设方式多样及地下线路深埋，加之由于线网完善，60%的换乘站是通过改造实现换乘，换乘站的换乘设计各有特色；特别是运营单位经历过广州线网大客流运营后，在六号线开通前提出了很好的建议，弥补了原设计考虑不周的缺陷，对换乘站的客运组织起到了良好的帮助。从运营角度在后续设计中所做的调整及观念上改变的内容有：

① 换乘站设计应选择不同的标准，有条件应进行模拟分析。

② 换乘站的付费区面积要有充足的容量，特别是存在两线运能差距较大时，这种需求更为迫切。

③ 由于通道换乘，虽然乘客换乘走行的距离远了，但对运能有差异的线路是一种较好的缓冲。换乘的步行区域环境要舒适，客流宜组织成单向，提高通行能力，有高差时减少设置楼梯的情况。

④ 要充分考虑设备故障可能对换乘造成的影响，应有备用方案，特别是自动扶梯的问题。

⑤ 对已经运营的线路，后续线实施时，要整体考虑换乘功能，包括对既有运营线路付费区、导向、闸机布置、甚至设备房的改造要提前做好方案。

⑥ 换乘站的资源共享是可能的，包括出入口通道、供冷系统、供电系统及自动化系统，特别是一家运营公司运营的情况下。

最典型的例子是坦尾站的换乘，情况介绍如下：

坦尾站作为日后五号线、六号线的换乘车站，针对六号线设计图纸，结合目前已开通运营的五号线坦尾站实际情况，对坦尾站换乘的客流组织方式进行讨论研究。为更好利用目前的设备及空间等硬件，确保日后换乘客流组织的安全有序，特提出了坦尾站的改造方案。

2.10.1 坦尾站情况概述

1）车站结构及换乘方式

① 坦尾站五号线为高架站，六号线为地下站，两者成“T”字形换乘，五号线分别设置了首层站厅、夹层站厅和站台层，六号线为站厅、站台同层的结构。

② 坦尾站五号线与六号线之间的换乘是通过五号线首层站厅付费区内的4台扶梯分别通往六号线的两侧站台实现。同时，在五号线首层站厅（J口）旁非付费区处设置了楼梯通往六号线站厅、站台非付费区。

2）坦尾站客流情况分析与预测

① 客流量预测：五号线坦尾站日均客流为进站9532人、出站10549人。根据六号线首通段开通初期客流预测，预计六号线开通时，坦尾站客流为进站36276人、出站36197人。

坦尾站早高峰断面客流长湴方向10044人次/h；浔峰岗方向3422人次/h。

② 客流特点。坦尾站位于双桥中路，呈东西走向。进出站客流主要为周边住宅区上下班人员、附近学校师生及周边居民，平日的客流较为稳定。工作日主要特点为：早高峰期时间段为7:30—9:00，晚高峰客流时间段为17:00—19:00，预计节假日高峰期客流量与工作日高峰期客流量之间浮动不大。

2.10.2 存在问题

目前坦尾站五号线首层站厅付费区共设置6台扶梯到达各层（其中2台到达夹层站厅、4台到达六号线站台），因付费区内没有设置楼梯，扶梯是唯一的通行方式，主要存在以下问题：

① 由于五号线首层站厅付费区内通往夹层站厅仅有2台扶梯（上、下方向各1台），没有设置楼梯，如其中一台扶梯故障，需设为步梯使用或围屏蔽时，对乘客出行安全造成隐患，对车站客运组织造成严重压力。

② 坦尾六号线为侧式站台，通过站台端墙位置4台扶梯（其中上、下行各2台）到达五号线首层站厅进行换乘，没有设置楼梯，而且该组扶梯位于站台的端墙位置，容易造成乘客聚集在站台一端，不利于六号线的客流疏导。

③ 六号线站台付费区的面积小，最小宽度只有3.3m。浔峰岗方向站台面积为332m^2、长湴方向为229m^2，两侧站台总长度分别为67m，其中长湴方向有44m左右的站台宽度为3.3m。

④ 乘客在六号线站台进错方向时只能通过站台端墙的两组扶梯回到五号线站厅的换乘平台，或开边门让乘客通过非付费区的夹层到达另一侧站台再开边门进入正确的站台付费区，操作上会给乘客和车站带来较多的不便。

2.10.3 改造方案介绍

1）五号线既有线路改造

① 为满足换乘需求，增加地面站厅通往五号线夹层站厅的钢结构步梯1部，设置在原地面站厅至六号线站台的扶梯上方，钢梯为折跑，梯段宽度1.8m。

② 将地面厅的7号楼梯口的付费区与非付费区隔离栏杆东移至楼梯口另一端，使7号楼梯变为六号线站台至地面厅的付费区范围。

2）六号线改造

由于五号线首层站厅栏杆改造后，六号线坦尾夹层就与五号线的付费区连接，六号线侧式站台两边的栏杆进行拆除和改造。

（1）浔峰岗方向站台站厅

把站台内分隔非付费区与付费区的栏杆全部拆除，将通往长湴方向的楼梯纳入站台付费区，在进出闸机与墙体平行的位置加装栏杆。

（2）长湴方向站台站厅

① 栏杆改造：把站台内分隔非付费区与付费区的栏杆全部拆除，将通往浔峰岗方向的楼梯纳入站台付费区。

② 闸机改造：将原来与站台平行的闸机组改为垂直于站台。

③ 票亭改造：将票亭移动到原来闸机摆放的位置。

④ TVM改造：将TVM移到原来票亭摆放的位置，横向摆放。

2.10.4 改造前后对比

1）五号线站厅付费区通行方式的对比

改造前五号线首层站厅通往夹层站厅上下方向只设置扶梯，即只有一种方式通行，如其中1台扶梯故障时，将影响车站客运组织。

改造后付费区内增加了两个钢楼梯及两台电扶梯，可通往夹层站厅，扶梯故障或客流组织时，车站也多一种处理方式。

2）换乘方式的对比

改造前换乘方式比较单一，只能通过付费区内六号线侧式站台的4台扶梯换乘，容易造成乘客聚集在站台一端，遇上大客流时客流组织会比较困难和局限。

改造后增加了两个钢楼梯及两台电扶梯换乘途径，不仅解决了五号线与六号线换乘只有扶梯方式通行的问题，也能把部分客流分散到站台中部，对于高峰期客流组织比较有利，并能够有效缓解客流组织压力。

3）六号线站台有效面积的变化对比

六号线站台有效面积的变化对比　表3-41

要素对比 / 站台	改造前面积（m²）	改造后面积（m²）	增加面积（m²）	增加候车人数（3人/m²）
浔峰岗方向	332	457	125	375
长湴方向	229	345	116	348

改造后：

① 两侧站台面积共增加240m²左右，按每平方米站3人计算，可增加容纳723人。

② 浔峰岗方向站台有一半以上的宽度达到9m以上，长湴方向最小宽度为3.3m的情况则只有16m左右。

4）乘客事务处理便利性对比

改造前六号线乘客进错方向的操作，会给乘客和车站带来较多的不便。

改造后六号线的两个侧式站台通过夹层是互相连通的，可以解决乘客走错方向的问题，比较便利。

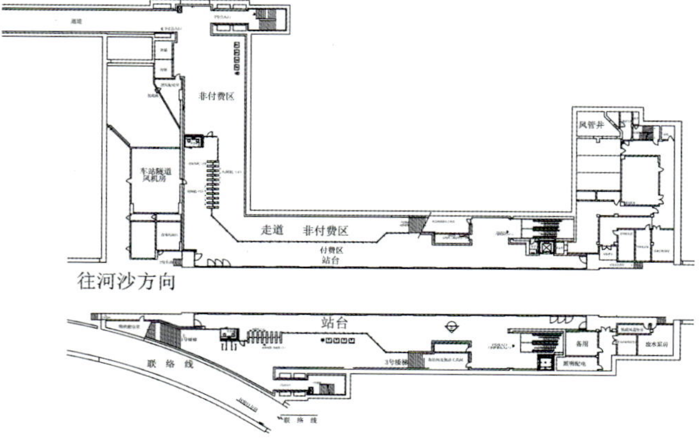

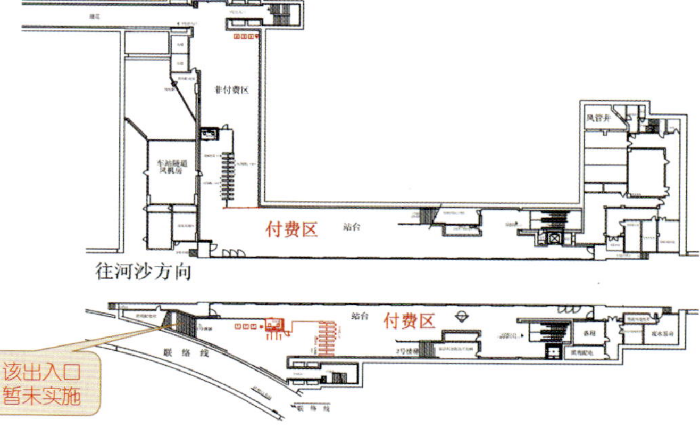

左图：六号线站厅、站台平面图

右图：六号线站厅、站台改造后平面图

2.11 车辆感应板

直线感应电机驱动的地铁车辆，是通过安装在车辆转向架上的定子（电磁铁和线圈），在有交流电睛况下与安装在线路轨道中间的转子（感应板）间产生移动磁场，通过磁力之间相互作用（吸引、排斥）产生牵引力，通过改变磁场方向，来实现车辆的运行和制动。

六号线直线电机系统感应板采用了全新的工艺——叠片式感应板。叠片式感应板制作工艺，可提高直线电机牵引性能，是在窄钢带上沿其长度方向间隔制作出上下两排孔制成叠片，将各层叠片叠压在一起形成次级铁芯，在次级铁芯的次级线圈孔中用导电条将次级铁芯左右两侧的导电端部连接在一起，制造出直线电机牵引叠片式感应板，以钢轨为基准对直线电机牵引叠片式感应板顶部进行金加工。该工艺制作的感应板加大了次级导线切割磁力线的作用，减少了次级铁芯涡流损失，其电气性能优于复合材料制成的感应板，可以提高直线电机的牵引力、效率和功率数，降低能耗，利于直线电机减小气隙，适合于在直线电机铁道牵引中推广使用。

考虑到能耗因素，牵引列车直线电机采用自然冷却方式，再生率为100%时，采用叠片式感应板比爆炸焊接感应板能耗低6%左右。广州轨道交通六号线叠片式感应板高度和广州轨道交通四号线、五号现感应板高度保持一致，使广州市轨道交通六号线车辆在广州市轨道交通四、五号线轨道上混跑。

叠片式感应板的材质、结构、安装等说明：

感应板基本参数包括铁心厚度、叠片数量和导体铝盖厚度。

铁心厚度：30mm。

叠片数量：18个。

导体铝盖厚度：5mm。

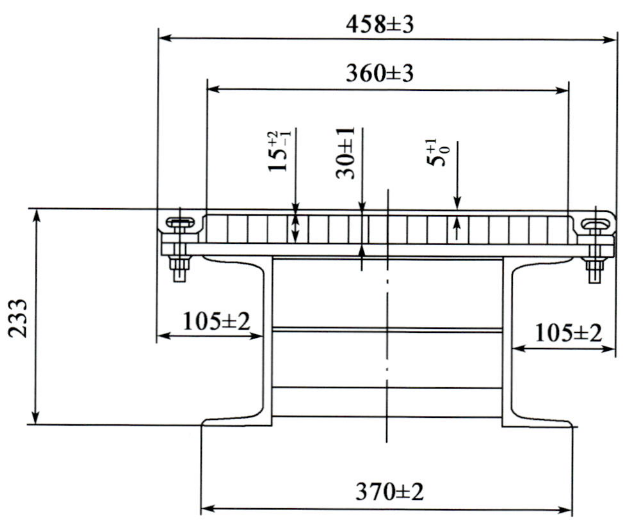

上图：叠片式感应板横段面

（尺寸单位：mm）

下图：叠片式感应板现场照片

2.12 全复合材料疏散平台设计

从紧急疏散乘客、确保乘客安全出发，广州市轨道交通从轨道交通三号线开始在区间隧道内设置疏散平台，这也是国内第一条设置疏散平台的地铁线路，之后广州的新建线路（轨道交通四、五、六号线）均设置了疏散平台。

《城市轨道交通技术要求》（GB 50490—2009）中也首次对设置疏散平台进行了明确，该规范第7.2.8条规定，“区间线路的轨道中心道床面或轨道旁，应设有逃生、救援的应急通道，应急通道的最小宽度不应小于550mm。”

对设置了疏散平台的城市轨道交通，其疏散模式为：当列车发生事故停止区间时，通过组织乘客从列车侧门离开列车，通过沿隧道设置的疏散平台、联络通道疏散至对侧的隧道、车站等安全区域，从而保证乘客的人身安全。

广州市轨道交通的疏散平台至今已形成一套成熟做法。消防疏散平台设置在正线区间隧道行车方向的左侧，平台的宽度不小于600mm（600～950mm），高度距离轨面800～950mm，消防疏散平台均采用高性能热固性复合材料，复合材料疏散平台支架具有轻质、耐腐蚀、不燃等性能。

六号线工程在以往线路的经验基础上，将扶手、步梯等全部复合材料化，并做了如下优化：

（1）优化疏散平台设置原则，降低疏散盲点

根据六号线地下车站的设计特点，对原轨道交通三、四号线车站端无疏散平台的传统疏散模式进行优化，增加车站疏散平台设置，将隧道的疏散与车站疏散有机结合，提高疏散的有效性，提高乘客疏散的安全系数。

（2）优化疏散平台踏板孔隙、优化踏板与隧道内壁的空隙，以防人脚卡入

原线路中疏散平台踏板孔隙较大，较易卡入女性的高跟鞋；踏板与隧道内壁的空隙易卡入小孩的脚。经过现场多次踏勘，并结合产品的设计，对孔隙及空隙进行了重新优化设计，很好地解决了卡鞋跟及卡脚的问题，提高疏散的安全性。

（3）一体化设计，省时省力效益好

一体化组合式设计减少了对隧道内壁的打孔，有效减少了打孔数量以及锚栓的安装数量，有力保证了隧道壁的完整性，隧道布置整齐划一、美观、大方 、环保，经济效益明显。

上两图：疏散平台安装后照片

下左图：踏板内部孔隙图

下中图：平台与隧道内壁的空隙优化

下右图：疏散平台与电缆支架的一体化设计

2.13 隧道通风系统设计

2.13.1 工程特点

六号线首期工程线路横穿老城区，穿越了大片房屋桩基，地质条件复杂，施工条件困难，同时与多条线路换乘（共9个换乘车站）。因此六号线有9个深埋车站，均为四层或五层车站；且站间距小、客流小；同时沿线环境敏感点较多，对声环境质量要求较高。六号线首期采用4辆编组L型车、72m有效站台；车站长度短，规模较小。L型车4辆编组车辆的冷凝器发热量较小，且列车制动装置设置在车外；车辆载客量较小，区间内人员散热量也较小；经过模拟计算，区间隧道内温度较低。

2.13.2 技术方案

针对六号线首期穿越城市中心建成区的特点，为减少轨道交通对周边环境的影响，在满足隧道内温度的前提下，六号线首期工程隧道通风系统采用了单活塞风井系统，即在车站一端的进出站端设置活塞风井的方案，另一端只设置机械风井的方案。采用此方案：对外部而言，减少了风亭的数量和地面工作的协调量，减少了对周边环境及居民的影响，取得较好的社会效益；对车站内部而言，减少了活塞风道和隧道风机的数量，利用车站埋深空间垂直布置隧道风机，土建规模减少；对一个标准车站而言，每站节省约220万的土建及机电投资。六号线首期工程共有15个车站采用了此系统，共节省投资约3300万元。

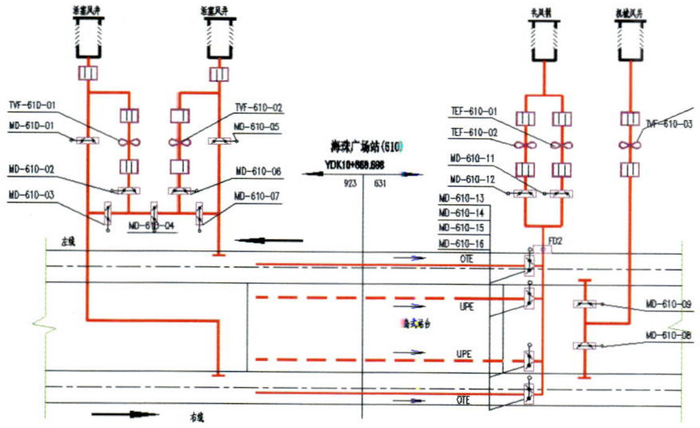

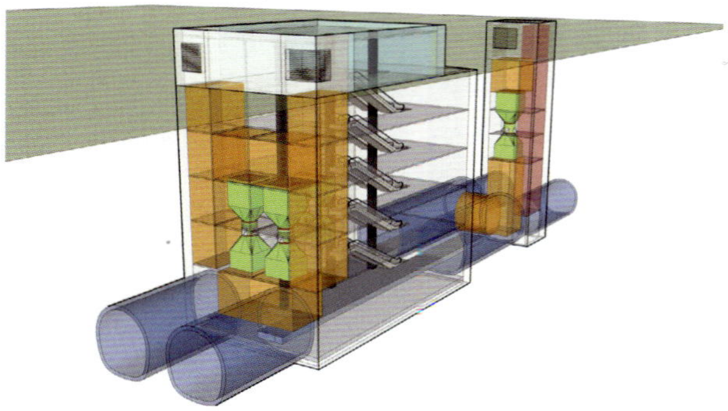

考虑到六号线首期车站有效站台长度较短，采用了车站隧道单端排风的气流组织形式。此种设置在不影响排风效果的前提下，排热风道可与电缆夹层分开两端布置，减少管线交叉，给施工和运营带来便利；缩短了排风距离，降低了阻力损失，节省了运行费用。

上图：六号线首期工程隧道通风系统示意图（典型车站）

下图：深埋车站隧道通风系统布置示意图

2.13.3 设计难点

由于车站利用埋深空间垂直布置隧道风机，同时另一端只配置一台大风机，且车站周边都是敏感建筑，对风亭噪声控制要求较高。

① 垂直布置的风机要重点考虑好各层设备的检修、安装及固定问题。六号线垂直布置的风机均避开在轨行区上方安装，避免了风机运行中因故障产生的安全隐患。

② 车站一端只设置一台100m^3/s的大型风机，风机噪声较大，因此重点要处理好该台风机的噪声，避免产生风机噪声扰民问题。目前六号线对此风机前后设置消声器，保证风机噪声经处理后满足车站风亭周边声环境标准。

③ 由于六号线首期工程大部分线路所经区域为老城区，地面城市化程度较高，建筑物密集，车站周边敏感建筑较多，因此要求风亭的通风噪声尽量降低。隧道通风系统对早晚通风模式进行优化，关闭周边有敏感建筑的车站早晚通风模式，通过开启相邻车站隧道通风系统和延长早晚通风时间达到隧道通风换气要求，同时避免了早晚通风模式开启风机噪声对车站周边敏感建筑的噪声影响。

2.13.4 环境和经济效益

六号线首期工程的隧道通风系统方案在满足系统功能，运营费用基本相当的前提下，减少了风井个数和风机台数，缩减了土建规模，节省了土建和机电投资；同时减少了地面风井数量及协调工作量。为减少工程建设及运营对居民的干扰，降低工程实施难度，做出了重要贡献，在环境效益和经济效益上具有明显的优势。

该系统设计属于国内首创，值得在小编组线路中应用。

2.14 集中供冷

珠江水冷却、大温差、黄沙东山口利于一号线剩余冷量供冷。

珠江水冷却：海珠广场冷站选址位于六号线海珠广场车站地下三层内，距离珠江约200m，由于能较便利地取用自然冷源，因此集中供冷系统采用珠江水直接冷却方式，主要功能是从珠江引江水，进行几级过滤处理后，依靠水泵机械循环送至冷水机组，将升温后的冷却水再排回珠江。

冷站的供冷范围为六号线的文化公园站、一德路站、海珠广场站、北京路站和越秀南站及八号线的文化公园站，共6个车站。六号线海珠广场冷站与二号线海珠广场冷站设置位置、管辖范围各成体系，相互独立。

直流冷却方案在江边设置菱形取水头部，海珠广场东广场绿地下设置取水泵房。从珠江边到取水泵房设置两根DN450取水管，一根DN500排水管，均为顶管敷设。

下图：取水泵房现场图

下两图：基于波导管传输的移动闭塞系统设计

2.15 基于波导管传输的移动闭塞系统设计

随着轨道交通信号技术的发展，基于通信的列车控制系统，即CBTC系统已成为国内外轨道交通信号系统研究与应用的主流。六号线同样采用CBTC信号技术，是广州市轨道交通第一次采用波导管进行无线传输。波导管与信号系统微波漏隙波导管是车—地双向数据传输的无线信号传输媒介，具有传输频带宽、传输损耗小、可靠性高、抗干扰能力强等特点。微波漏隙波导管为中空铝质矩形管,顶部朝车辆天线方向等间隔开有窄缝,使得无线载频信息沿波导管裂缝向外均匀辐射。在波导管附近适当位置的无线接收器，可以接收波导管裂缝辐射的信号，并通过处理得到有用的数据。

波导管是一种空心的、内壁十分光洁的金属导管或内敷金属的管子，用来传送超高频电磁波，脉冲信号通过波导管可以以极小的损耗被传送到目的地。波导管内径的大小因所传输信号的波长而异，其多用于厘米波及毫米波的无线电通信、雷达、导航等无线电领域。目前常见的有矩形波导管、圆形波导管、半圆形波导管、ku波导管、雷达波导管和光线波导管。

① 裂缝波导管安装精度要求比较高，其与列车车载天线的安装位置要求对应。裂缝波导管的安装位置受到现场制约，可以根据现场条件安装在隧道底部钢轨旁（适用于地下、地面、高架或混合线路；也本工程所选安装位置），或隧道侧墙（仅适用于全地下线路），或隧道顶部（仅适用于全地下线路，且三轨供电）。

② 裂缝波导管作为一种车—地双向数据传输的无线信号传输媒介，具有传输频带宽、传输损耗小、可靠性高、抗干扰能力强等特点。且传输距离要优于漏泄同轴电缆，减少列车在各个无线接入点之间的漫游和切换，大大提高了无线传输的连续性和可靠性。

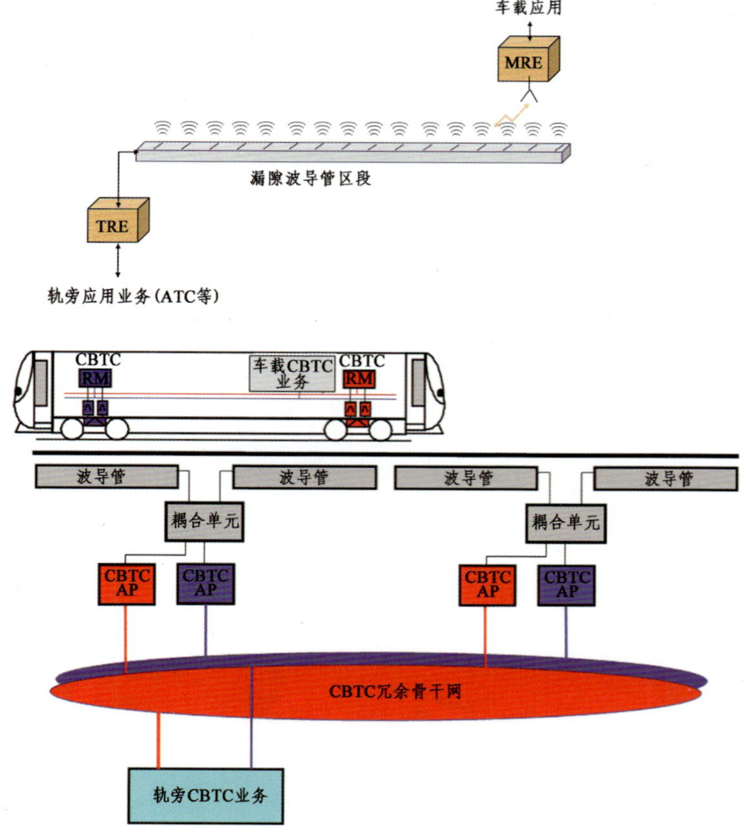

2.16 大分区的供电系统设计

与已开通线路情况相同，六号线首期工程供电系统高中压系统均采用110～33kV二级电压制，全部采用集中供电方式。建设有大坦沙、燕塘2个110/33kV主变电站，每个主变电站均从城市电网引入两路110kV电源。主变电站在引入两路城市电网110kV电源后，设置两台110/33kV主变压器，将110kV电源降压到33kV，再通过33kV中压环网供电网络将电源分配给地铁车站（车辆段、控制中心）的牵引变电所、降压变电所。大坦沙、燕塘主变电站分别资源共享，同时为两条线路供电。

六号线供电系统33kV环网采用大供电分区方式。它是继一号线之后再次采用大供电分区方式。大供电分区方式，即供电分区正好是主变电站数量的2倍。2个主变电站馈出的33kV电源在东山口站变电所通过环网分段断路器相联络。二号线及其他地铁线路供电系统33kV环网采用的是小分区供电方式，即供电分区的数量比主变电站数量的2倍还要多。具体有多少供电分区将视供电分区内串接的车站变电所数量而定（一般串接2～4个车站变电所）。大分区与小分区相比，主变电站馈出断路器数量最少，同时大量节省环网电缆，但33kV过电流保护配置相对较为困难。

六号线采用较为先进的数字通信过电流保护装置、线路差动保护装置和综合测控保护装置，解决了上下级配合以及正反向供电故障时继电保护的方向问题，保证任一级馈线故障均能与上级继电保护在时间上有灵敏度配合，满足了继电保护对可靠性、选择性、灵敏性、快速性的要求。大分区供电后，六号线节省了大量环网电缆，投资节省百万元，区间内在疏散平台下部空间只有1回（3根）电缆，使得施工和今后的运营维护方便、安全。

2.17 集中供冷的工艺设计

冷站冷冻水系统采用10℃温差（7～17℃）设计，冷冻水一次泵采用定流量系统，冷冻水二次泵采用变流量系统。冷冻水一次泵与主机一一对应，并与主机联动；冷冻水二次泵分为三组，每一组泵均由三台水泵组成，其中两台为变频泵（一用一备），白天营运时间为各车站大小系统供应冷冻水；另一台为定流量泵，夜间供各车站小系统。冷冻水系统由设置在海珠广场冷站内的定压补水装置定压。冷站考虑将各车站小系统负荷和大系统负荷一并纳入冷站供冷范围，选用三台主机，分别为两台容量为2305kW的离心机组，及一台主机容量为1499kW的螺杆机组。

考虑珠江水直流方案，为净化水质，冷却水系统采用了自动除渣机、自动清洗过滤器、CQM机来实现逐级过滤和防垢，同时为防止水质对冷凝器的损害，冷水机组的换热管采用了钛管。

上左图：集中供冷制冷机房平面

上右图：取水泵房内除渣机过滤段

下左图：胶球清洗机

下右图：定压补水装置

左图：东湖站ⅡB出入口过街通道矩形顶管刀盘图
右图：东湖站ⅡB出入口过街通道顶管始发图一

2.18 出入口矩形顶管

广州市轨道交通六号线文化公园站、海珠广场站、东湖站、天平架站、长湴站等车站应用了矩形顶管法施工过街通道。其中东湖站ⅡB出入口过街通道矩形顶管是广东地区第一例。

2.18.1 矩形顶管法优点

矩形顶管过街通道顶进段施工不开挖路面、不迁改管线、噪声小、尘土少，实现地铁人行隧道非开挖施工，在软弱地层中实施进度快、工程风险小。

2.18.2 矩形顶管法优势条件

地面交通疏解困难，管线复杂，明挖法难以实施，通道洞身处于较软弱地层，浅埋暗挖法风险大。

2.18.3 矩形顶管法局限性

顶管段的地质需要相对均质的软土地层（适用的地层条件为单轴抗压强度低的软弱岩层及各类土层）；一次顶进线路只能是直线；断面尺寸规格有限（6000mm×4300mm、6900mm×4900mm、7000mm×4300mm），通道断面尺寸设计被动适应现有顶管机尺寸要求；通道长度需满足不设置机械通风设备要求；一次顶进长度有限，不超过80m；需要有设置明挖工作井的地面条件；顶进过程中无法更换刀盘、顶管机无法后退；工程造价高，不具有推广优势。

2.18.4 东湖站ⅡB出入口过街通道顶管技术参数

顶管过街通道外包尺寸：4300mm×6000mm；通道管片厚度500mm。

顶管机外轮廓尺寸：4340mm×6040mm。

预埋钢环尺寸：4640mm×6340mm（始发井）；4700mm×6400mm（接收井）。

顶管始发井净空尺寸：8000mm×9500mm。

顶管接收井净空尺寸：8000mm×6000mm。

始发井底板标高：应低于过街通道标高，不小于1500mm。

接收井底板标高：应低于过街通道标高，不小于900mm。

过街通道地面距离始发及接收井底板面不小于1.0m。

施工期间地面超载小于70kPa。

2.18.5 困难

广州市轨道交通六号线海珠广场站Ⅱ号通道顶管工程位于起义路、泰康路和一德路的交叉口，周边环境非常复杂，且地面交通非常繁忙，临近广州市解放纪念碑、广东省展览馆以及沿街的商业骑楼、广州宾馆（距接收井最近水平距离为2m）；地面管线复杂，其中顶管通道上部有110kV高压电缆、煤气管道、污水管道、自来水管、通信电缆等；地质条件也非常差，始发段和接收段位于不同地层，在接收段下部

需穿越2m厚的粉细砂层，且地下水位与珠江水系连通。

地下工程具有不可预见性，在顶管机顶进出加固区后，就遇到大量“孤石”，先后导致右边螺旋机卡死，四个小刀盘相继停止工作，大刀盘部分辐条搅断，左边螺旋机停止工作。之前这么困难的情况从未报道过，没有成功解决这一难题的案例可供借鉴。参建各方多次组织专题会议，召集土木工程、地下及隧道工程专家论证，整个顶进过程就是在发现问题解决问题的过程中艰难前行，最终伤痕累累的顶管机成功到达了接收端加固区。为确保顶管机安全顺利接收，采取接收井灌浆出洞方案，对本通道最终贯通起着决定性的作用，也为顶管法施工遭遇此类情况提供了成功案例。

上　图：东湖站ⅡB出入口过街通道顶管正常掘进图

中左图：东湖站ⅡB出入口过街通道顶管成功到达

中右图：东湖站ⅡB出入口过街通道顶管始发图二

下　图：东湖站ⅡB出入口过街通道装修完成图

左图：段址卫星图片

右图：停车场鸟瞰图

2.19 直线电机车辆段设计——紧凑

2.19.1 段址概况

浔峰岗停车场位于金沙洲A´路延伸至浔峰岗尽端西侧约700m处、山前路以北的山谷内，三面环山，山高约60～100m，谷地标高约为15m，停车场位于山谷处，地貌单元主要属山间盆地，场地分布有较多鱼塘，从上往下共有9个水塘，低山丘陵植被丰茂。隧道所处地貌属低山丘陵，场地现状标高为14.63～39.68m，场地地形起伏较大。

2.19.2 总图设计合理紧凑，工艺顺畅

广州市轨道交通六号线浔峰岗停车场三面环山，地块内以山地和水塘为主，总图设计难度很大。最终确定的总平面布置充分利用了直线电机车辆的性能优势，做到了工艺流程顺畅、总图布置合理紧凑，其主要特点如下：

（1）总图布置紧凑合理，对山体的破坏少，保护生态环境

浔峰岗停车场规划用地长度方向最长处仅有约580m，宽度方向最宽处仅有约240m，如果要将整个停车场布置进去，势必要大范围的劈山，破坏植被，这是当地林业部门所不允许的。为此我们从以下两方面进行了充分研究。

① 根据直线电机车辆可通过小半径曲线的特点，在段内道岔区采用R=65m曲线和5号道岔，减少了咽喉区长度，从而减少劈山面积。

目前国内普通旋转电机地铁车辆段段内线路普遍采用R=150m的曲线半径和7号道岔，因而占地面积普遍较大，大架修车辆段占地指标一般为1000m^2/辆。浔峰岗停车场规划用地仅仅10ha（公顷，1ha=1000m^2），且周边都是山体，如采用普通旋转电机车辆段标准，将对周边山体造成很大破坏。

为克服这些设计难点，项目组充分利用直线电机车辆转弯半径小的技术优势，在段内线路采用R=65m小曲线半径和5号道岔，大大缩短了咽喉区长度，节约了宝贵的土地资源。

② 对试车线、洗车线、出入段线大量采用隧道形式，减少劈山和破坏植被。

出入段线采用高架桥和隧道的形式，减少开挖林地。

试车线长度为800m，其中有354m试车线设在隧道内。

洗车线采用双牵出线尽头式布置形式，牵出线部分设置在隧道内，隧道长度约120.4m。

通过以上设计措施，浔峰岗停车场整个围墙内用地面积仅有7.87ha，是广州地铁占地面积最小的车辆基地。

（2）采用阶梯状场坪标高，减少土石方工程量

浔峰岗停车场地块三面环山，地块内以山地和水塘为主，停车场高程的确定，需考虑填挖基本平衡、与规划道路的连接及山体汇水排放等因素。

为节省工程投资、尽量少开挖山体，满足规划景观要求，我们对厂前区和厂房区的路基面采用两个设计标高。厂前区的路基面设计标高确定为17m，厂房区路基面设计标高约20m。

通过设计标高的阶梯化，减少了土石方工程量约40000m^3。

（3）停车场总图布置工艺流程顺畅

浔峰岗停车场总图布置充分利用地形特点，运用与检修采用横列式布置，列车出入库作业灵活、互不干扰，工艺流程顺畅。

2.20 文化墙设计总结

2.20.1 全线车站整体装饰设计理念

六号线首期全线22座车站共分三个梯度，根据站点所处的文化特征，从“色、柱、墙”三方面进行文化表达。“色柱墙”三梯度设计思路选取部分车站突出历史文化表达，有利于兼顾地下空间有限和客流通行安全的需要。第一梯度是12个普通站，选用统一的颜色（浅绿色）和风格，营造清新简洁的风格。第二梯度是9个重点站，突出墙面的不同色彩，同时在立柱面增加该站周边独特的历史文化建筑图案，强调个性化。第三梯度是在9个重点站中再选取5个特殊站，在重点站的设计基础上，在站厅层的墙面增加大幅的文化墙，全方位诠释广州悠久的历史文化底蕴。

2.20.2 5个特殊站文化墙设计

① 文化公园站：本站地处广州早期发展的沙面附近，文化氛围浓烈。文化墙以“砂岩浮雕＋铁艺镶嵌彩色玻璃”的形式，通过岭南窗花的艺术手法，将珠江河畔、广州旧海关、大钟楼、爱群大厦、中秋灯会、迎春花会、文化活动广场等元素融为一体。

② 北京路站：本站位于广州古城商业中心，有明显的象征意义。文化墙的设计理念为千年商道、繁华依然。文化墙以砂岩为主材，采用线雕的工艺，利用砂岩为背景，体现自然纹理，表面线雕融入古官道、天字码头、千年商道、高第街等图案，真实再现古韵遗风，演绎千年延续的商道，展示北京路深蕴的文化，汇聚繁荣的商业元素。

③ 东山口站：本站地处广州老城区，老广文化浓厚。文化墙的设计理念为梦回东山、老光情怀。文化墙以砂岩为主材，采用阴刻的工艺，把东山洋房别墅、旧建筑文化、名校圣地和老广州文化等元素融入画面，并采用铜板阴刻人造大理石+铁艺，以增加画面的立体感。

④ 团一大广场站：本站地处团一大旧址，周边还有东园牌坊、团一大纪念广场，具有十分浓厚的红色文化特色。文

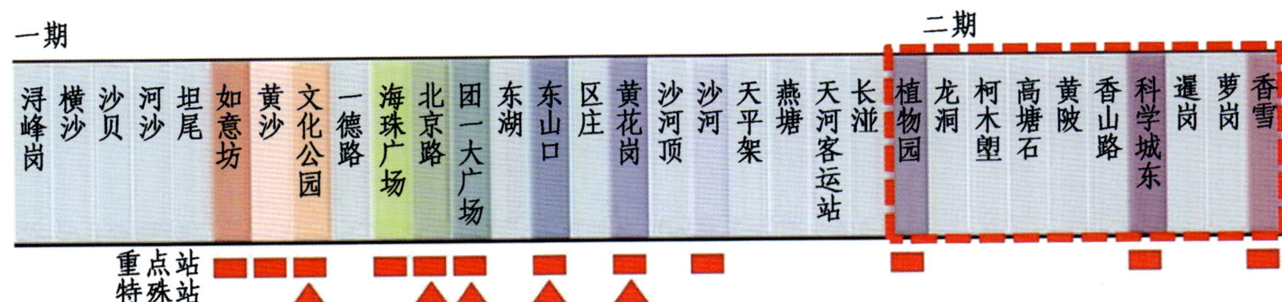

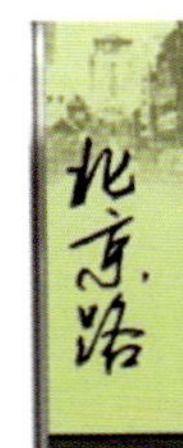

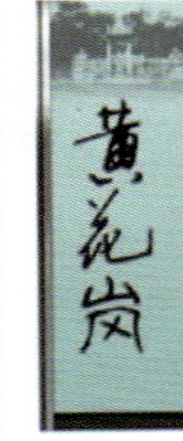

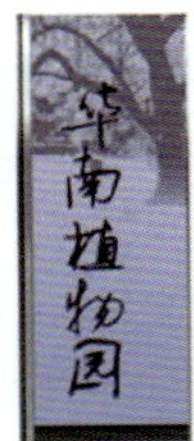

根据站点所在地域的文化特征将全线站点划分为三个梯度，从色、柱、墙三方面进行文化表达，不同的梯度对应不同的文化表达手法。

■ 一般站

强调统一性。

■ 重点站

强调个性，突出墙面色彩及柱面的文化表达。

■ 特殊站

在终点站的基础上选择5个站设置文化墙。

左图：设计理念

上左图：文化公园站

上右图：北京路站

中左图：东山口站

中右图：团一大广场站

下　图：黄山岗站

化墙设计理念为：高举团旗跟党走、奋力实现中国梦。文化墙以红砂岩为主材，采用阴刻的工艺，充分展示中国社会主义青年团第一次代表大会的历史场景，把人们带回到心潮澎湃的激情革命岁月。

⑤ 黄花岗站：本站地处黄花岗公园附近，黄花岗公园是为纪念当年孙中山先生领导的同盟会在广州战役中牺牲的72位烈士而修建的烈士陵园。文化墙以黄砂岩为主材，采用阴刻的工艺，以庄严厚重的设计手法，表现和传承坚贞不屈的民族精神，弘扬那些为国家民主自由进步而拼搏的烈士之浩然正气。

2.21 浔峰岗及长湴站增加接触网段设计

按照六号线的车辆、线路及转辙机位置情况分析，接触轨布置后，在折返线道岔区接触轨断口处车辆存在整车失电情况，六号线与四号线车辆长度、供电方式相同，四号线在运营过程中已发生多次车辆误停在整车失电区内进行车辆救援情况，为应对大客流和提升高密度的运营保障，降低特殊情况发生的一切可能几率，相应的解决方案为：在六号线长湴站（地下车站）折返线接触轨整车失电区增加架设刚性接触网270m；在浔峰岗站（高架站）折返线接触轨整车失电区增加架设架空柔性接触网490m。

当车辆停在接触轨系统失电区内时，车辆从接触轨取流转换为从刚性或柔性接触网取流，运行到接触轨系统正常位置时，再转换到接触轨取流。在最短时间内保证车辆正常运营。通过架设架空接触网，解决了由于接触轨系统受条件限制存在的缺陷，为今后相同条件下的施工设计提供了解决方案。

上图：长湴站增加接触网照片

下图：浔峰岗增加接触网照片

2.22 LED照明设计

由于LED照明技术发展迅速、应用领域广泛、产业带动性强、节能潜力巨大，其已被世界各国公认为具有最优发展前景的高效照明产业。为此，广东省政府在2012年5月23日颁发了《广东省推广使用LED照明产品实施方案》的通知，提出在市政道路、公共场所等财政或国有基本投资的照明领域应推广高效、节能的LED照明灯具。

广州市轨道交通六号线首期工程作为广州市重大市政建设项目和民生工程，理所当然应响应省政府的决策，因此，在六号线的照明设计工程中，经过多方讨论及多次方案比选，决定在在建所有车站的站厅站台通道等公共区照明区域优先使用高效、节能的LED照明灯具。

LED灯具作为一种新式的照明技能，其运用远景引人注目，尤其是高亮度LED更被称为21世纪最有价值的光源，必将导致照明范畴一场新的改造。LED灯具在视感觉与形状的构思表现上具有更大的弹性空间，照明灯具将向愈加节能化、健康化和人性化开展。

LED照明灯具作为室内照明的替代产品，具有以下显著的优点。

① 节能化：由于LED是冷光源，半导体照明本身对环境没有污染，与普通荧光灯比较，节电功率能够到达30%～40%以上。在相同亮度下，耗电量仅为一般白炽灯的1/3，荧光灯管的2/3。

② 安康化：LED是一种绿色光源。LED灯直流驱动，没有频闪；没有红外和紫外的成分，没有辐射污染，显色性高而且具有很强的发光方向性；调光性能好，色温改动时不会发生视觉差错。它既能供给令人舒服的光照空间，又能很好地满足人的生理健康需求，是保护视力而且环保的健康光源。

③ 人性化：LED照明灯具可以做到“无影灯”的效果，也是人性化照明的一种表现。与传统照明光源相比，LED寿命长，尤其是在可靠性要求高以及维护成本也较高的场合，这也是人性化的一种表现形式。

以下是广州市轨道交通六号线部分车站公共区照明工程的实景效果图。

上图为站厅的照明效果图，它巧妙地搭配了站厅的装修效果，显得简洁明快，给乘客一种温馨如家的感觉。

下左图为车站换乘通道的照明效果图，它创造了良好的可见度和舒适愉快的环境，给乘客一种身心愉悦的感觉。

通过以上六号线照明实景照片可以看出，车站站厅站台通道等公共区部分采用LED照明灯具是恰如其分的，它能充分体现轨道交通工程的相关特点，能让乘客在乘坐过程中体验到各种不同的感受。

上　图：站厅照明效果图

下左图：换乘通道照明效果图

下右图：车站站台照明效果图

PART 4

第四部分

思考

一　条　穿　越　老　城　区　建　筑　丛　林　的　地　铁　线

——广　州　市　轨　道　交　通　六　号　线　工　程　开　通　纪　念　与　设　计　总　结

1 六号线U形线路的建设思考

城市的功能、形态、空间布局、人口布局、产业布局决定了最优线网规模和形态。城市轨道交通线网的线路长度越长、数量越多，线网形态越复杂。广州的道路网决定了其轨道交通线网采用多线相互交叉的放射线网的形态。1996年5月16日开展的“广州市城市快速轨道交通线网规划”工作，规划提出了7条轨道交通线，线网长度规模206km。（“七线线网”方案所依据的规划发展背景是城市规划建设用地206km^2，控制范围555km^2，人口发展规模为558万人。）在

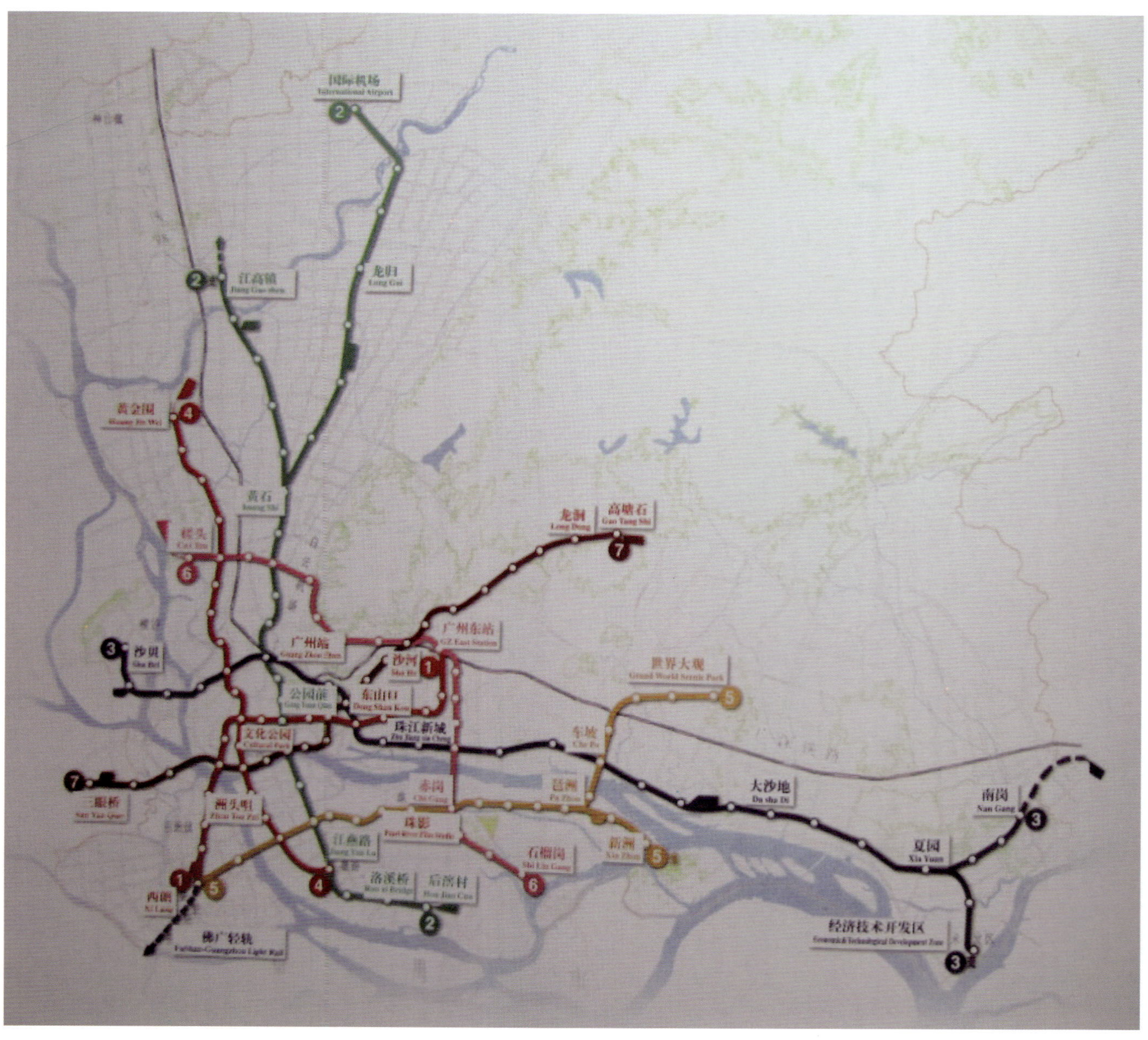

右图：广州市七线线网规划图（1996年）

七线线网中，还未规划U形线路。2000年6月番禺，花都撤市设区后，广州的城市空间进一步扩大，在原有线网规划的基础上进行规划实施调整。为加强广佛同城化，五号线终点设在滘口客运站，现在的五、六号线在坦尾交叉一次，形成了六号线的U形线路。

与轨道交通环线相似，U形线路由于直线性差，多起到换乘转换的作用，当与骨干走廊平行也起到辅助线的作用。沿线走廊用地开发成熟时交通需求旺盛。由于六号线处于老城区，受珠江的分隔，珠江北岸在中山路和江边之间的1.2～1.8km范围内没有完整的东西向道路，此区域由于历史的变迁，城市的逐步形成，所形成的是成鱼网状、狭窄、曲折的道路网，没有宽阔、平直的干道作为轨道线路的走廊，且受沿线控制性建构筑物的影响很大。从地理区位来看，六号线在沿江路区段主要是单边服务，线路规划长度控制在32km内，定位为加密线是合适的。二期再由高塘石延伸至萝岗对本线的定位有根本性的影响，对U形线路的延伸及是否有更好的线网解决方案，应充分论证和慎重决策。

由于从如意坊到东山口段，基岩岩面深、软土分布广泛，特别是砂层厚，与珠江水力联系紧密。这一带也是承载广州千年文化底蕴的区域，无法采用浅埋的方式，决定了六号线U形临江线路的工程风险和实施难度巨大。在换乘方面，一号线建设时尚未有七线线网及后续线网的规划，造成了一号线黄沙、东山口没有设置换乘接口的事实，目前采用通道换乘，距离偏长。

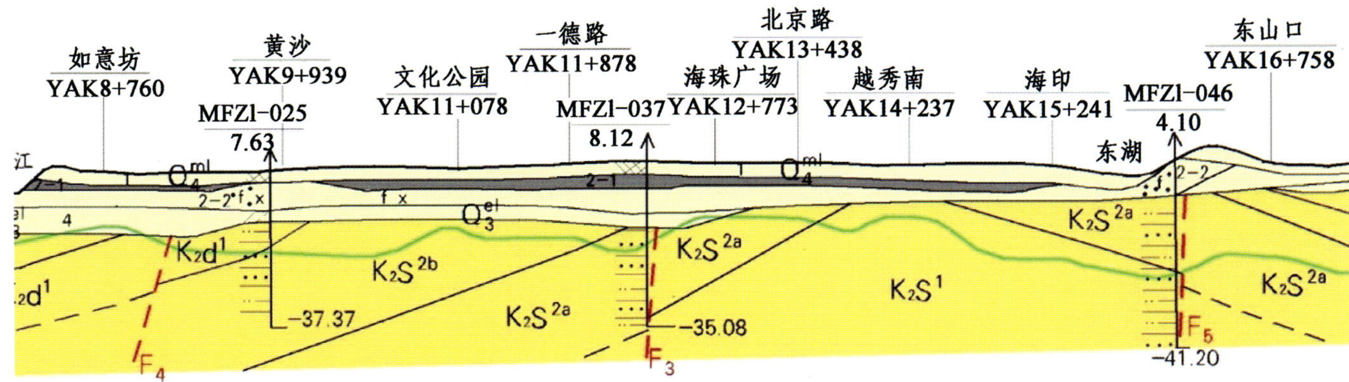

上图：越秀区临江东西向走廊示意图

下图：越秀区临江段地质剖面示意图

2 直线电机的适用性

传统轮轨系统车辆所获得的牵引力、导向力和支承力均依靠轮轨相互作用获得，牵引动力来自于旋转电机。直线电机系统则不使用旋转电机而使用直线电机获得牵引动力，如同将旋转电机的转子与定子展开成直线形状。在理论上，可以把它看成具有无限大半径的传统的旋转电机。其机理是固定在转向架的一次线圈通过交流电流，产生移动磁场（行波磁场），通过相互作用，使固定在整体道床上的二次感应板（展开的转子）产生磁场，通过磁力（吸引、排斥），实现车辆的运行和制动。

直线电机系统有如下主要特点：

① 转弯半径小。与传统的黏着驱动式系统（转向架轴距、定距相同）相比，最小水平转弯半径由一般轮轨系统的200m可减至60m。有利于线路平面选线，可避开已建或规划待建的建筑，以及建筑基础、地下管线和其他地下构筑物，降低工程造价。可以大大缩减车辆段及综合维修基地的用地面积。

② 爬坡能力强。由于该运载系统采用了非黏着驱动方式，不受黏着系数限制，有较强爬坡能力，因此可在坡道陡的线路上使用，其性能在全天候条件下均能保证，包括轨道上有水的条件，最大爬坡能力可达6%～8%。有利于线路纵断面设计，利于选线及避开地下构筑物。有利于线路由地下至地面、高架过渡，从而减少过渡段的用地面积，便于道路交通疏解，降低用地费用，减少对城市景观的影响。

③ 轮轨噪声小。直线电机系统轴重小，采用良好的径向转向架条件下，质量轻，没有牵引齿轮，轮轨接触面好。直线电机再生制动及液力圆盘机械制动，使车辆制动可靠，可减轮轨噪声。这就有利于城市建成区在有相应配套道路或绿化隔离带的情况下采用高架线路，以节约投资。

④ 能耗大。由于直线电机的效率和功率因数较低，人公里的牵引能耗比旋转电机大。

⑤ 电机与感应板间气隙监测重要。直线电机铁心表面与感应板顶面之间的距离称为气隙。它不仅关乎能否保证列车安全运行，并直接影响直线电机的推力、吸力及效率。因此，应谨慎地决定气隙的大小,并重视气隙的管理。车与轨间的检测及维修工作量也重点汇聚于此。

广州市轨道交通六号线穿越旧城区段线路，在非常困难的选线条件下，既满足站点设置最大限度吸引客流的需要，又考虑车站功能、实施条件、工程造价，寻求出了一条综合指标优的轨道交通廊道，这得益于六号线采用了转弯半径小、爬坡能力强的直线电机系统。直线电机系统由于其爬坡能力强、轮轨噪声小的特点，也被在西端高架线采用。而东端长湴至高塘石段也本应提早实施高架线。

线路右线曲线分布表　　表4-1

序号	曲线半径（m）	曲线数量（个）	曲线长度（m）	占曲线总长百分比（%）
1	250～290	8	1854.412	7.41
2	300～450	32	10091.886	40.32
3	500～700	29	7950.795	31.77
4	≥800	24	5128.476	20.5
合　计		93	25025.57	100

右线纵断面特征表　　表4-2

项　目		单　位	长　度	占全长的百分比（%）
坡段分布	i = 0‰	km	1.95	4.64
	0‰< i≤10‰	km	25.92	61.71
	10‰< i≤20‰	km	6.88	16.38
	20‰< i≤30‰	km	4.25	10.12
	30‰< i≤50‰	km	3	7.14
	合计	km	42	100

线路设计中，采用小半径曲线和大坡度应慎重，并进行经济技术比较，在有条件的情况下，尽量采用较大曲线半径和较平缓的坡度，以改善运营条件和实现节能。直线电机系统采用径向转向架，使其转弯能力大大加强，相对传统电机系统，虽轮对和轨道之间的运行磨耗有所减少，但由于导向力和支承力依靠轮轨相互作用获得，磨耗依然存在，在小半径曲线，需进行限速，以减少轮轨磨耗和降低噪声。直线电机车辆在正常运营时为非黏着驱动方式，但在紧急制动时还应考虑黏着系数。为改善运营条件，六号线线路设计经过反复比较论证，对小半径曲线和大坡度地段进行了优化，现全线采用最小曲线半径为250m、最大坡度为50‰，且避免组合。

节能是直线电机系统可持续发展的根本途径。应采取各种措施降低能耗。这些措施有：

① 在牵引和电制动区段，采用性能优良的感应板。

② 紧急制动优先采用电制动。目前，世界上现有的直线电机车辆，紧急制动都是“以电制动为主，电制动力不足时，自动补充机械制动力。”其优点是：a. 提高紧急制动系统的冗余度和可靠性；b. 提高制动能量的利用率，节省电能消耗，并减少机械制动的磨损。

③ 尽量减轻车辆空车重量。直线电机车辆牵引力和电制动力与黏着无关，因此，应尽量减轻车辆空车重量。减轻车辆空车重量的关键是合理地选择各子系统的功能和要求。建议应合理地选择各子系统的功能和要求，车辆的使用条件应与实践条件相符，在保证功能和要求的前提下，尽量减轻车辆空车重量。

④ 减少第三轨的漏电流。根据日本《铁道建设规则》和《电气技术标准》规定：将DC1500V电压施加于1km长的第三轨上，其漏电流应小于100mA。建议按此要求，对第三轨进行验收，以减少第三轨的漏电流。

⑤ 降低起动延迟损耗。起动延迟损耗是由于停车保持制动压力过高引起的。为降低起动延迟损耗，应适当降低停车保持制动压力。

⑥ 采用制动能量利用装置。随着城市轨道交通交流传动技术的飞速发展，车辆再生制动时转换为电能的效率有了较大的提高。若能从系统设计方面充分实现列车再生制动时二次电能有效利用，将对直线电机能耗降低将产生重要影响。目前六号线制动能量采用地面制动电阻形式的电阻消耗型。应开展储能型、逆变回馈型制动能量回收的应用研究。

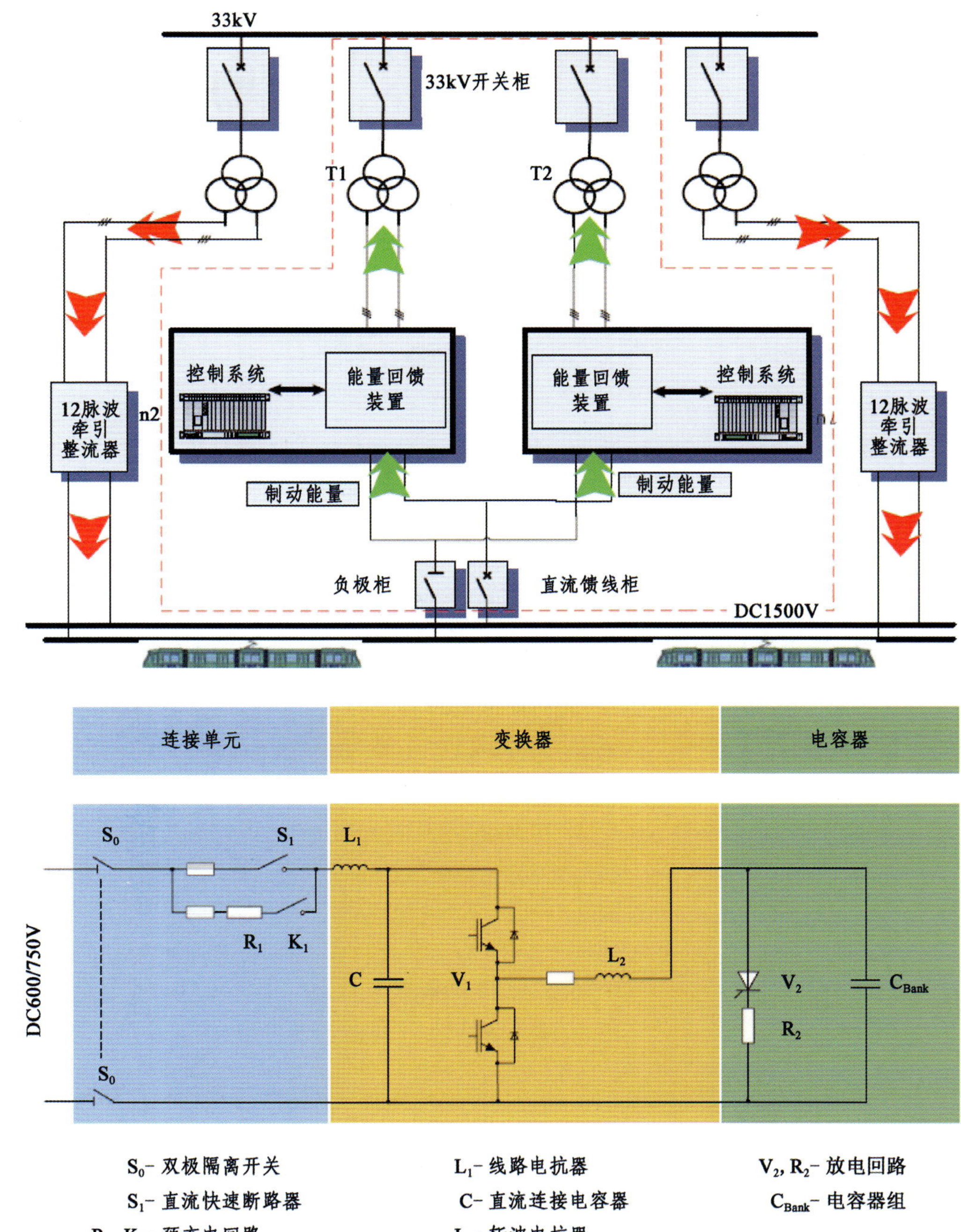

上图：隔离型逆变回馈装置主接线示意图

下图：制动能量回收方式示意图

3 再谈六号线4节编组

2013年12月28日，六号线首期工程高水平开通，开通即实现了ATO驾驶模式，最高密度达到3分55秒。八年多的努力终于打造了这一项伟大工程，为羊城人民提供交通服务。这条线从2008年开始由于4辆编组无法扩编，一直受到各界的广泛关注，饱受争议。广东省参事王则楚在开通当日首乘时给六号线打了80分，扣掉的20分是因为4辆编组。广州地铁经过20多年的建设和运营，从一号线开通的18万日客流到六号线开通日均630万客流，已走向网络化运营，任何一条新线的开通都是线网中的一份子，牵一发而动全身，系统运能的设计不能仅仅考虑本线，而要从网络上统一考虑分析。为了充分应对六号线可能出现的大客流和运能不足，甚至部分车辆采用了拆除座椅，增加载客容量，降低服务标准的措施。

客流预测是线路系统设计的基本数据，由于客流预测成果建立在对未来城市建设发展预测的基础上，而未来城市发展又有着较多的影响因素，因此，如何尽量准确地把握客流规模，正确判断客流特征并分析其可能出现的发展变化，使客流预测成为指导工程建设的可靠依据，也是可行性研究的重点。中国的城市化进程及城市规划的变化对客流预测远期规模提出了巨大的“挑战”。例如六号线预测之初和后期，广州的总规人口规模发生了变化：市区人口规模调升至1500万人；金沙洲地区人口规模原为11万人（定位为高端住宅区），按2009版《金沙洲居住新城控制性详细规划》建设，人口规模为16万人，2013年泛金沙洲地区的人口达到30万人。另外票价优惠政策也影响客流预测量级。这说明了客流预测是系统和编组选择的关键因素而不是决定性因素。根据原国家建设部《城市快速轨道交通工程项目建设标准》的规定：城市快速轨道交通新线建设规模，应按照线路远期单向客运能力（断面运量），分为三类线路运能等级，见表4-3。

轨道交通线路运能标准　　表4-3

线路运能分类	Ⅰ（高运量）	Ⅱ（大运量）	Ⅲ（中运量）
单向运能（万人次/h）	4.5～7	2.5～5	1～3
适用车型	A	B或L_B	B、L_B、C、D或单轨
列车最大长度（m）	185	140	100
线路型式（市中心区）	全封闭		半封/全封闭
最高速度（km/h）	80～100		60～80
旅行速度（km/h）	35～40		20～40
适用城市市区人口规模（万人）	≥300		≥150

各类车型有A型车、B型车和L_B型车。该三种车型的编组长度及运能如表4-4所示。

各车型编组长度与运能表　　表4-4

车型	A型车			B型车			L_B型车		
列车编组	定员	长度	运能	定员	长度	运能	定员	长度	运能
4	1240	94.4	3.72	960	80	2.88	884	71.64	2.65
5	1550	117.2	4.65	1210	100	3.63	1105	89.4	3.32
6	1860	140.0	5.58	1460	120	4.38	1326	107.16	3.98
7	2170	162.8	6.51	1710	140	5.13	1547	124.92	4.64
8	2480	185.6	7.44	1960	160	5.88	1768	142.68	5.30

说明：① 表中各车型的车辆长度、定员参考既有地铁车型，站立密度为6人/m²。② 表中运能均按30对/h计。

从表4-4可以看出，采用4节编组的六号线若保证2.7万~2.8万人次/高峰小时的断面，必须采用大于30对每小时的“高密度小编组”运行，且这还是站立密度为6人/m²的标准。当远期延伸至萝岗后，断面达3.2万/高峰小时，其服务标准要求更高。

再来看车厢内站席面积标准的影响。车厢内站席面积标准是影响列车定员、乘客服务水平和系统规模的重要因素，在进行系统方案设计前应先合理确定乘客站立标准和对应的服务水平。

（1）站立标准

① 国家行业标准。《城市轨道交通工程项目建设标准》（建标 104—2008）中第四章第三十七条规定“车内面积扣除座席区及相关设施的面积后，按6人/m²计”。

② 地方标准。上海根据城市特点，制定车内面积扣除座席区及相关设施的面积后按5人/ m²计。

③ 国外标准。各国地铁通过提高舒适度来吸引更多的乘客乘坐地铁，欧洲地铁规定每平米面积站立4人/m²，莫斯科地铁规定为4.5人/m²。

目前日本新设计的列车，其定员乘车计算原则完全以人为本，坐在座位上、抓住吊环，或者扶住门附近的柱子的乘客数量计算为定员。以此计算，其设计站立密度为3人/m²，在实际运营时间允许超员。可见目前国外的站立标准均较低，服务水平高。

（2）舒适度

由于经济条件的限制，地面公交系统的定员标准是按8~9人/m²来确定的，这明显与我国特大城市人民的生活水平的大幅度提高不一致，带空调的公共汽车已很普遍，而最近几年，低地板横排座位设置、以全座位为主的公交车也越来越多，因此改善地铁乘车舒适度特别是远期舒适度势在必行。

① 国家行业标准。根据《城市轨道交通工程项目建设标准》（建标 104—2008），车内乘客站立人员密度评价标准见表4-5。

因此从国内外的列车定员标准及今后的发展趋势看，乘客对列车的舒适性要求越来越高，考虑线路建成后的客流积聚作用和城市的发展，远期可考虑采用4~5人/m²的站立标准，在节假日或突发客流时站立密度可达到5~6人/m²以上，这也为今后系统的发展预留了较大的余量。

车内乘客站立人员密度评价标准　　表4-5

站席密度	乘客拥挤情况	评价标准
3人/m²	乘客可以自由流动，十分宽松	舒适
4人/m²	平均每位乘客占有0.5m×0.5m的空间，有较大宽松度，乘客可以看书报	良好
5人/m²	平均每位乘客占有0.5m×0.4m的空间，有一定宽松度，部分乘客可以看书报	良好
6人/m²（AW_2）	平均每位乘客占有0.5m×0.33m的空间，感到不宽松、不拥挤、稍可活动，是舒适度的临界状态	临界状态（定员标准）

注：表中乘客占有面积是立席区分配的计算面积。

② 日本标准（表4-6）。

日本车内乘客站立人员密度评价　　表4-6

拥挤度	乘客拥挤情况	备注
100%	可坐在座位上，可抓住吊环，或者扶住门附近的柱子	定员，对应3人/m²
150%	肩膀相碰的程度，还可以轻松地看报纸	对应4人/m²
180%	身体相接触，还可以看报纸	对应5人/m²
200%	身体接触，会有压迫感，能够勉强看杂志	对应6人/m²
250%	列车变速时身体会倾斜，不能够移动，手也动不了	

下图：六号线拆除座椅的车辆内部照片

乘客评判是否好用是设计的最终使命。六号线为保证运能，设计、建设和运营众志成城。在土建规模既成事实的前提下，充分挖潜，把关注点放在了客流评估、车辆定员、行车密度、信号开通水平、换乘能力、应急处理、人性化设计等多个方面。首期工程存在7个换乘车站，有一半以上车站是在既有线路上增加换乘功能，如何保障换乘便捷、流线组织和与既有线路的衔接是关键，运营给设计提出了很好的建议，在既有方案的基础上对坦尾、海珠广场、东山口、黄沙等多个车站优化。坦尾站五号线设计预留了六号线的换乘条件，但没有考虑扶梯故障时服务水平的严重下降，适时开展了增加楼梯的方案。本站六号线站台原通过栏杆分隔了付费区和非付费区，考虑到金沙洲乘客在坦尾的换乘，整合了站台付费区，扩充了面积。黄沙站与和黄物业结合，要改造一号线的付费区，多个方案悬而未决，通过一年多的协调，最后以保证换乘功能为前提顺利实施。

环境保护是又好又快建设地铁的重要因素。六号线首期工程在老城区内敷设，环评要求异常严格，出现了7个车站存在冷却塔风亭环保严重隐患，设计之初采用的创新方案，如线网集中供冷、特殊形式的隧道通风系统设计起到重要作用，总体积极组织工点落实相关措施，想办法找出路，通过多次方案调整，最大限度地满足环保要求。积极协调各方力量，推进首期工程附属报建工作，努力保障工期紧张与合法合规施工的匹配。高架线路设置的声屏障也经过了多方案的比较，在洞口U槽段设置了隔声及防护措施，力争环保满意。

六号线八年多的努力，注重自身的特点，从前期功能定位、选线和系统选择研究，到车站设计和土建工法选择，到机电系统设计及后续的“补丁”完善，都有太多说不完的故事。在以下十八个方面有特色和创新：先隧道后车站的暗挖设计及施工；溶洞、土洞地段盾构设计；冷冻法设计与施工；小半径盾构施工；双薄壁墩连续钢构+截断拼装设计；白沙河150m主跨大桥设计；出入口方形顶管；车辆感应板（蝶形感应板）；全复合材料疏散平台设计；隧道通风系统设计；大坦沙全地下主变设计；基于波导管传输的移动闭塞系统设计；大分区的供电系统设计；屏蔽门电扶梯系统人性化的细节设计；集中供冷的工艺设计；黄沙站与西城都荟的地下空间结合；海珠广场换乘及与既有线站台设置联络通道设计；装修概念及文化墙总体设计。这些经验和教训值得在广州新一轮轨道交通建设过程中总结和吸收，推广先进设计理念，为打造广州轨道交通黄金时代和公交都市贡献力量。